Droemer
Knaur

Komet West, im Februar 1976 von der Erde aus aufgenommen (Photo Martin Grossmann, Gronau, Bundesrepublik Deutschland). Der Schweif wird von einem von der Sonne ausgehenden Protonen- und Elektronenwind vom vereisten Kern des Kometen weggeblasen.

Carl Sagan · Ann Druyan

Der Komet

Mit 350 meist farbigen Abbildungen

Übersetzung von Ute Mäurer

Droemer Knaur

Shirley Arden zugeeignet

Mit all unserer Liebe und Bewunderung
für mehr als eine Dekade
freundschaftlicher gemeinsamer Arbeit

CIP-Kurztitelaufnahme der Deutschen Bibliothek
Sagan, Carl:
Der Komet / Carl Sagan ; Ann Druyan. Übers. von
Ute Mäurer. - München : Droemer Knaur, 1985.
Einheitssacht.: Comet ⟨dt.⟩
ISBN 3-426-26238-X
NE: Druyan, Ann:

Copyright der deutschen Ausgabe
© Droemersche Verlagsanstalt Th. Knaur Nachf.,
München 1985
Veröffentlicht mit der Genehmigung von Random House, Inc., New York
© 1985 by Carl Sagan Productions, Inc.
Titel der amerikanischen Ausgabe: »Comet«
Umschlaggestaltung: Franz Wöllzenmüller, München
Grafische Gestaltung: Dieter Lidl
Satz und Druck: Appl, Wemding
Aufbindung: Großbuchbinderei Sigloch, Künzelsau
Printed in Germany 5 4 3 2 1
ISBN 3-426-26238-X

Inhalt

Einleitung · 7

Teil 1

Vom Wesen der Kometen · 13

1. Kapitel · Der Ritt auf dem Kometen · 13
2. Kapitel · Ein böses Omen · 21
3. Kapitel · Halley · 41
4. Kapitel · Die Zeit der Wiederkehr · 69
5. Kapitel · Ausreißer unter den Kometen · 83
6. Kapitel · Eis · 95
7. Kapitel · Die Anatomie der Kometen · 111
8. Kapitel · Giftgas und organische Materie · 127
9. Kapitel · Schweife · 141
10. Kapitel · Ein Kometenbestiarium · 155

Teil 2

Ursprung und Schicksal der Kometen · 169

11. Kapitel · Inmitten einer Billion Welten · 169
12. Kapitel · Mementos der Schöpfung · 181
13. Kapitel · Die Geister verloschener Kometen · 199
14. Kapitel · Zerstreute Feuer und zertrümmerte Welten · 215

15. Kapitel · Der göttliche Zorn · 1. Das große Sterben · 237
16. Kapitel · Der göttliche Zorn · 2. Ein moderner Mythos? · 255
17. Kapitel · Das Zauberreich · 269

Teil 3

Kometen und die Zukunft · 283

18. Kapitel · Eine Flottille kreuzt auf · 283
19. Kapitel · Sterne des Großen Kapitäns · 297
20. Kapitel · Ein winziges Staubkörnchen · 315

Anhang · Kometenbahnen und Meteorschauer · 323
Weiterführende Literatur · 325
Register · 329

Einleitung

Noch bevor die Erde gebildet war, gab es Kometen. Auch später und in allen folgenden Äonen haben Kometen den Himmel über uns geschmückt. Allerdings traten bis in die jüngste Gegenwart hinein die Kometen immer ohne Publikum auf, und es gab bis dahin noch kein menschliches Bewußtsein, das durch ihre Schönheit hätte in Erstaunen versetzt werden können. Vor ein paar Millionen Jahren änderte sich das, aber erst in den letzten zehn Jahrtausenden fingen wir an, unsere Gedanken und Gefühle in irgendeiner Form aufzuzeichnen. Die Kometen haben seither viel mehr als nur Staub und Gas auf der Erde zurückgelassen, und wir verdanken ihnen Bilder, Werke der Dichtkunst sowie neue Fragen und Einsichten. In diesem Buch wollen wir diese Fährten wieder aufspüren, unser heutiges Verständnis von den Kometen eingehend untersuchen und über die potentielle Nutzung dieser Himmelskörper nachdenken.

Die Anregung dazu erhielten wir durch den Umstand, daß 1985/86 einer der am hellsten leuchtenden (und pünktlichsten) Besucher der Erde wiederkehren wird: der Halleysche Komet.

Wir waren bemüht, den Prozeß der wissenschaftlichen Entdeckungen nachvollziehbar zu machen. Wir stellen Beweise für und gegen Kometentheorien dar, die entweder verworfen wurden oder gegenwärtig in Mode sind, und ein paar, die weder verworfen wurden noch in Mode kamen. Wir hoffen, deutlich gemacht zu haben, um welche Art Theorie es sich jeweils handelt. Bestimmte Begriffe und Vorstellungen werden mehr als einmal erklärt, um dem Laien Zugang und Verständnis zu erleichtern. Dies ist auf keinen Fall ein mathematisches Buch, aber da die moderne Wissenschaft mit quantitativen Methoden arbeitet, haben wir ab und zu etwas Mathematik eingefügt. Wenn wir wissen wollen, wie weit etwas entfernt ist, können wir es in Kilometer, Werst oder Meilen messen. Die Natur ist immer dieselbe, ganz egal, welche Maßeinheit wir anlegen. Aus Gründen der wissenschaftlichen Konvention und der Einfachheit halber benutzen wir hier das Dezimalsystem. Ein Kilometer sind tausend Meter. Ein Mikrometer ist ein Millionstel eines Meters und nicht mehr mit dem Auge erkennbar. Zehntausend Atome aneinandergereiht bilden eine Kette, die einen Mikrometer lang ist. Ihr Fingernagel ist circa zehntausend Mikrometer lang und einen Zentimeter breit.

Mit Rücksicht auf den Umfang und die Lesbarkeit des Buches haben wir nur wenige der heute lebenden wissenschaftlichen Kometenexperten genannt. Heute gibt es mehr Kometenexperten, als in früheren Generationen insgesamt jemals gelebt haben. Alle haben sie viel dazu beigetragen, aus der Beschäftigung mit Kometen eines der faszinierendsten Gebiete der modernen Wissenschaft zu machen. Wir bitten um die Nachsicht jener, deren Namen nicht genannt werden. Der interessierte Leser kann mit Hilfe der beigefügten Zitate die Namen dieser Fachleute durch die Bibliographie hinten im Buch herausfinden. In diese Bibliographie haben wir sowohl populäre Bücher über Astronomie aufgenommen als auch einschlägige wissenschaftliche Werke oder einzelne besonders interessante Arbeiten aus der wissenschaftlichen Literatur.

Wir schulden der weltweiten Gemeinschaft der Astronomen unseren Dank für die großzügige Unterstützung während der Arbeit an diesem Buch. Joseph Veverka von der Universität Cornell, der als treibende Kraft hinter den Plänen der USA steht, Raumschiffe zu den Asteroiden und Kometen zu entsenden, stand uns als technischer Hauptberater und Kritiker zur Seite. Viele astronomische Photographien in diesem Buch stammen von ihm. Wir sind Mary Roth dankbar, die den Erwerb der Photographien erleichterte.

Verschiedene Kollegen waren so freundlich, die ersten Entwürfe zu diesem Buch zu lesen und uns mit wertvollen Stellungnahmen weiterzuhelfen. Zu diesen zählen Martha Hanner, Joseph Marcus, Steven Soter, Paul Weissman und Donald Yeomans, die auch die Daten für die künftige Rückkehr des Halleyschen Kometen errechneten. Weiterhin durften wir uns der Sachkenntnis von Donald Brownlee, Brian Marsden, Marcia Neugebauer, Ray Newburn, Zdenak Sekania, Reid Thompson, Fred Whipple und vielen anderen bedienen.

Eines der angenehmsten Erlebnisse während der Arbeit an diesem Buch war die Begegnung mit Ruth S. Freitag, der Wissenschaftsexpertin an der Abteilung für Wissenschaft und Technologie in der Kongreßbibliothek. Frau Freitag hat kürzlich eine Bibliographie zum Halleyschen Kometen mit über 3200 Literaturangaben veröffentlicht. Das Buch wird demnächst in einer überarbeiteten Auflage erscheinen. Frau Freitags Wissen, ihre Begeisterung für das Thema und ihre Bereitschaft, uns einen wahren Schatz an Illustrationen über Kometen zur Verfügung zu stellen, macht der Kongreßbibliothek von Washington alle Ehre.

Die anschaulichen Zeichnungen hat Jon Lomberg gemacht, ein Künstler, dessen Träume von der Wissenschaft inspiriert sind. Seine Diagramme, die zusammen mit Simon Bell und Jason LeBel von der Bell Production Services in Toronto (Kanada) hergestellt wurden, ermöglichen uns ein müheloses und leichtes Lernen. Jon besprach nicht nur das Manuskript kritisch mit uns, sondern koordinierte auch die Arbeit von zehn Künstlern, die circa vierzig speziell für dieses Buch in Auftrag gegebene Zeichnungen anfertigten. Wir sind stolz, hier das Werk einiger der besten Künstler auf dem Gebiet der astronomischen Darstellung zeigen zu können.

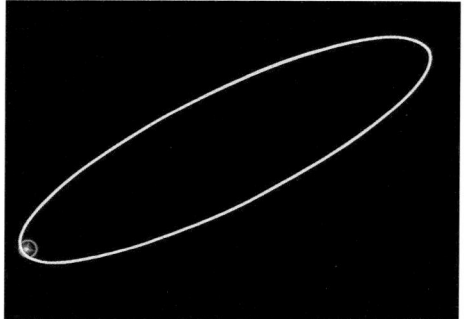

Die gelbe Linie zeigt die Umlaufbahn des Halleyschen Kometen. Der blaue Kreis stellt die Umlaufbahn der Erde um die Sonne dar. Der Halleysche Komet hält sich hauptsächlich im äußeren Sonnensystem auf und kommt nur alle 76 Jahre einmal in die Region innerhalb der Erdumlaufbahn. Er war zum letztenmal im Jahr 1948 in seinem Aphel, dem Punkt der Bahn, der am weitesten von der Sonne entfernt ist. 1985/86 wird die nächste sonnennahe Passage (Periheldurchgang) stattfinden. Wie die Daten auf diesem Schema zeigen, bewegt sich der Komet sehr langsam, wenn er weit von der Sonne entfernt ist, und viel schneller, wenn er der Sonne sehr nahe ist. Graphische Darstellung von Jon Lomberg/BPS.

> Michael Carrol, Don Davis, Don Dixon, William K. Hartmann, Kazuaki Iwasaki, Pamela Lee, Jon Lomberg, Anne Nordica, Kim Poor und Rick Sternbach.

Das Manuskript wurde in seinen verschiedenen Stadien von Shirley Arden betreut, der ich in der Widmung meinen Dank abstatte. Ebenso danken wir Pandora Peabody und Maruja Farge, die wichtige Beiträge zu diesem Buch leisteten.

Patricia Parker wies uns auf die Möglichkeiten einer Konkordanz von literarischen Verweisen auf Kometen hin und gab uns damit wertvolle Anregungen. Wir fanden die aufgeschlossene Unterstützung der Gemeinschaft der Gelehrten an der Universität von Cornell. Patricia Gill von der Abteilung für Englische Literatur stellte für uns die Originalübersetzungen von zahlreichen Hinweisen in der antiken Literatur auf Kometen zusammen und scharte eine Gruppe begabter Forscher und Übersetzer um sich.

Wir danken Howard Kaminsky, Jason Epstein, Laura Schultz und Bob Aulicino vom Random House für die vortreffliche Ausstattung des Buches. Derek Johns danken wir für die kompetente Redaktion. Scott Meredith, Jack Scovil Jonathan Silverman und den anderen von der Scott Meredith Literary Agency danken wir für ihre Hilfe, die weit über das übliche Maß hinausging, um den *Kometen* möglich zu machen.

Dieses Buch sowie ein Teil unseres Wissens über das Sonnensystem wurden durch die Aufgeschlossenheit und Informationsbereitschaft der Weltraumbehörde NASA und ihres Gegenstücks, der Akademie der Wissenschaften der UdSSR, ermöglicht.

Die dreizehnte aufgezeichnete Erscheinung des Halleyschen Kometen konfrontiert uns mit einer großen Frage unserer Zeit. Es ist seine erste Rückkehr, seit wir Raumfahrt treiben, und das erste Mal, seit wir mit Atomraketen die Mittel zu unserer eigenen Zerstörung haben. Wir rufen uns jene Äonen ins Gedächtnis zurück, wo es keine Lebewesen gab, die über die Kometen hätten staunen können. Wir hoffen, daß dies, zumindest bis die Sonne stirbt, nie wieder so sein wird.

Nehmen Sie Ihre Kinder auf die Schultern, damit sie den Kometen besser sehen können, und Sie werden zu einem Glied in einer Kette, die viel weiter zurückreicht als die schriftlich überlieferte Geschichte. Wir können und müssen diese alte und ehrwürdige Tradition fortsetzen.

Carl Sagan und Ann Druyan,
Ithaca, New York,
6. August 1985

Der Komet

Die Erde von der eisigen Oberfläche eines Kometen aus gesehen. Der Komet gehört offensichtlich zu einem Kometenschauer, der in das innere Sonnensystem eingedrungen ist. Darstellung von Jon Lomberg.

Teil 1
Vom Wesen der Kometen

1. Kapitel
Der Ritt auf dem Kometen

Wie groß ist die Schöpfung! Ich sehe die Planeten aufgehen und die Sterne vorbeihuschen, die von ihren Lichtstrahlen getragen werden! Was ist dann diese Hand, die sie antreibt? Der Himmel weitet sich, je höher ich fliege. Welten umkreisen mich. Und ich bin das Zentrum dieser rastlosen Schöpfung. Oh, wie groß ist mein Geist. Ich fühle mich dieser armseligen Welt überlegen, die sich in unermeßlicher Ferne unter mir verliert. Planeten toben um mich herum, Kometen fliegen vorbei und stoßen ihre feurigen Schweife aus. Erst nach Jahrhunderten werden sie zurückkehren und immer noch wie Pferde auf der großen Rennbahn des Weltraums laufen. Wie mir diese Unermeßlichkeit schmeichelt. Ja, all das ist wirklich für mich gemacht. Die Unendlichkeit umgibt mich auf allen Seiten. Ich verschlinge sie mit Genuß.

Gustave Flaubert: *Smar,* 1838

Hier liegt der Schnee vom vergangenen Jahr, klägliche Überreste aus der Zeit der Entstehung des Sonnensystems warten frierend in der interstellaren Nacht. Billionen Schneewehen und Eisberge schweben lautlos um die Sonne. Sie fliegen nicht schneller als ein kleines Sportflugzeug, das am blauen Himmel der fernen Erde seine Bahn zieht. Ihre langsamen Bewegungen gleichen die Gravitationswirkung der fernen Sonne gerade aus. So halten zwei schwache, entgegengesetzte Kräfte sie in der Schwebe, und sie brauchen Millionen Jahre, um diesen gelben Lichtpunkt einmal zu umlaufen.

Hier draußen haben Sie ein Drittel des Weges zum nächsten Stern zurückgelegt. Oder besser gesagt zum übernächsten Stern, denn in der Tiefe und Schwärze des dunklen Himmels wird jedermann sofort klar, daß auch die Sonne nur einer der vielen Sterne ist. Und sie ist keineswegs der hellste Stern am Himmel. Sirius und auch Canopus sind heller. Wenn es Planeten geben sollte, die den Stern namens Sonne umkreisen, so ist an diesem fernen Ort keine Spur von ihnen zu sehen.

Diese Billionen schwebender Eisberge nehmen einen Raum von gewaltigen Ausmaßen ein. Der nächste Eisberg ist ungefähr drei Billionen Kilometer von Ihnen als Bewohner der Erde entfernt. Von hier zum Uranus ist es etwa genauso weit. Es gibt zwar viele Eisberge, aber der Raum, über den sie sich ausbreiten und der die Sonne wie eine Schale umhüllt, ist dennoch unvorstellbar groß. Die meisten Eisberge sind seit den Anfängen des Sonnensystems hier draußen, wo sie vor allem Unheil sicher sind, das sie dort unten in jenem fremden und feindlichen Gebiet um die Sonne erwarten könnte.

Gelegentlich verirrt sich der feine kosmische Strahl eines zusammengebrochenen Sterns vom anderen Ende der Milchstraße hierher, aber ansonsten passiert in diesem Raum eigentlich nichts. Alles ist sehr friedlich. Aber irgend etwas ist passiert; ein fremder Stern, nicht die Sonne, drang mit seinem Gravitationsfeld hier ein. Er kam nur langsam näher, und selbst bei seiner größten Annäherung war er immer noch weit weg. Sie können ihn sehen, diesen rötlich glimmenden Punkt, der viel schwächer leuchtet als die Sonne. Die Sonne hatte unsere Eisbergwolke auf ihrem Weg durch die Milchstraßengalaxie mitgenommen. Aber auch andere Sterne haben ihre charakteristischen Bewegungen, und manchmal kommen sie uns zufällig näher. Und deshalb findet hin und wieder, so wie jetzt, ein Gravitationsbeben statt, und die Wolke erzittert.

Da Ihr Eisberg nur lose an die Sonne gebunden ist, genügt ein kleiner Stoß oder ein leichter Zug, um ihn auf eine neue Bahn zu werfen. Die benachbarten Eisberge, die so klein und so weit weg sind, daß Sie sie kaum erkennen können, wurden auch angeschubst und streben jetzt in großer Eile in verschiedene Richtungen. Einige wurden von ihren Gravitationsketten befreit, die sie an die Sonne fesselten. Sie sind jetzt aus uralter Sklaverei befreit und machen sich auf eine Odyssee durch den weiten Raum zwischen den Sternen. Unseren Eisberg ereilt jedoch ein anderes Schicksal: Er wurde so heftig angestoßen, daß er jetzt nach unten fällt, langsam zunächst, aber dann immer schneller, immer weiter hinab auf den Lichtpunkt zu, um den diese riesige Ansammlung von Eisbergen langsam kreist.

Stellen Sie sich vor, daß Sie so viel Geduld und ein so langes Leben haben wie der Eisberg, auf dem Sie stehen. Sie sind mit allem Lebensnotwendigen für eine Reise von einer Million Jahren ausgerüstet. Jetzt fallen Sie auf den hellen gelben Stern zu. Ihrer kleinen Welt aus Stein und Eis und ihren Gefährten wurde ein Name gegeben. Kometen heißen sie. Ihr Komet ist ein Gesandter aus dem Königreich des Eises, der in das Reich des Feuers nahe der Sonne geschickt wurde.

Hier draußen ist der Komet nur ein Eisberg. Später wird der Eisberg nur ein Teil des Kometen sein: der Kern. Ein typischer Kometenkern mißt im Durchmesser ungefähr einen Kilometer. Seine Gesamtfläche entspricht etwa der Fläche einer kleinen Stadt. Wenn Sie auf dem Kometen stehen, können Sie die glatten, runden Konturen elegant geformter Hügel aus dunklem, rotbraunem Eis erkennen. Auf dieser kleinen Welt gibt es keine Luft, keine Flüssigkeit und außer Ihnen kein Leben. Bis jetzt haben Sie zumindest nichts entdeckt, das auf Leben hindeuten würde. Eine Million Jahre lang können Sie jeden Winkel, jeden Berg und jede Felsspalte erforschen. Da der Himmel ganz klar ist und Sie keine besonders dringenden Aufgaben zu erledigen haben, können Sie auch ein wenig Zeit damit verbringen, die vielen hellen Sterne in Ihrer Umgebung zu studieren, die überhaupt nicht funkeln.

Sie hinterlassen tiefe Spuren, denn der Schnee unter Ihren Füßen ist weich. An ein paar Stellen ist der Boden so weich, daß Sie, wie in dem berühmten Treibsand auf der Erde, wahrscheinlich meterweit bis auf eine tiefe feste Eisschicht einsinken würden, wenn Sie nicht aufpassen. Sie würden sehr langsam nach unten fallen, beinahe gleiten, denn die Beschleunigung, die von der Gravitationskraft, der Kraft, die Sie auf dem Kometen nach unten zieht, bewirkt wird, beträgt nur ein tausendstel Prozent des bekannten $1\,g\;(=9{,}81\,m/sec^2)$ auf der Erde.

Auf etwas festerem Grund könnte die geringe Gravitationskraft Sie zu unerhörten athletischen Leistungen aufstacheln. Aber Sie müssen vorsichtig sein. Wenn Sie nur zielstrebig ausschreiten, könnte es passieren, daß Sie den Kometen für immer verlassen. Mit nur geringer Anstrengung könnten Sie aus dem Stand 30 Kilometer in den Raum springen, und Sie würden fast eine Woche brauchen, um den höchsten Punkt Ihrer Flugbahn zu erreichen. Dort würden Sie leicht hin und her trudeln und hätten einen guten Blick auf den ganzen Kometen, der unter Ihnen langsam rotiert. Sie könnten seine klumpige Form erkennen, die einer Kugel nur entfernt ähnelt. Vielleicht machen Sie sich Sorgen, weil Sie glauben, zu hoch gesprungen zu sein. Sie haben Angst, nicht mehr auf den Kometen zurückzufallen, sondern für immer alleine durch den Raum zu schweben. Aber nein, Sie spüren schon, daß Ihre Geschwindigkeit geringer wird, und zehn Tage nach Ihrer beachtlichen sportlichen Leistung landen Sie sanft auf dem dunklen Schnee. In dieser Welt verfügen Sie über gefährliche Kräfte.

Da es schwierig ist, hier auch nur einen Schritt zu tun, ohne sich auf eine kleine parabolische Flugbahn zu katapultieren, müßten Mannschaftsspiele quälend langsam ausgetragen werden. Die Spieler würden in Trauben über dem Kometen schweben und ihn umgaukeln wie ein Mückenschwarm eine Lampe. Ein Baseballspiel würde Jahre dauern, aber das wäre völlig nebensächlich, denn Sie haben eine Million Jahre, um einfach in den Tag hinein zu leben. Die Spielregeln wären allerdings ziemlich unkonventionell.

Sie formen mit dem Schnee einen merkwürdig dunklen Schneeball und werfen ihn leicht von dem Kometen weg in den Raum. Er wird nie wieder zurückkehren. Mit einem Wurf aus dem Handgelenk, ohne den ganzen Arm zu benützen, haben Sie einen neuen Kometen auf seine lange Flugbahn gebracht, auf der er in das innere Sonnensystem fällt. Auf dem Äquator Ihres Kometen können Sie einen Schneeball gegen die Rotationsrichtung des Kometen werfen. Die Rotationsgeschwindigkeit des

Kometen gleicht die Umlaufgeschwindigkeit des Schneeballs aus, und der Schneeball steht für immer über demselben Punkt der Kometenoberfläche. Auf diese Weise können Sie viele Objekte im Raum über dem Kometen anordnen und riesige, scheinbar bewegungslose, dreidimensionale Gebilde über der Kometenoberfläche schweben lassen.

Im Laufe der Jahrtausende würden Sie bemerken, daß der gelbe Stern immer intensiver leuchtet und schließlich zum hellsten Stern am Himmel wird. Die erste, frühe Phase Ihrer Reise war langweilig, selbst wenn Sie mit unerschütterlicher Geduld gesegnet sind, und in einer Million Jahren hat sich fast nichts ereignet. Aber jetzt können Sie wenigstens Ihre Umgebung deutlicher sehen. Der eisige Boden unter Ihnen hat sich kaum verändert. Die Reise war so lang, daß Sie Unterschiede in der Helligkeit und, wie Sie meinen, in der Position verschiedener Sterne in der Nähe bemerken konnten. Ihre Welt bewegt sich jetzt schneller, aber sonst ist alles still, ruhig, kalt, dunkel und unverändert.

Der Komet kreuzt schließlich die Umlaufbahnen anderer Objekte, viel größerer Körper, die auch in den Gravitationsbann jenes lockenden Lichtpunktes gezogen sind. Unter Ihnen schieben sich gewichtig riesige Gaskörper in Ihr Blickfeld. Wenn Ihr Komet dicht an ihnen vorbeifliegt, schwankt er bedenklich. Die Gravitationskräfte dieser Körper sind so groß, daß sie dichte Atmosphären festhalten können. Ihr Komet dagegen hat so wenig Masse, daß die kleinste Gaswolke sofort in den Raum entweicht. Die gigantischen Gasplaneten mit ihren vielfarbigen Wolken werden von kleineren, atmosphärelosen Körpern begleitet. Manche bestehen aus Eis und sind den Kometen viel näher verwandt als die riesige Wasserstoffkugel, die Ihren Himmel beinahe ausfüllt. Sie spüren, wie die Wärme der Sonne immer größer wird. Auch der Komet spürt das. Auf kleinen Flächen kommt Leben in das Eis, es schäumt und trägt nicht mehr. Staubkörnchen schweben schwerelos über dem Eis. In Anbetracht der geringen Gravitationskraft ist es nicht erstaunlich, daß selbst kleine Gaswölkchen Staub- und Eiskörnchen gen Himmel schleudern. Ein starker Ausströmungsstrahl schießt aus dem Boden und schleudert eine Fontäne feiner Partikel hoch über Sie in den Himmel. Die Eiskristalle funkeln im Sonnenlicht. Nach einer Weile bedeckt sich der Boden mit feinem Schnee. Je näher Sie der Sonne kommen, deren Scheibe jetzt deutlich sichtbar ist, desto häufiger werden solche Ausbrüche. Auf einer Ihrer Exkursionen in luftigen Gefilden sehen Sie zufällig eine aktive Ausströmung, einen Geysir, der aus dem Boden schießt. Sie machen einen großen Bogen um ihn, aber er erinnert Sie an die Instabilität, an die Flüchtigkeit (im wahrsten Sinne des Wortes) Ihrer winzigen Welt.

Weit draußen im Raum werden die Späher und Vorreiter der Kristallkolonne von einer unsichtbaren Hand zurückgestoßen. Schließlich ist der Kometenkern, auf dem Sie reiten, von einer Wolke aus Staub, Eiskristallen und Gas umhüllt, und die Teilchen, die hinter Sie zurückgeblasen wurden, bilden langsam einen riesigen eleganten Schweif. Wenn Sie festen Boden unter den Füßen haben und weit von dem unsicheren Eis entfernt sind, aus dem die Geysire hervorschießen, können Sie immer noch einen ziemlich klaren Himmel sehen und Ihre eigene Bewegung an anderen Sternen ablesen. Wenn starke Ausströmungen aus dem Kometeninneren hervorbrechen, spüren Sie, wie sich der Boden unter Ihnen verschiebt. Da und dort ist die Eisdecke aufgebrochen, hat Sprünge bekommen oder ist ganz eingebrochen und gibt den Blick frei auf kompliziert marmorierte Schichten in verschiedenen Farben und von unterschiedlicher Dunkelheit. An diesen Schichten können Sie die Entstehungsgeschichte des Ko-

Der Ritt auf dem Kometen 17

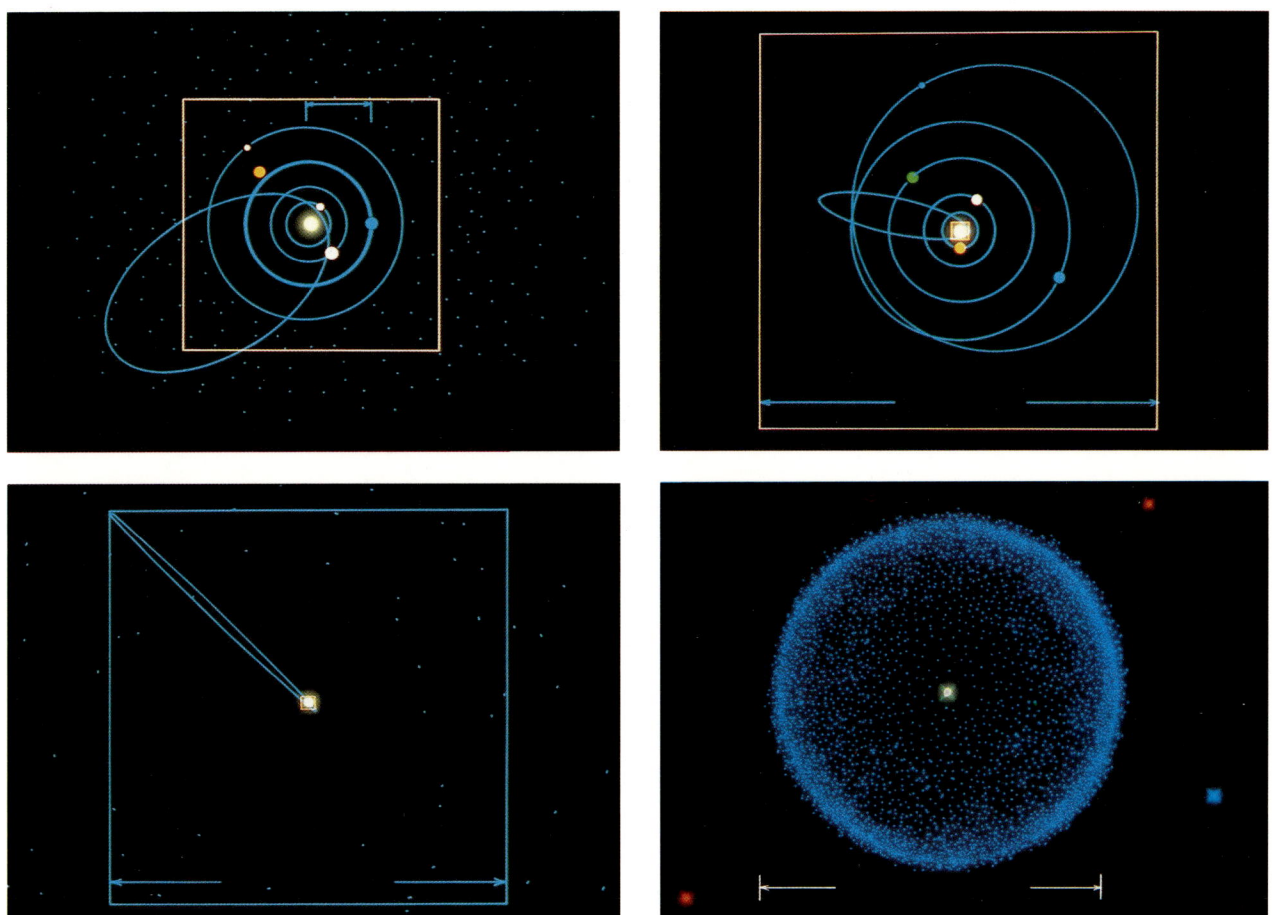

Maßstabgetreue Abbildung des Sonnensystems. *Oben links:* Das innere Sonnensystem mit der Sonne im Zentrum und den Umlaufbahnen von Merkur, Venus, Erde (blau) und Mars als vier konzentrischen blauen Ringen. Jenseits der Marsbahn ist, hier mit Punkten dargestellt, eine Wolke kleiner Asteroiden. Außerdem ist die elliptische Umlaufbahn des Kometen Encke zu sehen. Die Entfernung der Erde von der Sonne, 150 Millionen Kilometer, nennt man eine Astronomische Einheit (vgl. Darstellung). *Oben rechts:* Die Grenzen des planetarischen Teils des Sonnensystems, wie man sie heute kennt. Das gelbe Viereck in der vorhergehenden Abbildung ist in diesem Schema als kleines Viereck in der Mitte eingefügt. Dargestellt sind die konzentrischen Umlaufbahnen von Jupiter (gelb), Saturn und Uranus (grün), Neptun und Pluto, der meist der äußerste Planet ist, im 20. Jahrhundert jedoch der Sonne etwas näher kommt als Neptun. Die elliptische Umlaufbahn auf diesem Diagramm gehört zum Halleyschen Kometen, den sie im Aphel bis über die Plutobahn hinausträgt. Der Maßstab beträgt 100 Astronomische Einheiten. *Unten links:* Die inneren Ränder der Oortschen Wolke. Der planetarische Teil des Sonnensystems wird durch das kleine gelbe Viereck in der Mitte repräsentiert. Die stark exzentrische Umlaufbahn eines langperiodischen Kometen ist blau eingezeichnet. Die Punkte sollen die inneren Ränder der Oortschen Kometenwolke darstellen, die vielleicht in einer Entfernung von 1000 Astronomischen Einheiten von der Sonne beginnt. *Unten rechts:* Das Sonnensystem im größten Maßstab. Die drei vorhergehenden Abbildungen sind in einem Punkt, der zu klein ist, um erkennbar zu sein, in der Mitte dieser Abbildung zusammengefaßt, wo sich die Sonne und die Planeten befinden. Die Sonne ist in einer Entfernung von 100 000 Astronomischen Einheiten von einer riesigen, kugelförmigen Kometengruppe umgeben, die die Oortsche Wolke genannt wird. Sie reicht bis zur Hälfte des Weges zum nächsten Stern. Schematische Darstellung von Jon Lomberg/BPS.

meten aus interstellaren Trümmern vor Milliarden Jahren ablesen. Wenn Sie zu den Sternen hinaufsehen, bemerken Sie, daß Ihre kleine Welt ziellos dahinjagt. Jede neue Eruption wirft sie in eine andere Richtung. Die feinen Partikel in den Fontänen werfen diffuse Schatten auf den Boden. Die meisten Ausströmungen haben immer noch bescheidene Ausmaße, aber ihre Zahl ist inzwischen so groß, daß die dunkle Eisdecke scheckig geworden ist.
Die kleinen Eispartikel verdampfen in wenigen Augenblicken, wenn sie von der immer grausameren Hitze der Sonne aufgeheizt werden. Nur die

hitzebeständigen, nicht flüchtigen Körnchen, die in den Eispartikeln enthalten sind, überleben als feste Körper. Der Komet verwandelt sich vor Ihren Augen in Gas. Und das Gas wird von der Sonne beleuchtet und glüht unheimlich. Sie stellen fest, daß Ihr Komet inzwischen nicht nur einen, sondern mehrere Schweife hat. Jeder Schweif wird von einem Geysir verursacht. Sie können gerade blaue Schweife aus Gas und gekrümmte gelbe Schweife aus Staub unterscheiden. Ganz gleich, in welche Richtung der Strahl zunächst ausströmt, die unsichtbare Hand schiebt ihn immer weg von der Sonne. Während immer wieder Eruptionen stattfinden und sich die Ausströmungsstrahlen wegen der Rotation des Kometen krümmen, entstehen schnörkelige Schriftzeichen über Ihnen am Himmel. Aber dort oben wird alles gnadenlos von den unsichtbaren Kräften, dem Lichtdruck und dem Sonnenwind, umgelenkt. Der Sonnenwind legt sich anscheinend immer wieder. Deshalb glühen die Schweife auf, verschmelzen miteinander, trennen sich wieder und lösen sich auf. Sehr helle Knoten beschleunigen abrupt und werden dann auf der Leeseite wieder langsamer. Auf der Windseite bilden zusammenhängende Gase und feine Partikel fein gewebte Schleier, die unablässig ihre Form verändern. Sie sind in einer Art eisiger Märchenwelt, deren Schönheit Sie vorübergehend davon ablenkt, wie gefährlich es hier geworden ist.

Da so viel Eis verdampft ist, wird der Boden in der Nähe versiegter Geysire bröckelig, fein und dünn, manchmal besteht er nur aus einer Schicht feiner Partikel, die vor Milliarden von Jahren zusammengeklebt sind. Bald werden auch die Eisberge schwach, die dem lästigen Sonnenlicht hartnäckig Widerstand geleistet hatten. In ihrem Inneren rührt sich etwas. Der Boden wölbt sich. Zaghaft strömen die ersten Gase aus. Dann schießen viele Geysire in den Himmel, und Ihnen wird klar, daß es auf diesem Kometenkern bald kein sicheres Plätzchen mehr für Sie gibt. Der Komet ist aus vier Millionen Jahre langer Trance erwacht und in wilde Ekstase geraten. Wenn Ihr Komet an der Sonne vorbeigezogen ist und sich wieder in die interstellare Nacht zurückzieht, wird er seinen Schweif verlieren und sich beruhigen. Eines Tages wird er auf seiner Umlaufbahn wieder in das innere Sonnensystem geraten. Bei einem zukünftigen Flug um die Sonne, vielleicht in mehreren Millionen Jahren, wird es auf seiner Oberfläche sicherer sein, weil alle äußeren Eisschichten durch die Hitze verdampft sein werden. Nach vielen Vorübergängen an der Sonne ist der Komet weniger aktiv. Er erzeugt nur noch wenige Ausströmungen, und sein Schweif ist weniger spektakulär. Im Alter werden auch Kometen ruhiger. Aber Sie befinden sich gerade auf einem jungen Kometen, und sprühende Geysire schleudern Staub in den Himmel. Jungfernfahrten sind bekanntlich immer sehr gefährlich.

Ihr Komet wagt sich immer näher an die Sonne heran, und obwohl der Himmel über Ihnen bedeckt ist, wird die Hitze immer drückender. Der Schleier aus feinen Partikeln, der den Kometen umgibt, zerstreut das Sonnenlicht und reflektiert es gleichzeitig in den Raum. Ohne diesen Schutz würde es dem Kometenkern und auch Ihnen selbst ungemütlich warm werden, vielleicht so warm, daß Sie bald rot glühen würden.

Sie umrunden jetzt die Sonne und rasen wirbelnd durch dieses gefährliche Gebiet. So schnell sind Sie vorher niemals geflogen. Der Boden knackt und verformt sich, neue Fontänen schießen wild in den Himmel. Sie suchen an dem schattigen Fuß eines Eisberges Zuflucht, dessen Sonnenseite zerbröckelt, verdampft und Eisstücke in den Raum spuckt. Aber schließlich läßt die Aktivität nach, und der Himmel klart an manchen Stellen auf. Früher war die Sonne vor Ihnen, jetzt ist sie hinter Ihnen.

Durch einen Riß in der Nebelwand um Sie herum sehen Sie, daß Sie an einem kleinen, blauen Himmelskörper mit weißen Wolken und einem einzigen, sehr vernarbten Mond vorbeifliegen. Das ist die Erde in einer unbekannten Epoche. Vielleicht werden dort einmal Wesen leben und vielleicht hinaufschauen und diese Erscheinung an ihrem Himmel entdecken. Sie werden die blauen und gelben Schweife bemerken, die von der Sonne wegströmen, und die Feuerräder aus feingemahlener Materie, die in den Raum hinausgeschleudert werden, und sie werden sich fragen, was das wohl zu bedeuten hat. Einige werden vielleicht sogar darüber nachdenken, was diese Feuerkugel ist.

Es ist erstaunlich, wie nahe Sie an der Erde vorbeifliegen, und Ihnen kommt der Gedanke, daß früher oder später irgendein Komet frontal mit diesem kleinen Planeten zusammenstoßen müßte. Die Erde würde einen solchen Zusammenstoß natürlich überstehen, auch wenn er gewisse Veränderungen nach sich ziehen würde. Vielleicht würde eine bestimmte Lebensform aussterben und eine neue entstehen. Aber der Komet würde den Aufprall nicht überleben. Er würde immer tiefer in die Atmosphäre fallen, riesige Bruchstücke, ganze Hügel würden sich vom Kometenkern abspalten, und Flammen würden durch die Risse in das verborgene Innere des Kometen lecken. Vielleicht würde so viel von dem Kometen übrigbleiben, daß er eine gewaltige Explosion erzeugt und ein riesiges Loch in die Erdkruste reißt, während eine Wolke von Staub in die Luft wirbelt. Auf dem Kometen selbst wäre jedoch alles Eis verdampft. Übrig bleiben nur feine, dunkle Staubkörnchen, die wie Vogelfutter oder grober Schrot über dieses fremde Land verstreut würden.

Aber, beruhigen Sie sich, so ein Zusammenstoß mit einem anderen Himmelskörper kommt selten vor. Auf diesem Flug um die Sonne werden Sie jedenfalls mit keinem Objekt zusammenstoßen, das größer ist als ein Paar Körnchen interplanetarischen Staubes, den Überresten verloschener Kometen, die ihre gesamte Substanz verbraucht haben, als sie durch das Reich des Feuers rasten. Mit einem letzten Blick auf die blaue Welt wünsche wünschen Sie ihren Bewohnern still alles Gute. Vielleicht finden diese Bewohner ihren Himmel vergleichsweise langweilig und farblos, wenn Ihr Komet wieder verschwunden ist. Aber Sie selbst sind froh, wieder auf dem Rückflug zu sein, weg von der tödlichen Hitze und dem gleißenden Licht und zurück in die friedliche Kälte und Dunkelheit, wo Kometen ewig leben können, wenn nicht ein vorbeiziehender Stern sie unglücklicherweise anstößt und auf eine neue Bahn bringt. Die langen leuchtenden Schweife fliegen Ihnen auf Ihrer Reise jetzt voraus, denn der Sonnenwind kommt von hinten.

Darstellung von Kometenformen aus verschiedenen Zeitaltern und Kulturen. Darstellungen von Anne Norcia.

2. Kapitel
Ein böses Omen

Wenn eines Prinzen Tod durch euch wird wahr,
Kometen! Kommt jeden Tag – und bleibt ein Jahr.

Samuel Johnson, Brief an Mrs. Thrale,
6. Oktober 1783

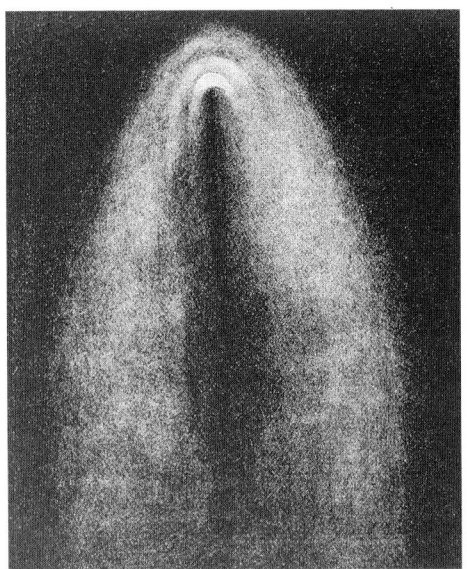

Viele Kometenschweife erinnern an fließendes Haar. Zeichnung des Kometen Donati vom 29. September 1858 nach teleskopischen Beobachtungen von G. P. Bond, Harvard-College-Observatorium.

Seit mehr als einer Million Jahren bestaunen menschliche Beobachter die Pracht der Kometen, die immer wieder den Himmel der Erde schmücken. Denkwürdige Kometen, die mit bloßem Auge sichtbar waren, erschienen durchschnittlich einmal in einem Jahrzehnt, ein paarmal in einem Lebensalter und hunderttausendmal, solange es Menschen auf der Erde gibt. Unsere Vorfahren hatten hunderttausendmal Gelegenheit, einen diffusen Lichtstreifen zu entdecken, der Nacht für Nacht heller wurde, manchmal sogar die hellsten Sterne überstrahlte und dann Wochen oder Monate später ihren Blicken entschwand. Einhunderttausend Kometenerscheinungen, und dennoch besitzen wir aus der Zeit vor drei oder vier Jahrtausenden kein einziges direktes Zeugnis von einer Kometenerscheinung. In dieser wie auch in anderer Hinsicht gehören wir zu der Gattung der Gedächtnislosen. Wir sind unserer Vergangenheit entfremdet. Wir können nur vermuten, was unsere Vorfahren dachten, wenn die heitere Ruhe des Himmels so spektakulär gestört wurde.

In jenen Zeiten war der Himmel den Menschen viel vertrauter als uns heute. Wir mögen viel besser darüber Bescheid wissen, was genau sich dort oben abspielt, sie aber nahmen daran viel direkter Anteil. Nur ein dünner, transparenter Luftschleier war zwischen ihnen und dem Himmelszelt. Sie schliefen unter den Sternen. Sie sahen zum Himmel hinauf, damit er ihnen sage, wann sie ihr Lager aufschlagen und wann sie weiterziehen sollten, wann sie das umherziehende Wild und die Regenfälle und die bittere Kälte zu erwarten hätten. Sie beobachteten den Himmel, als hinge ihr Leben von ihm ab, und weil seine Schönheit sie rührte. Sie redeten über den Himmel mit Hypothesen, Erklärungen und Metaphern, die wir heute Mythen nennen. Die Erscheinung eines Kometen ist eine wiederkehrende Gelegenheit zu Verwunderung und Spekulation, und so stießen uns die Kometen immer wieder an, während wir unseren Weg zum Bewußtsein suchten.

Kometen waren für die Menschen so etwas Ähnliches wie ein psychologischer Assoziationstest: Eine vollkommen unbekannte Erscheinung mußte mit gewöhnlichen Worten beschrieben werden. Die Tshi in Zaire nennen Kometen »Haarsterne«. Das Wort »Komet«, das in vielen modernen Sprachen vorkommt, stammt aus dem Griechischen und bedeutet dort soviel wie »Haar«. Der Komet erinnert tatsächlich an fließendes Haar. Für die Chinesen waren Kometen unter anderem »Besensterne«. In anderen Kulturen heißen sie »Schweifsterne« oder »Sterne mit langen Federn«. Bei den Tonga sind Kometen »Staubsterne«, was der Wahrheit schon sehr viel näher kommt. Die Azteken betrachteten sie als »rauchende Sterne«. Bei den Bantu-Kavirondo kehrt bei allen Erscheinungen ein und derselbe Komet zurück: »Es gibt nur einen Kometen, Awori, den Gefürchteten mit seiner Pfeife.«

Es lag nahe, den Kometen eine tiefere Bedeutung zuzuschreiben. Fast alle Kulturen taten das. Diese Tendenz, jede Kometenerscheinung als Botschaft der Götter an die jeweiligen Bewohner der Erde auszulegen, findet sich in praktisch allen Aufzeichnungen über Kometen bis ins sechzehnte Jahrhundert. Selten waren sich so viele verschiedene Kulturen in der ganzen Welt so einig. In der Geschichte der Welt haben mehr Gesellschaften den Inzest oder den Kindesmord gebilligt als Kometen für günstige oder wenigstens neutrale Vorzeichen gehalten. Mit nur wenigen Ausnahmen waren Kometen überall auf der Welt Vorboten der Veränderung, des Unglücks und des Bösen. Das war beinahe ein Gemeinplatz.

Die verschiedenen Stämme Afrikas haben in ihren Mythen etwas von unseren ursprünglichen Vorstellungen von Kometen bewahrt. Bei den Massai in Ostafrika bedeutete ein Komet Hungersnot, bei den Zulu von Südafrika Krieg, bei den Eghab in Nigeria Seuchen, bei den Djagga von Ostafrika etwas genauer die Pocken und bei den Luba von Mittelafrika den Tod eines Häuptlings. Die !Kung vom Oberen Omuraba, dem heutigen Namibia, standen allein mit ihrem Optimismus. Für sie war der Komet der Garant für eine glückliche Zukunft. Das ist eine so ungewöhnlich positive Interpretation, daß Sie vielleicht fragen mögen, wer die !Kung sind. (Das »!« bedeutet, daß Sie die Zunge gegen den Gaumen drücken müssen, um beim Aussprechen des »K« einen Schnalzlaut zu erzeugen. Das erfordert ein wenig Übung.) Sie sind Jäger und Sammler und haben eine reiche Kultur, die der prähistorischen Lebensform des Menschen näher steht als beinahe jede andere Kultur heute.

In der gesamten Literatur über Kometen dominiert eine überwältigende Düsterkeit. Schwermütig und beharrlich informiert sie uns darüber, daß Unglück stets ein Bestandteil unserer Welt war und daß jeder Komet, wann und wo er auch gesehen wird, eine Tragödie ankündigt, für die er verantwortlich gemacht werden kann. Diese Verbindung von Kometen mit Unglück taucht schon in den ersten erhaltenen Schilderungen von Kometen auf,* beispielsweise in einem chinesischen Satz aus dem 15. Jahrhundert v. Chr.:

> Als Chieh seine getreuen Berater hinrichten ließ, erschien ein Komet.

Diese Worte, die Korruption und politischen Mord mit den ersten Regungen der Wissenschaft verbinden, wurden zwei Jahrhunderte vor der Geburt Moses' geschrieben. Dreihundert Jahre später bemerkte ein anderer Schriftsteller:

> Als König Wu-wang einen Straffeldzug gegen König Chou führte, erschien ein Komet, und sein Schweif zeigte auf das Volk von Yin.

Die Yin waren in Schwierigkeiten.

Wenn auch Einstimmigkeit darüber herrschte, daß Kometen Katastrophen verursachten, gingen die Meinungen darüber, was zu tun war, wenn ein Komet erschien, auseinander. In dem *Kommentar zu den Frühlings- und Herbstannalen* des Meisters Tso-ch'iu, der zwischen 400 und 250 v. Chr. geschrieben wurde, gibt es eine Eintragung mit dem Titel »Yen Tsu argumentiert gegen Gesetze, um Unglück durch Kometen abzuwenden«.

> In diesem Jahr [516 v. Chr.] erschien ein Komet im Reiche der Ch'i. Der König von Ch'i wollte seine Minister schicken, damit sie zum Himmel beteten. Yen Tsu riet ihm davon ab und sagte: »Das ist nutzlos. Sie halten sich nur selbst zum Narren. Ob der Himmel Ihnen Unglück oder Glück schickt, steht ohnehin fest. Das wird sich nicht ändern. Wie können Sie glauben, daß ein Gebet irgend etwas verändern kann? Ein Komet ist wie ein Besen: er zeigt an, daß das Böse weggefegt wird.** Wenn Sie nichts Böses getan haben, warum müs-

---

* Und in den neuesten. Noch 3500 Jahre später werden Kometen mit Katastrophen in Zusammenhang gebracht. In Kapitel 15 und 16 erörtern wir die derzeitige Debatte darüber, ob Kometen für das Aussterben von Dinosauriern und vielen anderen Arten verantwortlich sind. Selbst in dem Wort »Erscheinung« – das wir heute benutzen, um das Auftauchen eines Kometen an unserem Himmel zu beschreiben – klingt mit ominösem und übernatürlichem Unterton unsere alte Vorstellung von Kometen an.
** Das ist ein Wortspiel. Eines der vielen chinesischen Zeichen für »komet« bedeutet »Besen-Stern«.

Japanisches Schriftzeichen für Komet. Übersetzung: Besenstern.

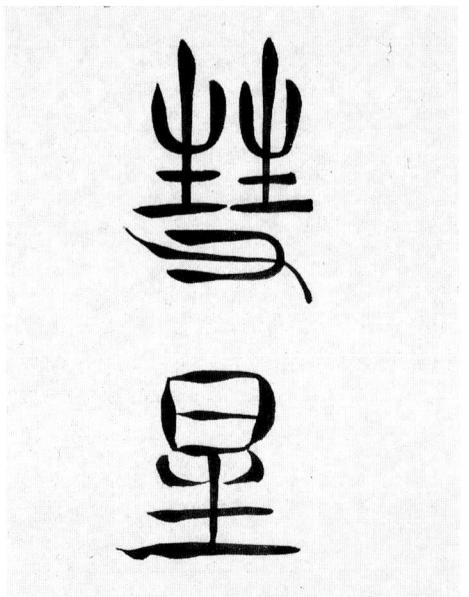

Chinesisches Schriftzeichen für Komet, das übersetzt ebenfalls Besenstern bedeutet. Beide Schriften stammen von Takako Suzuki.

KLEINER SCHIEDSRICHTER DES MENSCHLICHEN SCHICKSALS

Herbstliche Orchideen, üppige Dschungel
Versprühen Leben jenseits des Saals.
Grüne Blätter, weiße Blüten –
Schwerer, wohlriechender Duft hüllt dich ein.
Von jedem Menschen kommen liebliche Kinder.
Warum, o Herr, so bittrer Schmerz?

Herbstliche Orchideen, frisch und voll,
Grüne Blätter, purpurne Stiele.
Der Saal ist voller lieblicher Menschen.
Plötzlich allein, ein bedeutsamer Blick.

Er kam ohne Worte und ging ohne Gruß,
Ritt auf dem Wirbelwind und trug das Wolkenbanner.
Der Schmerz aller Schmerzen sind die Trennungen des Lebens.
Freude über Freude sind neue Freunde.

Gewänder aus Lotusblüten, Basilienkraut als Gürtel.
Er kam plötzlich, und eilig ging er weg.
Sein Nachtquartier an der Grenze zu den Göttern.
Auf wen wartest du am Rand der Wolken?

Nimm mit deiner Dame ein Bad im Becken der Vereinigung.
Trockne ihr Haar in der Sonne.
Ich suche am Himmel nach meinem Geliebten – warum ist er noch nicht da?
Das Gesicht im Wind, unentschlossen, erhebe ich die Stimme zum Gesang.

Ein Baldachin aus Pfauenfedern, eisvogelblaue Flagge.
Steig hinauf in den Neunten Himmel, tröste den Kometen.
Mit der Hand am Schwert schützt und hegt er die Jungen.
Mein Herr allein kann der Menschheit Gerechtigkeit bringen.*

Ch'ü Yüan (ca. 340 bis 278 v. Chr.)

Ch'ü Yüan, Staatsmann und einer der beliebtesten alten Dichter Chinas, verübte in der Verbannung Selbstmord, indem er sich in einem Fluß ertränkte. Jedes Jahr am 5. Mai werfen die Menschen in China noch heute als symbolische Geste der Versöhnung besonders vorbereiteten Reis in die Flüsse, um die Fische davon abzuhalten, seinen Leichnam zu fressen. In diesem Gedicht ist der Komet sowohl eine Metapher für die verlorene Geliebte als auch eine Verbindung zu einem weisen und mitleidigen Gott. Viele der scheinbar bedeutungslosen Bilder wie Wolkenbanner und eisvogelblaue Flagge sind in Wirklichkeit Anspielungen auf die zahlreichen chinesischen Namen für Kometen. Das chinesische Zeichen oben auf der Seite bedeutet »Besen-Stern«.

* Dies ist eine Übersetzung der englischen Version von Heather Smith und Xie Yong.

sen Sie dann beten? Wenn Sie etwas Böses getan haben, wird das Gebet das Unglück nicht abwenden. Die Arbeit der Gebetsminister wird das Schicksal nicht verändern.« Der König war entzückt von diesen Worten und befahl, das Beten einzustellen.

Ein Blick auf die frühe Geschichte der Kometenbeobachtung vermittelt den Eindruck, daß beinahe 1000 Jahre lang alle Menschen außer den Chinesen früh zu Bett gegangen sind. Die Chinesen verzeichneten zwischen 1400 v. Chr. und 1600 n. Chr. mindestens 338 Kometenerscheinungen. Seit 240 v. Chr. haben sie die Wiederkehr des Halleyschen Kometen nur ein einziges Mal, nämlich 164 v. Chr., verpaßt. Ihre Nachbarn, die Koreaner und Japaner, machten auch wertvolle Beobachtungen, aber weit weniger häufig. Im Westen findet sich bis ins 15. Jahrhundert nichts, was einer systematischen Beobachtung von Kometen auch nur ähneln würde.

In den 1970er Jahren brachte eine Ausgrabung im »Grab Nummer Drei« in Mawangdui, in der Nähe von Changsha, das eindrucksvollste Beispiel chinesischer Überlegenheit auf diesem Gebiet zutage: ein illustriertes Lehrbuch über Kometenformen, auf Seide gezeichnet. Es wurde als Teil eines größeren Werkes über Wolken, Luftspiegelungen, Halonen und Regenbogen um 300 v. Chr. zusammengestellt. Neunundzwanzig Kometen werden aufgeführt und nach Erscheinung und der jeweiligen Art des Unheils, das sie ankündigen, klassifiziert. Achtzehn der 35 verschiedenen Bezeichnungen, die das Chinesische für das Wort Komet kennt, tauchen hier auf. Der vierschweifige Komet bedeutet »Krankheit in der Welt«, der dreischweifige »Unheil im Staat«. Ein Komet mit zwei Schweifen, die nach rechts gekrümmt sind, kündigt einen »kleinen Krieg« an, obwohl wenigstens »das Korn reichlich sein wird«. (Diese Vorstellung, daß Kometen nur auf die Landwirtschaft positive Auswirkungen haben, hatten im Mittelalter auch die Angelsachsen.)

Ein Tsuba, das Stichblatt des japanischen Schwertes, aus dem 17. Jahrhundert, das einen Kometen am Suniyoshi-Schrein zeigt. (Der Komet ist oben genau unter dem zunehmenden Mond zu sehen.) Mit freundlicher Genehmigung David Peppers/Okamé-Antiquitäten, Toronto.

Wie lange dauert es, einen Katalog mit 29 verschiedenen Kometenformen zusammenzustellen? Wenn in den erhaltenen chinesischen Annalen über 3000 Jahre hinweg 338 verschiedene Kometenbeobachtungen verzeichnet wurden, erschien durchschnittlich einmal pro Jahrzehnt ein Komet, der mit bloßem Auge gesehen werden konnte. Das entspricht etwa der Frequenz, mit der heute Kometen beobachtet werden. Wenn jede der 29 Formen gleich oft erscheint, müßten Sie $29 \times 10 = 290$ Jahre ausharren, um alle zu sehen. Aber es gibt Kometenformen, die viel seltener sind als andere. Wenn also jede dargestellte Kometenform zu einem anderen Kometen gehört, muß der Mawangdui-Atlas auf eine ältere, kontinuierliche Tradition systematischer Beobachtung zurückgegriffen haben, die viele Jahrhunderte, wenn nicht Jahrtausende gepflegt worden ist. Deshalb muß diese großartige Tradition schon 1500 v. Chr. oder früher entstanden sein. Die frühesten schriftlichen und bildlichen Darstellungen von Kometen lassen sich also in oder wenigstens durch dieselbe Epoche zurückverfolgen. Vielleicht erschien damals ein ganz außergewöhnlicher Komet, der ihre Aufmerksamkeit in Anspruch nahm.

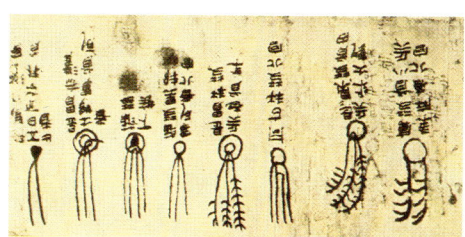

Ein Ausschnitt aus dem ersten Kometenatlas der Welt, der Mawangdui-Seide von ca. 300 v. Chr.

Wir staunen noch mehr über die Mawangdui-Seide, wenn wir die Darstellungen der Kometen selbst betrachten. Die wenigen einfachen Pinselstriche stimmen wenigstens in groben Zügen mit modernen Photographien von Kometen überein. Diese Beobachter zeichneten, was sie sahen. Wir müssen diese Bilder nur mit einem europäischen Holzschnitt des Kometen von 1528 vergleichen, um ihre Klarheit und Schlichtheit würdigen zu können. Keine Drachen, keine Schwerter, keine Teufel. Nur Kometen.

Der Überblick über die lange, intensive Beschäftigung der Chinesen mit Kometen erinnert uns an ein anderes Gebiet, auf dem sie führend waren: die Erfindung des Feuerwerks. Haben die alten Chinesen womöglich die Raketen erfunden, um die Himmel während der langen und eintönigen Abwesenheit von Kometen zu schmücken? Damals bestand wohl noch keine Verbindung zwischen Raketen und Kometen, heute steht der Zusammenhang jedoch fest (Kapitel 6 und 18).

Die alten Chinesen stellten eine umfangreiche, genaue und detaillierte

Noch im 16. Jahrhundert enthielten alle europäischen Vorstellungen von Kometen ausgesprochen phantastische Elemente. Auf diesem Holzschnitt aus dem Jahre 1528 ist der Komet als Durcheinander von abgeschnittenen Köpfen und verschiedenen Kriegsgeräten dargestellt. Das Bild basiert auf der Beschreibung dieses Kometen von Ambrose Paré. Aus: Amédée Guillemin, *Les Comètes,* Paris 1874.

AUFZEICHNUNGEN VON DEN VERÄNDERUNGEN DER WELT

Kometen sind fürchterliche Sterne. Immer, wenn sie im Süden erscheinen, passiert etwas, das Altes vernichtet und Neues an seine Stelle setzt. Wenn Kometen erscheinen, sterben auch die Wale. In Sung in der Zeit der Ch'i und später starben alle Soldaten in einem großen Chaos, als ein Komet im Sternbild des Großen Wagens erschien. . . .

Wenn ein Komet im Nordstern erscheint, tritt ein neuer Kaiser an die Stelle des alten. Wenn er an der Deichsel des Großen Wagens erscheint, gibt es überall Aufruhr, und der Krieg dauert viele Jahre. Wenn er direkt im Großen Wagen erscheint, übt ein Prinz die Macht über den Kaiser aus. Gold und Edelsteine werden wertlos. Eine andere Erklärung: Schurken fügen den Edlen Schaden zu. Aufrührer erscheinen und machen Schwierigkeiten. Minister verschwören sich gegen den Kaiser.
. . .
Wenn ein Komet sich nach Norden bewegt, aber nach Süden zeigt, steht dem Land ein großes Unheil bevor. Westliche Nachbarn fallen ein, und später gibt es Überschwemmungen. Wenn ein Komet nach Osten wandert und nach Westen zeigt, gibt es Aufruhr im Osten.

. . . Wenn ein Komet im Sternbild der Jungfrau erscheint, werden einige Gebiete überschwemmt, und eine große Hungersnot bricht aus. Die Menschen essen einander auf. . . . Wenn der Komet im Sternbild des Skorpions erscheint, gibt es Aufruhr, und der Kaiser in seinem Palast hat viele Sorgen. Die Reispreise steigen. Die Menschen wandern aus. Heuschrecken überfallen als Plage das Land.

. . . Wenn ein Komet im Sternbild Andromeda erscheint, gibt es Überschwemmungen, und die Menschen wandern aus. Viele erheben sich, und das Land teilt sich in einem Bürgerkrieg. Wenn ein Komet im Sternbild Fisch erscheint, herrscht zuerst Dürre, und dann gibt es Überschwemmungen. Reis ist teuer. Haustiere sterben, und die Armee wird von einer Epidemie heimgesucht.

Wenn ein Komet in der Mitte des doppelten Monats* in das Sternbild Stier wandert, wird Blut vergossen. . . . Tote Körper liegen auf der Erde. Im Laufe von drei Jahren stirbt der Kaiser, und das Land versinkt im Chaos. Wenn der Komet im Orion erscheint, kommt es zu einem großen Aufruhr. Prinzen und Minister verschwören sich, um den Kaiser zu stürzen. Der Kaiser hat viele Sorgen. Überall herrscht Unglück wegen des Krieges. . . .

Wenn ein Komet im Sternbild Hydra erscheint, gibt es Krieg, und einige verschwören sich, um den Kaiser zu stürzen. Fisch und Salz sind teuer. Der Kaiser stirbt. Reis wird auch teuer. Es gibt keinen Kaiser im Land. Die Menschen hassen das Leben und wollen noch nicht einmal darüber reden.**

Li Ch'ung-feng (602 bis 667 n. Chr.), *Aufzeichnungen von den Veränderungen der Welt*

* Die Chinesen hatten zu jener Zeit einen lunaren Kalender. Jedes Jahr gab es jedoch einen »doppelten Monat«, um die Übereinstimmung mit dem Sonnenkalender zu erreichen.
** Dies ist eine Übersetzung der englischen Version von Heather Smith und Xie Yong.

Sammlung von Daten über Kometen zusammen. Ihre Listen enthalten für viele hundert Erscheinungen folgende Informationen: ein Datum in einem bestimmten Jahr der Regierungszeit eines Kaisers, die Art des Kometen, das Sternbild, in dem er erstmals gesehen wurde, seine weitere Bahn, seine Farbe und scheinbare Länge, die Zeit, die verstrich, bis er wieder verschwand. Manchmal sind die täglichen Veränderungen der Länge des

Kometenschweifes aufgezeichnet. Aber trotz all dem hatten sie nicht die geringste Ahnung davon, was Kometen wirklich sind. Diese Leistung erbrachte die westliche Kultur, auch wenn es noch eine ganze Weile dauern sollte. Die Geschichte der westlichen Kometenastronomie vor der Renaissance wird, vor allem in Ionien, Athen und Rom, von gelegentlichen Geistesblitzen erhellt, die jedoch nur für kurze Zeit Licht in die weitverbreitete Dunkelheit der Unwissenheit und des Aberglaubens bringen.
Die frühesten eindeutigen Hinweise auf Kometen im Westen kommen aus dem heutigen Irak. Die wenigen erhaltenen babylonischen Fragmente erinnern uns an ihre afrikanischen und chinesischen Gegenstücke. Lesen Sie folgenden Text aus der Zeit Nebukadnezars im zwölften Jahrhundert v. Chr.:

> Wenn ein Komet den Weg der Sonne erreicht, wird Gan-ba verringert sein. Zweimal wird ein Aufruhr sich erheben.

Und die Verringerung von Gan-ba ist eine schlechte Nachricht, dessen können Sie gewiß sein. Gelegentlich sind, wie im folgenden Text aus derselben Zeit und derselben Gegend, die Vorzeichen günstig:

> Wenn ein Stern scheint und sein Leuchten so hell ist wie das Licht des Tages, [wenn] seine Strahlen einen Schweif einem Skorpion ähnlich formen, dann ist er ein günstiges Vorzeichen, nicht nur für den Herrn des Hauses, sondern für das ganze Land.

Ein Komet, der mit der Sonne um die Helligkeit wetteifern konnte, mußte der Erde sehr nahe gekommen sein.
Es ist erstaunlich, mit welchem Selbstvertrauen diese alten astrologischen Ankündigungen vorgebracht wurden. Keine Beweise, keine Zweideutigkeit und keine Neugier. Wir finden keine Gegenüberstellung gegensätzlicher Hypothesen und noch viel weniger eine Berufung auf Beobachtungen, um den Streit zu entscheiden. Immer ist eine Gan-ba im Spiel. Die Wissenschaft ist noch nicht erfunden.
In den Werken des Diodorus von Sizilien (ungefähr 60–21 v. Chr.) und des Lucius Annaeus Seneca von Rom (ungefähr 4 v. Chr. bis 65 n. Chr.) finden sich indirekte Hinweise (vielleicht sind es aber auch nur Gerüchte) darauf, daß die Ägypter und Babylonier über wissenschaftliche Erkenntnisse von Kometen verfügten. Diodorus schrieb:

> ... und ebenso sehen sie [die Ägypter] auch Erdbeben und Überschwemmungen und Kometenerscheinungen und vieles andere, was der Menge unmöglich zu wissen scheint, aus den seit alten Zeiten gemachten Beobachtungen vorher.

Den alten Ägyptern war wohlbekannt, wann sie mit den jährlichen Überschwemmungen des Niltals rechnen mußten. Wie die Chinesen im 20. Jahrhundert gezeigt haben, läßt sich aus dem merkwürdigen Verhalten von Tieren ein Erdbeben so früh vorhersagen, daß noch viele Menschenleben gerettet werden können. Aber die Erscheinung eines Kometen genau vorherzusagen ist viel schwieriger. Vielleicht hatte jemand gut geraten. Seneca referiert eine Ansicht, die er allerdings nicht teilt: Die Babylonier hielten Kometen für Himmelskörper ähnlich den Planeten. Darauf geht er jedoch nicht näher ein. Wir wissen, daß die Ägypter und Babylonier auf dem Gebiet der Mathematik Grundlegendes leisteten. Es war jedoch im

---

... aber nachdem Troja eingenommen und seine Nachfahren vernichtet waren ... entfernte sie sich in ihrem überwältigenden Schmerz von ihnen [ihren Schwestern] und ließ sich in dem Erdkreis, der Arktik genannt wird, nieder; und dort wurde die Trauernde lange Zeit mit gelöstem Haar* gesehen; deshalb ergab es sich, daß sie Komet genannt wurde.
   Hyginus: *De Astronomia* (ca. 35 v. Chr.)

* Das gelöste Haar war in der Antike ein Zeichen der Trauer. (A. d. Ü.)

Griechenland des 5. Jahrhunderts v. Chr., daß sich die Neugier vom Übernatürlichen abwandte und erstmals eine befriedigende Ausdrucksmöglichkeit fand, die die Welt veränderte: die Naturwissenschaft.

Alles, was wir von den Erfindern dieser neuen Denkart wissen, haben wir aus zweiter Hand. Demokrit (der um 460 v. Chr. geboren wurde und sehr alt geworden sein soll) verfaßte wenigstens 70 Schriften, die alle vernichtet wurden oder verloren sind. Wir wissen von Demokrit hauptsächlich durch Aristoteles (384 bis 322 v. Chr.), der ihn hoch achtete und in praktisch allem, was er zu sagen hatte, anderer Meinung war. Wir erfahren, daß Demokrit glaubte, Kometen würden entstehen, wenn ein Planet nahe an einem anderen Planeten vorbeizieht. Demokrit hat vielleicht richtig zwischen einem Stern und einem Planeten unterschieden, aber selbst wenn er das nicht tat, war er auf dem richtigen Weg: Kometen, sagte er, sind Himmelskörper und entstehen durch einen natürlichen Vorgang. Soweit wir wissen, hat keiner vor ihm diesen abwegigen Gedanken geäußert.

Aristoteles glaubte, diese Hypothese widerlegen zu können. Er wies darauf hin, daß Jupiter zu seiner Zeit einem Stern im Sternbild der Zwillinge sehr nahe gekommen sei und keinen Kometen erzeugt habe. Aber Aristoteles wußte nicht, daß die Sterne Lichtjahre hinter dem Planeten liegen und daß sie nur aus unserer Perspektive »dicht« aneinander vorbeiziehen. Wie in den meisten anderen Fällen war Demokrit auch in diesem Fall der bessere Astronom. Aber Aristoteles berief sich auf Beobachtungen und nicht auf Mythen oder traditionelle Überlieferungen. Es war ein echter wissenschaftlicher Streit. Hier wurde anscheinend auch erstmals erwähnt, daß Kometen möglicherweise von Jupiter ausgestoßen werden. Dieser Gedanke ist äußerst zählebig und war vor nicht allzu langer Zeit Anlaß einer heftigen Debatte in den Vereinigten Staaten.

Aristoteles stützt seine These, daß Kometen nicht zu den Planeten gehören, zum Teil auf Beobachtungen. Er formulierte eine vertretbare wissenschaftliche Hypothese, die ungefähr so lautete:

Der Tierkreis besteht aus einer Folge von Sternbildern, die vorwiegend nach Tieren benannt sind. Die Planeten und die Sonne wandern über Monate und Jahre durch diese Sternbilder. (Bei Tageslicht erkennt man natürlich nicht, in welchem Sternbild die Sonne sich gerade befindet, aber das läßt sich in der Morgen- oder Abenddämmerung mit Hilfe einer Sternkarte feststellen.) Der Tierkreis läuft in einem bestimmten Winkel zum Horizont über den ganzen Himmel. Nach allem, was unsere Vorfahren wußten, müßten die Planeten und die Sonne im Laufe eines Menschenlebens durch jedes Sternbild wandern. Da das jedoch nicht geschieht, müssen alle Planeten beinahe auf einer Ebene liegen. Dagegen hat man jedoch beobachtet, daß Kometen einmal innerhalb und dann wieder weit außerhalb des Tierkreises umherwandern. Außerdem verändern Kometen, anders als Planeten, vor den Augen der Beobachter innerhalb weniger Tage ihre Form. Deshalb können Kometen nichts mit Planeten gemein haben. Sie müssen sublunarische Erscheinungen sein, Erscheinungen unterhalb des Mondes, sich also innerhalb der Atmosphäre der Erde befinden. (Aristoteles glaubte, der Mond bilde die äußerste Grenze der Atmosphäre.) Die Schlußfolgerung lag auf der Hand: Kometen waren eine Erscheinung des Wetters. Auch wenn darüber zunächst ein wenig debattiert wurde, blieb diese Ansicht 2000 Jahre lang bestehen.

Die gesamte Astronomie des Aristoteles basierte auf seiner tiefen Überzeugung, daß der Himmel »weder geworden ist, noch vergehen kann..., vielmehr einzig und ewig ist, ohne Anfang und Ende in aller Ewigkeit, in sich enthaltend und umschließend die unermeßliche Zeit.«* Er glaubte, die Erde stehe absolut stationär im Raum, als wäre sie festgenagelt. Der Himmel dagegen sauste mit einer Umdrehung pro Tag um die Erde. Der untere Teil der Atmosphäre sei wie die Erde stationär, die oberen Teile der Atmosphäre würden mit den Himmeln rotieren. Jetzt stellen Sie sich vor, daß aus der Erde, vielleicht aus einem Riß, einer Spalte oder einem Vulkan, heißes, trockenes Gas hervorströmt. Das Gas steigt zum Himmel auf und wird dort von der Sonne so stark erhitzt, daß es zu brennen anfängt. Aber weil das brennende Gas die Gefilde des Himmels bereits erreicht hat, muß es sich jetzt zusammen mit den Sternen und Planeten weiterbewegen. So erklärte Aristoteles die Kometen. Und wenn man bedenkt, welche Grenzen der Wissenschaft seiner Zeit gesetzt waren, ist diese Erklärung ganz und gar nicht närrisch.

Er hielt das Nordlicht und sogar Sternschnuppen für Erscheinungen ähnlicher Art: Ausströmungen aus dem Inneren der Erde, die zum Himmel aufgestiegen sind. Seiner Ansicht nach existierten Kometen so lange, bis alles Gas verbrannt war. Neue Kometen würden von neuen Ausströmungen verursacht. Dadurch ergebe sich ein Gleichgewicht oder ein gleichbleibendes Verhältnis zwischen dem Werden und dem Vergehen sichtbarer Kometen. Diese Vorstellung nimmt in der Kometenforschung auch heute noch eine zentrale Stelle ein. Aristoteles war der Ansicht, daß es nur deshalb so wenige Kometen gebe, weil die meisten brennbaren Gase, die der Erde entströmten, anderweitig verbraucht würden, nämlich zur Erzeugung des kontinuierlichen Feuerstreifens am Himmel, den wir Milchstraße nennen. Demokrit dagegen behauptete, die Milchstraße bestehe aus vielen Sternen, die so weit voneinander entfernt seien, daß wir sie nicht einzeln sehen können. Und damit hatte er absolut recht.

Aristoteles war gezwungen, eine irdische Herkunft der Kometen zu ersinnen, denn er hatte sie aus seinen unveränderlichen Himmeln verbannt. Aus halb religiösen Gründen hatte er dogmatisch behauptet, daß keine neuen Himmelskörper entstehen und keine alten Himmelskörper vergehen dürfen. Indem Aristoteles auf der Unveränderlichkeit des Himmels beharrte, tat er in der Geschichte der Astronomie den ersten, folgenreichen Schritt auf einen fast zwei Jahrtausende verfolgten Irrweg. Aber Aristoteles kann nicht allein dafür verantwortlich gemacht werden, daß die folgenden Generationen seine Ansichten so vertrauensvoll akzeptierten.

Seneca wurde in Corduba in Spanien als Sohn einer begüterten und berühmten Familie geboren. Er war ein Zeitgenosse Jesu. Sein Bruder war mit Paulus bekannt. Als junger Mann kam Seneca nach Rom und studierte dort Grammatik, Rhetorik, Recht und Philosophie. Er genoß hohes Ansehen als Schriftsteller und Redner, bis er im Jahr 41 nach Korsika verbannt wurde, weil er mit der Schwester Caligulas geschlafen hatte. Bedenkt man, welche Neigung zur Grausamkeit dieser Kaiser hatte, fiel das Urteil milde aus. Seneca verbrachte die Jahre in der Verbannung damit, zu schreiben und Philosophie und Naturkunde, einschließlich Astronomie, zu betreiben.

Im Jahr 49 wurde er nach Rom zurückgerufen, um dort zu lehren. Als Tutor hatte er zweifelhaften Erfolg. Sein einziger Schüler war der zukünftige Kaiser Nero. Als Nero im Alter von 17 Jahren der Purpur verliehen wurde, stieg Seneca zum Minister und politischen Berater des Kaisers auf. In den folgenden acht Jahren führten Seneca und Sextus Afranius Burrus,

Bronzebüste des römischen Dichters und Philosophen Seneca. Nationalmuseum Neapel. Bettmann-Archiv.

Darüber aber muß man einmal im Reinen seyn, daß sich unregelmäßiger Weise eine ungewöhnliche Sternart sehen lasse, mit einem ausstrahlenden Feuer um sich her.
  Seneca: *Naturbetrachtungen*, Siebentes Buch: Von den Cometen

---

* Aristoteles: Über den Himmel, ed. u. übers. Paul Gohlke, Paderborn 1958

der Kommandant der Prätorianergarde, das Römische Reich. Allen Überlieferungen nach machten sie ihre Sache gut, unterstützten Steuer- und Rechtsreformen und linderten das Los der Sklaven ein wenig. Aber Nero wurde immer tyrannischer, Burrus starb, und Senecas politischer Einfluß schwand. Er zog sich aus dem politischen Leben zurück und schrieb einen Teil seiner berühmtesten Werke. Im Jahr 65 mußte er auf kaiserlichen Befehl Selbstmord begehen, weil er angeblich an einer Verschwörung gegen den Kaiser beteiligt war. Er starb mutig und gelassen.

Seneca hinterließ Schriften zu vielen Themen, aber hier interessieren uns nur seine *Naturbetrachtungen,* die er während seiner letzten Lebensjahre schrieb. Das siebte Buch trägt den Titel »Von den Cometen«, und Seneca läßt dem Thema wirklich Gerechtigkeit widerfahren. Auch gegen Aristoteles tritt er darin erfolgreich an. Er argumentiert, daß Kometen keine atmosphärischen Wirbel sein könnten, denn sie bewegen sich mit würdevoller Regelmäßigkeit und lösen sich nicht auf, wenn der Wind bläst.

> Denn ich halte nicht dafür, daß der Comet ein augenblickliches Feuer sey, sondern daß er zu den ewigen Werken der Natur gehöre.

Nachdem er Aristoteles' Argument, daß Kometen keine Planeten sein könnten, da sie nicht auf den Tierkreis beschränkt seien, widerlegt hat, stellt Seneca einige Fragen, die ein wenig an das Buch Hiob erinnern:

> Aber Wer kann den Sternen einen einzig möglichen Pfad bestimmen? Wer das Göttliche in enge Grenzen einzwängen? Haben ja auch die Gestirne ... andere und wieder andere Kreisbahnen. Warum sollte es nun nicht auch welche geben können, die sich einen eigenen, von jenen entfernten Weg gebahnt haben? Warum sollte in irgend einer Region des Himmels nicht durchzukommen seyn?

Auf den Einwand, daß die Sterne durch die Kometen hindurch gesehen werden könnten und Kometen deshalb körperlose und wolkenähnliche Erscheinungen sein müssen, antwortet Seneca richtig, daß dies nur auf den Schweif, nicht aber auf den Kopf zuträfe.

Einer der faszinierendsten Absätze ist die Darstellung und Kritik der Ansichten eines gewissen Apollonius von Myndos, einem ansonsten unbekannten griechischen Gelehrten aus dem vierten Jahrhundert v. Chr.:

> ... der Comet ist auch ein eigenes Gestirn, wie das der Sonne oder des Mondes. Seine Gestalt ist von der Art, daß sie nicht in's Runde geht, sondern etwas gestreckt und in's Lange gezogen. ... er durchzieht die höhern Regionen des Himmels, und ist erst dann sichtbar, wenn er in die unterste Gegend seines Laufes kommt. ... Es gibt viele und verschiedene, ungleich an Größe, unähnlich an Farbe. ... Manche sind blutroth, schröckhaft, und deuten auf nachfolgendes Blutvergießen, diese vermindern und vermehren ihr Licht, gleichwie andere Gestirne, – und sind, wenn sie weiter herabkommen, heller, und erscheinen in der Nähe größer; wenn sie aber umkehren, werden sie kleiner und dunkler, weil sie sich weiter wegziehen.

Abgesehen davon, daß Apollonius Kometen als böse Omen betrachtet, erscheinen seine Ansichten erstaunlich modern. Seneca schenkte ihm jedoch keinen Glauben.

In dem Kapitel »Von den Cometen« ist Senecas Sprache so unmittelbar und so modern, daß Sie keine Schwierigkeiten haben, seine Stimme tatsächlich zu hören. »Ich kann hier blos nachspüren und im Stillen meinen Vermuthungen nachgehen«, sagt er zu Ihnen, »auf der einen Seite nicht mit der Zuversicht, daß ich's finde, auf der anderen aber doch nicht ohne Hoffnung«, und fährt fort:

> Und wahrlich manche, die uns noch unbekannt sind, wird die Menschheit künftiger Zeitalter erst kennen lernen.... Die Natur offenbaret ihre Heiligthümer nicht alle miteinander. Wir halten uns für Eingeweihte, und weilen doch in ihrem Vorhof.

Und die Zahl der Faulenzer im Vorhof des Tempels nahm ab. Seneca klagt, daß sich um die Philosophie keine Menschenseele kümmere. »So ist denn keine Rede von Auffinden Desjenigen, was uns die Alten als Etwas, das sie nicht ganz herausbrachten, hinterlassen haben; im Gegentheil, es geht manches, was bereits aufgefunden war, wieder verloren.« Er vermutete mit gutem Grund, daß die geistige Trägheit immer größer werden würde. Sein Vertrauen auf die Vernunft, seine Bereitschaft, auf der Grundlage objektiver Beweise zwischen Alternativen zu wählen, stehen in deutlichem Kontrast dazu, wie die folgende Generation auf Kometen reagierte. Lukan (39 bis 65), Senecas Neffe, meinte beispielsweise:

> Unbekannte Gestirn' erblickt das Dunkel der Nächte;
> Glühend in Flammen den Pol, und schief durchschießend den Aether,
> Staunen sie Fackeln an, und furchtbar weht des Kometen Haupthaar, vorbedeutend die Aenderung irdischer Reiche.

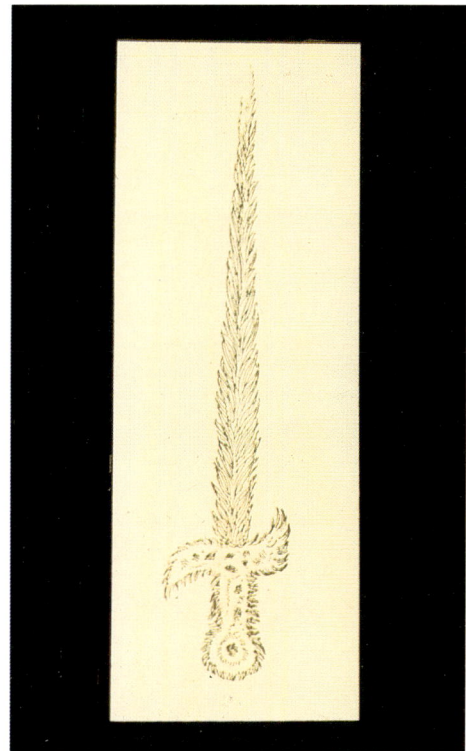

Darstellung eines Kometen als Schwert. Die Zeichnung wurde nach einer Beschreibung des Plinius in späterer Zeit angefertigt. Aus der *Cometographia* (1668) des Hevelius.

Oder schauen Sie sich die Ansicht des Naturwissenschaftlers Plinius des Älteren (23/24 bis 79) an:

> ... meistens ist ein solcher Stern ein schreckenerregendes Ereignis und seine Vorbedeutung ist nicht leicht abzuwenden, wie beim Bürgerkrieg unter dem Konsul Oktavius, dann wieder beim Krieg zwischen Pompeius und Caesar, in unserer Zeit aber bei der Vergiftung des Kaisers Claudius, als das Reich an Domitius Nero überging, und dann während dessen Regierung, als die Erscheinung fast beständig und gräßlich war.

Lukan und Plinius ritten auf der Welle der Zukunft.
Josephus erwähnt in seiner *Geschichte der Juden,* daß ein ganzes Jahr lang ein »Schwert« über Jerusalem hing und die Zerstörung der Stadt durch Titus unter der Regierung Vespasians vier Jahre später voraussagte. Das ist wahrscheinlich ein Hinweis auf die Erscheinung des Halleyschen Kometen im Jahr 66 n.Chr. Aber wie kann ein natürliches Objekt ein Jahr lang über einer Stadt hängen? Die Erde dreht sich. Ein Komet würde mit den Sternen auf- und untergehen. Von einem Kometen kann mit Sicherheit nicht gesagt werden, daß er über irgendeinem Ort auf der Erde »hänge«. Meteore schießen über den Himmel und verschwinden augenblicklich wieder. Planeten können nicht wie ein Schwert aussehen. Das Nordlicht ist zu weit nördlich. Wenn es kein Wunder war, sollte man gegenüber Josephus' Bericht von einem Schwert, das von keinem anderen Chronisten seiner Zeit erwähnt wird, wie gegenüber vielen anderen Dingen in seiner Chronik skeptisch sein.

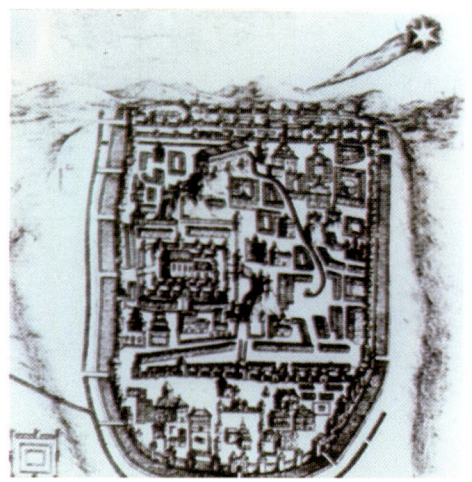

Der Holzschnitt aus dem 17. Jahrhundert zeigt einen Kometen, der über Jerusalem steht, wie es Josephus berichtete. Aus Stanislaus Lubienietzkis *Theatrum Cometicum*. Aus der Sammlung D. K. Yeomans'.

Während das Wissen der Klassiker im Laufe der Jahrhunderte immer mehr in Vergessenheit geriet, symbolisierte der Tod zweier Kaiser den Triumph des Aberglaubens. Der Komet des Jahres 79 wurde als Todesbote des Kaisers Vespasian betrachtet. Vespasian hatte mit kometarischen Boten schon zu tun gehabt und nützte göttliche Vorzeichen schamlos aus, um seine Thronergreifung zu rechtfertigen und zu legalisieren. Was den Kometen betraf, zeigte Vespasian eine gesunde Skepsis. »Dieser haarige Stern bringt mir nichts Böses«, sagte er. »Er droht höchstens dem König der Parther.« (Vespasians langjährigem Feind.) »Er ist ein haariger Mann«, schloß Vespasian, »und ich bin kahl.« Seine Skepsis rettete ihn nicht. Er starb noch im selben Jahr. Im frühen Mittelalter war den Menschen die Verbindung von Kometenerscheinungen mit dem Tod eines Herrschers in Fleisch und Blut übergegangen. Wenn ein Herrscher starb und kein Komet erschien, wie beim Tod Karls des Großen im Jahr 814, waren sich alle darüber einig, daß ein großer, unsichtbarer Komet an der Erde vorbeigeflogen war.

Wenn Sie sich in die Kometenliteratur des gesamten Mittelalters vertiefen, werden Sie keinen Schriftsteller finden, der Seneca, Apollonius, Demokrit oder Aristoteles das Wasser reicht. Die mittelalterlichen Abhandlungen sind voller Wahrsagerei und schlimmen Vorzeichen, bösen Omina und Blut, Mystizismus und Aberglaube. In kaum einer Schrift taucht, nicht einmal als beiläufiger Gedanke, die Ansicht auf, daß Kometen einfach ein Teil der Natur sein könnten und nicht eine Mahnung an die Sünder. Selbst der Kirchenvater Isidor von Sevilla (602 bis 636), der die Astrologie und die Astrologen öffentlich rügte, glaubte, Kometen würden »Offenbarungen, Kriege und Seuchen« vorhersagen. Über ein Jahrtausend lang gab es keine abweichende Meinung, und selbst der gelegentliche Versuch, reine Fakten darzustellen, beruhte, wie die Behauptung des Klerikers Beda (673 bis 735), daß Kometen am westlichen Himmel nicht gesehen würden, meist auf Fehlern bei den einfachsten Beobachtungen.

Als endlich die Renaissance und die Aufklärung kamen, tauchte ein neuer Schlag von Gelehrten auf. Sie waren geneigt, die Kirche für Aberglaube und Unwissenheit auf dem Gebiet von Kometen und vielen anderen Dingen verantwortlich zu machen. Calixtus III., ein in Spanien geborener

Darstellung dessen, was später Halleyscher Komet genannt werden sollte, über der Stadt Nürnberg im Jahr 1456. Der Holzschnitt wurde einige Zeit nach dem Ereignis angefertigt. Aus: *Nürnberger Chronik*. Mit freundlicher Genehmigung der Library of Congress.

Der Komet von 1066, dargestellt auf dem Teppich von Bayeux. König Harold von England, der gerade gegen die Normannen unterliegt, fragt sich, ob er das böse Omen beachten soll. Eine Menge von Zuschauern (links) bewundert den Kometen. Mit freundlicher Genehmigung der International Halley Watch.

Papst aus dem Hause der Borgia, war ein untadeliger Mann, als er 1455 im Alter von 77 Jahren zum Oberhaupt der katholischen Kirche gewählt wurde. Die letzten Jahre seines Lebens war er davon besessen, Konstantinopel von den Türken zurückzugewinnen. Der Kampf zwischen den zwei Ideologien jener Zeit wurde mit ebenso großem Eifer und ebensoviel Engstirnigkeit geführt wie heute der weit bedrohlichere Kampf zwischen dem Kapitalismus und dem Kommunismus. Beide Seiten beriefen sich vertrauensvoll auf den Einen Wahren Gott und verkündeten öffentlich den unvermeidlichen Sieg ihrer Sache.

Im Jahre 1456 erschien ein großer Komet am europäischen und chinesischen Himmel. Er scheint der heimgesuchten Christenheit einen gewaltigen Schrecken eingejagt zu haben. Calixtus und seine Zeitgenossen wußten nicht, wie wir heute, daß sie nur die periodische Wiederkehr des Halleyschen Kometen sahen. Es heißt, Calixtus sei überzeugt davon gewesen, daß der Besucher ein böses Omen sei und irgendwie mit dem türkischen Feldzug in Verbindung stehe. Deshalb exkommunizierte er ihn und ließ folgende aufrichtige Bitte in das Ave Maria einfügen: »Vom Teufel, von den Türken und von dem Kometen, o Herr, erlöse uns!«

Laut vieler Berichte schickte Calixtus 40000 Mann als Entsatz nach Belgrad, einer Stadt im christlichen Einflußbereich, die von den Türken besetzt war. Am 6. August 1456 wurde dort mit dem Halleyschen Kometen am Himmel eine große Schlacht geschlagen, die zwei Tage lang dauerte. Ein späterer Historiker beschrieb die Schlacht mit folgenden Worten:

> Die unbewaffneten Franziskaner standen mit Kruzifixen in den Händen in der vordersten Reihe. Sie beschworen die päpstliche Exkommunizierung des Kometen und lenkten den himmlischen Zorn, an dem in jener Zeit niemand zweifelte, auf die Feinde.

Die Armeen Mohammeds II. wurden zurückgeschlagen, und sowohl die Türken als auch der Komet zogen sich zurück. (Die Türken zeichneten Bilder des Kometen, von denen Sie ein besonders hübsches in nebenstehender Abbildung sehen können.) Konstantinopel wurde von den Christen niemals wieder zurückerobert.

Ein Astronom nach dem anderen hat diese Geschichte von der gleichzeitigen Exkommunizierung der Türken und des Kometen zitiert. Aber in den Archiven des Vatikan gibt es keinerlei Aufzeichnungen über ein solches Gebet oder einen solchen Fluch und auch keine Hinweise darauf, daß Calixtus den Kometen exkommunizierte. Am 29. Juni wurde eine päpstliche Bulle erlassen, in der öffentliche Gebete für den Erfolg des Kreuzzu-

Der Große Komet von 1577 in einer türkischen Darstellung. Die Aufregung über das Auftauchen des Kometen führte unmittelbar zur Gründung der Istanbuler Sternwarte. Mit freundlicher Genehmigung der Istanbuler Universitätsbücherei.

Der aztekische Herrscher Montezuma II. ist wegen des Omens am Himmel beunruhigt. Als Hernan Cortez im Jahr 1519 landete, sah Montezuma durch sein Kommen die düstere Kometenprophezeiung erfüllt. Dieses Bild aus *Los Tlacuilos de Fray Diego Duran* entstand 60 Jahre später. Mit freundlicher Genehmigung der Library of Congress.

ges befohlen wurden. Der Komet wird mit keinem Wort erwähnt, der Mitte Juli mit bloßem Auge auch nicht mehr gesehen werden konnte. Der entscheidende Sieg über die Türken wurde am 21. Juli errungen.

Soweit sich das überhaupt feststellen läßt, geht die Anekdote von Calixtus und dem Kometen, die viele astronomische Schriftsteller berichten, auf die *Darstellung des Weltsystems* von Pierre Simon, Marquis de Laplace zurück, dem wir auf den folgenden Seiten noch öfter begegnen werden. Er war nicht nur ein brillanter Gelehrter, der in der Geschichte der Physik und Astronomie dauernde Spuren hinterlassen hat, sondern auch ein Verfechter der Revolution und ihrer rationalistischen Grundlagen. Seine *Darstellung des Weltsystems* erschien »im siebten Jahr der Republik« (1799). Da die Kirche eng mit der Herrschaft der Bourbonen verbündet war, ist es möglich, daß Laplace nicht geneigt war, Calixtus III. gegenüber besonders nachsichtig zu sein. Aber Laplace erfand die Geschichte nicht, und die ganze Verwirrung scheint auf ein Werk aus dem Jahre 1475 zurückzugehen: die *Historische Beschreibung aller unnd jeder Päbste* des vatikanischen Bibliothekars B. Platina. Die Vorstellung von einem Papst, der feierlich einen Kometen exkommuniziert, auch wenn sie auf einer Fälschung beruhte, entsprach der herrschenden Meinung über Kometen.

Eine Generation später und weit entfernt vom Vatikan erwartete der aztekische Herrscher Montezuma II. (1466 bis 1520) in Tenochtitlan den großen weißbärtigen Gott Quetzalcoatl, von dem prophezeit wurde, daß er nach Mexiko zurückkehren und sein Reich zurückfordern werde. Als zwei helle Kometen kurz nacheinander auftauchten und sich am Himmel zu treffen schienen, nahm Montezuma das als sicheres Vorzeichen dafür, daß Quetzalcoatl unterwegs war. Das Reich der Azteken würde ihm nicht mehr lange gehören. Stumm und verzweifelt betrachtete er jedes Feuer, jeden Sturm und alle Unbilden der Witterung als weitere böse Omina. Er wurde von zwei Kometen und einer Prophezeiung zur Tatenlosigkeit verdammt. Als im Jahre 1519 der weißbärtige Eroberer Hernando Cortés mit einer Expeditionstruppe von 600 Mann und ein paar Pferden aus dem östlichen Meer auftauchte, mußte Montezuma nicht lange überredet werden: Er gab Quetzalcoatl sein Reich zurück. Die Azteken standen Cortés' kleiner Truppe aus mehr als einem Grund hilflos gegenüber. Aber die Eroberung Mexikos und die Vernichtung der aztekischen Kultur waren in hohem Maße Folgen einer fatalistischen Angst vor Kometen.

Auf der anderen Seite des Atlantiks breitete sich bald darauf die Reformation aus. Die sich gegenüberstehenden Parteien, die in vielen theologischen Fragen verschiedener Meinung waren, blieben in der Frage der Kometen völlig einig. Wenigstens in dieser Hinsicht standen die treibenden Kräfte der Reformation Schulter an Schulter mit Montezuma II. Martin Luther (1483 bis 1546) sprach für alle, als er in einer Adventspredigt verkündete:

> Die heiden schreiben / der Comet erstehe auch natürlich / aber Gott schafft keinen / der nicht bedeute ein gewis Unglück.

Andreas Celichius, der einflußreiche lutherische Superintendent von Mecklenburg, sagte 1578 über Kometen:

> ... alle tage / stunden und augenblick / unzehliche viel tausent böse Sündenstücke und Schandstücke beginnen und begehen / welche nicht anders / als ein dicker rauch und schmauch / voller stanck und grewel für Gottes Angesicht kommen / und die lenge so sehr und dikke sich heuffen und mehren / das ein Comet von krausen und geflochtenen Haarlocken draus wird / der zündet letzlich des obersten Himlischen Richters fewrigen zorn an ...

Eine holländische Münze mit dem Datum 14. November 1577 und eine Darstellung des Großen Kometen desselben Jahres, der über den Wolken und der Landschaft der Erde fliegt. Die lateinische Inschrift besagt: »Der Stern der beleidigten Gottheit«. Mit freundlicher Genehmigung der Amerikanischen Numismatischen Gesellschaft in New York.

Diese Ansicht über Kometen als Verkörperung der Sünden, die vom himmlischen Zorn entzündet wird, zeigt, wie viele Schritte zurück seit der Zeit des Aristoteles gemacht wurden, den Celichius offensichtlich kannte. Die Retourkutsche kam ein Jahr später von Andreas Dudith:

> Wenn Kometen durch die Sünden der Menschen entstünden, wären sie immer am Himmel.

Nach all dem sollte man kaum glauben, daß in der Mitte des 16. Jahrhunderts im Verständnis von Kometen und vielen anderen Dingen eine Revolution stattfinden würde. In Dänemark wurde im Todesjahr Luthers ein solcher »Heide« geboren. Sein Name war Tycho Brahe. Mit seiner künstlichen Nase, seinem Gefolge von Zwergen, seinen legendären Besäufnissen und seiner einsamen Inselsternwarte war er nicht gerade ein typischer Astronom.

Zu Tychos Zeiten war die unangefochtene Autorität auf dem Gebiet der Kometen immer noch Aristoteles. Seine Doktrin, daß Kometen auf die Atmosphäre der Erde beschränkt seien, weil die Himmel unveränderbar wären und sich nicht bewegten, war ein Grundpfeiler im Weltenmodell des 16. Jahrhunderts, der von säkularen und religiösen Autoritäten gleichermaßen verteidigt wurde. Da gab es keine Diskussion. Alle verständigen Experten stimmten Aristoteles zu. Erste Zweifel kamen Tycho, als er in einer Nacht im Jahre 1572 zum Sternbild Kassiopeia hinaufblickte und einen Stern »heller als Venus« an einer Stelle sah, an der vorher kein Stern gewesen war. Der neue Stern ist noch heute als Tychos Supernova bekannt. (»Novus/nova« ist das lateinische Wort für »neu«.) Offensichtlich und zum großen Erstaunen nahezu jedes einzelnen waren die Himmel nicht unveränderlich. Aristoteles und die Kirche hatten sich geirrt. Die Supernova von 1572 blies Reveille für die Astronomen Europas und bald für die Kultur der ganzen Welt.

Fünf Jahre später loderte ein großer Komet am Himmel über Europa und warf Aristoteles' ins Wanken geratenes Weltbild endgültig über den Hau-

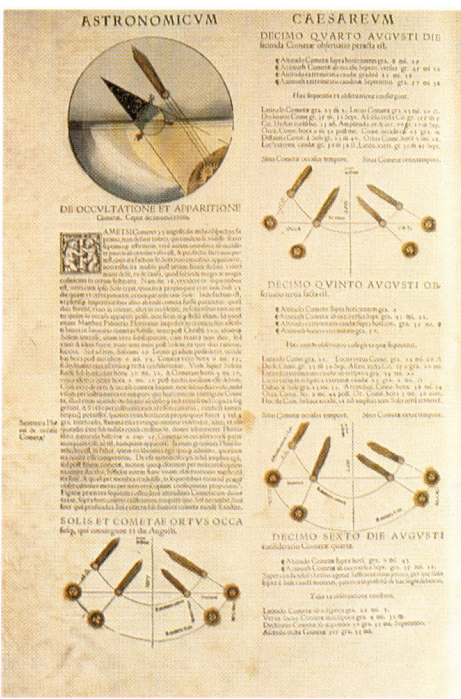

Die Erscheinung des Halleyschen Kometen im Jahr 1531 in einer Darstellung des *Astronomicum Caesareum* des Apianus (1540). Beachten Sie den Schweif, der korrekt so dargestellt ist, daß er von der Sonne weg zeigt. Mit freundlicher Genehmigung der Library of Congress.

36 *Der Komet*

fen. Weil der Komet von 1577 über einen längeren Zeitraum hinweg sichtbar war, konnten Tycho und seine Kollegen Informationen austauschen und ihre Hypothesen gegenseitig überprüfen. Die Supernova von 1572 hatte Tycho auf den Gedanken gebracht, den Kometen als astronomischen Körper zu betrachten und nicht als eine Störung in der Atmosphäre.

Wenn Sie zu einem Kometen hinaufschauen, sehen Sie ihn auf dem Hintergrund von Sternen in größerer Entfernung. Im Laufe der Zeit bewegt er sich von einem Sternbild ins andere, aber in einem Zeitabschnitt von wenigen Tagen scheint er an einem Sternbild festgefroren zu sein und geht mit den Sternen auf und unter. Tycho fragte sich, wie der Komet aussehen würde, wenn er nur eine atmosphärische Störung und der Erde sehr nahe

Tychos Komet und Newtons Komet. Der Große Komet von 1577 (links), wie Cornelius Gemma ihn gesehen hat, und der Große Komet von 1680 (rechts), wie J.C. Strum ihn gesehen hat. Aus: Amédée Guillemin, *Le Ciel,* Paris 1864.

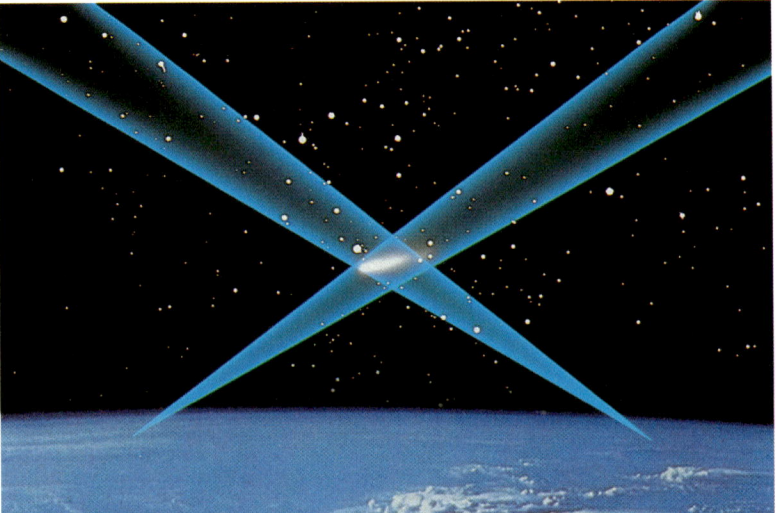

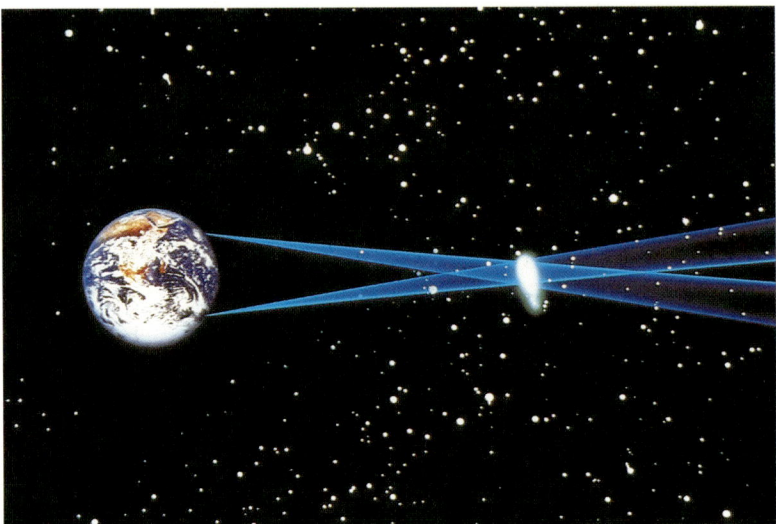

Wenn ein Komet eine Erscheinung in der Erdatmosphäre wäre, wie Aristoteles behauptete, würde er von zwei weit entfernten Beobachtungsposten aus auf dem Hintergrund unterschiedlicher Sterne gesehen werden (links). In diesem Schema stellt der blaue Kegel die Bildflächen der beiden Beobachter dar. Wenn der Komet sehr weit entfernt ist (rechts), sehen die weit voneinander entfernten Beobachter den Kometen praktisch auf demselben stellaren Hintergrund. Simultane Beobachtungen sagen deshalb viel aus über die Entfernung des Kometen von der Erde. Schematische Darstellung von Jon Lomberg/BPS.

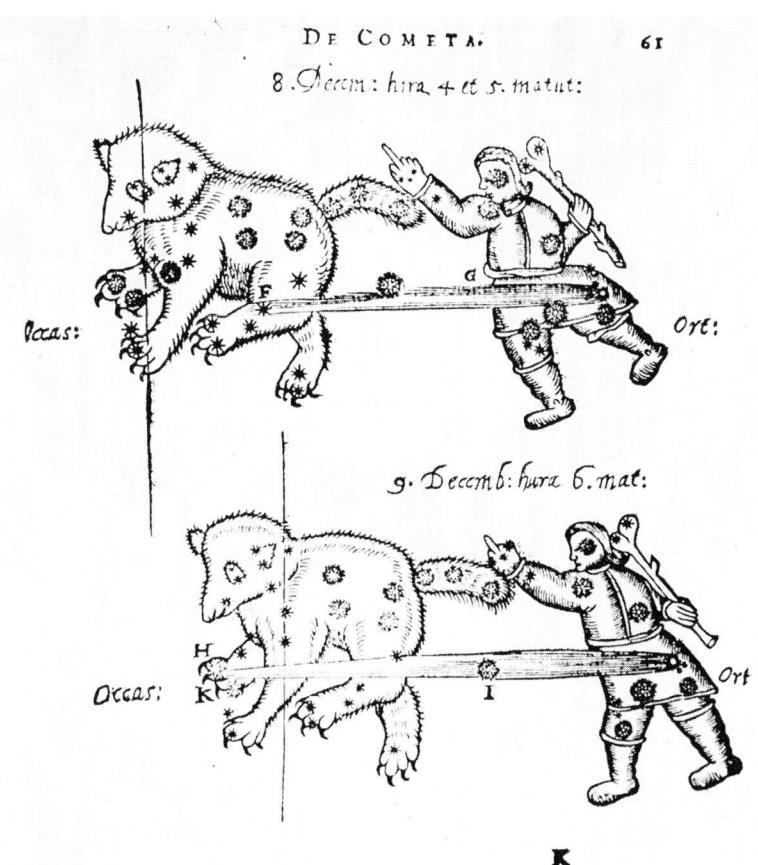

Eine der ersten Zeichnungen eines Kometen, der durch ein Teleskop gesehen wurde. Dargestellt sind zwei verschiedene Ansichten des Kometen von 1618 an aufeinanderfolgenden Abenden. Der Komet bewegt sich durch die Sternbilder Orion und Großer Wagen. Am Teleskop gezeichnet von J. B. Cysat aus: *Mathematica Astronomica Ingolstadt,* 1619. Mit freundlicher Genehmigung D. K. Yeomans'.

wäre, und wie er aussehen würde, wenn er ein Körper wie die Planeten oder Sterne wäre, die weit von der Erde entfernt sind. Halten Sie Ihren Finger ausgestreckt vor die Nase und kneifen abwechslungsweise das rechte und das linke Auge zu. Sie werden sehen, daß Ihr Finger sich auf dem weiter entfernten Hintergrund bewegt. Strecken Sie jetzt den Arm aus und kneifen die Augen wieder abwechslungsweise zu. Der Finger bewegt sich immer noch, aber viel weniger stark. Diese scheinbare Bewegung nennt man Parallaxe. Sie ist nur eine Folge der Perspektivenverschiebung von Ihrem linken Auge zum rechten. Je näher der Finger Ihnen ist, desto größer ist die Parallaxe oder die scheinbare Bewegung gegen den Hintergrund. Je weiter Ihr Finger von Ihren Augen entfernt ist, desto kleiner ist die Parallaxe.

Tycho erkannte, daß sich dieses Prinzip auch auf einen Kometen anwenden läßt, vorausgesetzt, man beobachtet ihn von zwei voneinander entfernten Sternwarten aus. Wenn der Komet der Erde sehr nahe ist, wird die Perspektivenverschiebung zwischen den beiden Sternwarten sehr groß sein, und jeder Beobachter wird den Kometen vor einem anderen Sternbild sehen. Wenn der Komet jedoch weit von der Erde entfernt ist, sehen beide Beobachter ihn vor ein und demselben Sternbild. Mit Hilfe der Parallaxe ist es möglich, die Entfernung eines Kometen von der Erde zu messen. Teleskope sind dazu nicht erforderlich, sondern nur Marken für den Standort während einer Beobachtung und Kreise mit Winkel- und Gradeinteilung.

Tycho gehörte zur letzten Generation vor der Erfindung des astronomischen Teleskops, und seine Messungen hätten, zumindest grob, zu jeder

Wer wandernde, vergängliche Kometen sieht,
der staunt, denn sie sind rar; an jenem Ort
ein neuer Stern, der mit den Himmeln zieht,
kann nur ein Wunder sein. Nichts Neues gibt es dort.*
  John Donne: *To The Countess of Huntingdon*, 1633

Donnes Astronomie war schon seit 56 Jahren veraltet. Nach Tycho war jeder Komet und jede Supernova ein Beweis gegen die aristotelische Ansicht, daß es am Himmel »nichts Neues gibt«.

* Übersetzung von Ute Mäurer

beliebigen Zeit in den vorangegangenen paar tausend Jahren durchgeführt werden können, wenn jemand auf die Idee gekommen wäre, diese Meßmethode anzuwenden. Soweit wir wissen, hat es vor Tycho Brahe keiner versucht.

Tycho war nicht der einzige, der diese Messungen und Berechnungen an dem Kometen von 1577 anstellte, und einige seiner Zeitgenossen, die vielleicht noch im Bann des aristotelischen Denkens standen, kamen sogar zu falschen Ergebnissen. Tychos penible Beobachtungen und seine genauen Berechnungen haben die Probe der Zeit bestanden. Wenn der Komet innerhalb der Erdatmosphäre gewesen wäre, hätte eine meßbare Parallaxe entdeckt werden müssen. Tycho konnte überhaupt keine Parallaxe feststellen. Nach seiner Meßgenauigkeit mußte der Komet von 1577 weiter von der Erde entfernt sein als der Mond. Also mußte er irgendwo hoch droben zwischen den Planeten und Sternen sein. Mit Hilfe internationaler Zusammenarbeit, elementarer Mathematik und einfachen Meßmethoden fand Tycho heraus, daß die traditionelle, zwei Jahrtausende gültige Lehre völlig falsch gewesen war. Wenn frühere Generationen gewußt hätten, wie weit die Kometen tatsächlich entfernt sind, hätten sie vielleicht weniger Angst vor ihnen gehabt. Tycho Brahe befreite die Kometen von den irdischen Grenzen, in die Aristoteles sie eingezwängt hatte, und ließ sie frei in den Raum fliegen. Jetzt war auch die Wissenschaft frei, ihnen zu folgen.

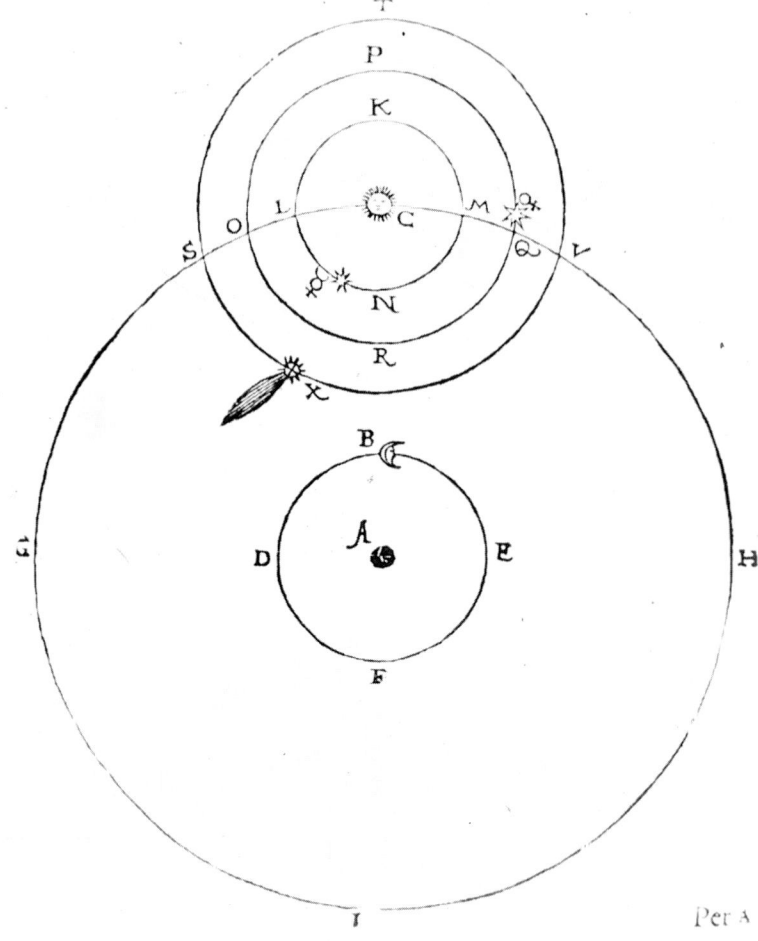

Tycho Brahes eigene Zeichnung des Kometen von 1577 (in Position X). In Tychos schematischer Darstellung des Sonnensystems lief der Komet um die Sonne, aber die Sonne und die anderen Planeten umkreisten die Erde (A). Aus: Tycho Brahes *De Mundi Aetherei* (1603). Mit freundlicher Genehmigung D. K. Yeomans'.

Die Umwälzungen, die Mystiker immer mit Kometen in Verbindung gebracht hatten, waren mit dem Kometen von 1577 tatsächlich eingetroffen. Unter den vielen prophetischen Werken, die von den Kometen inspiriert wurden, gibt es nur eines, das unsere Bewunderung verdient. Die Prophezeiung kam nicht von einem Astrologen und auch nicht von einem Priester, sondern von einem Wissenschaftler. Und dieser Wissenschaftler war Seneca:

> Was wundern wir uns also, daß die Cometen, ein so seltenes Schauspiel am Himmel, noch nicht nach bestimmten Gesetzen erfaßt sind, und daß man ihre Anfänge und ihr Aufhören noch nicht kennt, da sie erst nach so gewaltigen Zwischenzeiten wieder erscheinen? ... Es wird eine Zeit kommen, wo, was jetzt verborgen ist, durch die Zeit und die Forschungen langer Jahrzehnte an's Licht gezogen wird. ... Es wird schon einmal Einer auftreten, der da vorzeichnet, in welchen Regionen die Cometen wandeln, warum sie so abgesondert von den übrigen ihren Weg nehmen, und von welcher Größe und Beschaffenheit sie seyen.

Tycho brachte die Astronome auf den richtigen Weg, aber der Mann, dessen Kommen Seneca prophezeit hat, war Edmund Halley.

Hinweise im Münzwesen auf eine veränderte Haltung gegenüber Kometen. Auf einer Münze beklagen sich die Holländer über die Dänen wegen der, wie auf der Münze steht, »Unnützen Belagerung Hamburgs« (1686). Die lateinische Legende oberhalb des Kometen heißt übersetzt: »Nicht alles, was erschreckt, bringt Schaden.« Das bezieht sich sowohl auf den König von Dänemark als auch auf den Kometen. Als die Heere der Nachbarstädte den Hamburgern zu Hilfe eilten, zog sich der König von Dänemark zurück. Mit freundlicher Genehmigung der Amerikanischen Numismatischen Gesellschaft in New York.

Edmund Halley im Alter von 30 Jahren, gemalt von Thomas Murray. Mit freundlicher Genehmigung der Royal Society, London.

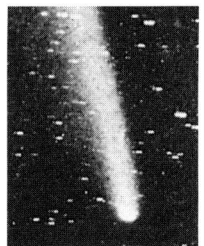

3. Kapitel
Halley

Mr. Halley besaß die Eigenschaften, die nötig waren, ihm die Zuneigung derjenigen zu sichern, die ihm ebenbürtig waren. Dazu gehörte an erster Stelle, daß er sie schätzte; und das ist für einen warmen und begeisterungsfähigen Menschen nur natürlich. In ihrer Gegenwart strahlte er vor lauter Freude darüber, sie zu sehen, herzliche Wärme aus. In seinen Geschäften war er offen und pünktlich und ehrlich in seinen Urteilen. Sein Betragen war gemessen und untadelig. Er war umgänglich und freundlich und immer zu einer Unterhaltung bereit.

Jean Jacques d'Ortous de Mairan, »Elegie für Mr. Halley« in *Memoires de l'Académie Royale des Sciences*, Paris 1742

Wenn wir an Edmund Halley denken, falls wir überhaupt an ihn denken, dann meistens nur in Verbindung mit seinem Namensgenossen, dem Lieblingskometen der Menschheit. Der Komet wird zu einer Art Mnemotechnik, die im Abstand von ungefähr 75 Jahren angewandt wird und uns mahnend an ihn erinnert. Für die meisten von uns gleicht Halley einem Sportler, der wegen einer außergewöhnlichen Leistung oder sogar nur wegen eines denkwürdigen Spiels in die Verzeichnisse der Rekorde aufgenommen worden ist. Wir schlagen in diesen Büchern nach und erwarten, einen Gesellen zu finden, der wie zahllose andere einen oder zwei Ziegelsteine in das große Gebäude der Wissenschaft gemauert hat. Statt dessen finden wir einen Baumeister.

Sein Geburtsdatum ist ungewiß. Halley glaubte, er sei am 29. Oktober 1656 geboren worden. Er erblickte das Licht der Welt in Hackney, einem ländlichen Ort außerhalb Londons, der inzwischen schon lange von der wachsenden Großstadt vereinnahmt wurde. Wir besitzen keine einzige Anekdote, nicht einmal eine apokryphe, die seiner Kindheit eine persönliche Note verleihen würde. Wir wissen nicht, daß er damals erstmals davon geträumt hat, was er später werden würde. »Vom zartesten Kindesalter an gab ich mich Überlegungen zur Astronomie hin«, erinnerte er sich, als er noch sehr jung war. »[Sie bereitete mir] so großes Vergnügen, wie man es unmöglich jemandem beschreiben kann, der es nicht selbst erfahren hat.« Halley sah die Wissenschaft nicht als Brotberuf, sondern als begeisternde Lebensaufgabe. In seiner Kindheit erschienen zwei Kometen: Der eine aus dem Jahr 1664 wurde allgemein mit der Großen Pest in London in Verbindung gebracht, der andere aus dem darauffolgenden Jahr mit dem Großen Feuer des Jahres 1666. Auch wenn es keine Hinweise darauf gibt, daß Halley diese Kometen gesehen hat, ist es ausgeschlossen, daß ein junger Mensch mit seinen Neigungen und seinen Fähigkeiten dem Einfluß der Kometen von 1664 und 1665 entgehen konnte, die im Volksglauben seiner Zeit so einmütig als böse Vorzeichen für Not und Elend gedeutet wurden.

Sein Vater, auch ein Edmund, war Geschäftsmann, Seifensieder und Einsalzer, der einträgliche Besitztümer in London besaß. Im Jahre 1666 verschlang der Große Brand seinen gesamten Immobilienbesitz, aber seine anderen Geschäfte blühten. Die jüngsten Schrecken der Beulenpest hatten den Bewohnern Londons neuen Respekt vor persönlicher Hygiene eingeflößt. Die Seifenherstellung entwickelte sich zu einem florierenden Gewerbe. Die expandierende britische Navy hatte chronischen Bedarf an gepökeltem Fleisch, weil die Seeleute auf langen Fahrten versorgt werden mußten. Der ältere Halley setzte seinen neuen Reichtum mit Freuden dafür ein, daß sein Sohn halten konnte, was er offensichtlich versprach. Er schickte ihn auf St. Paul's, eine der besten Schulen Englands. Edmund war ein vorzüglicher Schüler, 1671 wurde er zum Klassensprecher von St. Paul's gewählt, und es ist bekanntlich selten, daß ein Musterschüler bei seinen Klassenkameraden beliebt ist.

Von Halleys Mutter wissen wir nur, daß sie Anne Robinson hieß und am 24. Oktober 1672 starb, neun Monate bevor Halley zum Queen's College in Oxford aufbrach. Ein zusätzlicher Beweis der Großzügigkeit seines Vaters ist die Anzahl und Qualität der astronomischen Instrumente, die Halley mit ins College nahm, unter anderen ein 24 Fuß langes Teleskop, das er sofort mit Erfolg einsetzte.

Wir wissen das, weil der achtzehnjährige Edmund Halley am 10. März 1675 die Dreistigkeit besaß, John Flamsteed (1646 bis 1719), dem Ersten Königlichen Astronomen Englands, zu schreiben und ihn darüber in

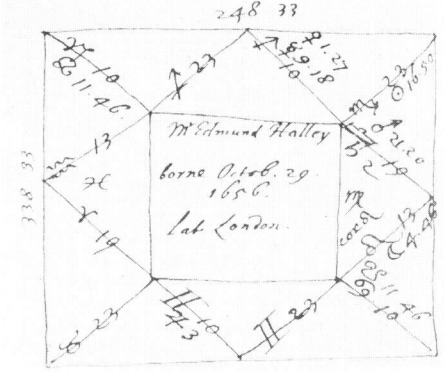

Ein zeitgenössisches Horoskop für Edmund Halley. Halley hatte für Astrologie nichts übrig. Das Original ist im Besitz der Bodleian Library, Oxford. Mit freundlicher Genehmigung Joseph Veverkas.

Winchester Street in London, wo Edmund Halley, der Astronom, und sein Vater lebten. Als junger Mann machte Halley von diesen Dächern aus astronomische Beobachtungen. Dieser Druck aus dem frühen 19. Jahrhundert zeigt eine Straße, die sich seit Halleys Zeit wahrscheinlich nur wenig verändert hat. Ann Ronan Picture Library.

Kenntnis zu setzen, daß die maßgebenden, veröffentlichten Tabellen über die Positionen Jupiters und Saturns falsch seien. Der junge Halley hatte auch Fehler in den Positionsangaben einiger Sterne des unvergleichlichen Tycho Brahe gefunden. Seine Art ist nicht die des jungen Cowboys, der gekommen ist, um den berühmten Revolverhelden herauszufordern, sondern vielmehr die des jugendlichen Enthusiasten, der voller Bewunderung für die ist, die vor ihm kamen, der es kaum erwarten kann, auch dazuzugehören, und der darauf brennt, die wahre Natur des Universums zu ergründen. Flamsteeds Reaktion muß positiv gewesen sein, denn im Jahr darauf half er Halley, seine erste wissenschaftliche Arbeit oder »Abhandlung« zu veröffentlichen. Sie erschien in den *Philosophical Transactions*, der Zeitschrift der Royal Society in London, die damals wie heute die führende wissenschaftliche Organisation in Großbritannien war, und trug den Titel »A Direct and Geometrical Method of finding the Aphelia, Eccentricities, and Proportions of the Primary Planets, without supposing equality in angular motion« (»Eine direkte und geometrische Methode zur Bestimmung der Aphele, Exzentrizitäten und Proportionen der Hauptplaneten, ohne eine Gleichheit der Winkelbewegung anzunehmen«). Seit den Arbeiten Johannes Keplers, des Schülers Tycho Brahes, war bekannt, daß sich jeder Planet auf einer Bahn bewegt, die man Ellipse nennt, eine Art gestreckter Kreis. Die Exzentrizität gibt an, wie langgestreckt die Ellipse ist. Eine Ellipse mit der Exzentrizität Null ist ein Kreis, und eine Ellipse mit der Exzentrizität eins oder mehr ist nicht einmal mehr eine geschlossene Kurve, sondern eher eine Parabel oder Hyperbel. Die Exzentrizität der Erdumlaufbahn beträgt 0,017; für das bloße Auge läßt sie sich nicht mehr von einem Kreis unterscheiden. Die Umlaufbahn des Merkur dagegen hat eine Exzentrizität von 0,21 und ist erkennbar ein gestreckter Kreis. Einer von Halleys Triumphen wäre heute die Feststellung, daß Kometen sich auf elliptischen Bahnen bewegen, und die Bestimmung der Exzentrizität der Kometenbahnen – einer der Schlüssel zu ihrem Ursprung.

Auf einer fast kreisförmigen Umlaufbahn wie der der Erde haben wir immer beinahe denselben Abstand zur Sonne. Aber auf einer stark elliptischen Umlaufbahn wie der eines Kometen ändert sich der Abstand von der Sonne je nachdem, wo der Komet sich auf seiner Bahn befindet. Der Punkt, an dem der Planet oder Komet der Sonne am nächsten ist und sich am schnellsten bewegt, heißt das Perihel (Plural: Perihele). Wenn der Himmelskörper um die Sonne herumstreicht, macht er einen »Periheldurchgang« oder eine »Perihelpassage«. Der Punkt der Bahn, der von der Sonne am weitesten entfernt ist, heißt Aphel. Je elliptischer die Bahn ist, desto größer ist der Unterschied zwischen Perihel und Aphel. Es ist durchaus möglich, daß ein Komet sein Perihel in der Umgebung der Erde hat und sein Aphel jenseits des entferntesten bekannten Planeten.

In seiner ersten Abhandlung schlug Halley eine neue und exaktere Methode zur Berechnung der Planetenbahnen vor. Die Abhandlung mußte mehrmals umgeschrieben werden. Das lag einerseits an Halleys Unerfahrenheit, andererseits daran, daß der Bischof von Salisbury eine gegensätzliche Ansicht veröffentlicht hatte und deshalb, wie man Halley sagte, die Abhandlung als persönliche Beleidigung auffassen könnte. Halley hatte nicht vor, irgend jemanden zu beleidigen, und führte die Veränderungsvorschläge genau aus. Das war nicht das letzte Mal, daß Halley in seinen Bemühungen um die Wissenschaft mit der kirchlichen Autorität zusammenstieß.

Im selben Jahr, in dem ihm seine Abhandlung über Umlaufbahnen die Aufmerksamkeit der Astronomen der Welt einbrachte, beschloß Halley, Oxford ohne eine Abschlußprüfung zu verlassen und zu der fernen Insel St. Helena, westlich von Afrika, zu reisen, um die erste Karte des südlichen Himmels anzufertigen. (Die Sternbilder, die Sie in nördlichen Breiten sehen, unterscheiden sich natürlich völlig von den Sternbildern, die Sie in der Nähe des Südpols sehen können. Vom Äquator aus sehen Sie die Hälfte der nördlichen und die Hälfte der südlichen Sternbilder.) St. Helena war damals der südlichste Außenposten des britischen Weltreiches und ein guter Ort, von dem aus man nicht nur die südlichen Himmel, sondern auch ein paar kartierte Sterne der nördlichen Hemisphäre beobachten konnte. Das war wichtig, denn wenn Halleys beabsichtigte Karte der südlichen Sterne Astronomen in Europa nützlich sein sollte, mußte sie ein paar Bezugspunkte zu Sternen aufweisen, deren Positionen schon früher bestimmt worden waren. Außer ihrem Breitengrad hatte die Insel St. Helena noch einen anderen Vorteil, der sie empfahl: Nach allen Berichten herrschte dort immer klares Wetter, und das ist für astronomische Beobachtungen von entscheidender Bedeutung.

Halleys neue Freunde in der Royal Society schrieben einen Brief an die Regierung, um diese Expedition zu unterstützen. Und König Karl II. fand bald Gefallen an der Sache. Aber der König war nur der Titularherrscher des fernen St. Helena; in Wirklichkeit war die kleine Insel das Lehngut der mächtigen Ostindischen Gesellschaft. Allerdings hatte der König doch einen gewissen Einfluß, und nachdem er an die Direktoren der Gesellschaft geschrieben hatte, erboten sie sich, für Halleys Überfahrt und ei-

Die Kegelschnitte. Wenn man einen Kegel in Scheiben schneidet oder in verschiedene Teile teilt, erhält man eine Vielzahl von Formen, die unter dem Oberbegriff Kegelschnitt zusammengefaßt werden. Hier ist das Äußere des Kegels in grauer Farbe, drei der Kegelschnitte sind in blauer Farbe dargestellt. Die obere Spitze des Kegels ist der Scheitel. Die Fläche, auf der er steht, ist die Grundfläche. Wenn Sie den Schnitt durch den Kegel parallel zur Grundfläche legen, erhalten Sie einen Kreis. Wenn Sie den Schnitt in einem bestimmten Winkel zur Grundfläche legen, erhalten Sie eine langgestreckte Kurve, die ein wenig aussieht wie ein Oval. Das ist eine Ellipse. Wenn Sie den Kegel rechtwinklig zu der Grundfläche durchschneiden, erhalten Sie eine Hyperbel, die – anders als der Kreis oder die Ellipse – keine geschlossene Kurve ist. Es gibt noch eine andere Kurve, die hier nicht dargestellt ist: die Parabel, die genau am Übergang zwischen einer Ellipse und einer Hyperbel liegt. Diese hübschen Kegelschnitte werden erstmals von Apollonius von Perge (250 bis 190 v. Chr.) beschrieben. Es ist erstaunlich, daß sich die Planeten und Kometen bekanntlich auf solchen Kurven um die Sonne bewegen und daß die Flugbahn eines Steins, den man in die Luft geworfen hat, einer Parabel folgt. Newton zeigte, daß die Gravitationskraft, die umgekehrt proportional zum Quadrat der Entfernung von der Sonne ist, die Himmelskörper in Kegelschnittbahnen zwingt. Schematische Darstellung von Jason LeBel/BPS.

nen wissenschaftlichen Begleiter zu sorgen. Halleys Vater, der »bereit war, [Edmunds] Neugier zu befriedigen«, gewährte ihm einen hohen Geldbetrag, der für mehr reichte als die beste Beobachtungsausrüstung und andere Ausgaben, die noch anfallen mochten. Im November 1676 setzte Halley auf der *Unity* die Segel und machte sich auf eine Reise, die drei Monate dauern und ihn über beinahe 10000 Kilometer Ozean führen würde. Sein Ziel war eine Insel, die so einsam lag, daß die Briten sie 130 Jahre später für das einzige Gefängnis hielten, das für den gefangenen Kaiser Napoleon sicher genug war. Beinahe zwei Jahrhunderte lang waren europäische Seeleute über die südlichen Meere gesegelt und hatten jede Küste kartographiert, auf die sie einen Blick erhaschen konnten, aber kein einziger von ihnen hatte die fremden Sterne über ihnen akkurat in eine Karte eingezeichnet. Halley machte es sich zur Aufgabe, den halben Himmel nach England zurückzubringen. Er war gerade 21 Jahre alt geworden. Entgegen den Berichten der Reisenden war das Wetter auf St. Helena hundsmiserabel. Halley mußte manchmal wochenlang warten, bis er einen Blick auf die Sterne werfen konnte. *Englisches* Wetter war besser! Aber in England hätte er selbst bei schlechtem Wetter wenigstens andere Dinge tun können. Auf St. Helena hatte er sich auf wenig mehr als einen Felsen mitten im weiten Ozean verbannt. Und er mußte sich nicht nur wegen der Wolken Sorgen machen. Der Gouverneur von St. Helena war verrückt und entwickelte Edmund Halley gegenüber einen abgrundtiefen Haß. Das Benehmen des Gouverneurs wurde so merkwürdig, daß er schließlich abberufen und entlassen wurde, aber zu diesem Zeitpunkt war auch Halley soweit, daß er die Rückreise antreten konnte. Trotz der Schwierigkeiten hatte er sein schreckliches Jahr auf St. Helena gut genützt. Er kehrte mit der ersten Karte des südlichen Himmels und vielen anderen Beobachtungen nach Hause zurück. Er hatte Sterne und Nebel entdeckt, die den Europäern noch unbekannt waren. Während seines Aufenthalts auf St. Helena hatte er auch den Durchgang des Planeten Merkur über die Sonnenscheibe beobachtet. Das sollte später für die Bestimmung der Entfernung zwischen Sonne und Erde wichtig werden, die Astronomen als Astronomische Einheit (AE) bezeichnen. Er stellte fest, daß es in der südlichen Hemisphäre keinen Polarstern gibt und daß auf St. Helena eine exakte Zeitmessung mit einer Pendeluhr, die in England geeicht war, nur dann möglich war, wenn man das Pendel verkürzte. (Halley wußte damals nicht, daß die Umdrehung der Erde eine geringe Zentrifugalkraft bewirkt, die der Erdanziehung am Äquator leicht entgegenwirkt, mit zunehmenden Breitengraden aber immer schwächer wird.)

Seine Karte des südlichen Himmels wurde der Royal Society von Robert Hooke präsentiert, einem Universalgelehrten, der durch das Teleskop als erster Mensch Jupiters Großen Roten Fleck (GRF) und durch das Mikroskop eine lebendige Zelle sehen sollte. (Er war auch der erste, der im biologischen Zusammenhang das Wort »Zelle« verwendete.) Hooke leistete Bleibendes in der Physik, Astronomie, Biologie und im Ingenieurwesen. Die Mitglieder der Royal Society erkannten Halleys Leistung sofort an, aber was die Universität Oxford betraf, war er nur einer der vielen, die ihr Studium abgebrochen hatten. Man ließ ihn nicht wieder an die Universität Oxford zurück, weil er nach St. Helena gegangen war, bevor er seine Studienpflichten in Oxford erfüllt hatte. Die Regeln waren so schwer verletzt, daß nur eine königliche Verordnung die Sache wieder einrenken konnte. Halley wandte sich noch einmal an Karl II., und noch einmal schrieb Karl II. einen Brief, in dem er für Halley eintrat. Dieses Mal verlangte er, ihm den akademischen Grad eines Magisters der philosophi-

Das Frontispiz von Halleys Karte der südlichen Sterne. Die Punkte stellen die Sterne dar und sind mit phantasievollen Sternbildern verbunden. An der Peripherie sind die Sternbilder eingezeichnet, die den Astronomen der nördlichen Hemisphäre bekannt sind, während die Sternbilder in der Mitte der Karte nur am südlichen Himmel gesehen werden können. Ann Ronan Picture Library.

Ein Sextant zur Messung der Sternpositionen, der von Johannes Hevelius und seiner Frau bedient wird. Wegen dieser Art von Meßinstrumenten reiste Halley nach Danzig. Mit freundlicher Genehmigung der Royal Astronomical Society.

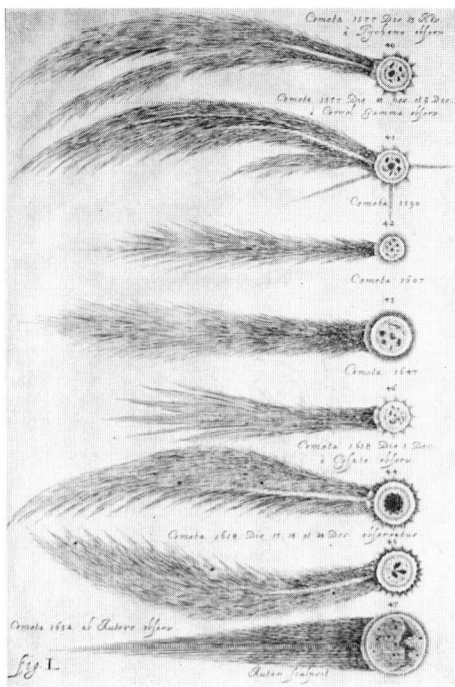

Johannes Hevelius aus Danzig beobachtete auch Kometen. Hier eine Auswahl an Kometenformen zwischen 1577 und 1652 aus seiner *Cometographia* (1668). Vergleichen Sie diese Darstellungen mit dem chinesischen Kometenatlas, Seite 25.

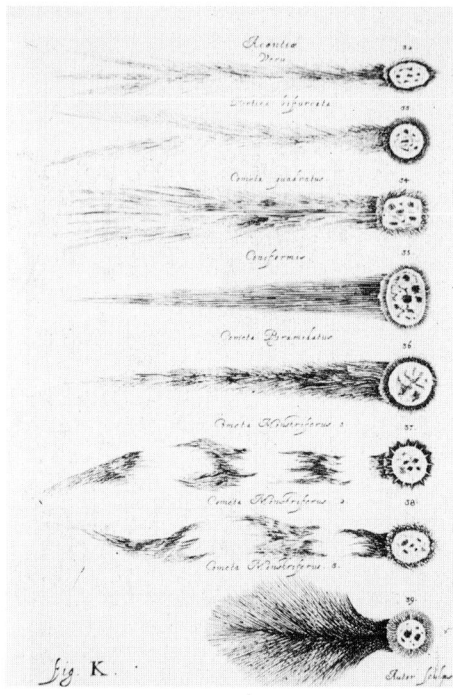

Weitere Kometenformen von Hevelius. Beachten Sie die Kometen mit den unterbrochenen Schweifen. Die unteren drei Kometen werden, in Anlehnung an den einst vorherrschenden Kometenmystizismus, »monsterartige Kometen« genannt. Mit freundlicher Genehmigung D. K. Yeomans'.

schen Fakultät zu verleihen, »ohne die Bedingung zu stellen, daß er irgendwelche Vor- oder Nachprüfungen dazu ablegen muß«. Der Vizekanzler der Universität von Oxford fügte sich. Als Halley seinen Titel erhielt, wurde er zum Mitglied der Royal Society gewählt, eine beachtliche Auszeichnung für einen so jungen Mann.

Halley richtete seine Aufmerksamkeit auf eine immer heftigere Kontroverse zwischen Hooke, Flamsteed und Johannes Hevelius in Danzig, dem überragenden beobachtenden Astronomen jener Zeit. Hooke und Flamsteed schworen auf das jüngst erfundene optische Visier (eine Art Zielfernrohr), das in Verbindung mit einem Meßinstrument die Genauigkeit bei der Bestimmung der relativen Sternpositionen vergrößerte. Der ältere Hevelius war jedoch gegen die moderne Technologie und bestand darauf, eine offene Visiereinrichtung ohne optische Hilfsmittel zu benützen, die ebenso einfach ist wie Kimme und Korn auf einem Gewehr. Hooke und Flamsteed waren entsetzt. Sie führten eine scharfe Hetzkampagne gegen Hevelius und versicherten jedem, der es hören wollte, daß man den Beobachtungen des Hevelius nicht trauen könne. Hevelius fühlte sich, verständlicherweise, umzingelt. Er war auch Mitglied der Royal Society, aber er lebte in Danzig, weit weg von den Pubs und Salons, in denen Hooke und Flamsteed ihre beleidigenden Reden schwangen. Er wandte sich an die anderen Mitglieder der Royal Society und schrieb ihnen, daß jedem Wissenschaftler erlaubt sein sollte, der Astronomie so zu dienen, wie er es für richtig halte; daß die Ergebnisse nur an ihrem eigentlichen Wert gemessen und beurteilt werden sollten; daß es sich für Wissenschaftler nicht gezieme, die Arbeit eines Kollegen ohne stichhaltige Beweise zu verunglimpfen. Er mache seine Beobachtungen seit mehr als 30 Jahren mit einer offenen Visiereinrichtung, und wenn diese für Tycho Brahe gut genug war, dann sei sie auch für ihn gut genug. Die Royal Society gab eine offizielle Antwort, in der sie ihr Vertrauen in Hevelius bekräftigte und Hooke und Flamsteed dazu aufforderte, den Fall zu dokumentieren oder die Sache ganz beizulegen. Sie taten weder das eine noch das andere. Die Parteien waren in einer Sackgasse.

Mit seinem Taktgefühl, seiner Integrität, seinem Beobachtungstalent (und dem Geld seines Vaters) gab es keinen, der sich besser dafür eignete als Halley, die Reise zu machen und Hevelius' Beobachtung einer Probe zu unterziehen. Halley schickte Hevelius eine Kopie seines Katalogs der südlichen Sterne und bat um eine Einladung, damit er ihn besuchen könne. Hevelius hatte nichts gegen einen Besuch einzuwenden, und im Mai 1679 kam Halley in Danzig an. Zehn Nächte lang machten sie gemeinsam ihre Beobachtungen, und Halley war bald davon überzeugt, daß Hevelius mit der veralteten offenen Visiereinrichtung durchweg bessere Ergebnisse erzielte als Flamsteed und Hooke mit der modernsten Ausrüstung. Er schrieb sofort an Flamsteed und beschrieb seine sorgfältigen, systematischen Bemühungen, Fehler in Hevelius' Beobachtungen zu entdecken: »Wahrlich, ich habe gesehen, wie mehrmals, ohne jede Abweichung dieselben Ergebnisse erzielt wurden«, berichtete er seinem Mentor, der zweifellos begierig war, genau das Gegenteil zu hören, »... so daß ich seine [Hevelius'] Glaubwürdigkeit nicht länger zu bezweifeln wage.«

Trotz Halleys Gutachten brachten es Flamsteed und Hooke nicht über sich, nachzugeben oder wenigstens sich zu entschuldigen. Der Streit um die offene Visiereinrichtung wurde erst beigelegt, als Hevelius acht Jahre später starb. Halleys Verhalten war beispielhaft für Fairneß und Unvoreingenommenheit, denn er hatte den Unmut mächtiger Freunde im Interesse der Wahrheit herausgefordert. Im Jahr 1680 war die Beschäftigung mit der Wissenschaft als Schritt zum besseren Verständnis der Natur keineswegs allgemein anerkannt. Gibbons erwähnt einen Astronomen, der zugeben mußte, daß der Schwanz, nicht aber der Kopf (des Kometen des Jahres 1680), ein Zeichen für den Zorn Gottes sei – ein erhellendes Beispiel für den Wandel der Betrachtungsweise. Sogar der Entdecker des Großen Kometen in jenem Jahr, der deutsche Astronom Gottfried Kirch, war von der mystischen Natur der Kometen überzeugt:

> Ich habe viele Bücher über Kometen gelesen, heidnische und christliche, religiöse und weltliche, lutheranische und katholische, und alle erklären Kometen als Zeichen für Gottes Zorn.... Es gibt einige, die sich diesem Glauben widersetzen, aber die sind nicht sehr wichtig.

Auch Halley sah den Großen Kometen von 1680, aber er reagierte ganz anders als Kirch. An Bord einer Fähre auf dem Kanal, irgendwo zwischen Dover und Calais, sah Halley zum Himmel, als die Wolkendecke aufriß und den Glanz des Kometen enthüllte. Kaum war Halley in Frankreich angekommen, eilte er zum Pariser Observatorium, um mit dem dortigen Direktor zu sprechen.

Jean-Dominique Cassini (1625 bis 1712), der die wichtigste Teilung in den Saturnringen und vier der Monde dieses Planeten entdeckte, empfing den jungen Autor des *Catalogue of the Southern Stars* mit überschwenglicher Gastfreundschaft. Cassini unterhielt Halley, machte ihn mit Freunden und Kollegen bekannt, erlaubte ihm, uneingeschränkt Sternwarte und Bibliothek zu benutzen, und, was am bedeutsamsten war, er brachte Halley auf eine Idee. In einem Brief an Hooke im Mai 1681 schrieb Halley:

> Monsieur Cassini erwies mir die Gnade, mir sein Buch über Kometen zu überreichen, als ich die Stadt gerade verlassen wollte. Außer den Beobachtungen, die er bis zum 18. Mai machte und die also noch ganz neu sind, legt er in dem Buch eine Theorie der Kometenbewegung vor, die besagt, daß dieser Komet derselbe Komet war wie der, den Tycho anno 1577 beobachtete, und daß dieser Komet auf seiner Umlaufbahn einen großen Kreis beschreibt, der die Erde mit einschließt ...

Halley zählt die Einzelheiten von drei Kometenerscheinungen auf und fügt hinzu:

> ... dies ist die Quintessenz seiner Hypothese, und er behauptet, sie würde genau genug auf die Bewegungen der beiden Kometen zutreffen wie auch auf den Kometen von April 1665. Ich weiß, daß es Ihnen schwerfallen wird, auf diesen Gedanken einzugehen, aber es ist doch sehr bemerkenswert, daß drei Kometen so genau denselben Weg am Himmel nehmen und dieselben Stufen der Geschwindigkeit haben sollten ...

Noch hatte niemand die Umlaufbahn eines Kometen bestimmt, aber Cassini bemerkte, daß die drei Kometen mit ähnlicher Geschwindigkeit aus demselben Teil des Himmels gekommen waren, und stellte anschließend seine kühne Hypothese auf. In der wissenschaftlichen Literatur war ihm keiner zuvorgekommen, aber in der Volkstradition der Bantu-Kavirondo in Ostafrika hieß es ausdrücklich, daß es immer derselbe Komet ist, der in riesigen zeitlichen Abständen zur Erde zurückkehrt.

Der Komet Arend-Roland (1957), bekannt für seinen sonnenwärts gerichteten Dorn. Vergleichen Sie die Darstellung mit Hevelius' Zeichnung des Kometen von 1590 (zweiter Komet von oben in der Abbildung auf Seite 46). Photographiert durch das Teleskop der Universität von Michigan von F. D. Miller am 24. April 1957. Mit freundlicher Genehmigung der National Aeronautics and Space Administration (NASA).

Photomontage aus Photos der Voyager-1-Sonde: Der Saturn, der Ring mit der Cassinischen Trennung und einige seiner größeren Monde, von denen J. D. Cassini im 17. Jahrhundert vier entdeckt hat, sind klar zu sehen. Mit freundlicher Genehmigung der NASA.

> Von den italischen Denkern, den sogenannten Pythagoreern, meinen die einen, es handele sich um einen der Irrsterne, der nur eben nach sehr langer Zeit wieder sich zeige und dann nur kurze Zeit stark aufleuchte.
>
> Aristoteles, *Meteorologie*, Buch I, hrsg. u. übers. Paul Gohlke, Paderborn 1955, S. 31
>
> Hier redet Aristoteles wenigstens implizit wohl von einer periodischen Wiederkehr von Kometen.

Halley informiert Hooke darüber, daß seine Versuche, die Bahn eines Kometen auf der Basis von Cassinis Zusammenfassung seiner meßbaren Bewegung am Himmel zu skizzieren, fehlgeschlagen seien; er wolle es aber irgendwann noch einmal versuchen. Im letzten Abschnitt formuliert Halley in einem Exkurs die Grundlagen zu einer Wissenschaft der Versicherungsstatistik. Nachdem er die Statistiken der Geburten, Eheschließungen, Todesfälle und Bevölkerungsdichte vergleichend für Paris und London zusammengefaßt hatte – die Bevölkerungsdichte hatte Halley selbst ermittelt, indem er ganz Paris zu Fuß abgegangen war –, schloß er:

> ... unter der Annahme, es werde immer so sein, folgt daraus, daß eine Hälfte der Menschheit unverheiratet stirbt und daß jedes verheiratete Paar vier Kinder haben muß, damit die Menschheit auf dem derzeitigen Stand bleibt ...

Es sollte zehn Jahre dauern, bis er diese Idee weiterentwickelte, und noch länger, bis er zum Thema Kometen zurückkehrte. Jetzt brach er erst einmal für sechs Monate nach Italien auf. Nach seiner Rückkehr nach England allerdings machte er seine erste große Entdeckung.

Sie hieß Mary Tooke und war die Tochter eines Beamten im Kollegium der Rechnungskammer. In einem zeitgenössischen Bericht wird sie als »liebenswürdige Dame von Stand und Mensch von wirklichem Wert« beschrieben. In einem anderen Beitrag wird sie als »junge Dame, die ebenso bewunderungswürdig ist für ihren Charme wie für ihre geistigen Qualitäten« charakterisiert.

Sie heirateten weniger als drei Monate nach seiner Rückkehr in St. James, einer Kirche, die, je nachdem, wie Sie es betrachten wollen, berüchtigt oder berühmt dafür war, daß sie hauptsächlich von Paaren ausgewählt wurde, die miteinander durchgebrannt waren. Es scheint keine Einwände gegen die Hochzeit gegeben zu haben, auch war Mary nicht schwanger. Vielleicht wählten sie St. James, weil sie keine Stunde mehr vertrödeln wollten. Ihre Ehe und ihre Liebe sollten bis zu Marys Tod, beinahe 55 Jahre später, bestehen bleiben. Die wenigen überlieferten Hinweise auf ihre Beziehung betonen ein tiefempfundenes und dauerhaftes Glück. Im Jahre 1682, gegen Ende des ersten gemeinsamen Sommers, sahen Edmund und wahrscheinlich auch Mary einen weiteren Kometen, der jedoch bei weitem keine so spektakuläre Erscheinung war wie der Große Komet von 1680. Er machte sich ein paar Notizen. Es war sein einziger Blick auf den Kometen, der eines Tages seinen Namen tragen sollte.

Jahre nach dem Tod von Halleys Mutter war Edmund Halley senior eine unglückliche zweite Ehe eingegangen. Man sprach über die Extravaganz seiner neuen Frau und ihre offensichtliche Geringschätzung für ihren Mann und seinen Sohn. Der Kontrast zwischen der Ehe des Vaters und des Sohnes muß beide geschmerzt haben. Am 5. März 1684 klagte der ältere Halley darüber, daß seine Schuhe zu eng seien, und ein Neffe erbot sich, das Futter aus der Spitze des Schuhs zu trennen. Das schien ihm Erleichterung zu verschaffen, und Edmund senior sagte seiner Frau, daß er ausgehe. Er werde bei Anbruch der Nacht zurück sein. In einer zeitgenössischen Flugschrift lesen wir, was dann geschah:

> ... als die Nacht hereinbrach, erwartete sie ihn also, aber da er nicht zurückkehrte, war sie sehr beunruhigt. Am folgenden Tag stellte sie allerlei Nachforschungen an, und als sie mehrere Tage nichts von ihm hörte, gab sie sein Verschwinden in den Zeitungsblättern bekannt. Von Mittwoch, dem 5. März, bis zum 14. April erhielten sie trotz aller Mühen und den strengsten Nachforschungen, die angestellt werden konnten, keinerlei Information darüber, wo er sich aufhielt oder wo er gewesen war. Aber am Montag wurde er schließlich an einem Ufer bei der Temple-Farm in Strow'd Parish in der Nähe von Rochester auf folgende Art und Weise gefunden. Ein armer Junge, der aus irgendeinem Grund am Ufer entlangging, erspähte den

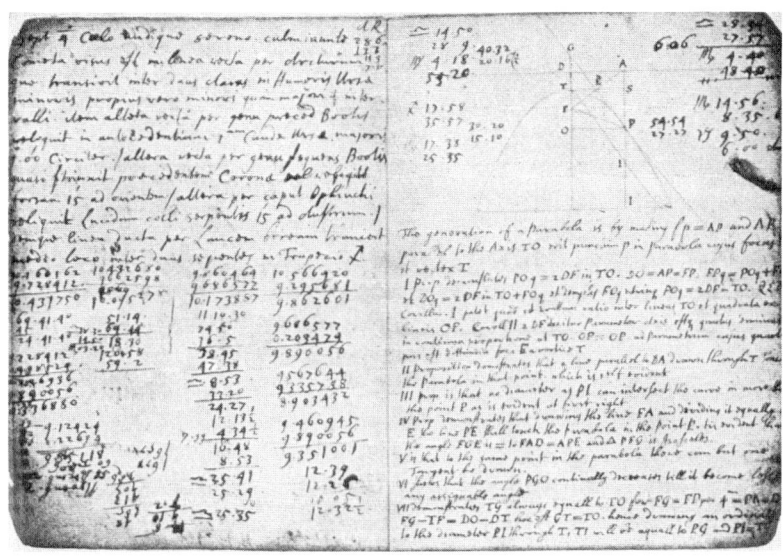

Edmund Halleys Beobachtungen des Kometen, der seinen Namen tragen sollte. Auf der linken Seite sind seine Beobachtungen vom 4. September 1682. Die rechte Seite enthält Notizen über die Parabel, die als Bahn für Kometen in Betracht gezogen wurde. Diese zwei Seiten wurden in Arthur Stanley Eddingtons Artikel »Halley's Observations on Halley's Comet 1682« reproduziert. (*Nature*, Band 83, Seite 373, 1910). Mit freundlicher Genehmigung der Library of Congress.

Körper eines Mannes, der tot und bis auf Schuhe und Strümpfe entkleidet war. Er erzählte sofort anderen von seiner Entdeckung, und schließlich bekam ein Gentleman Kenntnis davon, der die Anzeige in der Gazette gelesen hatte. Er machte sich sofort nach London auf und berichtete Mrs. Halley von allem. Dabei sagte er ihr, er habe das nicht um der Belohnung willen getan, sondern aus Prinzipien, die ehrenhafter und christlicher seien, denn was das Geld angehe, so wünsche er selbst keinerlei Vorteile davon zu haben. Es solle vollständig dem armen Jungen gegeben werden, der ihn gefunden habe und die Belohnung gerechterweise verdiene.

Derselbe Neffe, der Halleys Schuhe angepaßt hatte, wurde von Mrs. Halley geschickt, um den Leichnam zu identifizieren. Es muß eine grausige Aufgabe gewesen sein, denn das Gesicht war völlig entstellt. In der Flugschrift heißt es weiter:

> Alle waren sich darin einig, daß er nicht die ganze Zeit im Fluß gelegen haben konnte, die er vermißt war, denn dann hätte der Leichnam stärker verwest sein müssen. Der Gentleman erkannte ihn an den Schuhen und Strümpfen; es waren dieselben, aus denen er das Futter herausgetrennt hatte. Und an einem Bein hatte er vier Strümpfe und am anderen drei und einen mit Wachs imprägnierten Fußlappen.* Der Leichenbeschauer wurde zu Rate gezogen, und die Obduktion ergab, daß er ermordet worden war.

Leider war kein Sherlock Holmes bei der Hand, der die vielen Fußspuren untersucht und Halleys Aufenthaltsorten während der fünf Wochen nachgespürt hätte. Zweieinhalb Jahrhunderte nach dem Ereignis fällte Eugene Fairfield MacPike, der erste Halley-Kenner, das Urteil: Es war Selbstmord, denn »die Indizien, die uns zur Verfügung stehen, deuten alle auf geistige Umnachtung«. Vielleicht. Aber sie weisen ebenso auf Mord.

Mysteriös ist auch die Reaktion des Sohnes. Er wird in der Flugschrift nicht erwähnt, spielt offensichtlich keine Rolle bei der Suche nach seinem Vater, der Identifikation des Leichnams und der Obduktion durch den Leichenbeschauer. Sein ganzes Leben ist die Fallstudie einer starken, beinahe zwanghaften Neugier. Und dennoch findet sich kein Hinweis darauf, daß er irgendeinen Versuch unternahm, das Rätsel um den Tod seines Vaters zu lösen, des Mannes, der seine intellektuelle Entwicklung so großzügig gefördert und unterstützt hatte.

Einen unschönen Schlußstrich zog der »Gentleman«, der die zweite Mrs. Halley vom Tod ihres Mannes unterrichtete, unter die unglücklichen Ereignisse. Er klagte später die nichtbezahlte Belohnung in Höhe von £ 100 ein, behauptete aber, er »wünsche selbst keinerlei Vorteile davon zu haben«. Der Fall wurde unter einem Richter Jeffreys verhandelt, der berüchtigt dafür war, die verschiedenartigsten Verbrechen an den Angeklagten verübt zu haben. Erpressung und Nötigung waren noch die harmlosesten. In diesem speziellen Fall scheint er einen Anfall von Edelmut gehabt zu haben. Er sprach dem »Gentleman« nur 20 Pfund zu und wies Mrs. Halley an, die restlichen 80 Pfund dem unglücklichen »armen Jungen« zu bezahlen, der den Leichnam entdeckt hatte. Ein Jahrzehnt später brachte Edmund seine verschwenderische Stiefmutter vor Gericht, um, wie es hieß, sein Erbe zu sichern.

---

* In Ermangelung von Strümpfen wickelte man sich bis ins 19. Jh. die Füße mit Bandagen ein. Diese Bandagen wurden »Fußlappen« genannt.

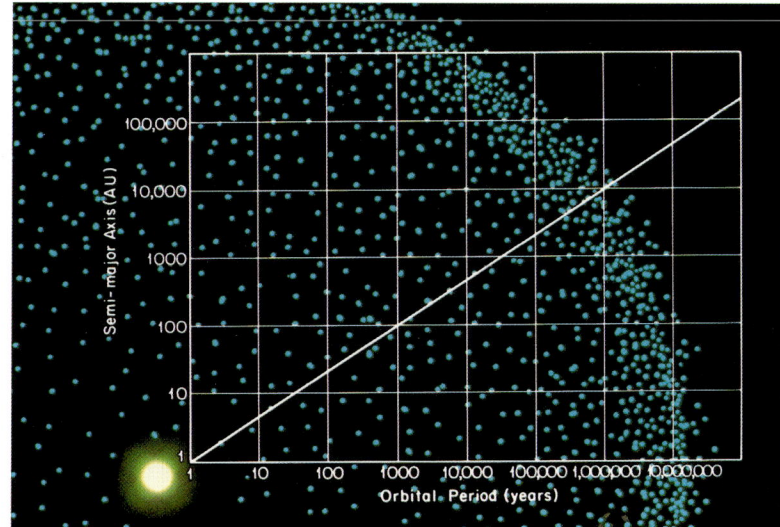

Die Zeit, die ein Planet oder Komet braucht, um die Sonne einmal zu umlaufen, wächst nach einem bestimmten Naturgesetz, das durch die diagonale gerade Linie dargestellt ist, je größer die Entfernung zur Sonne ist. Die Umlaufzeit ist in Erdenjahren, die Entfernung von der Sonne in Astronomischen Einheiten (AE) angegeben. Links unten sehen wir, daß ein Körper mit 1 AE Entfernung von der Sonne eine Umlaufzeit von einem Jahr hat. Das trifft für die Erde zu. Bei einer Entfernung von 100 AE von der Sonne würde ein Komet 1000 Jahre für einen Umlauf benötigen. Ein Komet aus der äußeren Oortschen Kometenwolke, die durch die blauen Punkte dargestellt ist (Kapitel 11), würde die Sonne in Millionen Jahren einmal umlaufen. Diese Beziehung, die im Werk Newtons und Halleys eine zentrale Stelle einnimmt, wird das Dritte Keplersche Gesetz genannt. Schematische Darstellung von Jon Lomberg/BPS.

Ungefähr zu der Zeit, da sein Vater verschwand, versuchte Halley, zu genaueren Erkenntnissen über die planetarischen Bewegungen zu kommen. Kepler hatte dargelegt, daß zwischen der Zeit, die ein Planet braucht, um die Sonne zu umlaufen (das Jahr), und der Entfernung des Planeten von der Sonne eine genaue Proportionalität besteht. Auf dem Merkur, der der Sonne sehr nahe ist, dauert das Jahr nur 88 Erdentage. Auf dem Saturn, der weit von der Sonne entfernt ist, dauert es beinahe 30 Erdenjahre. Die Planeten in den äußeren Bereichen des Sonnensystems benötigen für ihre Umlaufzeiten länger als ein Erdenjahr, weil sie zum einen eine größere Bahn zu durchreisen haben, zum anderen sich langsamer bewegen. Warum? Halley und einige andere dachten sich, daß die Planetenbewegungen auf zwei Kräfte zurückzuführen seien, die sich gegenseitig ausglichen. Eine Kraft sei von der Sonne weggerichtet und entstehe durch die Eigengeschwindigkeit des Planeten. Die andere Kraft sei zur Sonne hin gerichtet, entstehe aber durch eine bislang unentdeckte Gravitationskraft von der Sonne. Es lag auf der Hand, daß diese Kraft mit steigender Entfernung geringer werden mußte; deshalb konnten weit entfernte Planeten sich langsam bewegen und dennoch die Gravitationskraft ausgleichen. Aber wie schnell mußte sich die Gravitationskraft bei einer Entfernung von der Sonne verringern, damit die beobachteten Planetenbewegungen erklärt werden konnten? Intuitiv oder in einer falschen Analogiebildung zu der Ausbreitung des Lichtes behaupteten Halley und seine Kollegen, die Gravitation sei umgekehrt proportional zum Quadrat der Entfernung. Ihre Entdeckung nannten sie das »Inverse Square Law«. Wenn Sie den Planeten doppelt so weit von der Sonne entfernen, verringert sich die Kraft auf ein Viertel ihres ursprünglichen Betrags. Wenn Sie ihn dreimal so weit entfernen, verringert sich die Kraft auf ein Neuntel und so weiter. Das Gesetz der Gravitation, was auch immer das sein mochte, beherrschte den Himmel. Es ist ein zentrales Problem in unserem Verständnis der Natur.
Halley, Hooke und Christopher Wren, der Architekt – er baute London nach dem Großen Brand wieder auf –, Mathematiker und Astronom, beratschlagten bei einer Konferenz der Royal Society im Januar 1684 über die Herausforderung, das hypothetische »Inverse Square Law« zu beweisen. Hooke brüstete sich damit, daß er das bereits getan habe, weigerte sich aber, den Beweis anzutreten. Wren muß seine Zweifel gehabt haben, denn er setzte eine Belohnung von einem Buch im Wert von höchstens

Isaac Newton, der größte britische Wissenschaftler, abgebildet auf einer £-1-Banknote.

40 Shilling aus für den, der ihm vor Ablauf von zwei Monaten den Beweis beibringen würde. Hooke hielt daran fest, daß er die Lösung gefunden habe, wollte aber noch damit warten, sie den anderen vorzuführen, damit alle sehen könnten, wie kompliziert und bedeutend sein Werk sei. Tatsächlich drohte Wren von dieser Seite keine Gefahr, seine 40 Shillings zu verlieren.

Die Monate verstrichen, und die Herausforderung blieb unbeantwortet. Deshalb beschloß Halley, dem Trinity College in Cambridge einen Besuch abzustatten, wo ein Mann lebte, der dieser Aufgabe gewachsen sein könnte. Dieser Gelehrte galt in erster Linie wegen seiner bemerkenswerten Arbeiten über die Natur der Farben und des Lichts für eine Art Wundermann. Aber das war schon viele Jahre her, und seit damals hatte dieser Mann sein Genie darauf verwendet, alchemistische Experimente anzustellen und Athanasius, einen umstrittenen Theologen der frühen christlichen Kirche, wild anzugreifen. Das Genie hatte Anfälle von Paranoia und Depressionen. Es war unfähig, zu irgend jemandem, besonders zu Frauen, normale Beziehungen zu pflegen. Außerdem war er offensichtlich mit der Unfähigkeit geschlagen, irgend etwas fertig zu machen. Trotzdem war er dafür bekannt, ein brillanter Mathematiker zu sein, und Cambridge war nicht allzuweit von Halleys Haus in London entfernt. Also machte Halley sich an einem Augustmorgen des Jahres 1684 auf und besuchte Isaac Newton.

Halleys Treffen mit Newton (1642 bis 1727) im August 1684 war von größter Bedeutung für Halley, für Newton und für die Wissenschaft. Die Resultate waren so vielfältig, daß man sie nicht alle aufzählen kann. Das Treffen hatte Auswirkungen auf das Schicksal der ganzen Welt. Der Mathematiker Abraham De Moivre schrieb Newtons Bericht von der folgenschweren Begegnung nieder:

> ... der Doktor [Halley] fragte ihn, welche Bahn die Planeten beschreiben würden, wenn man annahm, daß die Anziehungskraft der Sonne umgekehrt proportional zum Quadrat der Entfernung zwischen der Sonne und den Planeten sei. Newton antwortete sofort, daß sie eine Ellipse beschreiben würden. Der Doktor war erfreut und verwundert und fragte, woher er das wisse. Warum, sagte er, ich habe es berechnet. Daraufhin bat Dr. Halley umgehend um seine Berech-

nungen. Sir Isaac sah in seinen Papieren nach, konnte sie aber nicht finden. Er versprach, die Berechnung neu anzufertigen und dann dem Doktor zu schicken ...

Dieses Versprechen mag in Halleys Ohren vertraut und deshalb leer geklungen haben. Aber wo Hooke Ausflüchte machte, lieferte Newton Wissen. Im November wurde eine Kopie von Newtons *De motu corporum in gyrum* (»Über die Bewegung von Körpern im Kreis«) – damals wurden wissenschaftliche Werke noch in lateinischer Sprache abgefaßt – Halley per Boten zugestellt. Sie war nur neun Seiten lang, enthielt aber nicht nur den Beweis, daß das »Inverse Square Law« alle drei Keplerschen Gesetze in sich einschloß, sondern auch die Samen einer großen neuen Wissenschaft: der Dynamik. Halley erkannte sofort, was Newton hier zustande gebracht hatte. Er eilte zurück nach Cambridge und rang Newton das Versprechen ab, seine Erkenntnisse in einem Buch ausführlich darzulegen. Halleys erster Besuch bei Newton hatte diesen aus einer Art mystischer Trance geweckt. Jetzt war Newton bis zur Schlaflosigkeit wach, besessen von dieser neuen Herausforderung, unfähig zu essen oder an etwas anderes zu denken. In den folgenden anderthalb Jahren lebte er fast wie ein Einsiedler auf seiner monomanischen Jagd nach der Gravitation und den Planetenbewegungen.

Halley war inzwischen zurück in London und eifrig damit beschäftigt, sich in eine untere Klasse zurückstufen zu lassen. Die Royal Society war seit ihrer Gründung im Jahr 1660 ein Klub für Herren mit wissenschaftlichen Interessen gewesen. Im Jahr 1685 hatte die wissenschaftliche Revolution solche Ausmaße erreicht, daß die freiwilligen Dienste der Fellows nicht mehr ausreichten, die Aufgaben alle zu bewältigen. Man brauchte einen bezahlten, ganztags arbeitenden Sekretär, jemanden, der die wachsende Korrespondenz erledigte, die Einzelheiten der Sitzungen regelte und die Veröffentlichung der *Philosophical Transactions* organisierte. Halley sah ganz richtig, daß diese Arbeit ihm die ideale Gelegenheit bot, alles, was in der Wissenschaft geschah, aus erster Hand zu erfahren. Er wurde Anfang des Jahres 1686 bei der zweiten Abstimmung auf diesen Posten gewählt. Da er aber sein Gehalt von der Royal Society erhielt, mußte er seine Mitgliedschaft kündigen und am unteren Ende des Konferenztisches sitzen. Außerdem wurde ihm die Ehre verweigert, eine Perücke tragen zu dürfen.

Fröhlich stürzte Halley sich mit seiner unersättlichen Neugier auf alles, was ihm geboten wurde: ein Bankett der Geologie, Geographie, Biologie, Medizin, Botanik, Meteorologie, Mathematik und selbstverständlich Astronomie. Er spielte eine entscheidende Rolle in dem Prozeß, der die Royal Society von einem Klub in den weltweit wichtigsten Umschlagplatz für wissenschaftliche Ideen verwandelte. Gleichzeitig schaffte er es noch, viele neue eigene Abhandlungen zu veröffentlichen.

Als Newton sich der Vollendung seines Meisterwerkes näherte, trat Halley mit dem Vorschlag an die Royal Society heran, das Werk zu veröffentlichen. Da sich alle darüber einig waren, daß das Buch wichtig sein mußte, hätte die Society unter normalen Umständen nur zu gerne für die Veröffentlichung bezahlt. Dummerweise hatte sie jedoch ihren Publikationsfonds durch die Veröffentlichung eines anderen Buches erschöpft. Das war die langerwartete *Historia Piscium* (»Fischkunde«), die völlig unerklärlich nicht die Leserschaft fand, die man erhofft hatte. Halley beschloß, die Veröffentlichung von Newtons Buch selbst zu finanzieren.

Robert Hooke erfuhr von den hohen Erwartungen, die in Newtons bevorstehendes Buch gesetzt wurden, und war außer sich. Er grub wieder den alten Anspruch aus, daß das Gesetz von der Gravitationskraft, die umgekehrt proportional zum Quadrat der Entfernung sei, von ihm stamme. Er forderte einen Hinweis auf seine Urheberschaft im Vorwort zu Newtons Buch. Halley, der bereits die Aufgaben eines Agenten, Herausgebers, Verlegers und Korrektors für das Buch auf sich genommen hatte, übernahm jetzt noch eine andere Rolle: Therapeut des Autors. Da er befürchtete, Newton könnte von Hookes Angriffen aus weniger rücksichtsvollem Mund hören, schrieb Halley einen Brief, den er mit Ausdrücken der Bewunderung und Dankbarkeit einleitete. Aber Sie spüren Halleys Nervosität, wenn er schließlich zu dem entscheidenden Punkt kommt:

> Es gibt noch eine Angelegenheit, über die ich Sie in Kenntnis setzen sollte, nämlich daß Mr. Hooke Anspruch auf die Entdeckung Ihrer Regel zur Verminderung der Gravitationskraft, die umgekehrt proportional zu den Quadraten der Entfernungen vom Zentrum ist, erhebt. Er sagt, Sie hätten diese Idee von ihm ...

Newton reagierte zunächst zurückhaltend, aber je mehr er über die Angelegenheit nachdachte, desto aufgebrachter wurde er. Er wollte den dritten Band seines Werkes lieber zurückziehen als in eine widerliche Kontroverse mit Hooke verwickelt werden. Aber Buch III war entscheidend. Richard S. Westfall, einer von Newtons Biographen, schreibt über Buch III:

> Mit einem Wort, es verkündete ein neues Ideal einer quantitativen Wissenschaft und basierte auf dem Prinzip der Anziehung, das nicht nur die deutlich sichtbaren Phänomene der Natur erklären würde, sondern auch die winzigen Abweichungen dieser Phänomene von ihren idealen Mustern. Auf dem Hintergrund der überlieferten Naturphilosophie war diese Konzeption nicht weniger revolutionär als der Gedanke einer universalen Gravitation selbst.*

Und Buch III enthielt auch Newtons monumentale Arbeit über Kometen. Newton hatte gewissenhaft alle Beobachtungen des Kometen von 1680 gesammelt, die er sich von den verschiedensten Orten beschafft hatte; dazu gehörten London, Avignon, Rom, Boston, die Insel Jamaica, Padua, Nürnberg und die Ufer des Flusses Patuxent in Maryland. (Auch damals schon war weltweite Zusammenarbeit zum Verständnis von Kometen unabdingbar.) Er zeigte, daß alle Beobachtungen zusammengenommen eine sehr exzentrische Umlaufbahn, fast eine Parabel ergeben. Newton stellte bei seinem Studium der Geschichte der Kometenbeobachtung fest, daß Kometen viel häufiger in dem Teil des Himmels gesehen werden, der nahe der Sonne ist, als im entgegengesetzten Teil. Das nahm er als Beweis dafür, daß Kometen im allgemeinen, und nicht nur der Komet von 1680, eine Bahn um die Sonne beschreiben und heller werden, wenn sie der Sonne am nächsten sind. Tycho hatte gezeigt, daß Kometen sich in der Höhe der Planeten bewegen. Newton zeigte, nachdem Halley ihm den Anstoß dazu gegeben hatte, daß sie ähnliche Umlaufbahnen (Kegelschnitte, Abbildung S. 44) wie die Planeten haben.

> Die Kometen leuchten wegen des Sonnenlichtes, das sie reflektieren. Ihre Schweife ... werden entweder dadurch verursacht, daß ein

---

* Richard S. Westfall, *Never at Rest*, Cambridge University Press, 1980

Rauch, der von ihnen aufsteigt und sich [im Raum] verteilt, das Sonnenlicht reflektiert, oder vom Licht ihrer Köpfe ... Die Körper der Kometen müssen unter ihren Atmosphären versteckt sein.

Für Halley war es undenkbar, daß diese lebendigen Sätze der Welt verlorengehen sollten, nur weil Newton der Eitelkeit Hookes ein Schnippchen schlagen wollte. Er versicherte Newton, daß kein Mensch Hookes Ansprüche ernst nehme. Er erzählte ihm die Geschichte von Wrens Wette damals im Jahr 1684. Und er bestand darauf, daß das Werk ohne Buch III nur für Mathematiker interessant wäre.
Er argumentierte, daß Hookes Forderungen von anderen übertrieben worden seien. Er redete ihm gut zu, er schmeichelte ihm. Schließlich gab Newton nach und stimmte der Veröffentlichung des gesamten Werkes zu.
Und so kam es, daß die *Philosophiae Naturalis Principia Mathematica* (»Die mathematischen Grundlagen der Naturwissenschaft«), das zentrale Vermächtnis der modernen Wissenschaft, der Grundpfeiler unseres gegenwärtigen Verständnisses der Sterne, Planeten, Kometen und vieler anderer Probleme, an die Öffentlichkeit gelangten. In der ersten Ausgabe der *Principia,* wie das Werk gemeinhin genannt wurde, vom Juli 1687 erschien Halleys vergötternde Huldigung an Newton als Vorwort. Die letzten Verse des Gedichtes lauten:

> »Lend your sweet voice to warble Newton's praise,
> Who search't out truth thro' all her mystic maze,
> Newton, by every fav'ring muse inspir'd,
> with all Apollo's radiations fir'd;
> Newton, that reach'd th' insuperable line,
> The nice barrier 'twixt human and divine.*

Die Nachwelt steht in ihrem Urteil Halley kaum nach. Newtons Buch sind die Erfindung der Differentialrechnung als auch die Theorie des interplanetarischen Raumflugs, welche die Interkontinentalraketen erst ermöglicht, verpflichtet. Newtons *Principia* veränderten die Welt.
Ein Jahr nachdem Halleys geschickte Hebammendienste Isaac Newton von den *Principia* entbunden hatten, wurden er und Mary Eltern zweier Töchter, Katherine und Margaret. Ungefähr zu dieser Zeit war Halley völlig fasziniert von Hookes Hypothese, daß die Sintflut, von der in der Bibel berichtet wird, mit einer Veränderung der Lage der Erdpole erklärt werden könnte, durch die der Nahe Osten langsam unter den Ozean in der Nähe des Äquators gerutscht wäre. Halley wußte, daß über Jahrhunderte hinweg minimale Veränderungen in der Lage des Breitengrades der deutschen Stadt Nürnberg beobachtet wurden. Da selbst winzige Veränderungen in der Lage des Breitengrades sich mit gletscherartiger Langsamkeit vollziehen, folgerte Halley, daß der Zeitraum zwischen der Schöpfung und der Sintflut viel länger gewesen sein mußte, als in der *Genesis* behauptet wird. Aber sowohl im Alten Testament als auch in den alten babylonischen Berichten über die Flut geht alles ziemlich rasch, und die Rettung kommt in weniger als einem Jahr. Halley versuchte sich vorzustellen, wie eine Überschwemmung dieses Ausmaßes in so kurzer Zeit verursacht

> Wenn er nicht gewesen wäre, hätte nach menschlichem Ermessen niemand an das Werk gedacht,
> oder wenn jemand an es gedacht hätte, wäre es nicht geschrieben worden,
> und wenn es geschrieben worden wäre, wäre es nicht gedruckt worden.
>
> Augustus De Morgan (1806 bis 1871) über Halleys Beitrag zu Newtons *Principia*

---

* Laßt uns mit süßer Stimme Newtons Lob singen, der die Wahrheit in ihrem mystischen Labyrinth aufgespürt hat. Newton, der von allen günstigen Musen inspiriert und von dem glänzenden Apoll angefeuert wurde. Newton, der die unüberwindliche Grenze, die Barriere zwischen Menschlichem und Göttlichem erreicht hat.

werden könnte. Wenn ein Komet der Erde zu nahe kommen würde, argumentierte er, könnten die Meere (oder nur der Persische Golf) durch die Gravitationsgezeiten ein so großes Gebiet überschwemmen, daß die Ereignisse, die in der Bibel beschrieben werden, damit erklärt werden könnten. Halley war auch der Ansicht, daß Kometen hin und wieder mit noch viel schrecklicheren Folgen tatsächlich in die Erde einschlagen könnten. Halley ist anscheinend der erste Wissenschaftler gewesen, der die Frage stellte, was passieren würde, wenn ein Komet sehr nahe an der Erde vorbeifliegt. Das ist, wie wir sehen werden, heute eine zentrale Frage auf vielen Gebieten der Wissenschaft.

Halleys Interessen waren zu dieser Zeit vielseitiger als je zuvor. Er versuchte, die Größe eines Atoms zu messen. Er betrieb wertvolle Forschungen auf den Gebieten Magnetismus, Wärme und Licht, Pflanzen, Muscheln, Uhren, Fischeiern, römische Geschichte und Aerodynamik. Er beobachtete das Verhalten der Kopffüßer und entwickelte eine Methode, wie man Schollen am Leben halten kann, um sie mitten im Winter zu verkaufen. Aus eigenen Aussagen Halleys wissen wir, daß er Opium rauchte. Er hielt auf einer Konferenz der Royal Society einen Vortrag über seine persönlichen Erfahrungen mit dieser Droge und schien nicht sehr an dem »Unmotiviertheitssyndrom« zu leiden, das oft mit Opium und anderen Rauschmitteln in Verbindung gebracht wird. Er erfand, entwickelte und testete auch die erste brauchbare Taucherglocke. »Mit diesem Gerät«, schrieb er, »habe ich drei Männer in zehn Faden Tiefe 1¾ [Stunden] unter Wasser halten können. Sie waren keinerlei Unannehmlichkeiten ausgesetzt und konnten sich so frei bewegen, als wären sie über Wasser gewesen.« Die Taucherglocke funktionierte so gut, daß Halley nebenbei eine florierende Bergungsgesellschaft gründete. Im gleichen Jahr veröffentlichte Halley eine Arbeit über die Möglichkeit, die Astronomische Einheit, die Entfernung der Erde von der Sonne, zu bestimmen, indem man die Zeitspanne mißt, die die Venus zu ihren seltenen Durchgängen durch die Sonnenscheibe braucht. Viele Jahre später, im Jahr 1716, sollte er einen Aufruf an die Astronomische Gesellschaft veröffentlichen, in dem er darum bat, während des nächsten Durchgangs kooperative, internationale Expeditionen zu organisieren. Die erste Expedition des Kapitäns James Cooke auf der »HMS Endeavor« wurde so geplant, daß Halleys Bitte, einen Durchgang der Venus von Tahiti aus am 3. Juni 1769 zu messen, entsprochen werden konnte.

Schon allein aus diesem Grund (und es gibt noch andere) spielt Halley eine Rolle in der Geschichte der Erkundung der Erde. Mit Hilfe der Beobachtungen des Venusdurchgangs von 1761 und 1769 und Halleys Berechnungsmethode kam man zu dem Ergebnis von 150 Millionen Kilometern für eine Astronomische Einheit. Diese Zahl ist nur um Haaresbreite von der Zahl entfernt, die wir heute allgemein anerkennen (149,6 Mio km). Halley gab uns die Maßeinheit für das Sonnensystem.

Im Jahre 1691 wurde Halley für den Savilian-Lehrstuhl für Astronomie in Oxford in Betracht gezogen. Seine Berufung mußte von der anglikanischen Kirche gebilligt werden, deren oberster Kirchenherr damals wie heute der Monarch ist. Und Halley wurde eines skandalösen Vergehens beschuldigt: »Er war schuldig, die Ewigkeit der Welt behauptet zu haben.« (Nach diesen Richtlinien wären heute viele Wissenschaftler und alle Hindus nicht für den Savilian-Lehrstuhl geeignet.) Sein Verbrechen bestand darin, daß er die »Ursache« der biblischen Sintflut untersucht hatte. Heute mögen Halleys Ansichten zu religiösen Problemen als völlig irrelevant für seine Befähigung, das Fach Astronomie zu lehren, betrachtet wer-

Halleys Interessen erstreckten sich auch auf Fragen der Geschichte und Archäologie, wie diese Arbeitsblätter über Julius Caesars Eroberung Britanniens und die alte Stadt Palmyra in Kleinasien, der heutigen Türkei, zeigen, die in den *Philosophical Transactions* veröffentlicht wurden. Mit freundlicher Genehmigung der Royal Society in London.

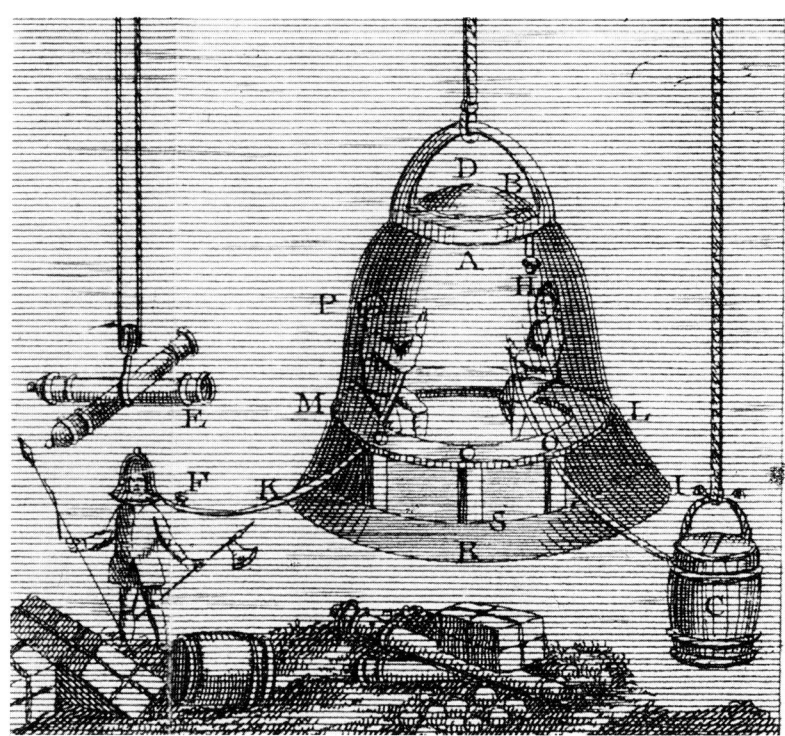

Edmund Halleys Taucherglocke mit zwei Tauchern. Fässer mit unverbrauchter Luft wurden von einem Boot abgelassen. Der Erforscher des Meeresbodens ist durch einen Atmungsschlauch mit der Taucherglocke verbunden. Diese neue Technik wurde erfolgreich erprobt und erinnert in gewisser Weise an die ersten bemannten Raumflüge. Aus: W. Hooper, *Rational Recreations*, London 1782. Ann Ronan Picture Library.

den. Außerdem waren die Ansichten, die ihm von den kirchlichen Autoritäten untergeschoben wurden, eine Entstellung seiner wahren Position. Er hatte niemals bezweifelt, daß die Erde gebildet, ja sogar geschaffen worden ist, und bei seinen Forschungen ging er von der Richtigkeit der biblischen Zeitangaben aus, wenigstens was die Dauer der Sintflut betraf. Flamsteed, der Königliche Astronom oder erste astronomische Berater der Krone, scheint in der ganzen Angelegenheit eine schändliche Rolle gespielt zu haben. Er war so unglücklich darüber, daß Halley mit seiner Arbeit über die Gezeiten nicht einverstanden war, daß er über Nacht vom Freund Halleys zu seinem Erzfeind wurde. In einem Brief an Newton bestand Flamsteed darauf, daß die Berufung nicht weiter betrieben würde, denn Halley würde sonst die Jugend in Oxford durch seine Lasterhaftigkeit verderben. Selbst Newton, der für seine Prüderie bekannt war, konnte diesen Vorwurf nicht ernst nehmen. Er drängte Flamsteed, seine Meinungsverschiedenheiten mit Halley beizulegen, aber der Erste Königliche Astronom war dazu nicht bereit. Da man nun schon bei den Anklagen war, hieß es, Halley sei nicht nur unsittlich, sondern auch ein Plagiator, ein Dieb von Ideen. Aber Halley ließ sich nicht provozieren. Kein zorniges Wort kam als Antwort über seine Lippen. Wenn die Integrität seiner Arbeit angegriffen wurde, beschränkte er sich in seiner Verteidigung auf den wissenschaftlichen Wert der Argumentation.

Leider hatten Flamsteed und die Kirche mit ihrer Kampagne Erfolg, und Halley wurde der Savilian-Lehrstuhl verweigert. Während der Befragung zu seinen angeblich häretischen Ansichten machte Halley keinen Versuch, die Gunst der Gegenseite zu gewinnen. Sein Inquisitor, ein Kaplan Bentley, muß außer sich gewesen sein. Ungefähr 40 Jahre später veröffentlichte er ein Traktat mit dem Titel *The Analyst, or a Discourse Addressed to an Infidel Mathematician* (»Der Analytiker, oder Eine Abhandlung, gewidmet einem ungläubigen Mathematiker«), das allgemein als Tirade gegen Halley verstanden wurde.

Das Titelblatt zu Hevelius' *Cometographia*. Drei Gelehrte des 17. Jahrhunderts debattieren, wie die Zeichnungen zeigen, über den Wert verschiedener Hypothesen zu den Kometenbewegungen. Während die Gelehrten disputieren, erscheint der Gegenstand ihres Streits am Himmel. Sie bemerken ihn nicht, aber ihren Assistenten auf dem Dach des Observatoriums geht er in die Falle. Mit freundlicher Genehmigung der Library of Congress.

Wie auch immer Bentley gegen den Bewerber geschimpft haben mag, Halley ließ sich von dieser Angelegenheit offensichtlich weder die Laune verderben noch von seinen wissenschaftlichen Überzeugungen abbringen. Er setzte seine Untersuchungen zum Alter der Erde fort und benützte dieses Mal den Salzgehalt des Meerwassers als eine Art Uhr, die zu ticken begonnen hatte, als die Meere entstanden waren. Er glaubte, mit regelmäßigen Messungen des Meerwassers die Steigerung des Salzgehaltes entsprechend zur fortschreitenden Zeit beweisen zu können. Flüsse schwemmen eine Menge Salz ins Meer, die Halley grob berechnete. Er rechnete dann bis in eine Zeit zurück, zu der das Meerwasser noch nicht salzig war, und stellte fest, daß die Welt viel älter ist, als die Bibel andeutet, nämlich nicht 6000 Jahre, sondern mindestens 100 Millionen Jahre. Halleys Methode eignet sich nicht zur genauen Bestimmung des Erdalters, denn das Meerwasser ist mit Salz gesättigt, aber sie bietet eine durchaus geeignete Möglichkeit, ein viel höheres Alter der Erde anzusetzen. Außerdem nahm sie auf brillante Weise eine Reihe moderner Techniken zur Datierung von Gestein (Kapitel 16) vorweg und machte den Geologen und Biologen des nächsten Jahrhunderts Mut, als sie Hinweise darauf fanden, daß die Erde und das Leben älter sind als alles menschliche Wissen. Heute haben wir verschiedene Beweisführungen, daß das Alter der Erde und des übrigen Sonnensystems ein wenig mehr als 4,5 Milliarden Jahre beträgt.

Im Alter von 39 Jahren begann Halley das Werk, durch das er in die Geschichte eingegangen ist. Newton hatte gezeigt, daß sich die Kometen (wie die Planeten) auf Umlaufbahnen bewegen, die Kegelschnitte sind. Aber was für Kegelschnitte das sind, war umstritten. Newton selbst war der Ansicht, daß Kometen sich auf offenen parabolischen Umlaufbahnen bewegen würden. Cassini zog Kreise vor, und jener Bischof von Salisbury, den Halley bei der Veröffentlichung seiner ersten Arbeit nicht beleidigen wollte, neigte zur Ellipse. Es gab auch solche, die eine Hyperbel favorisierten. Was nun tatsächlich richtig war, konnte nur sehr schwer festgestellt werden, weil die irdischen Beobachter mit ihren schwachen Teleskopen die Kometen nur sehen konnten, wenn sie der Sonne sehr nahe kamen. Der kleine Bogen, den ihre Bahnen während des kürzesten und schnellsten Teils ihrer Reise beschrieben, konnte zu beinahe jedem Kegelschnitt gehören (siehe Abbildung S. 44), auch wenn Kreise als Hypothese kaum zu rechtfertigen waren.

Halley nahm die Herausforderung, den Aufenthaltsort eines Kometen während der Zeit zu bestimmen, die er unsichtbar ist, mit der Disziplin eines großen Detektivs an. Er vertiefte sich in alle aufgezeichneten Zeugnisse zu diesem Thema, in alle Erklärungen, die von einer Reihe von Augenzeugen abgegeben wurden, bis zurück zu Plinius und Seneca. Mit der Differentialrechnung und der Gravitationstheorie hatte Newton das Instrumentarium für die Ermittlungen zur Verfügung gestellt, und Halley beherrschte diese Rechenarten. Und dann kam noch ein bißchen Glück dazu. Halley hatte nämlich das große Glück, in einem Jahrhundert zu leben, das mit einer Unmenge Kometen gesegnet war, und deshalb hatte er neue und relativ genaue Angaben über ihr Verhalten. Was den Kometen von 1682 betraf, hielt Halley Flamsteed für den verläßlichsten Beobachter und wandte sich mit der Bitte an Newton, die Aufzeichnungen über die Beobachtungen von Flamsteed zu besorgen, denn »Ihnen wird er sie nicht verweigern, aber ich weiß, daß er sie mir verweigern wird«. Newton kam Halleys Bitte nach.

Halley verglich die Charakteristika der Umlaufbahnen beziehungsweise der Bahnelemente der Kometen von 1531, 1607 und 1682 und stellte viele

Orbitale Eigenschaften der Kometen, die Halley bekannt waren

Das astronomische Element der Bewegungen in einer parabolischen Umlaufbahn aller Kometen, die bis jetzt bekannt sind

Periheldurchgang Londoner Zeit		Länge des Perihels	Aufst. Knoten	Neigung der Umlaufbahn	Entfern. der Sonne bei Periheldurchgang
	d. h. m.	0 '	0 '	0 '	
1337 Juni	2 6 25	37 59	84 21	32 11	0,40666
1472 Februar	28 22 23	45 34	281 46	5 20	0,54273
1531 August	24 21 18	301 39	49 25	17 56	0,58700
1532 Oktober	19 22 12	111 7	80 27	32 36	0,50910
1556 April	11 21 23	278 50	175 42	32 6	0,46390
1577 Oktober	26 18 45	129 32	25 52	74 83	0,18342
1580 November	28 15 00	109 6	18 57	64 40	0,59628
1585 September	27 19 20	8 51	37 42	6 4	1,09358
1590 Januar	29 3 45	216 54	225 31	29 41	0,57661
1596 Juli	31 19 55	228 15	3.2 12	55 12	0,51293
1607 Oktober	16 3 50	302 16	50 21	17 2	0,58680
1618 Oktober	29 12 23	2 14	76 1	37 34	0,37975
1652 November	2 15 40	28 19	88 10	79 28	0,84750
1661 Januar	16 23 41	115 59	82 30	32 36	0,44851
1664 November	24 11 52	130 41	81 14	21 18	1,02576
1665 April	14 5 16	71 54	228 2	76 5	0,10649
1672 Februar	20 8 37	47 0	297 80	83 22	0,69739
1677 April	25 00 38	137 37	236 49	79 3	0,28059
1680 Dezember	8 00 6	262 40	272 2	60 56	0,00612
1682 September	4 7 39	302 53	51 16	17 56	0,58328
1683 Juli	3 2 50	85 30	173 23	83 11	0,56020
1684 Mai	29 10 16	238 52	268 15	65 49	0,96015
1688 September	6 14 33	77 0	350 35	31 22	0,32500
1698 Oktober	8 16 57	270 51	267 44	11 46	0,69129

Diese Tabelle aus Halleys Werk ist die Grundlage zu seiner Schlußfolgerung, daß die drei Erscheinungen, die hier in Farbe hervorgehoben sind, zu ein und demselben Kometen gehören. Die Datumsangaben sind in Tagen, Stunden und Minuten aufgeführt; die Winkel am Himmel in Graden und Bogenminuten; die Perihelentfernung in Astronomischen Einheiten. (Die Erde ist 1 AE von der Sonne entfernt.)

erstaunliche Ähnlichkeiten fest: bei der Neigung oder Inklination der Kometenumlaufbahn zur Zodiakalebene oder Ekliptik (Kapitel 2), bei der Entfernung der Kometen von der Sonne beim Periheldurchgang, bei dem Gebiet des Himmels, in dem der Periheldurchgang stattfindet, und bei dem Ort, an dem die Kometenumlaufbahn die Ebene des Sonnensystems

> Aristoteles' Meinung ..., daß Kometen nichts anderes als sublunarische Dämpfe oder luftähnliche Meteore seien ... war bei den Griechen so weit verbreitet, daß dieses außergewöhnlichste Gebiet der Astronomie völlig vernachlässigt wurde. Denn niemand konnte es für wichtig halten, die veränderlichen und ungewissen Bahnen von Dämpfen, die im Äther schweben, zu beobachten und von ihnen zu berichten.
>
> Edmund Halley, in: *Transactions of the Royal Society of London,* Band 24 (1706), Seite 882

(den Knoten) kreuzt. Diese Ähnlichkeiten reichten bereits für die Annahme aus, daß es sich bei diesen drei Erscheinungen um ein und denselben Kometen handelte. Dann verglich Halley die Jahreszahlen der Erscheinungen und stellte so etwas wie eine periodische Rückkehr fest. Genau das hatte Newton mit seiner Theorie vorausgesagt, falls sich die Kometen auf elliptischen Umlaufbahnen bewegen sollten.* Der Fall war beinahe gelöst.

Aber Halley wollte es nicht recht gefallen, daß die Unterschiede bei den Bahnelementen von einer Erscheinung zur anderen, auch wenn sie klein waren, viel größer waren als die Ungenauigkeiten bei der Beobachtung. Die Länge des Perihels zum Beispiel variierte um mehr als ein Grad am Himmel, wenn die Messungen bis auf wenige Bogenminuten (1 Bogenminute = $\frac{1}{60}$ Grad) genau waren. Außerdem war der Zeitraum zwischen den Erscheinungen von 1531 und 1607 mehr als ein Jahr länger als der Zeitraum zwischen den Erscheinungen von 1607 und 1682. Deshalb glaubte Halley, daß es zusätzlich zu der metronomischen Regelmäßigkeit eines einzelnen Kometen auf einer elliptischen Umlaufbahn um die Sonne noch irgendwelche anderen Einflüsse oder Kräfte geben müsse, die den Kometen bei einer Erscheinung auf die eine und bei der nächsten Erscheinung auf eine andere Weise stören.

Newton hatte die Hypothese aufgestellt, daß die Veränderungen bei den Perioden der Kometen durch Gravitationsanziehung unentdeckter Kometen verursacht würden. Aber Halley wußte, daß sich Jupiter und Saturn gegenseitig gravitationsmäßig stören, und hielt es für wahrscheinlich, daß ein Komet, der eine viel geringere Masse hat als jeder der gigantischen Planeten, schon bei einer relativ geringen Annäherung an jeden der beiden Planeten stärkeren Gravitationsstörungen ausgesetzt wäre, als wenn er einem anderen Kometen sehr nahe käme.

Er schätzte grob ab, welche Wirkung die Gravitation des Jupiter und Saturn auf die Bewegung des Kometen haben würde, und sein Ergebnis paßte gut zu den gemessenen Abweichungen. Halley schloß daraus, daß die feinen Unterschiede bei den Bahnelementen der Kometen von 1531, 1607 und 1682 leicht erklärt werden könnten. Die verschiedenen Erscheinungen waren die Besuche eines einzigen Kometen, der wie alle Reisenden Umleitungen, Verspätungen und schlechte Straßen in Kauf nehmen muß.

Halleys Untersuchung der Kometen war ein enormes Unternehmen, das die gewissenhafte Berechnung der Umlaufbahnen von 24 Kometen erforderte, die zwischen 1337 und 1698 ihren Periheldurchgang hatten. Halley war über die unregelmäßigen Bahnneigungen ebenso erstaunt wie Aristoteles und Seneca:

> Ihre Umlaufbahnen zeigen keine bestimmte Ordnung. ... Sie sind nicht wie die Planeten an die Zodiakalebene gebunden, sondern ... bewegen sich unbekümmert sowohl in rechtläufiger als auch in retrograder Richtung.

Die Entfernung der Kometen von der Sonne beim Periheldurchgang schwankte bei den untersuchten Kometen zwischen einer Astronomischen Einheit und weniger als 0,01 AE. Das war die Entfernung des Großen Kometen von 1680, der beinahe die Sonne ankratzte. Im Aphel, so fand er heraus, waren die Kometen, einschließlich des Kometen von 1682,

---

* Cassini hatte etwas Ähnliches vermutet, allerdings für die Erscheinungen völlig anderer Kometen, wie wir heute wissen.

weit jenseits der Umlaufbahn des Saturn, der damals der am weitesten entfernte bekannte Planet war.

Im Jahre 1705 veröffentlichte Halley die Ergebnisse seiner »gewaltigen Mühen« in einem Buch mit dem Titel *A Synopsis of the Astronomy of Comets* (»Ein Überblick über die Astronomie von Kometen«). In diesem Buch wurden die Gesetze des Universums, die von Newton entdeckt worden waren, erstmals von einem anderen Wissenschaftler als Newton angewendet, um ein astronomisches Geheimnis zu lüften. Das allein hätte schon ausgereicht, um Halley einen Platz in der Geschichte der Wissenschaft zu sichern. Aber er ging weiter. Jahrtausende lang waren Kometen fast ausschließlich das Eigentum der Mystiker gewesen, der Menschen, die Kometen für schlechte Vorzeichen, Symbole oder Geistererscheinungen hielten, aber nicht für *Gegenstände*. Halley erschütterte ihr Monopol, indem er sie mit einer Waffe schlug, die kein Wissenschaftler vor ihm je benutzt hatte: mit der Vorhersage. Er prophezeite, daß der Komet von 1531, 1607 und 1682 nach mehr als 50 Jahren in der Zukunft zurückkehren würde. Und er sicherte sich in keiner Weise gegen ein mögliches Ausbleiben des prophezeiten Ereignisses ab. Der Komet würde wiederkommen, stellte er definitiv fest, und zwar zur Weihnachtszeit 1758, aus einem bestimmten Teil des Himmels und mit bestimmten Bahnelementen. Es gibt kaum eine Prophezeiung jener Schwärmer, die sich um vergleichbare Präzision auch nur bemüht.

Halley hatte für seine Zeit bemerkenswert wenige Vorurteile, aber einmal verfiel er doch ein wenig dem Chauvinismus:

> Wenn er also nach unserer Vorhersage um das Jahr 1758 zurückkehren sollte, wird die unvoreingenommene Nachwelt sich nicht weigern anzuerkennen, daß das zuerst von einem Engländer entdeckt wurde.

Im Frühjahr 1696 wurde Newton zum Königlichen Münzwardein ernannt. Das zwang ihn, im Tower von London zu leben. Monate später ernannte Newton Halley, der gerade mit dem Studium der Kometen begonnen hatte, zum Stellvertretenden Münzkontrolleur in Chester. Unter dem Meister und Münzwardein im Tower gab es Meister, Wardeine, Kontrolleure und ähnliches in den Einrichtungen des Münzwesens in der Provinz. Halley verbrachte zwei miserable Jahre in Chester und überwachte die mechanisierte Herstellung von geprägten Münzen anstelle von handgemachten. Als er und der ortsansässige Wardein zwei Gehilfen dabei ertappten, daß sie wertvolle Metalle in die eigenen Taschen steckten, nahmen sie kein Blatt vor den Mund, denn sie wußten nicht, daß ihr eigener Vorgesetzter, der Meister des Münzwesens in Chester, seinen Teil von den Gehilfen erhielt. Eine schreckliche Fehde folgte, und es kam sogar zu Duellforderungen. Aber das Münzwerk wurde 1698 geschlossen, und Halley konnte nach London zurückkehren.

Er kam gerade rechtzeitig, um eine angenehmere Aufgabe zu übernehmen. Der sechsundzwanzigjährige Zar von Rußland, der später als Peter der Große bekannt werden sollte, war nach England gekommen, um zu lernen, wie seiner Nation die Errungenschaften westlicher Zivilsation nahegebracht werden könnten. Er wurde auf einem großen Landsitz in der Nähe der Deptford-Werft untergebracht, wo er körperliche Arbeit leistete, um aus erster Hand den hervorragenden Schiffsbau der Engländer zu studieren. Er hatte gehofft, einige Zeit mit Newton verbringen zu können, aber Newton schickte Halley an seiner Statt. Allen Berichten nach wurden

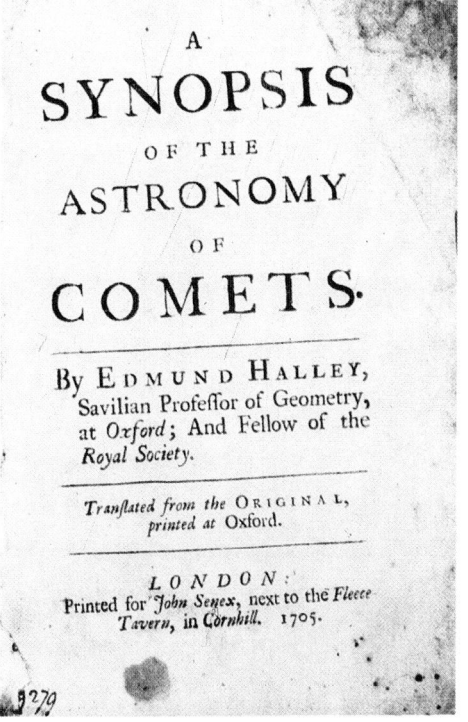

Titelblatt von Edmund Halleys Buch aus dem Jahr 1705, in dem er die Umlaufbahnen der Kometen berechnet und die periodische Wiederkehr des Kometen postuliert, den die Nachwelt nach ihm benannt hat. Mit freundlicher Genehmigung der Royal Society in London.

Portrait Edmund Halleys von Richard Phillips. Datum unbekannt. National Portrait Gallery, London.

Mit dem Erscheinen dieser Magnetkarten und seiner bereits veröffentlichten Arbeit über die Physik der Winde, des Monsuns und der Verdunstung von Meerwasser kann Halley wirklich als Begründer der modernen Geophysik bezeichnet werden. Das wurde von der Royal Society im Jahr 1957 beim Internationalen Jahr der Geophysik auch anerkannt, als sie ihre permanente Versuchsbasis in der Antarktis »Halley Bay« nannte.

Colin Ronan: *Edmond Halley: Genius in Eclipse*, New York 1969

der englische Astronom und der russische Zar schnell Freunde, da sie beide Wissen und Whisky leidenschaftlich liebten. Während Peters gesamtem Aufenthalt in England war Halley sein wissenschaftlicher Berater und Zechkumpan.

In demselben Jahr brachte Mary Halley einen Sohn, der ebenfalls Edmund genannt wurde, zur Welt, und ihr Mann begann eine neue Karriere, die in einem zeitgenössischen Bericht geschildert wird, der viele kursive Zeilen enthält:

> Im Jahre 1698 wünschte der König William III., der von Mr. Halleys scharfsinniger Theorie der Magnetnadel Kenntnis erhalten hatte, daß die Veränderungen zum Nutzen der Navigation in verschiedenen Teilen des Atlantischen Ozeans sorgfältig beobachtet würden. Zu diesem Zweck ernannte Seine Majestät Mr. Halley am 19. August 1698 zum Kommandanten Seines Schiffes »Paramoor* Pink« und gab ihm den Auftrag, *durch Beobachtungen die Regel der Abweichungen des Kompasses festzustellen und gleichzeitig die Niederlassungen Seiner Majestät in Amerika aufzusuchen, um dort einige Beobachtungen zu machen, die eine genauere Angabe des Längen- und Breitengrades jener Orte ermöglichen sollten. Auf der Fahrt solle er auch versuchen, herauszufinden, welche Länder im Süden des westlichen Ozeans noch entdeckt werden könnten.*

Siebzig Jahre bevor Cook die Segel setzte (um ein Halleysches Ziel zu verfolgen), leitete Halley die erste wissenschaftliche Expedition zur See, die von einem britischen Monarchen in Auftrag gegeben wurde. Die »Paramour« segelte nach Spanien, zu den Kanarischen Inseln, nach Afrika, Brasilien und Westindien, bis eine beginnende Meuterei durch Halleys Ersten Offizier eine unplanmäßige Rückkehr nach England erforderte. Im Laufe der Kriegsgerichtsverhandlung, die daraufhin folgte, stellte sich heraus, daß der verstimmte Leutnant ein Hobbytheoretiker des Magnetismus war, dessen eigene Schriften über dieses Thema von der Royal Society für mangelhaft befunden worden waren. Sein Haß wuchs, und als die Landratte zum Kapitän seines Schiffs ernannt wurde, verlor er die Beherrschung. Halley übernahm daraufhin die Rolle des Navigators und war sehr stolz darauf, sein Schiff nach Hause gebracht zu haben, ohne einen einzigen Mann zu verlieren.

Halley kommandierte noch zwei weitere Fahrten auf der »Paramour«. Die erste Fahrt führte nach Norden entlang der südamerikanischen Küste nach Trinidad mit der Bestimmung Kap Cod. Vor Nantucket war die See so rauh, daß sie nach Neufundland segeln mußten. Dort wurde die »Parramour« von einer englischen Fischereiflotte netterweise beschossen. Die Fischer hatten sie für ein Piratenschiff gehalten. Wieder brachte der Kapitän sein Schiff sicher nach England, aber diesmal wurde ihm nicht die Befriedigung zuteil, daß alle Besatzungsmitglieder die Heimat wiedersahen. Der Schiffsjunge war während eines schweren Sturms vor den Kanarischen Inseln über Bord gespült und nicht wieder gefunden worden. Sein ganzes Leben lang konnte Halley über den Tod des Jungen nicht ohne Tränen in den Augen sprechen.

Halley erfüllte seinen königlichen Auftrag und veröffentlichte *A New and Correct CHART Shewing the VARIATIONS of the COMPASS in the WESTERN AND SOUTHERN OCEANS as observed in ye YEAR 1700*

---

* Eigentlich Paramour. Die Rechtschreibregeln waren in jener Zeit noch nicht so streng.

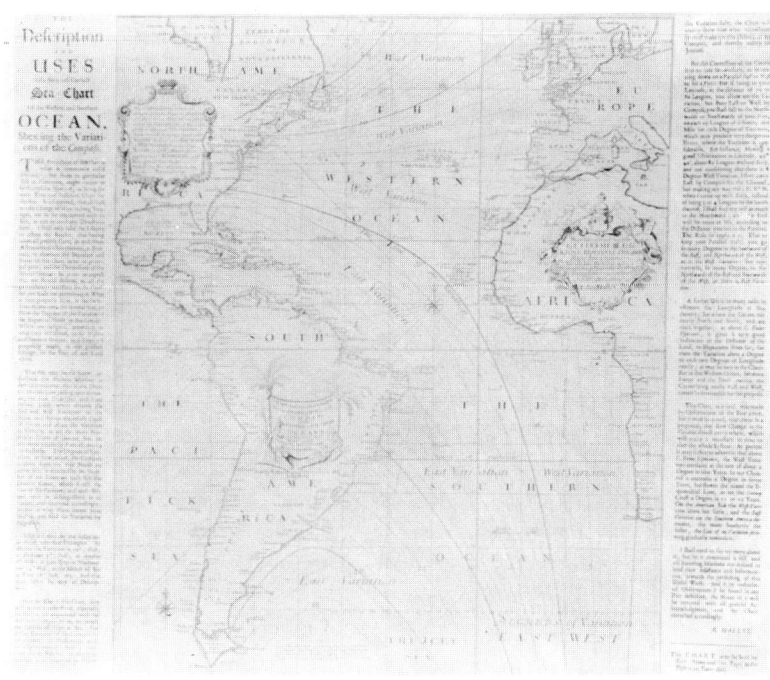

Halleys Karte des Atlantischen Ozeans mit Linien, die magnetische Veränderungen anzeigen. Circa 1701. Mit freundlicher Genehmigung der Royal Astronomical Society.

by his Maties [Majesty's] *Command* (»Eine neue und korrekte Karte, welche die Abweichungen des Kompasses in den westlichen und südlichen Teilen des Ozeans zeigt, wie sie im Jahr 1700 auf Befehl Ihrer Majestät beobachtet wurden«). Halley zeichnete gestrichelte Linien für die Stellen ein, an denen die Abweichungen im Erdmagnetfeld identisch waren. Seine Methode wird bis heute auf Magnetfeldkarten angewendet. Er weitete seine Karte des Atlantiks zu einer Karte der Welt aus, die ein Jahrhundert lang in vielen Auflagen erschien.

Halleys dritte und letzte Fahrt als Kapitän der »Paramour« in Jahr 1701 führte ihn nicht so weit von zu Hause weg. Er wollte die Gezeiten im englischen Kanal untersuchen, aber es wurde auch gemutmaßt, daß er zusätzlich den geheimen Auftrag hatte, die französische Küste am Vorabend des Spanischen Erbfolgekriegs zu erforschen. Königin Anne schickte Halley ein Jahr später als diplomatischen Gesandten zu verschiedenen europäischen Monarchen.

Als Halley nach England zurückkehrte, wurde ihm, vielleicht zu seiner eigenen Überraschung, in Oxford der Savilian-Lehrstuhl für Geometrie (statt für Astronomie) angeboten. Dreizehn Jahre nach seiner heftigen Kampagne gegen Halleys Berufung auf einen anderen Savilian-Lehrstuhl schrieb Flamsteed einen nörgeligen Brief an einen gemeinsamen Freund, in dem er Halley sowohl seine Eignung für die Professur absprach als auch seinen Anspruch auf den Lehrstuhl, und klagte: »Er redet, flucht und trinkt seinen Brandy wie ein Seemann.« Aber inzwischen genoß Halley so großes Ansehen, daß Flamsteeds Gift kein Unheil mehr anrichten konnte, und Halley wurde im Jahr 1704 berufen. In seiner Antrittsvorlesung drückte er seine Hochachtung vor den Leistungen seiner Kollegen auf dem Gebiet der Geometrie aus. Selbstverständlich zollte er Newton das größte Lob. Halley widmete sich einen großen Teil seiner Amtszeit als Professor der Wiederentdeckung der klassischen Begründer der Geometrie. Unter ihnen war ein gewisser Apollonius von Perga, ein Mathematiker und Astronom, der in der zweiten Hälfte des dritten Jahrhunderts v. Chr. wirkte. In der berühmten Stadt Alexandria tat Apollonius für die

Kegelschnitte, was Euklid für die Geometrie getan hatte: er beschrieb als erster die Parabel, die Hyperbel und die Ellipse. Halley hatte die Eigenschaften dieser Kurven dazu benutzt, die Umlaufbahnen der Kometen zu bestimmen, und beglich seine Schuld bei Apollonius, indem er das Werk des klassischen Mathematikers zu neuem Leben erweckte. Aber keine einzige Schrift des ursprünglich in griechischer Sprache abgefaßten Werkes des Apollonius war erhalten, da es wahrscheinlich vollständig beim Brand der Bibliothek von Alexandria zerstört wurde. Es gab nur noch Exemplare in arabischer Sprache. Also lernte Halley im Alter von 49 Jahren autodidaktisch Arabisch. Zunächst arbeitete er zusammen mit David Gregory, dem Mann, dem man den Savilian-Lehrstuhl für Astronomie anvertraut hatte, nachdem man Halley übergangen hatte. Als Gregory, kurz nachdem sie mit dem Apollonius-Projekt begonnen hatten, starb, führte Halley eine Aufgabe weiter fort, die bereits eine ganze Zahl hauptberuflicher Orientalisten überfordert hatte. Aber Halley war erfolgreich, wo sie versagt hatten, und versetzte den ersten Orientalisten in jener Zeit mit seiner Genauigkeit und seinen Kenntnissen in Erstaunen. Wahrscheinlich hat ihm bei der Übersetzung geholfen, daß er sich in der Geometrie auskannte.

In dieser Zeit gab er auch die interessantesten Arbeiten aus den *Philosophical Transactions* in einer dreibändigen Ausgabe für eine breite Leserschicht neu heraus. Er glaubte, Nichtwissenschaftler seien interessiert an der physikalischen und biologischen Welt.

Der klägliche Flamsteed war immer noch in seiner Position als Erster Astronom an der königlichen Sternwarte in Greenwich, wo er seine Beobachtungen der Gemeinschaft der Astronomen mitteilen sollte. Aber er weigerte sich standhaft. Jahrelang sah man über dieses offensichtliche Pflichtversäumnis hinweg, aber im Jahr 1704 war die Situation unträgbar geworden. Newton, der inzwischen Präsident der Royal Society war, besuchte ihn in Greenwich, um sich über den Stand der Beobachtungen Aufklärung zu verschaffen. Während dreißigjähriger Tätigkeit als Erster Königlicher Astronom hatte Flamsteed kaum etwas veröffentlicht. Während des Gesprächs hatte Newton den Eindruck, daß Flamsteeds Lebenswerk *The British History of the Heavens* (»Die Britische Himmelskunde«) sich der Vollendung nähere, und kehrte nach London zurück, um die Veröffentlichung vorzubereiten. Aber Flamsteed hatte gelogen. Er brauchte noch Jahre zur Fertigstellung des Werks.

Flamsteeds Vertröstungen sowie seine Arroganz brachten die schlechtesten Eigenschaften Newtons zum Vorschein. In der Korrespondenz beider Männer gibt es eine Fülle von Hinweisen, die ihren gegenseitigen Haß bezeugen. Auf beiden Seiten gab es begründete Klagen, aber Newton saß am längeren Hebel, und das nützte er schamlos aus. In den folgenden Jahren zog er anscheinend eine grausame Befriedigung daraus, daß er Flamsteed quälte, der inzwischen krank und verzweifelt war.

Halley bot sich jetzt die beste Gelegenheit, sich an einem Mann zu rächen, der mit irrationaler Mißgunst dafür gekämpft hatte, ihm zu schaden. Aber Rache gehörte zu den wenigen Dingen, die Halleys Interesse nicht wecken konnten. Er arbeitete sogar auf Newtons Aufforderung an dem Manuskript der *Britischen Himmelskunde* und verbesserte Fehler, stellte viele notwendige Berechnungen an und kümmerte sich hilfreich bis zur Veröffentlichung um das Buch. Aber das alles tat er gegen den ausdrücklichen Wunsch Flamsteeds. Im Juni 1711 schrieb Halley an seinen Feind:

> ... Ich bitte Sie inständig, Ihre Leidenschaften zu zügeln, und wenn Sie gesehen und darüber nachgedacht haben, was ich für Sie getan

habe, werden Sie vielleicht einsehen, daß ich von Ihnen eine viel bessere Behandlung verdiene, als Sie über lange Zeit hinweg Vergnügen daran fanden, mir zuteil werden zu lassen.

Ihr ehemaliger Freund, aber noch nicht ruchloser Feind (wie Sie mich nennen)

Edm. Halley.

Das Buch wurde posthum veröffentlicht. Es erweiterte die Karte des nördlichen Himmels von 1000 auf 3000 Sterne, einschließlich vieler Sterne, die zu dunkel sind, um ohne Teleskop gesehen werden zu können. Flamsteeds Werk wurde jahrhundertelang von Astronomen gerühmt.

Halley war mit Flamsteed bis zu dessen Tod im Jahre 1719 behutsam umgegangen. Dann griff das Schicksal ein und gewährte Halley die Genugtuung, die er sich selbst verweigert hatte. Er wurde zu Flamsteeds Nachfolger als Erster Königlicher Astronom berufen. Aber als er in Greenwich eintraf, um seine Pflichten zu übernehmen, war die königliche Sternwarte ohne astronomische Instrumente. Sie seien alle Flamsteeds persönliches Eigentum gewesen, sagte seine Witwe. Das stimmte. Er hatte jeden einzelnen Sextanten und Quadranten von eigenem Geld gekauft.

Halley war jetzt 63 Jahre alt, betrieb jedoch die Wissenschaft mit ebenso großer Neugier und Leidenschaft wie immer. Bei der Lektüre seiner Arbeit *An Account of the Extraordinary METEOR seen all over England on the 19th of March 1719* (»Ein Bericht über den außergewöhnlichen Meteor, der am 19. März 1719 über ganz England gesehen wurde«) stößt man auf einen unverhohlenen Enthusiasmus, der in dieser Art heute wirkungsvoll aus der wissenschaftlichen Literatur verbannt ist.

Er beginnt damit, »diesen wundervollen, hell leuchtenden *Meteor*« anzukündigen, den, wie er klagt, »zu sehen ich nicht das Glück hatte«. Aber andere haben ihn gesehen, und er gibt ihre Berichte wieder. Sir Hans Sloan, Vizepräsident der Royal Society, war einer der Glücklichen. Ohne Vorwarnung sieht er etwas am Nachthimmel, das viel heller ist als der Mond. Zuerst ist es in der Nähe der Plejaden und dann unterhalb des Oriongürtels. Es war so hell, daß Sir Hans die Augen abwenden mußte. Er schätzte, daß es sich über 20° des Himmels in ungefähr einer halben Minute oder weniger bewegte. Das ist insgesamt eine ziemlich genaue Aussage, wenn man bedenkt, daß Sir Hans auf astronomische Beobachtungen völlig unvorbereitet gewesen sein mußte. Aber Halley war unzufrieden: »Es wäre wünschenswert gewesen«, schimpft er, »wenn Sir Hans die Bahn dieses Meteors zwischen den Fixsternen etwas genauer betrachtet hätte und uns sagen könnte, wie weit über den Plejaden und wie weit unter dem Oriongürtel der Meteor vorbeiflog.« Halley kann nicht anders. Er will unbedingt mehr über den Meteor wissen, und sein Wissensdurst ist so groß, daß sogar seine berühmte Freundlichkeit darunter leidet. Er will einfach alles über den Meteor wissen: seine Höhe, Geschwindigkeit, welche Geräusche er verursachte, wie groß er war und aus was er bestand. Wir können nicht umhin, uns privilegiert zu fühlen, weil wir die Antworten auf diese Fragen kennen (Kapitel 13).

Im Alter von 65 Jahren begann Halley mit unerschütterlichem Optimismus ein ehrgeiziges Projekt zur Erforschung des achtzehnjährigen Zyklus der Mondfinsternis. Halley, dem Erfinder der Todesregister als statistischer Grundlage für die Berechnung einer Lebensversicherung, konnte es kaum entgangen sein, daß er nicht lange genug leben würde, um dieses Projekt zu beenden. Er pfiff auf die Risiken und schloß seine Studien ab, als er 84 war.

> Er scheint nicht der Inbegriff eines Mannes, sondern der Menschheit zu sein.
>
> Herbert Dingle: *Vorlesung über Halley.* Oxford University, 1956

Ein Portrait Edmund Halleys im Alter von 80 Jahren, kurz bevor seine Frau Mary starb. Gemälde von Michael Dahl. Royal Society in London.

Seine Produktivität und sein langes Leben sind auch in anderer Hinsicht ungewöhnlich. Physiker, sagt man oft, seien wie Eintagsfliegen und hätten nur eine kurze kreative Periode. Und tatsächlich wird ein erstaunlich großer Teil der Entdeckungen vor dem sechsunddreißigsten Lebensjahr gemacht. Das trifft jedoch mehr auf die theoretische als auf die experimentelle Physik zu und auch eher auf die Physik als auf die Astronomie. Vielleicht verliert unser Hirn nach dem dreißigsten Jahr etwas von seinem Vermögen, ein großes Gebiet abstrakt zu erfassen. Halley kam jedoch in den letzten Jahrzehnten seines Lebens zu wichtigen neuen theoretischen Erkenntnissen in unserem Verständnis der Natur auf ihrem größten Gebiet: dem Universum. Er entdeckte, daß sich die sogenannten »Fix«sterne in Beziehung aufeinander bewegen. Zu dieser Entdeckung wurde er möglicherweise durch seine Arbeit an Flamsteeds Buch angeregt. Erst nach rund 100 Jahren, in denen die astronomischen Instrumente weiterentwickelt wurden, konnte Halleys Entdeckung der stellaren Eigenbewegung bestätigt werden. In einer anderen Arbeit seiner letzten Lebensjahre nahm er die Entdeckungen einer noch späteren Zeit vorweg, indem er für ein grenzenloses Universum ohne Mittelpunkt eintrat. Halley vertrat den ketzerischen Glauben an die Unendlichkeit.

Mary Halley starb, als er 80 Jahre alt war. Kurz danach erlitt Halley einen Schlaganfall und verlor seinen Sohn. Trotz dieser Schicksalsschläge setzte er seine astronomischen Beobachtungen fort und nahm bis wenige Wochen vor seinem Tod am 14. Januar 1742 im Alter von 86 Jahren an Konferenzen teil. Seine letzten Worte waren die Bitte um ein Glas Wein. Er trank es in einem Sessel sitzend aus. Als das Glas leer war, starb er.

Er hatte den Wunsch geäußert, für immer neben Mary zu liegen. Seine Töchter ließen in lateinischer Sprache folgende Grabinschrift auf den Grabstein ihrer Eltern meißeln:

> Unter dieser Marmorplatte ruht mit seiner geliebten Frau friedlich Edmund Halley, LL.D., der zweifellos größte Astronom seiner Zeit. Aber um ein angemessenes Verständnis für die außergewöhnlichen Fähigkeiten dieses großen Mannes zu bekommen, muß der Leser seine Schriften konsultieren, in denen beinahe alle Wissenschaften auf die wunderbarste und scharfsinnigste Weise beleuchtet und verbessert werden. Als er lebte, wurde er von seinen Landsleuten hoch geachtet, und die Dankbarkeit fordert, daß sein Gedächtnis von der Nachwelt respektiert werde. Zur Erinnerung an die besten Eltern haben ihre liebenden Töchter im Jahr 1742 dieses Grabmal errichtet.

Edmund Halley war nicht nur ein Mann, der eine Kometenbahn berechnete. Tatsächlich war die Entdeckung eines Kometen eine der wenigen wissenschaftlichen Unternehmungen, an denen er sich nicht beteiligte.
Es gibt den weitverbreiteten Glauben, daß der Preis für ein tiefes Verständnis der Komplexität der Natur mit Einsamkeit bezahlt werden muß. Ein Gravitationsgesetz, sagt man, existiere zwischen wissenschaftlichem Genie und der Fähigkeit zur Liebe. Wenn das Leben Isaac Newtons das dramatischste Beispiel dieser Regel ist, dann ist das Leben seines Freundes Edmund Halley, der mehr als jeder andere das Genie Newtons an die Öffentlichkeit brachte, eine sehr ermutigende Ausnahme.

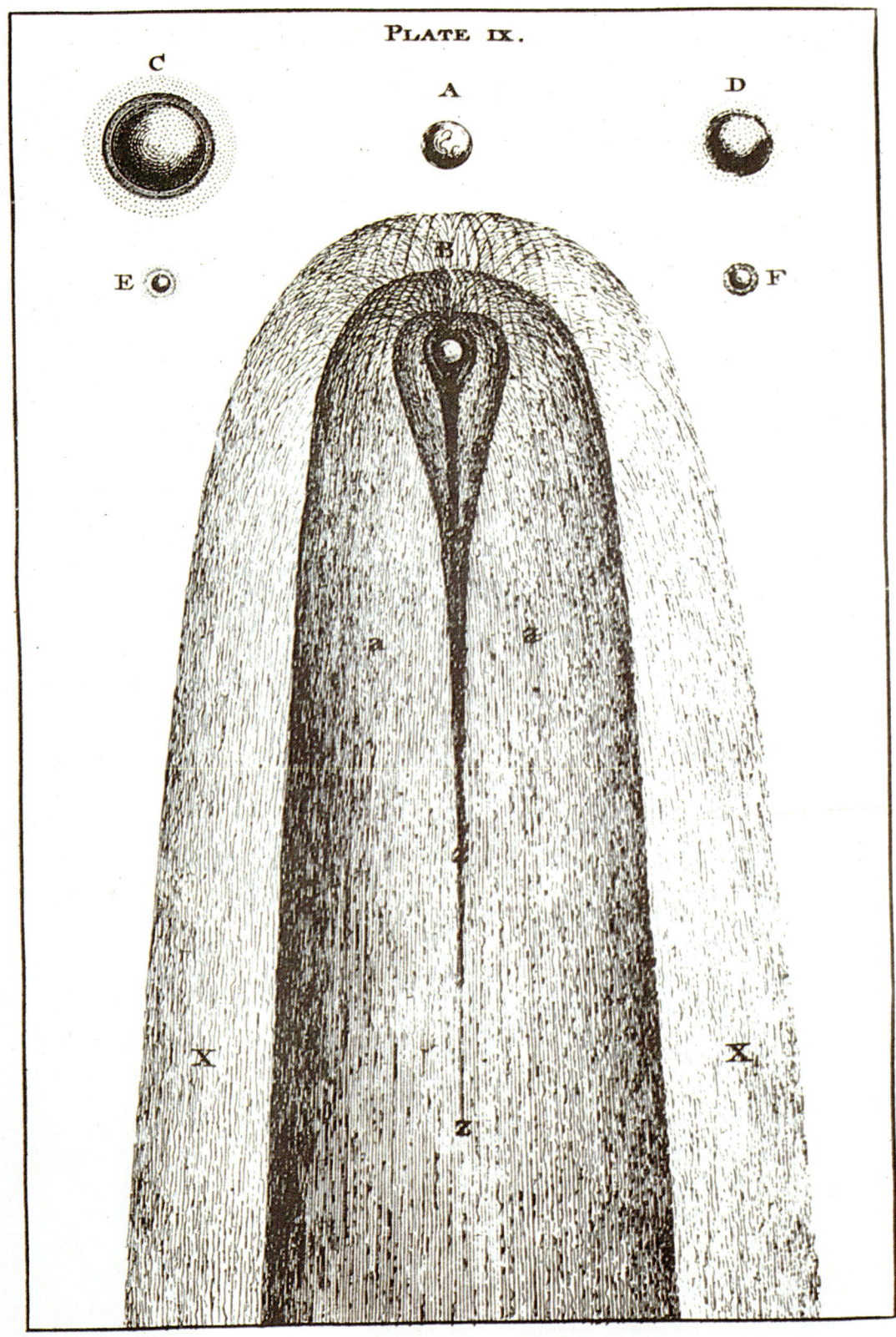

Zeichnung des Kerns, der Koma und des Schweifs des Großen Kometen von 1680 und der Kerne von fünf anderen Kometen. Aus: Thomas Wrights *An Original Theory of the Universe*, London 1750. Mit freundlicher Genehmigung Michael A. Hoskins.

4. Kapitel
Die Zeit der Wiederkehr

Hüter und Freund des Mondes, o Erde, die Kometen
vergessen dich nicht,
Ja, in unermeßlicher Ferne schwirren sie herum und
wieder erblicken sie dich!

Samuel Taylor Coleridge: *Hymne an die Erde* (1834)

Die Chinesen fielen in Tibet und Turkistan ein. Französische Truppen eroberten das Ohio Valley. England erklärte Frankreich den Krieg. Preußen besiegte Österreich, und Österreich besiegte Preußen. Eine russische Armee siegte in Ostpreußen. Und in Indien wurde ein Aufstand gegen die britische Besatzung unbarmherzig niedergeschlagen. Unter solchen Gesichtspunkten unterschied sich dieses Jahrzehnt in keiner Weise von vielen anderen. Aber es war auch eine Zeit der Aufklärung. Diderots *Enzyklopädie* erschien in Frankreich und Samuel Johnsons *Dictionary* in England. Hume, Rousseau und Voltaire verfaßten grundlegende Werke. Bach starb, und Mozart wurde geboren. Lomonossow gründete die Universität von Moskau. Die preußische Akademie der Wissenschaften und das erste Asyl für Geisteskranke in London öffneten ihre Pforten. Lawrence Sterne schrieb am *Tristram Shandy*. Hokusai wurde in Tokio geboren. Und ein Pflanzer in Virginia namens George Washington heiratete eine schlampige Witwe mit Namen Martha Custis.

Und für die Wissenschaft war dies das Jahrzehnt, für dessen Ende Mr. Halley die Wiederkehr des Kometen prophezeit hatte. In der ersten Hälfte der 1750er Jahre wurden zwei außergewöhnliche wissenschaftliche Arbeiten veröffentlicht. Beide bezogen sich auf Kometen, und beide enthielten eine Ansicht über das Universum, die ihrer Zeit erstaunlich weit voraus war.

Thomas Wright aus Durham war von Natur und aus Neigung Astronom, auch wenn er sich alles selbst beigebracht hatte. Er wurde 1711 im Norden Englands als Sohn eines Zimmermanns geboren. Seine Schulbildung konnte er »wegen einer starken Sprachstörung« nicht abschließen. Offensichtlich ist er von der Schule verwiesen worden. Er sagt über sich selbst, er sei »sehr wild und dem Sport sehr zugetan« gewesen. Nach dem Brauch der Zeit wurde er im Alter von dreizehn Jahren in eine Lehre gegeben, und zwar zu einem Uhrmacher, bei dem er so viel Zeit damit verbrachte, sich in astronomische Literatur zu vertiefen, daß sein Vater ihn für verrückt hielt. Im Gegensatz zu Edmund Halleys Vater versuchte er, den Gang der Studien seines Sohnes zu beeinflussen, indem er die Bücher verbrannte. Kurz danach wurde Wright nach großem Skandal aus seiner Lehre entlassen. Er verliebte sich in die Tochter eines Geistlichen, mußte jedoch feststellen, daß man seinen Plänen für eine heimliche Hochzeit »zuvorgekommen [war] und das Fräulein eingeschlossen hatte«. Da organisierte er in seiner Not eine Überfahrt nach Westindien, wurde aber von seinem aufgebrachten Vater daran gehindert, sich einzuschiffen.

Nach diesen vielversprechenden Anfängen brachte er sich Landvermessung und Navigation bei, wurde Tutor bei den Kindern des Adels, lehnte eine Professur an der russischen Akademie des Zaren in St. Petersburg ab und begann Bücher über Astronomie zu schreiben. Das außergewöhnlichste seiner Bücher mit dem Titel *An Original Theory of the Universe* (»Eine neue Theorie des Universums«) leistete genau das, was der Titel versprach. Erschienen im Jahr 1750, enthält dieses Buch die erste bekannte Darstellung der wahren Natur und Geometrie der Milchstraße, die nicht eine Straße der Götter, nicht göttliche Milch, die am Himmel verspritzt wurde, und nicht eine architektonische Stütze des Himmelszeltes ist, sondern eine flache Scheibe von Sternen wie die Sonne, die alle in dem Ozean des Raumes schweben. Seit Demokrit hat es nur wenige Menschen gegeben, die vermutet haben, daß die Milchstraße aus Sternen besteht, die zu dunkel und zu weit entfernt sind, um einzeln gesehen werden zu können. Diese Vorstellung wurde von Galilei mit dem ersten kleinen Teleskop bestätigt. Zu Miltons Zeiten war es einem Dichter möglich, die Milchstra-

Thomas Wright aus Durham, dargestellt auf einem Stich im *Gentlemen's Magazine*, Januar 1793. Das Portrait wird von einer Schlange eingerahmt. Vergleichen Sie dieses Bild mit der Abbildung auf Seite 72 oben. Ann Ronan Picture Library.

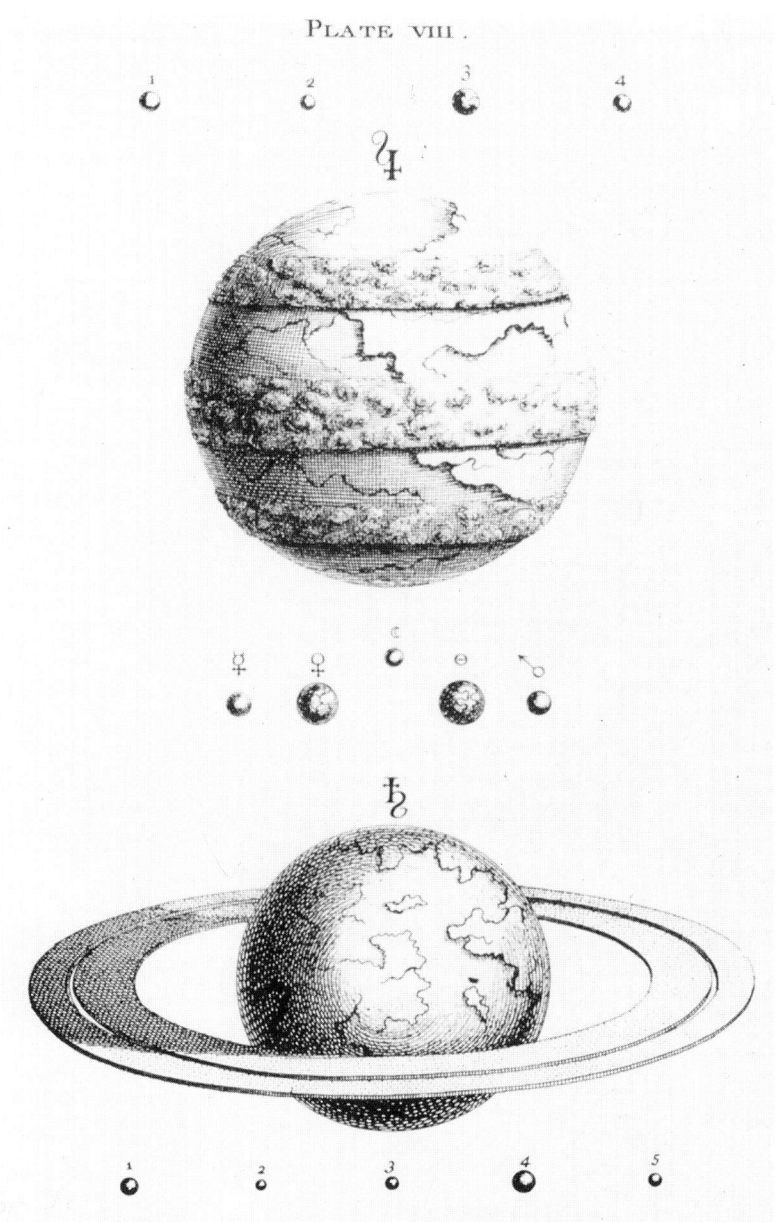

Darstellungen des Jupiter (oben) und seiner vier Monde, des Saturn (unten) und seiner fünf Monde und der Planeten Merkur, Venus und Erde. Der Mars ist mit dem Mond der Erde in der Mitte plaziert. Die Cassinische Teilung in den Saturnringen ist eingezeichnet, ebenso wie die phantasievollen Details auf der Oberfläche des Jupiter und des Saturn. Thomas Wright, a.a.O.

ße als Galaxie zu beschreiben, die »mit Sternen gepudert« ist. Aber Wright war der erste, der die Milchstraße als abgeflachte Konzentration von Sternen beschrieb. Er stellte sich sogar vor, daß die Sterne ein Zentrum umliefen, »wie die Planeten um die Sonne kreisen«.

Obwohl es in Wrights Schriften mystische Elemente gibt und gewiß nicht alles, was er in seiner *Neuen Theorie* vorbringt, die Probe der Zeit überstanden hat, bleibt seine Vision von der Milchstraße ein Meilenstein in der Geschichte der Astronomie. Seine Vision von einer Galaxie voller Sterne, die sich bewegen, wird, wie wir später sehen werden, von zentraler Bedeutung für das Verständnis der Natur und des Ursprungs der Kometen.

Aber Kometen werden in der *Neuen Theorie* gesondert behandelt. Wright nutzte seine Fähigkeiten als Zeichner und Vermesser und erstellte elegante maßstabgetreue Darstellungen des Sonnensystems, auf denen Kometen deutlich sichtbar sind. Er ergötzte sich daran, die Kometenumlaufbahnen

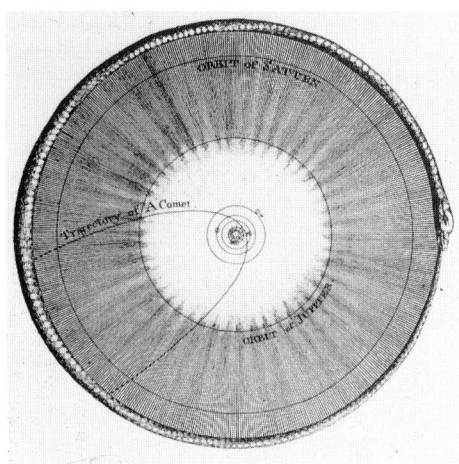

Die Bahn eines Kometen führt außerhalb der Saturnbahn durch ein Sonnensystem, das von einer Schlange eingerahmt wird. Thomas Wright, a.a.O.

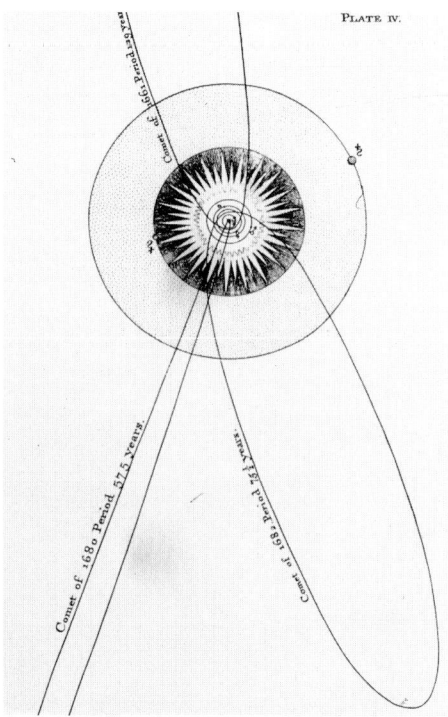

Thomas Wrights elegante Darstellung des Sonnensystems, wie es zu seiner Zeit bekannt war. Im Zentrum sind die Planeten Merkur, Venus, Erde und Mars durch ihre astronomischen Symbole dargestellt. Außerhalb der Sonnenstrahlen liegen die Umlaufbahnen von Jupiter und Saturn. Von den drei dargestellten Kometen ist der Komet von 1680 derjenige, dessen Umlaufbahn Newton als erster berechnet hatte. Der Komet von 1682 ist der Komet, von dem Halley vorausgesagt hatte, daß er wenige Jahre nach der Veröffentlichung dieses Buches erscheinen werde: Thomas Wrights *An Original Theory of the Universe*, London 1750. Mit freundlicher Genehmigung Michael A. Hoskins.

aus Halleys Tabellen in ihrer richtigen Größe und Ausrichtung darzustellen. Dabei ermöglichte er gleichzeitig vielen einen ersten, erschreckten Blick auf die kleinen Ausmaße der Planetenumlaufbahnen. In der Abbildung auf Seite 71 versuchte Wright die relative Größe der damals bekannten Himmelskörper zu veranschaulichen. Die riesigen Planeten Jupiter und Saturn beherrschen die Zeichnung. Die neun Monde – das waren alle, die damals bekannt waren –, die inneren Planeten Merkur, Venus, Mars und die Erde mit ihrem Mond sind vergleichsweise unbedeutende Welten. Es war bereits beobachtet worden, daß Jupiter von Wolken bedeckt ist, aber Wright konnte es sich nicht verkneifen, ein wenig Land und Meer zu zeichnen, das durch die Wolkendecke schimmert. Er spürte, wie diese Welten ihm zuwinkten.

Nach diesem guten Anfang versuchte er, die Kometen selbst maßstabgetreu nach den Beobachtungen zu zeichnen, die zu seiner Zeit greifbar waren. Das Ergebnis finden Sie auf dem Frontispiz zu diesem Kapitel. Nach dem Maßstab ist A die Erde. C, D, E und F sind die Kerne der Kometen von 1682, 1665, 1742 und 1744. Tatsächlich war das, was zu Wrights Zeiten gemessen wurde, und das trifft auf unsere Zeit im großen und ganzen auch noch zu, nicht der Kern des Kometen, sondern die Koma. Der Kern, den auch Wright so nannte, ist das helle, kompakte Zentrum eines Kometen, vermutlich die Quelle der feinen Partikel und Gase, die den Schweif des Kometen bilden. Aber die Koma, die Materiewolke um den Kern, verbirgt ihn vor unseren Blicken. In Wrights Zeichnungen fehlen fast vollständig Details der Kometenkerne, die uns einen Hinweis darauf geben können, daß der Kern von einer Koma umgeben ist. Der Kern könnte viel kleiner sein als die Koma. Er könnte sogar so klein sein, daß man ihn gar nicht sehen kann, auch wenn er nicht von Gas umhüllt wäre. Wie die Abbildung zeigt, haben Kometenkomas in der Nähe der Erde oft dieselbe Größe wie die Erde oder sind noch größer.

Beherrscht wird das Frontispiz von Wrights Darstellung des Großen Kometen von 1680, des Kometen, der sich, wie Newton in den *Principia* so brillant gezeigt hatte, auf einem Kegelschnitt bewegte und dem universellen Gravitationsgesetz gehorchte und der Halleys Interesse an Kometen geweckt hatte. Wir wissen nicht, ob Wright einfach zeichnete, was andere mit Worten beschrieben hatten, oder Zeichnungen kannte, die am Teleskop entstanden, aber seine Darstellungen ähneln dem Erscheinungsbild vieler Kometen. (Kapitel 7, 9 und 10).

Den Bereich, der mit *aa* bezeichnet ist, beschrieb Wright als die »natürliche Atmosphäre des Kometen«. Die zusammenlaufenden zentralen Linien sollen »dichtere Materie« andeuten. XX stellt »die entflammte Atmosphäre und den Schweif, die sich in der Nähe der Sonne ausbreiten« dar. Der »Kern« des Kometen von 1680 ist, wie schon gesagt, nur die innere Koma. Darüber sind drei konzentrische Materieringe, die, wie wir aus Beobachtungen aufeinanderfolgender Kometen wissen, nacheinander aus dem Kern hinausgeschleudert wurden. Die verschlungenen, feinen Linien dieser äußeren Koma sehen merkwürdig aus, gerade so, als ob sich Fontänen irgendeines Stoffes auf der sonnenbeschienenen Seite des Kometenkerns in den Raum steigen würden.

Um das Sonnensystem dann zu vervollständigen, erstellte Wright zum Erstaunen und Entzücken seiner Leser eine dreiteilige Darstellung des Sonnensystems. Abbildung 1 zeigt die Sonne maßstabgetreu zur Umlaufbahn des Merkur. In Abbildung 2 stellen die Bögen hintereinander, maßstabgetreu zur Umlaufbahn des Merkur, die Umlaufbahnen der übrigen Planeten dar, die zu Wrights Zeit bekannt waren: Merkur, Venus, die Erde,

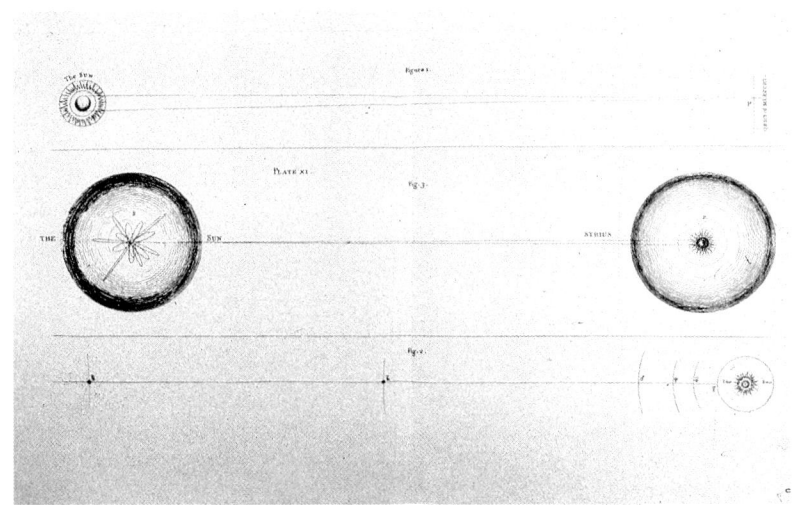

Maßstabgetreue Darstellung des Sonnensystems nach Thomas Wright. Vergleichen Sie diese Zeichnung mit der vierteiligen maßstabgetreuen Darstellung des Sonnensystems in Kapitel 1. Aus Thomas Wright: a.a.O. (Die Kometenrosette in Figur 3 erinnert stark an das Bohr-Atom, während »Syrius« als etwas dargestellt wird, was dem Auge Gottes sehr nahe kommt.)

Mars, Jupiter und Saturn. Abbildung 3 zeigt das gesamte Planetensystem in einem zentralen Punkt, und die Rosette der Kometenumlaufbahnen ist der einzige Hinweis darauf, wo die Planeten liegen könnten.

Wright glaubte, die äußere Grenze des Sonnensystems läge ein wenig hinter dem fernsten Teil der Umlaufbahnen der Kometen, die damals als die entferntesten Kometen bekannt waren. Dann zeichnete er die »kleinstmögliche Entfernung« zwischen der Sonne und Sirius, der damals als der nächste Stern galt. (Heute wissen wir, daß die äußeren Grenzen des Sonnensystems und die Entfernung zwischen der Sonne und Sirius bei weitem größer sind, als man zu Wrights Zeit meinte.) Er erfand ein »neu erschaffenes Bewußtsein oder ein denkendes Wesen in einem dunklen Stadium der Unwissenheit«, das sowohl die Sonne als auch Sirius von einem weit entfernten Beobachtungspunkt aus sieht und dann im Sonnensystem ankommt, wo es die Verteilung der Planeten und Kometen beobachtet. Was wäre das, was um Sirius kreist, in der Vorstellung dieses Wesens? Darauf antwortet Wright übermütig: »Nun, Planeten, wie wir sie kennen.« Und Kometen.

Wrights Buch beeinflußte wahrscheinlich die Ansichten vieler Astronomen und die Zukunft der Astronomie auf so vielfältige Weise, daß man diese Einflüsse heute nicht mehr genau nachvollziehen kann. Ein wichtiger, bekannter Einfluß läßt sich darauf zurückführen, daß im folgenden Jahr (1751) eine Rezension des Buches in der Zeitschrift *Freye Urtheile und Nachrichten zur Aufnahme der Wissenschaften und Historie überhaupt* erschien. Zu den Lesern des Blattes gehörte in Königsberg ein siebenundzwanzigjähriger Student, der von Isaac Newtons Schriften begeistert war: Immanuel Kant. Vier Jahre später veröffentlichte Kant, den Wrights Vision des Universums und sein Werk aufgerüttelt hatten, obwohl er Wrights Buch immer noch nicht gelesen hatte, die *Allgemeine Naturgeschichte und Theorie des Himmels*. Er bekennt sich offen zu seiner Schuld bei Wright. Das Buch erschien vier Jahre vor der erwarteten Wiederkehr des Halleyschen Kometen.

In ihrem intellektuellen Leben waren Kant und Wright sich ähnlich. In ihrem persönlichen Leben gibt es mindestens so viele Unterschiede wie Gemeinsamkeiten. Außer seiner Intelligenz hatte Kant nur wenige natürliche Vorteile. Anders als bei Wright war einer dieser Vorteile, daß seine Eltern ihn ermutigten. Kant hatte sein ganzes Leben lang einen schlechten Gesundheitszustand, war ein wenig deformiert und gerade 1,67 m groß. Er

Eine Photographie des Zentrums der Galaxie jenseits des nahen Sternbildes Sagittarius, von dem die Sterne im Vordergrund stammen, aufgenommen aus unserer Perspektive innerhalb der Milchstraße. Wir sehen große Gas- und Staubwolken, die das Bild diagonal schneiden und die Ebene der Galaxie anzeigen. Photo von David Talent. Mit freundlicher Genehmigung der Association of Universities for Research in Astronomy, Cerro Tololo, Chile.

unterwarf sich den strengen Regeln eines Übungsprogrammes, das vor allem aus regelmäßigen Spaziergängen bestand. Sein Vater war Sattler. Während Wright wenigstens *geplant* hatte, mit der Tochter des Vikars wegzulaufen, scheint Kant zu keiner Frau außer seiner Mutter ein enges Verhältnis gehabt zu haben. Während Wright bereit war, sein Glück auch im fernen Amerika zu versuchen, wagte sich Kant nie weiter als 100 Kilometer von Königsberg weg. Wo Wright Skandale verursachte, verhielt Kant sich wohlanständig, wenn nicht sogar ein wenig abweisend. Während Wright aus der Schule geworfen wurde, war Kant ein sehr erfolgreicher Student, der von seinen Lehrern bewundert wurde. Wright und Kant waren zwei völlig verschiedene Menschen, die von verschiedenen Kulturen geprägt waren, aber sie waren beide gleichermaßen hingerissen von der großen Newtonschen Vision unzähliger Sterne und unzähliger Himmelskörper, die sich alle in feierlichem Gehorsam nach einem großen, universellen Gesetz der Gravitation bewegten und deren Positionen in ferner Vergangenheit durch dieses Gesetz rekonstruiert, sowie ihre Positionen in ferner Zukunft vorhergesagt werden können.

Kants *Theorie des Himmels** beleuchtete viele Probleme. Kant akzeptierte Wrights Ansicht, daß die Milchstraße ein großes Raumvolumen darstelle,

---

* Der vollständige Titel lautete: *Allgemeine Naturgeschichte und Theorie des Himmels oder Versuch von der Verfassung und dem mechanischen Ursprunge des ganzen Weltgebäudes nach Newtonischen Grundsätzen abgehandelt.* Kant nimmt den Mund ziemlich voll, aber er hält, was er verspricht.

Die große Galaxie M-31 im Sternbild Andromeda, von dem die Sterne im Vordergrund stammen. Das ist die nächste Spiralgalaxie von der Art unserer Milchstraße. Auf dieser Photographie ist M-31 nicht in einzelne Sterne aufgelöst, aber sie besteht aus Hunderten Milliarden solcher Sterne. Wenn dies eine Photographie unserer Milchstraße wäre, die irgendwie von weit außerhalb aufgenommen wurde, wäre die Sonne so weit vom Zentrum entfernt, daß sie nicht mehr auf dem Bild wäre. M-31 wird von zwei kleinen Satellitengalaxien umgeben. Mit freundlicher Genehmigung der Hale Observatories, Carnegie Institution of Washington und California Institute of Technology.

das von zwei parallelen Flächen begrenzt wird und mit Sternen angefüllt ist. Er war der erste Mensch, der sich mit dem Ursprung und der Entwicklung der Galaxie beschäftigte, einem zentralen Thema der modernen Astrophysik. Er wagte sich sogar noch einen Schritt weiter. Er nahm an, daß die Milchstraße nur eine von unzähligen Galaxien ist, die alle voller Sterne und vielleicht sogar Planeten und Leben sind. Das ist eine kosmische Zukunftsaussicht, die erst in den zwanziger Jahren unseres Jahrhunderts bis ins letzte bewiesen wurde.

Wright hatte sich um diese Einsicht bemüht, war aber nicht zu ihr durchgedrungen. Kant stellte die richtige Hypothese auf, daß die Spiralnebel, wie M-31 im Sternbild Andromeda, ferne Milchstraßen sind. Es ist vielleicht die zentrale Entdeckung der modernen Astronomie, daß wir in einem Universum von Galaxien leben, die alle aus einer Vielzahl von Sonnen bestehen.

Auf den Seiten der *Theorie des Himmels* finden sich noch viele andere Dinge, die den Leser in Entzücken versetzen. So zum Beispiel die erste Überlegung dazu, daß sich das Sonnensystem einst aus einer Wolke diffuser interstellarer Materie gebildet hat. Diese Hypothese ist als Kant-Laplacesche Hypothese bekannt. Heute nennt man die Materiewolke Sonnennebel oder immer häufiger auch Verdichtungsscheibe. Und wie es von jemandem, der wenige Jahre vor der vorhergesagten Wiederkehr des Halleyschen Kometen über Astronomie schreibt, nicht anders zu erwarten ist, äußert Kant sich auch zu Kometen:

Immanuel Kant. Porträt von J.F. Bause nach einem Gemälde von V.H. Schnorr aus dem Jahr 1789.

> Die Eccentricität ist das vornehmste Unterscheidungszeichen der Kometen. Ihre Atmosphären und Schweife, welche, bey ihrer großen Annäherung zur Sonne, durch die Hitze sich verbreiten, sind nur Folgen von dem ersten, ob sie gleich zu den Zeiten der Unwissenheit gedient haben, als ungewohnte Schreckbilder, dem Pöbel eingebildete Schicksale vorher zu bedeuten. ... Man kann aus den Kometen nicht eine besondere Gattung von Himmelskörpern machen, die sich von dem Geschlechte der Planeten gänzlich unterschiede.

Er stellte sich vor, daß Kometen sich aus einem »Grundstoff« verdichten, der »weit von dem Mittelpunkte entlegne(r) Räume« entfernt ist und »welcher durch die (Gravitations) Attraction schwach bewegt« wird. Er meinte, Kometen würden sich, anders als Planeten, mit allen Inklinationen bilden. Das bezeichnete er als »gesetzlose Freyheit«. »Daher werden die Kometen«, schreibt er, »mit aller Ungebundenheit aus allen Gegenden zu uns herab kommen.«

Er diskutiert Dichte und chemische Zusammensetzung von Kometen. Mit einem atemberaubend guten Start geht er in das Rennen:

> Die specifische Dichte des Stoffes, woraus die Kometen entstehen, ist von mehrerer Merkwürdigkeit, als die Größe ihrer Massen. Vermuthlich, da sie in der obersten Gegend des Weltgebäudes sich bilden, sind die Theilchen ihres Zusammensatzes von der leichtesten Gattung und man darf nicht zweifeln, daß dieses die vornehmste Ursache der Dunstkugeln und der Schweife sey, womit sie sich von anderen Himmelskörpern kenntlich machen.

Aber jetzt schlägt er einen falschen Weg ein:

> Man kann der Wirkung der Sonnenhitze diese Zerstreuung der kometischen Materie in einen Dunst nicht hauptsächlich beymessen; einige Kometen erreichen in ihrer Sonnennähe kaum die Tiefe des Erdecirkels; viele bleiben zwischen dem Kreise der Erde und Venus, und kehren sodann zurück. Wenn ein so gemäßigter Grad Hitze die Materien auf der Oberfläche dieser Körper dermaßen auflöst und verdünnt, so müssen sie nicht aus dem leichtesten Stoffe bestehen, der durch die Wärme mehr Verdünnung, als irgend eine Materie in der ganzen Natur, leidet.

Kants Problem besteht darin, einen Stoff zu finden, der noch in einer Entfernung, die so groß ist wie die Entfernung der Erde von der Sonne, vom festen in den gasförmigen Aggregatzustand übergeht. Er hätte beim Schreiben dieser Zeilen nur aus dem Fenster schauen müssen, um zu sehen, wie eine Dunstwolke von der Eisdecke des Pregels aufsteigt, und schon hätte er die Antwort gehabt: Eis. Gewöhnliches Wassereis. Kein exotischer Stoff – wenigstens nicht auf der Erde, und auch kein besonderer himmlischer Stoff, sondern einfach Eis.

Es ist natürlich unfair, Kant, der in sehr jungen Jahren auf diesem Gebiet zu bemerkenswerten Erkenntnissen gelangt war, im nachhinein zu kritisieren. Wir sind die Nutznießer der Forschungsergebnisse vieler fähiger Wissenschaftler, die nach Kant gelebt haben. Aber stellen Sie sich Kant vor, wie er mit seinem Federkiel in der Hand dasitzt und überlegt, was dieser Stoff der »leichtesten Gattung« sein könnte, wie er versucht, das Wesentliche zu erfassen, während es die ganze Zeit um ihn herum existierte. Sie wünschten, Sie könnten über die Jahrhunderte hinweg Kant einen Fingerzeig geben. Es gibt selbstverständlich auch eine einfachere Erklärung. Vielleicht hatte sein Arbeitszimmer kein Fenster. Vielleicht schrieb er das dritte Hauptstück der *Theorie des Himmels* auch im Sommer.

An anderer Stelle des Buches kommt er auf einem ganz unerwarteten Weg beinahe zu einem richtigen Ergebnis. Er stellt sich vor, daß die Erde in vergangenen Zeiten wie Saturn mit Ringen geschmückt war, die, wie er glaubte, aus einzelnen, kleinen Himmelskörpern zusammengesetzt waren. Diese Körper umliefen die Erde und bestanden möglicherweise aus Eis. Kant gerät in Verzückung darüber, wie schön der Himmel gewesen sein mußte:

> Ein Ring um die Erde! Welche Schönheit eines Anblicks für diejenigen, die erschaffen waren, die Erde als ein Paradies zu bewohnen; wieviele Bequemlichkeit für diese, welche die Natur von allen Seiten anlachen sollte!

Kant kommt auf die Idee, daß so ein Ring die seltsamen Worte in der Genesis »da machte Gott die Feste und schied das Wasser unter der Feste von dem Wasser über der Feste ... und Gott nannte die Feste Himmel« erklären könnte, denn hier geht es um Wasser, das auf irgendeine Weise zum Himmel gehört. Kant bemerkt, daß diese Vorstellung »den Auslegern schon nicht wenig Mühe verursachet« hat, das heißt denjenigen, die versuchen die Erkenntnisse der Physik mit der Bibel zu vereinbaren. Auch Thomas von Aquin hatte sich in seiner *Summa Theologica* gerade mit dieser Frage beschäftigt. Kant machte den Bibelexegeten einen Vorschlag:

> Könnte man sich dieses Rings nicht bedienen, sich aus dieser Schwierigkeit heraus zu helfen? Dieser Ring bestand ohne Zweifel aus wäßrichen Dünsten; und man hat außer dem Vortheile, den er den ersten Bewohnern der Erde verschaffen konnte, noch diesen, ihn im benöthigten Falle zerbrechen zu lassen, um die Welt, die solcher Schönheit sich unwürdig gemacht hatte, mit Ueberschwemmungen zu züchtigen.

Wir werden also hier mit der Vorstellung eines Ringsystems um die Erde konfrontiert, das, wie das verwandte Ringsystem des Saturn, aus einzelnen, kreisenden Trabanten besteht und aus Wasser besteht. In der *Theorie des Himmels* behauptet Kant tatsächlich, daß es im Weltraum in der Nähe der Erde Körper gibt, die flüssiges, festes oder gasförmiges Wasser enthalten. Aber er denkt kein einziges Mal daran, daß auch Kometen aus Eis bestehen könnten. Trotzdem kommt er der Wahrheit sehr nahe.

Kant war der Ansicht, daß sich Kometen jenseits der Saturnlaufbahn in einer Wolke von Körpern mit großer Exzentrizität und allen Neigungen verdichten. Wenn sie dann ins innere Sonnensystem geraten und sich der Erdumlaufbahn nähern, heizt die Sonnenwärme sie auf, und ihre Oberflächen verdampfen. Die Schweife entstehen durch die Dämpfe und werden von einem elektrischen Einfluß der Sonne zurückgetrieben. Auch wenn Kant nicht herausfand, daß Kometen aus Eis bestehen, ist diese Beschreibung im Jahr 1755 kaum zu übertreffen.

Kants Buch wurde gedruckt, als er 31 Jahre alt war. Er hatte es Friedrich dem Großen gewidmet, aber weder der preußische König noch sonst irgend jemand erhielt ein Exemplar; der Verleger machte Bankrott, als das Buch gerade aus der Presse kam. Die Widmung mit ihrer ängstlichen Un-

DER PHILOSOPH UND DER KÖNIG

> Dem allerdurchlauchtigsten, großmächtigsten Könige und Herrn
>
> **HERRN
> FRIEDRICH,**
> Könige von Preussen,
>
> Markgrafen zu Brandenburg, des H.R.Reichs Erzkämmerer und Churfürsten, souveränen und obersten Herzoge von Schlesien etc., meinem allergnädigsten Könige und Herrn.
>
> ———
>
> Allerdurchlauchtigster,
>   Großmächtigster König,
>   Allergnädigster König und Herr!
>
> Die Empfindung der eigenen Unwürdigkeit und der Glanz des Thrones können meine Blödigkeit nicht so kleinmütig machen, als die Gnade, die der allerhuldreichste Monarch über alle seine Unterthanen mit gleicher Grossmuth verbreitet, mir Hoffnung einflösst; dass die Kühnheit, der ich mich unterwinde, nicht mit ungnädigen Augen werde angesehen werden. Ich lege hiermit in allerunterthänigster Ehrfurcht eine der geringsten Proben desjenigen Eifers zu den Füssen Ew. Königl. Majestät, womit Höchst Dero Akademien durch die Aufmunterung und den Schutz ihres erleuchteten Souverains zur Nacheiferung anderer Nationen in den Wissenschaften angetrieben werden. Wie beglückt würde ich sein, wenn es gegenwärtigem Versuche gelingen möchte, den Bemühungen, womit der niedrigste und ehrfurchtvolleste Unterthan unausgesetzt bestrebt ist, sich dem Nutzen seines Vaterlandes einigermassen brauchbar zu machen, das allerhöchste Wohlgefallen seines Monarchen zu erwerben. Ich ersterbe in tiefster Devotion.
>
> Ew. Königl. Majestät
>
> allerunterthänigster Knecht
>
> Königsberg,
> den 14. März 1755   der Verfasser

[Immanuel Kant's sämtliche Werke in chronologischer Reihenfolge. Herausgegeben von G. Hartenstein, erster Band, Leipzig: Leopold Voss, 1867]

terwürfigkeit der weltlichen Autorität gegenüber war typisch für jene Zeit. Sie wird in dem Kasten auf dieser Seite wiedergegeben. Kant war in Wirklichkeit kein enthusiastischer Anhänger Friedrichs und hegte später große Sympathien für die amerikanische und französische Revolution. Er beschwerte sich mehr als einmal darüber, daß der Staat zuviel für den Krieg und zuwenig für die Bildung ausgebe. Er war auch sehr vorsichtig, wenn es um religiöse Fragen ging. Es bedrückte ihn, daß eine natürliche Erklärung der Entstehung des Sonnensystems, die nur auf der Newtonschen Physik basierte, den herrschenden Glauben beleidigen könnte. Er sagte richtig voraus, wie die Anhänger der etablierten Religionen argumentieren würden:

> Wenn der Weltbau mit aller Ordnung und Schönheit nur eine Wirkung der ihren allgemeinen Bewegungsgesetzen überlassenen Materie ist, wenn die blinde Mechanik der Naturkräfte sich aus dem Cha-

os so herrlich zu entwickeln weiß und zu solcher Vollkommenheit von selbst gelangt; so ist der Beweis des göttlichen Urhebers, den man aus dem Anblicke der Schönheit des Weltgebäudes zieht, völlig entkräftet, die Natur ist sich selbst genugsam, die göttliche Regierung ist unnöthig.

Das heißt, die Wahrheit darüber, wie das Universum beschaffen ist, könnte gefährlich sein, wenn sie dazu dienen konnte, die Lehren religiöser Fanatiker zu widerlegen. Das Argument hören wir noch heute. In diesem Sinne sagt Kant: »Ich habe nicht eher den Anschlag auf diese Unternehmung gefaßt, als bis ich mich in Ansehung der Pflichten der Religion in Sicherheit gesehen habe.« Wenn er seine wissenschaftlichen Ideen nicht mit der gängigen religiösen Lehre hätte vereinbaren können, hätte er geschwiegen.

Trotz seiner vorsichtigen Haltung wurde Kant 1788 in eine Kontroverse verwickelt, die gleichzeitig religiös und politisch war: Friedrichs Nachfolger, Friedrich Wilhelm II., begann einen Feldzug gegen die gefährlichen Lehren der Aufklärung. Im Jahre 1794 erhielt Kant eine »Cabinettsorder«, in der sein »Mißbrauch« der Philosophie beklagt wurde. Er wurde darauf hingewiesen, daß seine Lehren zu wenig Achtung vor den maßgebenden theologischen Erkenntnissen zeigten, und ausdrücklich gewarnt: ». . . Widrigenfalls Ihr Euch bei fortgesetzter Renitenz unfehlbar unangenehmer Verfügungen zu gewärtigen habt.« Kant gibt bald nach und versucht, seine Haltung zu rechtfertigen: »Widerruf und Verleugnung seiner inneren Überzeugung ist niederträchtig, aber Schweigen in einem Falle wie der gegenwärtige, ist Unterthanenpflicht; und wenn alles, was man sagt, wahr sein muß, so ist es darum nicht auch Pflicht, alle Wahrheit öffentlich zu sagen.« In dieser Sache war er keine Größe.

Ein Biograph Kants verfaßte 1899 eine Charakterbeschreibung, die vor allem im Hinblick auf die tragische Geschichte Deutschlands in der ersten Hälfte des 20. Jahrhunderts interessant ist:

> Man kann vielleicht sagen, daß zwischen Kants Ethik und dem preußischen Wesen eine innere Beziehung besteht. Die Vorstellung vom Leben als Dienst, eine Veranlagung, alles nach einer Regel zu ordnen, ein gewisses Mißtrauen in die menschliche Natur und eine Art Mangel an der natürlichen Fülle des Lebens sind für beide charakteristisch. Wir begegnen hier einem sehr schätzenswerten Menschentyp, liebenswert ist er jedoch nicht. Er hat etwas Kaltes und Ernstes an sich, das leicht zu äußerlicher Pflichterfüllung und strenger doktrinärer Moralität entarten könnte.

Edmund Halley hatte vorausgesagt, daß der Komet von 1682 Ende des Jahres 1758 wiederkehren würde. Es ist verständlich, daß seine Prophezeiung ein wenig Aufregung verursachte. Das Jahr 1758 lag damals mehr als ein halbes Jahrhundert in der Zukunft. Als Halley 1742 starb, wurde in keinem Nachruf erwähnt, daß er die Wiederkehr eines Kometen vorausgesagt hatte. Seinen Forschungsreisen und seiner Erfindung der Taucherglocke wurde dagegen sehr großer Wert beigemessen.

Im Jahre 1757 gab es schon Menschen, die von der Vorstellung besessen waren, daß die Gravitationsphysik Newtons tatsächlich dazu benützt werden könnte, die Zukunft vorherzusagen. Einer von ihnen war Alexis Clairaut, ein hervorragender französischer Mathematiker, der seine erste Abhandlung im Alter von 13 Jahren veröffentlicht hat. Er beschloß in letzter

Nicole Lepaute. Portrait von Guillaume Voiriot. Mit freundlicher Genehmigung Michel-Henri Lepautes.

Minute, Halleys Tabellen zu der Umlaufbahn wie der vorhergesagten Zeit der Wiederkehr des Kometen von 1682 zu verbessern. Es war natürlich unumgänglich, daß die revidierte Vorhersage vor dem Kometen erschien, »damit niemand die Übereinstimmung von Beobachtung und Berechnung bezweifeln könne«. Aber der Komet kam sehr schnell immer näher, und Clairaut stand vor einer großen Aufgabe. Er mußte über eine Zeitspanne von 150 Jahren hinweg alle Gravitationsinteraktionen des Jupiter, Saturn und der Erde mit dem Kometen peinlich genau berechnen. Clairaut behauptete, er habe den Astronomen Joseph-Jérôme de Lalande engagiert, damit er ihm helfe. Nach Aussage Lalandes war es genau umgekehrt. Das dritte Mitglied des Teams – eine Frau – erwähnte Clairaut in der Öffentlichkeit jedoch mit keinem Wort, obwohl Lalande später einräumte, daß sie es ohne das dritte Mitglied niemals gewagt hätten, sich auf einen Wettlauf mit dem Kometen einzulassen. Sie war also diejenige, der das Verdienst gebührte.

Wir können uns kaum vorstellen, wieviel Geduld Madame Nicole-Reine Etable de la Brière Lepaute brauchte, um ihr außergewöhnliches Leben führen zu können. Sie lebte in einer Zeit, in der die Frauen der Oberschicht ihrer äußeren Erscheinung wegen geachtet wurden oder weil sie ihren Haushalt und ihr Personal gut führten oder auch weil sie anregend zu plaudern verstanden. Madame Lepaute entsprach diesem Ideal in allem, aber sie war auch eine erstklassige Mathematikerin, die ihre Kollegen vor ein Problem stellte. Das geht besonders deutlich aus Lalandes *Astronomischer Bibliographie* hervor, in der er ihr seine Hochachtung bezeigt. Er verfaßte das Buch kurz nach ihrem Tod im Jahr 1788 und machte sich große Mühe damit, sie einerseits in den Himmel zu heben und andererseits ihre Verdienste zu schmälern. Ja, sie war für die Arbeit an dem Kometen sehr wichtig, aber sie war nicht hübsch genug. Ja, ihre Tabellen über die parallaktischen Winkel und ihre Vorhersage der ringförmigen Sonnenfinsternis im Jahr 1764 für ganz Europa waren wichtig, aber sie selbst war doch nur durch ihre männlichen Partner wirklich bedeutend. Wenigstens gesteht er ihr zu: »Ihre Berechnungen hielten sie nie von ihren häuslichen Pflichten ab. Das Haushaltsbuch lag neben den astronomischen Tabellen.« Clairaut verheimlichte Mme. Lepautes Mitarbeit, um, wie Lalande schrieb, »einer Frau einen Gefallen zu tun, die auf Mme. Lepautes Fähigkeiten eifersüchtig war, aber nur Prätentionen und keinerlei Kenntnisse hatte. Sie konnte diesen verständnisvollen, aber schwachen Wissenschaftler, den sie sich untertan gemacht hatte, dazu bringen, eine solche Ungerechtigkeit zu begehen.« Biographen von Wissenschaftlern neigten damals noch sehr zu Pikanterie.

Aber Lalandes Ergebenheit ist offensichtlich:

> Mme. Lepaute war die einzige Frau in Frankreich, die über wirkliche Kenntnisse in der Astronomie verfügte ... Sie war mir so lieb, daß der Tag, da ich an ihrem Begräbnis teilnahm, der traurigste Tag in meinem Leben war, den ich seit dem Tod meines Vaters verbracht habe. ... Die Zeit, die ich in ihrer Nähe oder im Kreis ihrer Familie verbracht habe, war mir die liebste, und die Erinnerung daran, die mit Bitterkeit und Schmerz vermischt ist, spendet mir in meinen letzten Lebensjahren ein wenig Trost. ... Ihr Bild, das ich immer noch vor Augen habe, ist mein einziger Halt.

Der Halleysche Komet im Jahr 1759. Gemälde von Samuel Scott. Mit freundlicher Genehmigung der Library of Congress.

Mme. Lepaute muß 1757 alle Hände voll zu tun gehabt haben. Gemeinsam mit Clairaut und Lalande arbeitete sie sechs Monate lang Tag und

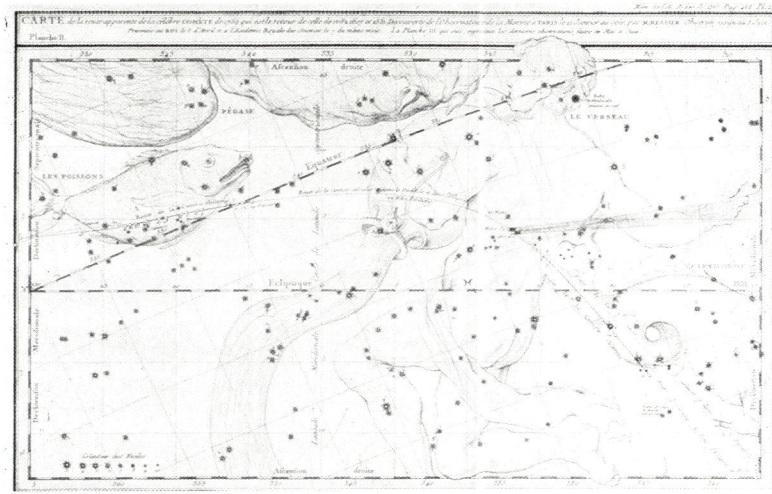

Karte der sichtbaren Bahn des berühmten Kometen von 1759 über den Himmel. Aus: *Histoire de l'Académie Royale des Sciences,* Paris 1760. Mit freundlicher Genehmigung Ruth S. Freitags, Library of Congress.

Nacht und oft auch während der Mahlzeiten in einem verzweifelten Wettlauf mit dem Kometen. Das ganze Unternehmen war so anstrengend, daß Lalande sich »nach dieser Zwangsarbeit eine Krankheit zuzog, die [sein] Temperament für den Rest [seines] Lebens veränderte«. Schließlich entdeckten sie, daß der Komet von der Gravitation des Saturn 100 Tage lang aufgehalten würde. Jupiter bedeutete einen Aufschub von mindestens 518 Tagen. Im Laufe ihrer Berechnungen stellten sie fest, daß Halley eine Reihe von Fehlern unterlaufen war, die sich aber gegenseitig ausglichen und aufhoben, und sie kamen zu dem Schluß, daß Halley die Zeit der Wiederkehr im wesentlichen richtig geschätzt hatte.

Im November 1758 sagten sie vorher, daß der Komet seinen Periheldurchgang am 13. April 1759 machen würde und schon einige Monate davor sichtbar wäre. Am Weihnachtsabend 1758 war ein deutscher Bauer, ein gewisser Johann Palitzsch, der erste, der erkennen konnte, daß der lang verstorbene Edmund Halley erfolgreich Newtons Gesetze angewandt hatte, um die Zukunft vorherzusagen. Der Komet war pünktlich und kam genau aus dem Teil des Himmels, den Halley genannt hatte. Palitzsch, ein eifriger Hobbyastronom und einer von vielen, die in der Astronomie zur Erforschung der Kometen beitrugen, beeilte sich, der Welt die Neuigkeit mitzuteilen. Halleys verlorener Komet war zurückgekehrt. Er erreichte sein Perihel am 13. März 1759, einen Monat früher, als Clairaut, Lalande und Lepaute vorausgesagt hatten. Die Wissenschaft hatte gesiegt, nachdem Generationen von Spintisierern unterlegen waren. Die Newtonsche Prophezeiung war in Erfüllung gegangen.

Viele merkten schnell, was Halley und seine französischen Nachfolger geleistet hatten. Sie hatten ein Programm, ein Ziel und ein Ideal für die Zukunft der gesamten Wissenschaften geschaffen: »Die Regelmäßigkeit, die uns die Astronomie in den Bewegungen der Kometen zeigt«, so Laplace, »existiert zweifellos bei allen Phänomenen.«

Extrablatt! Extrablatt! Halleyscher Komet pünktlich. Das ist im wesentlichen, allerdings nicht wörtlich übersetzt, der Inhalt der Titelseite des *Hamburgischen Magazins* Ende Januar 1759.

Ein Kometenkern zerbricht beim Vorbeiflug am Planeten Jupiter, den man hier beinahe in der Draufsicht sieht. Wenn dieser Schwarm aus unregelmäßigen Eisstücken sich dem inneren Sonnensystem nähert, werden alle großen Fragmente eigene Schweife entwickeln. Darstellung von Michael Carroll.

5. Kapitel
Ausreißer unter den Kometen

Auch du, Komet, so wunderschön und wild,
hast das Herz des zarten Universums
an dein eigenes gezogen; bis es, gebrochen
in diesem Kampf von Anziehung und Abstoßung,
sich verirrte und in zwei Teile barst.
Oh, schwebe wieder in unsere azurnen Himmel!

Percy Shelley: *Epipsychidion* (1821)

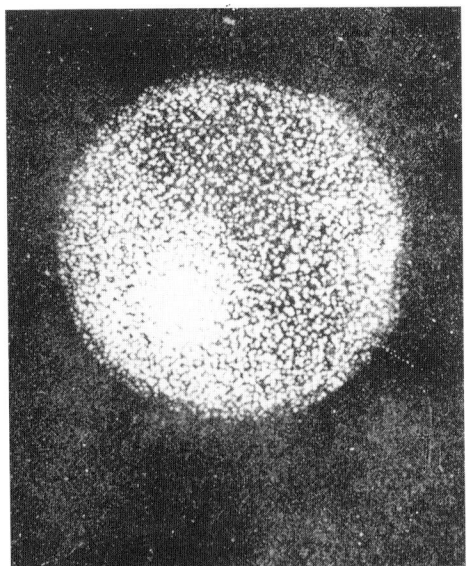

Zeichnung von der Koma des Enckeschen Kometen, der am 30. November 1828 beobachtet wurde. Mit freundlicher Genehmigung R. A. Lyttletons aus seinem Buch *The Comets and Their Origin*, Cambridge University Press 1953.

Die triumphale Wiederkehr des Halleyschen Kometen im Jahr 1758 bestärkte viele Menschen auf der ganzen Welt in der Newtonschen Ansicht, daß wir in einem Universum leben, das wie ein Uhrwerk funktioniert. In der vorhersagbaren Bewegung der Planeten und den periodischen Erscheinungen des Halleyschen Kometen und seiner Gefährten erblickten viele Menschen die Hand Gottes. Neue Kometen zu suchen und vorläufig ihre Umlaufbahnen zu bestimmen wurde zu einem modischen Hobby. In der Zeit der amerikanischen und französischen Revolution, die optimistisch als das Zeitalter der Vernunft ausgerufen wurde, erinnerten die Kometen beständig daran, daß die Menschheit Schritt für Schritt aus dunklem Aberglauben emporstieg. Gleichzeitig sah man jedoch in jeder Umlaufbahn eines Kometen die Erhabenheit und Eleganz eines göttlichen Ratschlusses.

Als aber eine größere Anzahl von Kometen untersucht worden war, stellte man einige merkwürdige Idiosynkrasien, beunruhigende Abweichungen von der Newtonschen Regelmäßigkeit fest. Eine Gruppe kurzperiodischer Kometen wurde entdeckt. Sie umlaufen die Sonne alle paar Jahre einmal und bleiben bei den Planeten im inneren Sonnensystem. Der Enckesche Komet zum Beispiel, der 1786 entdeckt wurde, kommt auf seiner Umlaufbahn der Sonne näher als Merkur, der innerste Planet. Im Jahre 1819 studierte J. F. Encke die wiederholten Erscheinungen des Kometen, der heute seinen Namen trägt. Da die Periode nur 3,3 Jahre beträgt, konnte er eine ganze Reihe von Umlaufbahnen untersuchen. Encke stellte zu seinem großen Erstaunen fest, daß jeder Periheldurchgang des Kometen ein paar Stunden früher stattfand, obgleich Störungen durch Jupiter und die anderen Planeten bereits berücksichtigt waren. Encke stand vor einem großen Rätsel, das er nie lösen sollte. Es brachte die Astronomie in eine unangenehme Situation: Kometen galten als der Beweis für die Existenz eines genauen und universellen Gravitationsgesetzes, und jetzt wollte sich mindestens einer von ihnen nicht an die Regeln halten. Selbst Newton konnte die Kometen nicht dazu zwingen, pünktlich zu sein. Der Ausdruck »dem Gravitationsgesetz trotzen« geht auf diese Zeit zurück. Die meisten Wissenschaftler hielten Newtons Gravitationsgesetz für gültig, doch war wohl noch eine zusätzliche Kraft im Spiel. Aber welche?*

Am 27. Februar 1826 sah ein Major der österreichischen Armee namens Wilhelm von Biela in Südafrika zum Himmel und entdeckte einen neuen Kometen. Zehn Tage später wurde dieser Komet unabhängig davon in Marseilles von einem französischen Astronomen namens Gambert entdeckt, der sofort seine Umlaufbahn berechnete und auf eine Periode von weniger als sieben Jahren kam. Zwischen Biela und Gambert entbrannte ein heftiger und nichtiger Streit darum, wem der Ruhm der Entdeckung zustehe. Sollte der Komet »Bielascher Komet« heißen, nach dem Mann, der ihn als erster gesehen hatte, oder »Gambertscher Komet«, nach dem Mann, der als erster seine Umlaufbahn berechnet hatte? In der Zwischenzeit machte Gambert die ominöse Prophezeiung, daß sein Komet bei seiner nächsten Wiederkehr ungefähr am 29. Oktober 1832 in die Erde einschlagen würde. Obwohl der Komet plangemäß erschien, schlug er nicht in die Erde ein. Wir können uns vorstellen, daß es in der Nähe des Marseiller Observatoriums im Herbst 1832 aus mehr als einem Grund einige angstvolle Momente gab.

---

* Zu den Möglichkeiten, die angeboten wurden und sich als falsch herausstellten, gehören: Reibung mit einer großen Menge bislang unentdeckten interplanetarischen Staubes; Abstoßung durch einen ›lichtspendenden Äther‹, in dem sich – so wurde angenommen – Lichtwellen fortpflanzten; eine kleine Abweichung durch Kräfte des ›Inverse square law‹.

Ausreißer unter den Kometen 85

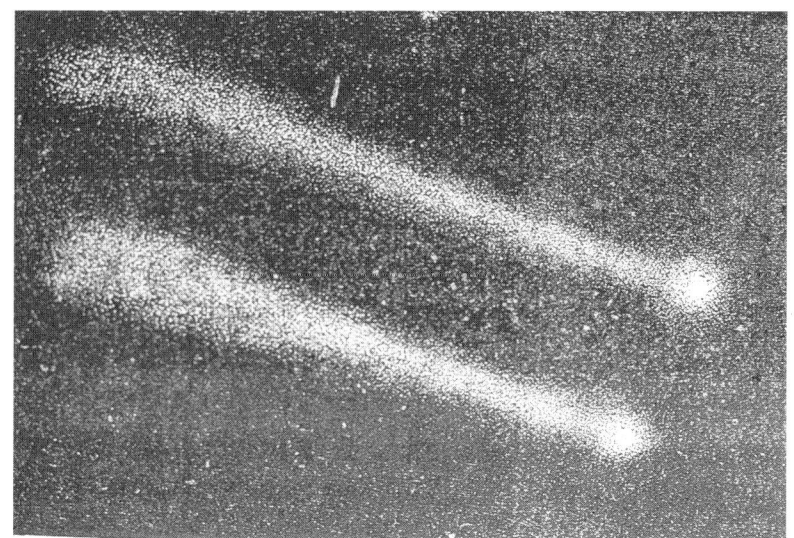

Am Teleskop angefertigte Zeichnung des Kometen, der von Biela und Gambert entdeckt wurde, bei seiner Erscheinung im Jahr 1846. Der Komet hatte sich seit seiner letzten Erscheinung im Jahr 1832 in zwei Teile gespalten. Aus: Camille Flammarion, *Himmelskunde für das Volk*, Neuenburg 1906/07.

Bei seinem nächsten vorhergesagten Periheldurchgang im Jahr 1839 war der Komet bei seiner größten Annäherung an die Erde sehr nahe an der Sonne und konnte in dem gleißenden Licht nicht gesehen werden. 1846 war die Erscheinung jedoch günstiger, und als die Astronomen durch ihre Teleskope spähten, entdeckten sie erstaunt, daß es inzwischen nicht nur einen, sondern zwei Kometen mit jeweils einem Schweif auf einer beinahe identischen Flugbahn gab. In den folgenden zwei Wochen veränderte sich die relative Helligkeit der beiden Kometen. Einmal leuchtete der eine Komet heller und dann wieder der andere. Eine Weile besaßen sie sogar eine gemeinsame Koma. Die Erscheinung war so merkwürdig, daß der erste Astronom, der die Verschmelzung bemerkte, sie für eine Spiegelung in seinem Teleskop hielt. Wie sich ein Komet selbst reproduzieren konnte, war ein spannendes Rätsel. Aber auf alle Fälle sorgte es für eine salomonische Entscheidung im Streit zwischen Biela und Gambert. Im Jahr 1852 wurden immer noch zwei Kometen gesehen, die jedoch ungefähr zwei Millionen Kilometer voneinander entfernt waren, obwohl sie sich immer noch auf ungefähr derselben Umlaufbahn bewegten. Dann wurden die beiden Kometen nie wieder gesehen. Kometen, die zu früh oder zu spät erschei-

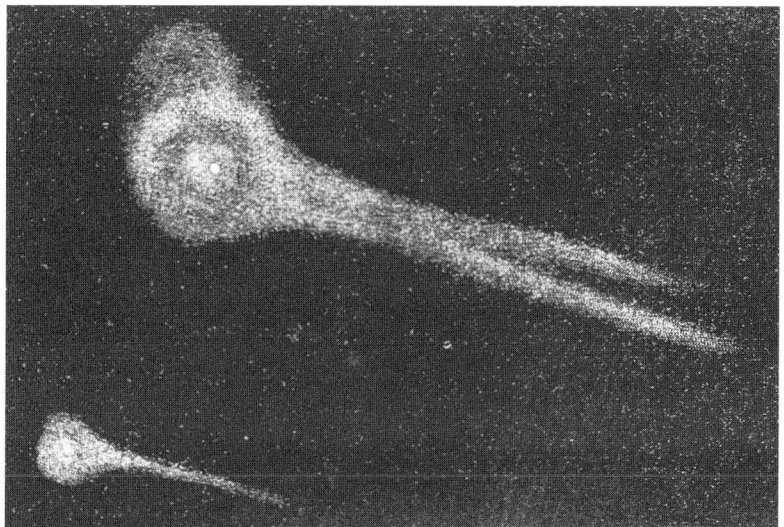

Eine andere Darstellung des zersplitterten Bielaschen Kometen. Zeichnung von Struve aus: Amédée Guillemin, *Le Ciel*, Paris 1864.

![Komet de Cheseaux]

Der Schweif des Kometen de Cheseaux von 1744 ist über dem Horizont sichtbar, während der Kopf unter dem Horizont liegt (vergl. Abbildung S. 86). Aus: Amédée Guillemin, *Le Ciel,* Paris 1864.

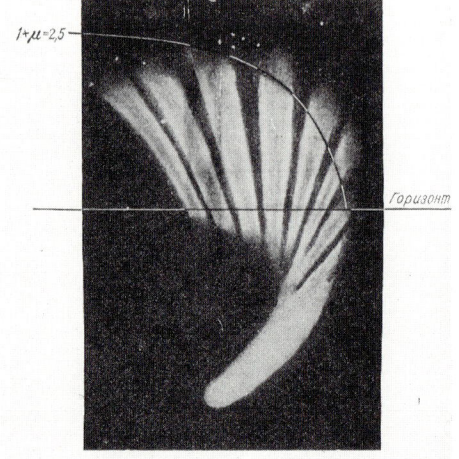

Eine Zeichnung des Kometen de Cheseaux von 1744. Die waagrechte Linie deutet den Horizont an. Aus: S. V. Orlov, *On the Nature of Comets,* Sowjetische Akademie der Wissenschaften, Moskau 1960.

nen, die sich teilen oder verdoppeln, Kometen, die verschwinden – all das paßt überhaupt nicht zu Himmelskörpern, die sich anstandslos in das Newtonsche Uhrwerk einfügen.

Obwohl die Biela-/Gambertschen Kometen nie wieder zurückkehrten, bescherten sie den verblüfften Astronomen eine weitere Überraschung. Nur wenig später als ein Jahrzehnt nach dem endgültigen Verschwinden des Kometen tauchte der überwältigende November-Meteorstrom, die Andromediden auf: Tausende heller Sternschnuppen erleuchteten die Herbstnacht. Als die Flugbahnen der Andromedidenmeteore zurückverfolgt wurden, stellte man fest, daß ihre Bahn mit der Umlaufbahn des Biela-/Gambertschen Kometen identisch war. Irgendwie hatten die Kometen sich aufgelöst und nur eine Unmenge feiner Trümmerteilchen zurückgelassen, die in die Atmosphäre der Erde eindrangen, als sich die Kometenumlaufbahn mit der Bahn unseres Planeten schnitt. Seither werden die meisten großen Meteorströme mit Kometenumlaufbahnen in Verbindung gebracht. Meteore, hierzulande »Sternschnuppen« genannt, fallen tatsächlich und lösen sich nach wenigen Augenblicken auf. Kometen zucken nicht wie Blitze über den Himmel; die hellsten können sogar mit bloßem Auge gesehen werden. Trotz dieser Unterschiede schien es bald, als seien Meteore und Kometen irgendwie miteinander verwandt. Die Vorstellung tauchte auf, daß Kometen in Wirklichkeit Schwärme aus kleinen Partikeln seien, die sich gegenseitig anziehen würden: Wenn sie alle beisammen wären und sich wie ein Schwarm bewegten, würde man sie als Kometen sehen. Wenn sie einzeln in die Erdatmosphäre eindringen würden, sähe man sie als Meteore. Das Modell eines Kometenkerns als eine Art kreisender Sandbank nahm Form an.

Im Jahr 1744 hatte der Komet de Cheseaux einen spektakulären Auftritt.

Der Schweif teilte sich in sechs gleiche »Strahlen«, und die Europäer konnten eine Weile den Kometenschweif über dem Horizont sehen, während der Kopf (und die Sonne) hinter dem Horizont verschwunden waren. Dieses Ereignis wurde auf Aquarellen, auf wissenschaftlichen Darstellungen und sogar auf Münzen festgehalten. Allgemein hegte man die Erwartung, daß alle paar Jahrzehnte ein Komet sich der Erde nähern würde.

Der erste kurzperiodische Komet auf der Liste ist der Komet Lexell, der 1770 der Erde sehr nahe kam. Lexell berechnete die Umlaufbahn und leitete daraus eine Periode von wenig mehr als fünf Jahren ab. Der Komet flog so dicht an der Erde vorbei, daß die vorübergehende Gravitationsumklammerung durch unseren Planeten die Periode des Kometen um drei Tage verringerte. Die Periode der Erde mit ihrer viel größeren Masse änderte sich nicht einmal um eine Sekunde im Jahr. 1776 war der Komet nicht sichtbar, aber das lag daran, daß seine Entfernung von der Erde größer war als bei seiner letzten Erscheinung. Die Astronomen vertrösteten das Volk auf fünf Jahre. Aber 1781 kam und ging – ohne Komet. In diesem Fall wurde auch kein Meteorstrom in der Umlaufbahn des Lexellschen Kometen gefunden. Was war passiert?

Laplace beantwortete diese Frage. Er konstruierte ein riesiges mathematisches Orrery-Planetarium* und simulierte die Bewegungen des Lexellschen Kometen (und der Planeten) vor und nach seiner einsamen Erscheinung im Jahr 1770. Die Berechnungen waren, besonders in der Ära vor dem Computer, nicht einfach. Laplace fand heraus, daß der Komet 1781 nicht erschien, weil er 1779 äußerst nahe an Jupiter vorbeigeflogen war und sich möglicherweise zwischen den vier großen Monden des Riesenplaneten bewegt hatte. Schon früher hatte Halley festgestellt, daß sich die Eigenschaften der Umlaufbahn seines Kometen durch die Gravitationswirkung Jupiters bereits geringfügig verändern würden, wenn der Komet in viel größerer Entfernung an Jupiter vorbeifliegt. In seinem Fall hatte Laplace berechnet, daß der Lexellsche Komet so nahe an Jupiter vorbeigezogen war, daß sich seine Umlaufbahn auf drastische Weise verändert haben mußte. Der Komet war auf eine völlig andere Bahn geworfen worden, die an keinem Punkt nahe an der Erde vorbeiführte, vielleicht war er auch ganz aus dem Sonnensystem hinausgeschleudert worden. Einem Beobachter, der auf dem Lexellschen Kometen geritten wäre, hätte sich bei den großen Annäherungen an die Erde und an Jupiter ein grandioser Anblick geboten. Laplace konnte die Überlegung nicht beiseite schieben, daß ein Komet hin und wieder in einen Planeten einschlagen könnte. Das brachte ihn auf die Überlegung, welche Folgen wohl ein Kometeneinschlag auf der Erde hätte. (Kapitel 15.)

Zu Laplace' Zeiten, also zu Beginn des 19. Jahrhunderts, waren zwei Kategorien von Kometen bekannt: Die kurzperiodischen Kometen (wie der Lexellsche, Enckesche und später der Biela-/Gambertsche Komet) hatten Perioden von wenigen Jahren und hielten sich immer im inneren Sonnensystem auf. Die langperiodischen Kometen (wie der Halleysche Komet oder der Große Komet von 1680) mit Perioden, die in Jahrzehnten oder Jahrhunderten gemessen wurden, hatten Umlaufbahnen, die sie weit hinter den entferntesten bekannten Planeten trugen. Der Großteil der Kometen aber war »neu« – mit Umlaufbahnen, die so groß waren, daß sie mit den herkömmlichen Daten nicht erfaßt werden konnten. Gab es drei verschiedene Kometenreiche, die aus unterschiedlichen Bausteinen zusam-

Avers einer deutschen Medaille, die wahrscheinlich 1744 in Breslau geprägt wurde und den Kometen de Cheseaux mit seinen sechs Schweifen darstellt. Der Komet ist korrekt so abgebildet, daß er heller ist als der hellste Stern. Im März 1744 konnte er sogar bei Tageslicht gesehen werden. Mit freundlicher Genehmigung der Amerikanischen Numismatischen Gesellschaft, New York.

Rückseite der deutschen Medaille zur Erinnerung an den Kometen de Cheseaux.

---

* Ein mechanisches Modell des Sonnensystems, das auf einer Skala die Zeiten und Entfernungen der Planeten und Monde angibt.

Pierre-Simon, Marquis de Laplace, französischer Mathematiker, Physiker und Astronom, der bei der Erforschung der Kometenbahnen eine bedeutende Rolle spielte. Laplace leistete verschiedene fundamentale Beiträge zur Wissenschaft. Nebenbei zeigte er 1780 zusammen mit Lavoisier, daß die Atmung eine Art Verbrennungsprozeß ist.

mengesetzt und auf unterschiedliche Weise entstanden waren? Oder waren sie alle Mitglieder eines Reiches, in dem eine Population aus der anderen hervorgeht? In der gesamten westlichen Welt lag die Revolution in der Luft, und die Vorstellung, daß absolute Monarchien schnell in Republiken verwandelt werden könnten, ließ in manchen Menschen den Gedanken aufkeimen, daß das, was bisher für undenkbar gehalten wurde, vielleicht auch in anderen Reichen der Natur möglich sein könnte. Es war ein Zeichen für das Genie Laplace', daß er erfolgreich in Kategorien der Evolution dachte, während seine Zeitgenossen es für das Charakteristikum des Universums hielten, daß es sich über Äonen nicht verändert.

Laplace stellte die Hypothese auf, daß die Gravitation des Jupiter eine Art Netz bildete, das langperiodische Kometen, die in der Nähe herumflogen, einfing und in kurzperiodische Kometen verwandelte, die sich im inneren Sonnensystem aufhalten. Eine moderne Variante dieser Theorie lautet ungefähr folgendermaßen: Kurzperiodische Kometen tendieren dazu, ihre Aphele, die Punkte in der periodischen Umlaufbahn, die der Sonne am fernsten sind, in der Umgebung der Jupiterbahn zu haben. Ein höherer Prozentsatz hat einen Knoten in der Umlaufbahn. Das ist der Punkt, an dem sich die Ebene der Planetenumlaufbahn mit der Ebene schneidet, auf der sich die Planeten um die Sonne bewegen, also in der Nähe Jupiters. Im Gegensatz dazu haben die Umlaufbahnen der Langzeitkometen keine Verbindung mit Jupiter. Auch einige kurzperiodische Kometen, die ganz auf das Gebiet der erdähnlichen Planeten beschränkt sind, gelangen nie in die Nähe Jupiters. Aber es gibt so viele kurzperiodische Kometen mit Bahneigenschaften, die mit Jupiter zusammenhängen, daß man sie die Jupiterkometenfamilie nennen kann. Wie könnte nun die Verbindung zwischen Jupiter und seiner Kometenfamilie aussehen? Einige frühe Astronomen glaubten, daß Jupiter der *Ursprung* der Kometen wäre und daß er sie irgendwie ausspuckte oder daß sie aus dem Innern des größten Planeten ausströmten. Diese Theorie hat freilich die Probe der Zeit nicht bestanden. Aber welche anderen Möglichkeiten gab es?

Der Komet saust auf die Sonne zu und kommt der Jupiterbahn immer näher, wie er es vielleicht schon dutzendmal gemacht hat, als Jupiter auf der anderen Seite der Sonne war. In diesem Fall geschieht nichts. Aber diesmal kreuzt der Komet die Jupiterbahn, und zufällig ist Jupiter in der Nähe. Er ist der größte Planet des Sonnensystems, und der Komet ist im Verhältnis dazu nur ein kleines Ding, ein Staubkörnchen, das von einem Gas-

Neigungen der Kometenbahnen. Auf der Ekliptik oder Zodiakalebene (dunkelblau) bewegen sich auf nahezu kreisförmigen Umlaufbahnen die Planeten (hier die Umlaufbahnen der Erde und des Jupiter). Die Umlaufbahnen der kurzperiodischen Kometen (rot) tendieren dazu, in der Zodiakalebene zu liegen. Die Umlaufbahnen der langperiodischen Kometen (blau, keine Kreise) verteilen sich wahllos auf verschiedene Ebenen. Einige kurzperiodische Kometen haben Umlaufbahnen, die in einem großen Winkel zur Ekliptik liegen. Die Umlaufbahnen einiger langperiodischer Kometen liegen zufällig auf der Ekliptik. Graphische Darstellung von Jon Lomberg/BPS.

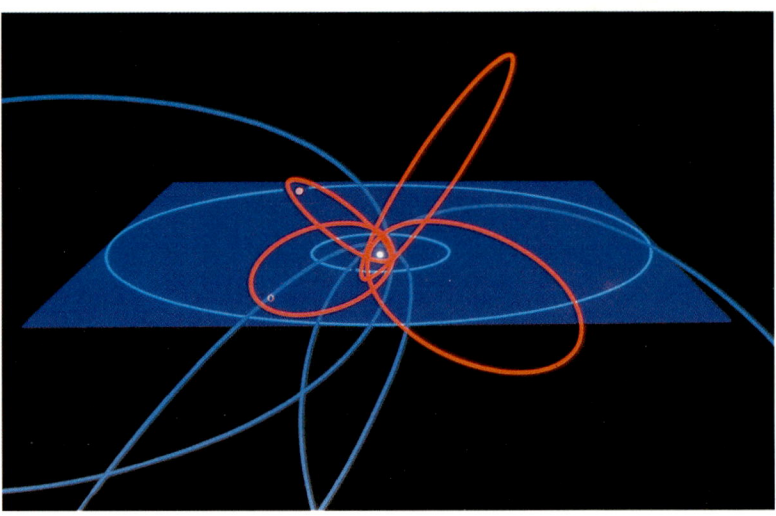

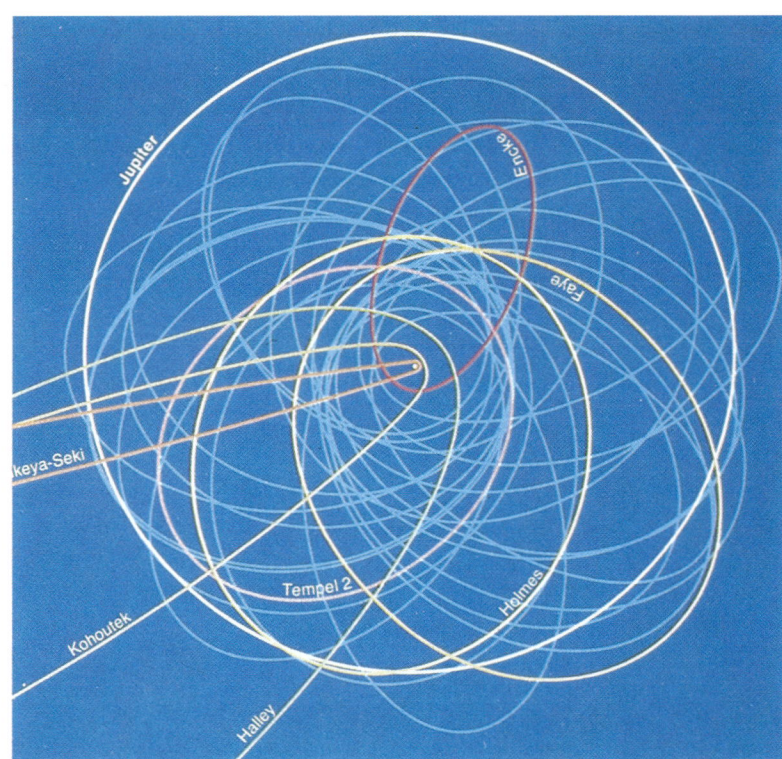

Einige der bekannten Kometenbahnen im Verhältnis zur Jupiterbahn (großer weißer Kreis). Unter den dargestellten Kometen sind der Enckesche Komet (rot) und der Halleysche Komet. Beachten Sie, wie oft das Aphel eines kurzperiodischen Kometen in der Nähe der Jupiterbahn liegt. Mit freundlicher Genehmigung der National Aeronautics und Space Administration (NASA).

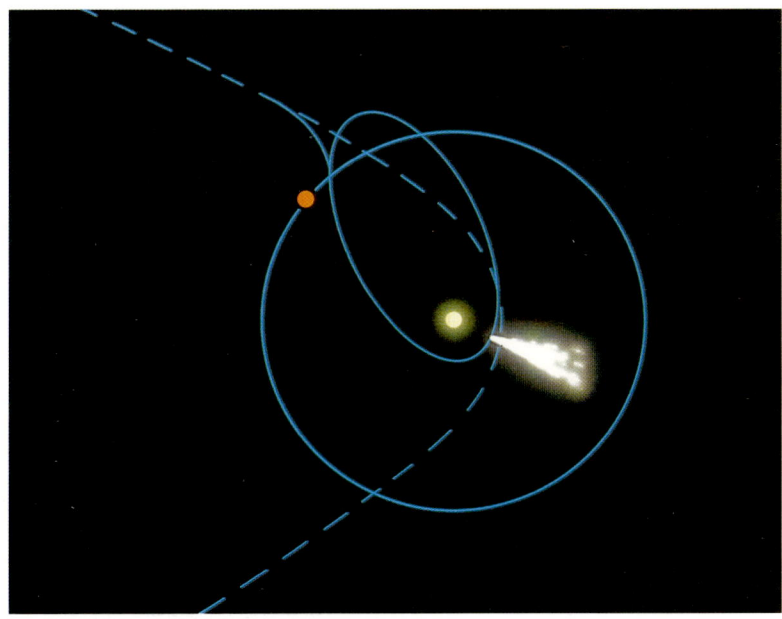

Verwandlung eines langperiodischen Kometen in einen kurzperiodischen Kometen durch eine Passage an Jupiter vorbei. Jupiter ist der orangefarbene Punkt auf der kreisförmigen Umlaufbahn um die Sonne. Der Komet nähert sich auf der gestrichelten Linie von links oben der Sonne. Wenn Jupiter nicht wäre, würde er seinen Weg um die Sonne und in die fernen Regionen des Sonnensystems auf der Bahn, die nach links unten führt, fortsetzen. Aber Jupiters Anziehungskraft lenkt den Kometen in eine stabile elliptische Umlaufbahn. Beim Perihelduchgang ist der Schweif des Kometen voll entwickelt. Graphische Darstellung von Jon Lomberg/BPS.

wölkchen umhüllt wird. Jupiters Gravitationskraft zieht den Kometen an, nicht so stark, daß sie ihn in Jupiter hineinzieht (denn der Komet bewegt sich mit einer Geschwindigkeit von etwa zehn Kilometern pro Sekunde), aber doch stark genug, um ihn in Richtung Jupiter abzulenken und seine Umlaufbahn zu verändern. Der Komet bewegt sich immer noch in einer Ellipse um die Sonne, aber der Gravitationsruck Jupiters hat seine Umlaufbahn gravierend verändert.

Ein ähnliches Manöver führten vier Raumsonden von der Erde erfolg-

Der Halleysche Komet rast als rücksichtsloser Fahrer an den Planeten vorbei. Karikatur von Hermann Vogel aus den *Fliegenden Blättern* im Mai 1910.

reich durch – Pioneer 10 und 11 und Voyager 1 und 2 –, die in den 1970er Jahren auf so kunstvoll berechneten Flugbahnen zum Jupiter entsandt worden waren, daß die Gravitationsbeschleunigung Jupiters jede Raumsonde wie mit einem Katapult auf einen genau vorherbestimmten Punkt am Himmel schleuderte. Voyager 2 zum Beispiel flog so an Jupiter vorbei, daß die Gravitationskraft des Planeten die Raumsonde auf eine Flugbahn brachte, die sie zwei Jahre später nahe an den Saturn führte. (Die Annäherung an Saturn soll die Raumsonde auf eine Flugbahn zu Uranus im Jahr 1986 bringen, die Annäherung an Uranus auf eine Flugbahn zu Neptun, wo die Raumsonde 1989 ankommen soll.) Stellen Sie sich vor, daß die Flugbahnen zeitlich in die Vergangenheit führen. Die Raumsonde nähert sich Jupiter vom äußeren Sonnensystem. Sie kreist um Jupiter und wird auf ihrer neuen Umlaufbahn nahe an die Erde getragen.

Dieses Gravitationsbillard erklärt die Kometenfamilie des Jupiter. Das innere Sonnensystem ist mit Kometen übersät, und einige von ihnen kommen Jupiter zufällig sehr nahe. Ein paar werden durch die Begegnung sofort aus dem äußeren Sonnensystem hinausgeschleudert, einige stürzen auf den Jupiter oder einen seiner Monde, aber bei vielen anderen ändert sich die Umlaufbahn so, daß sie kurzperiodische Kometen mit geringer Inklination werden, die ihr Aphel oder den Knoten in der Umgebung der Jupiterbahn haben. Die meisten kurzperiodischen Kometen kommen wahrscheinlich durch verschiedene Gravitationsbegegnungen mit Jupiter auf ihre Umlaufbahn, oder vielleicht sogar durch verschiedene Begegnungen mit Planeten außerhalb der Jupiterbahn und dann erst mit Jupiter selbst.

Ein Komet, der mit rechtläufiger Umlaufbahn (d. h., er bewegt sich in derselben Richtung um die Sonne wie die Planeten) aus den Tiefen des Raums kommt, wird sehr wahrscheinlich durch eine Begegnung mit Jupiter auf eine kurzperiodische Umlaufbahn gebracht. Ein Komet, der mit einer retrograden Umlaufbahn (d. h., er umläuft die Sonne in der entgegengesetzten Richtung) ankommt, wird durch die Begegnung höchstwahrscheinlich aus dem Sonnensystem hinausgeschleudert. Aus diesem Grund bewegen sich die kurzperiodischen Kometen rechtläufig. Die Kometen aus den Tiefen des Raums bewegen sich mit ebenso großer Wahrscheinlichkeit rechtläufig wie retrograd, aber nur die Kometen mit rechtläufigen Bahnen werden eingefangen. Die Gravitation Jupiters wählt die Kandidaten aus. Man kann davon ausgehen, daß rund 2000 Langzeitkometen, die größer sind als ein Kilometer, jedes Jahr die Umlaufbahn des Jupiter kreuzen. Die Anzahl etwa gleichgroßer Kurzzeitkometen in der Jupiterfamilie dürfte 1400 betragen. Wir müssen erkennen, daß, wenn wir uns Kometen zuwenden, wir über Tausende verschiedener Welten sprechen.

Laplace zeigte, daß langperiodische Kometen durch einen Gravitationsmechanismus, der sich vor unseren Augen abspielt, in kurzperiodische Kometen verwandelt werden. Sein Werk zeigt uns, daß interstellare Kometen, Besucher aus den Regionen außerhalb des Sonnensystems, in kurzperiodische Kometen, die sich um die Sonne bewegen, umgewandelt werden können.

Man hat nur wenige Kometen auf einer leicht hyperbolischen Umlaufbahn bei ihrem Durchgang durch das innere Sonnensystem beobachtet. Sie sind nicht an das Sonnensystem gebunden und für die Sterne bestimmt. Der Vergleich mit Nomaden bietet sich an. Vielleicht kommen die Kometen von einem anderen Sternensystem, wandern durch den interstellaren Raum und kommen durch einen glücklichen Zufall dann bei uns vorbei, wenn wir nach ihnen Ausschau halten. Laplace glaubte sogar, daß sowohl die kurzperiodischen als auch die langperiodischen - und auch viele »neue« - Kometen von der Sonne aus einer Population freier interstellarer Kometen herausgefangen werden, die die Sonne umgibt. Wenn diese Hypothese zutrifft, könnten sich einige kurzperiodische Kometen durch eine Kaskade von Umlaufbahnen entwickelt haben, durch eine Folge von veränderten Flugbahnen, die durch aufeinanderfolgende Begegnungen mit Planeten bestimmt wird. Das ist ein Hinweis darauf, den Laplace verstanden haben muß, daß Kometen ursprünglich Bewohner der interstellaren Kälte und Nacht sind. Diese Tatsache ist für das moderne Verständnis von Kometen von grundlegender Bedeutung.

Später stellte sich heraus, daß hyperbolische Kometen trotz ihrer freien Flugbahnen nicht aus dem interstellaren Raum kommen. Bis jetzt ist zumindest kein solcher Komet beobachtet worden. Mit Hilfe desselben mathematischen Orrery-Planetariums, das Laplace erfunden hatte, können die Umlaufbahnen der anscheinend hyperbolischen Kometen zurückverfolgt werden. Jeder hyperbolische Komet ist auf einer ganz leicht hyperbolischen Bahn. Wenn er sich nur geringfügig langsamer bewegen würde, wäre er durch die Gravitation an die Sonne gebunden. Wenn man die Umlaufbahnen solcher hyperbolischer Kometen zurückverfolgt, stellt man fest, daß sie sich in jüngster Vergangenheit sehr stark einem der Hauptplaneten angenähert haben. Alle scheinen Kometen zu sein, die lange Zeit auf einer elliptischen Bahn die Sonne umliefen und dann durch die Gravitationswirkung Jupiters oder eines anderen der Riesenplaneten aus dem Sonnensystem hinauskatapultiert wurden. Es wurde kein einziger interstellarer Komet beobachtet.

In der Mitte des 19. Jahrhunderts war die Erforschung von Kometen ein etabliertes Teilgebiet der professionellen Astronomie. Ihre wichtigsten Bewegungen waren bekannt. Einige langperiodische Kometen konnten sich schließlich zu kurzperiodischen Kometen entwickeln. In dem Tumult der Gravitationswirkungen konnten Kometen mit Planeten oder der Sonne kollidieren oder aus dem Sonnensystem hinausgeschleudert werden. Die Bewegungen der Kometen hatten etwas Chaotisches, leicht Beunruhigendes an sich. Einige zerbrachen völlig unerwartet, andere machten kleine, mit Newtons Lehre unvereinbare Täuschungsmanöver und Umwege, die ihren gemessenen Lauf um die Sonne unterbrachen. Aber im großen und

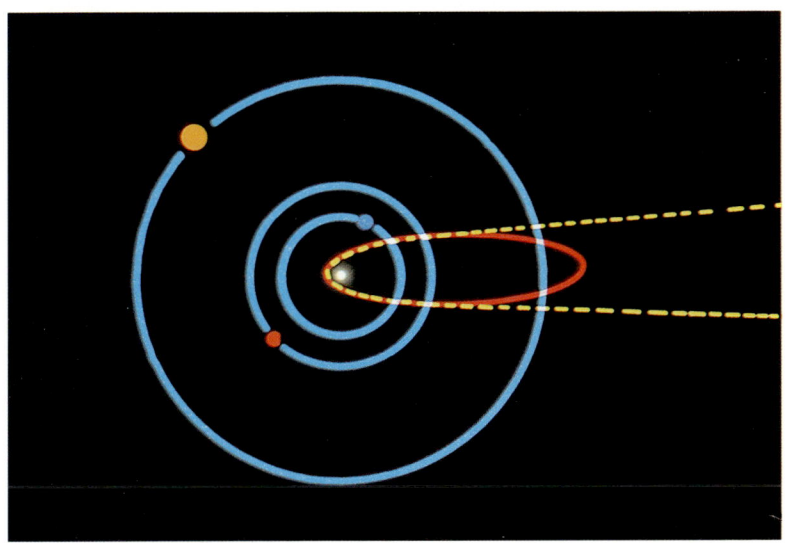

Wenn wir die Bahn eines Kometen nur nachverfolgen könnten, solange er in der Nähe der Sonne ist, könnten wir seine Umlaufbahn nicht bestimmen. Die konzentrischen Kreise stellen die Umlaufbahnen der Erde, des Mars und des Jupiter dar. Ein Komet auf einer parabolischen oder hyperbolischen Bahn, der aus dem interstellaren Raum kommt (gestrichelte gelbe Linie), wäre im inneren Sonnensystem nicht von einem Kometen auf einer elliptischen Bahn (rote geschlossene Kurve) zu unterscheiden. Graphische Darstellung von Jon Lomberg/BPS.

Der Große Komet von 1882 auf einer der ersten gelungenen Photographien eines Kometen. Photographie von David Gill in Südafrika.

ganzen hielt man die Kometen für gut erforscht. Inzwischen war es möglich, öffentliche Vorträge mit Photographien von Kometen zu illustrieren, die viele Zuhörer verwirrten und in Erstaunen versetzten. Um einen Eindruck davon zu vermitteln, was ein professioneller Astronom, ein Kometenexperte mit der Gabe zu klaren Darstellungen für ein fachfremdes Publikum zu diesem Thema sagte, zitieren wir einen Teil aus einem Vortrag, den William Huggins 1882 im Rahmen der öffentlichen Vorlesungen (Freitagabendgespräche) hielt, die damals wie heute in der Royal Institution in London stattfanden:

> Mit Hilfe eines Teleskops kann man in den Köpfen der meisten Kometen einen winzigen hellen Punkt entdecken. Dieser scheinbar unbedeutende Fleck ist in Wirklichkeit das Wesen des ganzen Dinges. Er ist der potentielle Komet. Dieser kleine Teil allein hält sich streng an die Gesetze der Gravitation.... Wenn wir einen großen Kometen

während seiner Wanderung durch ferne Regionen sehen könnten, wo er den Galaschmuck des Perihels abgelegt hat, wäre er ein sehr schlichtes Objekt und würde aus wenig mehr als dem Kern bestehen. ... Unter dem Einfluß der Sonne schießen leuchtende Strahlen aus dem Teil des Kerns, der der Sonnenhitze ausgesetzt ist. Diese Strahlen werden in ihrer Bewegung auf die Sonne zu sofort abgebremst und bilden eine glitzernde Mütze. Die festen Teilchen dieser Mütze scheinen dann in den Schweif zu strömen, als ob ein heftiger Wind ihnen entgegenstehen würde. Jetzt gibt es eine Hypothese, die besagt, daß diese Erscheinungen mit den tatsächlichen Vorgängen in dem Kometen übereinstimmen und daß es irgendeine Repulsivkraft gibt, die zwischen der Sonne und der gasförmigen Materie wirkt. ... In Verbindung mit der Verdampfung eines Teils der Materie im Kometenkern entstehen durch die Sonnenaktivität starke elektrische Störungen, und ... der Schweif ist Materie, die möglicherweise im Zusammenhang mit elektrischen Entladungen durch den repulsiven Einfluß der Sonne weggetragen wird. ... Ein Komet würde natürlich bei jedem Periheldurchgang einen großen Materieverlust erleiden, da der Kern die verstreuten Materieteilchen im Schweif nicht wieder einsammeln könnte. Das stimmt mit der Tatsache überein, daß kein kurzperiodischer Komet einen Schweif von beträchtlicher Größe besitzt.

Praktisch alle Bemerkungen Huggins' stimmen im großen und ganzen mit unseren modernen Erkenntnissen über Kometen überein. Einige seiner Ansichten waren dem Wissen seiner Zeit weit voraus. Das Thema wurde ernstgenommen und respektiert. Trotzdem warf man auf die zentralen Fragen, die Zusammensetzung der Kometen und die Natur der spektakulären Veränderungen bei den Kometenerscheinungen im besten Fall einen flüchtigen Blick. Wenn wir die Literatur jener Zeit studieren, staunen wir, wie selten auch nur zugegeben wurde, daß dies wichtige Fragen seien, die einer künftigen Antwort harrten.

Zwei ausgesuchte Erscheinungsformen von Eis: ein Komet über der Antarktis. Darstellung von Kim Poor.

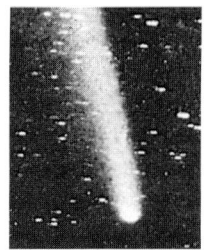

6. Kapitel
Eis

Das schreckliche Eis deckt das ganze Land zu.

Hans Egede,
Eine Beschreibung Grönlands, 1745

Die Zusammensetzung eines Kometen ist für unser Verständnis von zentraler Bedeutung und enthält sicherlich die Lösung vieler Rätsel, die er uns aufgibt. Woraus bestehen die Kometen? Womöglich alle aus dem gleichen Stoff? Im 16. und 17. Jahrhundert dachte man noch wie Aristoteles über Kometen: sie seien Gase, Dämpfe, Ausdünstungen der Erde und vielleicht der Sonne und der Planeten. Newton hatte, klarsichtig wie immer, seine eigenen Gedanken. Ihm fiel auf, daß der Komet von 1680 der Sonne sehr nahe kam. Im Perihel waren es sechs Tausendstel einer Astronomischen Einheit. Das ist etwas weniger als eine Million Kilometer. Er schätzte, daß der Komet dadurch auf die Temperatur aufgeheizt sein dürfte, bei der Eisen zu glühen anfängt. Daraus folgerte er, daß der Komet nicht nur aus Dämpfen und Ausdünstungen bestehen konnte, weil dann seine Substanz sich während des Perihel-Durchgangs schnell verflüchtigen würde. Er schloß daraus, daß »die Körper der Kometen massiv, fest, starr und dauerhaft wie die Körper der Planeten sind«. Nach dem Perihel war der Schweif des Kometen »prächtiger« als vorher, und Newton folgerte, daß der Schweif durch die Hitze der Sonne entsteht: »Der Schweif ist nichts anderes als ein äußerst feiner Dampf, der durch die Hitze vom Kopf oder Kern des Kometen ausströmt.«

Aber woraus besteht der Kern? Was gerade ist der »äußerst feine Dampf«, aus dem der Schweif besteht? Mit diesem Problem haben Kant und viele andere sich herumgeschlagen. Wenn ein Komet der Sonne so nahe kommt wie der Große Komet von 1680, dann würde praktisch jede normale Materie anfangen zu verdampfen. Aber viele Kometen beginnen die Komas und Schweife schon auszubilden, wenn sie zwischen den Bahnen des Mars und Jupiter sind. Da das Sonnenlicht die einzige Wärmequelle ist, betragen die Temperaturen dieser Kometen zirka 100 Grad Celsius unter Null zu dem Zeitpunkt, wenn sie anfangen, Dampf ins All auszuströmen. Substanzen wie Eisen, die erst bei einer hohen Temperatur verdampfen, nennt man schwerflüchtig oder hitzebeständig, Substanzen wie Eis, die schon bei relativ gemäßigten Temperaturen gasförmig werden, nennt man flüchtig. Die Kometen müssen folglich aus sehr leicht flüchtigem Material bestehen. Aber aus was?

Manche Kometen brechen auseinander. Die Masse des Kerns kann daher nicht fest verbacken sein. Die Kräfte, durch die er zusammengehalten wird, müssen eher schwach sein. Wie wir gesehen haben, macht der Komet hin und wieder eine Zickzacklinie, wenn er sich der Sonne nähert, die völlig von der gemäßigten Newtonschen Kurve abweicht, die Kometen gewöhnlich einhalten, wenn sie in Richtung Sonne ziehen. Diese unregelmäßige und unvorhersagbare, nicht gravitationsbedingte Bewegung der Kometen erinnert stark an das Keplersche Bild von den Kometen als Fischen, die durch den kosmischen Ozean schnellen. Encke schrieb, daß sein Komet »in wilder Weise«* von der Bewegung abweichen würde, die nach den Newtonschen Gravitationsgesetzen zu erwarten wäre. Er führte die abweichenden und unvorhersehbaren Bewegungsabläufe auf den Widerstand der Gase im interplanetarischen Raum zurück. Angeblich sollten sie die Bewegung verzögern. Aber dazu setzen die Beschleunigungen viel zu abrupt ein, und wir wissen heute auch, daß es viel zu wenig Materie zwischen den Planeten gibt, um irgendeine erkennbare Auswirkung auf die Bewegung der Kometen zu haben. Wir müssen eine andere Erklärung suchen.

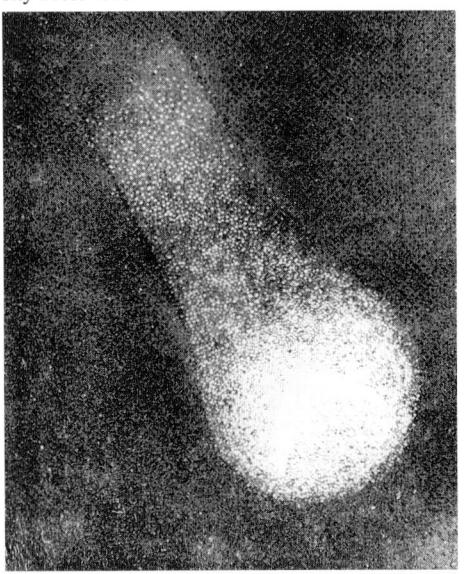

So sah ein Maler die Erscheinung des Halleyschen Kometen im Jahr 1835. Mit freundlicher Genehmigung R. A. Lyttletons aus seinem Buch *The Comets and Their Origin*, Cambridge University Press 1953.

* Das ist eine Übertreibung. Die nicht gravitationsbedingten Kräfte verändern die Periode des Enckeschen Kometen um ungefähr einen Tag auf seinem Umlauf, der 1200 Tage dauert. Wenn man die Auswirkungen mißt, ergibt sich eine Abweichung, die geringer ist als $1/2000$ oder ungefähr 0,1 Prozent.

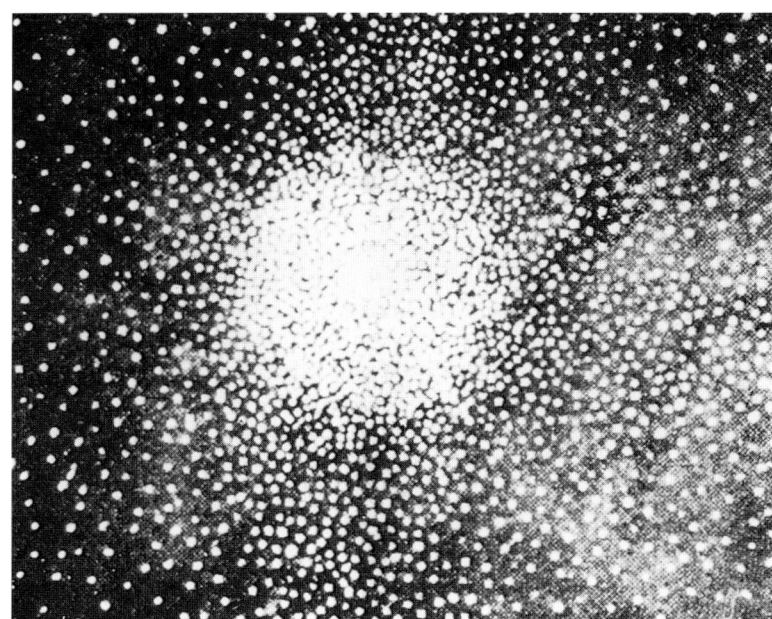

Skizze des Kometen Pons-Winnecke von Baldet. Mit freundlicher Genehmigung R. A. Lyttletons aus seinem Buch *The Comets and Their Origin*, a.a.O.

Bis vor kurzem wurden die geläufigen Theorien über Kometen von der bekannten Denkweise beherrscht, Kometen und Meteorströme immer miteinander in Verbindung zu bringen. Noch 1945 griff das in amerikanischen Colleges gängige astronomische Lehrbuch ohne jede kritische Anmerkung die Vorstellung auf, daß Kometen »lose Schwärme einzelner Partikel« seien, »die sich auf parallelen Bahnen durch den interplanetarischen Raum bewegen«. Einige Wissenschaftler glaubten, daß der Kern eines Kometen aus diesem Schwarm kleiner Meteore bestehen würde, der durch Gravitation zusammengehalten wird. Andere vermuteten, daß im Kern nicht genug Masse sei, um ihn zusammenzuhalten, und daß statt dessen bloß eine enorme Anzahl kleiner Partikel sich auf beinahe derselben Bahn durch das Weltall bewegt, quasi als fliegender Sand. Die Befürworter der Hypothese der fliegenden Sandbank bevorzugten dementsprechend pointillistische Darstellungen des Kometenkopfes. Einige repräsentative Beispiele sind auf diesen Seiten dargestellt.

Mit der Sandbankhypothese konnte man auf sehr ansprechende Weise erklären, warum ein alternder Komet eines Tages nur eine Wolke feinster Partikel in seinem Nachlauf zurücklassen würde. Die Spektren der Meteore zeigen, wenn sie in der Erdatmosphäre verbrennen, Substanzen wie Eisen, Magnesium, Aluminium und Silizium an. Das sind typische Bestandteile des Erdgesteins. Wenn Meteore aus Gestein bestehen und Kometen wiederum hauptsächlich aus Meteoren, folgt der logische Schluß, daß Kometen aus Felsen und Steinen bestehen. Aber wie sieht es mit der Koma und dem Schweif aus? Es wurde allenthalben behauptet, daß die Sandpartikel mit flüchtigen Stoffen überzogen wären, die verdampfen würden, sobald sich der Schwarm der Sonne nähert, oder daß Gase aus den Steinen entwichen, wenn sie erhitzt wurden. Nur konnte man damit kaum erklären, warum von diesen Körpern (was auch immer sie sein sollten) nach einem einzigen Durchgang noch etwas übrig sein konnte. Nach dieser Hypothese waren diese Stoffe ja nur eine dünne Hülle um ein Sandkorn. Und das war nicht die einzige Schwierigkeit.

Zumindest für den Kometen Encke konnte dieses Problem zuletzt gelöst werden. Als er mit einem großen Radioteleskop von der Oberfläche der

Fred L. Whipple, führender Verfechter des »Schmutziger-Schneeball-Modells« eines Kometenkerns.

Erde aus über Radar sondiert wurde, sah man einen einzigen massiven Kern und keinen Schwarm von Partikeln. Die Größe des Kerns, die über Radar festgestellt wurde, stimmt mit anderen Schätzungen überein und beträgt im Durchmesser ungefähr einen Kilometer. Über Radarbeobachtungen erfaßte man auch die Kerne verschiedener anderer Kometen. Damit war die Fliegende-Sandbank-Hypothese über den Kometenkern widerlegt. Aber vor 1950 galt jeder Gedanke an einen kompakten Kometenkern als abwegig, und die Frage nach der Natur der flüchtigen Substanzen auf den Kometen tauchte immer nur kurz am Rande auf.

Fred Whipple porträtierte sich selbst als einen Bauernsohn aus Iowa, der zum Astronomen wurde. Er war Dekan der astronomischen Abteilung an der Universität von Harvard und viele Jahre lang Direktor des astrophysikalischen Observatoriums am Smithsonian Institute in Cambridge, Massachusetts.

Whipple hatte sich jahrelang mit den kleinen Himmelsobjekten im Sonnensystem befaßt, dabei auch mit der Physik der in die Erdatmosphäre eintretenden Meteore und mit der Natur der Kometen (von denen er ein halbes Dutzend entdeckt hat). In den späten 40er Jahren war Whipple überzeugt, daß große Mengen Materie in der Nähe des Perihels aus den Kometen ausströmten, und zwar mehr, als man für eine Eishülle um Sandkörner annehmen konnte oder für das Austreten von kleinen Dampfmengen, die im Sand gebunden sein könnten. Es war klar, daß der interplanetarische Raum als nahezu absolutes Vakuum aus den Kometen ihren Vorrat an flüchtigen Substanzen schnell heraussaugen würde, wenn ihre Bahn sie von der Sonne wegführte. Dieses Problem wurde bei Kometen wie Encke besonders deutlich, der wiederholt stark erwärmt wurde, wenn er nahe der Sonne vorbeizog, und der anscheinend schon viele Perihel-Durchgänge durchlaufen hat.

DIE VORGÄNGER DES KOMETARISCHEN EISES

Newton hatte implizit gesagt, daß Kometen hauptsächlich aus Wasser bestehen (s. Kapitel 17), und Laplace erwähnte am Rande, daß Kometen aus Eis bestehen könnten. Beide Wissenschaftler führten ihre Argumentationen nicht weiter aus, und ihre Hypothesen gerieten in Vergessenheit. Aber in der Mitte des 20. Jahrhunderts fanden sie neue Beachtung. In den *Annales d'Astrophysique* erschien 1948 zum Beispiel ein Artikel von dem belgischen Astronomen Pol Swings, in dem folgender Satz steht: »Bei großen Entfernungen von der Sonne haben alle festen Stoffe in einem Kometen sehr niedrige Temperaturen, und alle ›Gase‹, außer Wasserstoff und Helium, die sie enthalten, müßten in festem Zustand sein.« In einer Fußnote steht jedoch, daß diese Erkenntnis schon in einem Aufsatz des deutschen Astronomen K. Würm auftaucht, der im Jahre 1943 in den *Mitteilungen der Hamburger Sternwarte Bergedorf* erschien. Aber in Würms Artikel bezieht sich dieser Satz auf ein privates Gespräch zwischen dem deutsch-tschechischen Chemiker Paul Harteck und Würm. Harteck war in den Jahren 1942/43 damit beschäftigt, eine Atombombe zu bauen. Seine Bemerkungen zu kometarischem Eis lenkten ihn vielleicht von anderen, dringenderen Aufgaben ab.

Um die Begrifflichkeit zu vereinfachen, nannte Whipple die schwer schmelzbaren Substanzen »Staub« und die flüchtigen Substanzen »Eis«, und er kam zu dem Schluß, daß das Problem gelöst wäre, falls die vorhandene Eismenge größer sein sollte, als in der Sandbank-Hypothese angenommen wurde. Er meinte, daß dieser Gedanke »in die Augen springen« würde, obwohl bemerkenswerterweise niemand vorher darauf gekommen war. Geistesgrößen wie Newton, Kant und Laplace hatten alle mit einem ähnlichen Gedanken gespielt, aber Whipple formulierte ihn als erster deutlich und im logischen Zusammenhang. Er machte uns damals klar, daß viele der anderen Rätsel erklärt werden konnten: das Auseinanderbrechen der Kometen, ihre Auflösung in Meteorschauer und die lästigen nicht gravitationsbedingten Kräfte, die auf die Bewegung des Kometen einwirkten. Wir mußten dazu nur unser Wissen revidieren und uns den Kometen als schmutzigen Schneeball vorstellen.

Wenn Kometen wirklich aus schmutzdurchsetztem Eis bestehen, müssen wir etwas über Eis wissen, wenn wir sie erklären wollen. Nehmen wir einmal an, daß ein Komet aus gewöhnlichem Wassereis besteht. In der Natur kommen etwa 92 Arten von Atomen vor, von denen die häufigsten Wasserstoff, Helium, Sauerstoff, Kohlenstoff und Stickstoff sind. Atome gehen miteinander Verbindungen ein. Sie tun das nach bestimmten Gesetzen, die man chemische Eigenschaften nennt. Da Wasserstoff häufiger als jedes andere Atom im Universum ist, sind die charakteristischen Bestandteile kalter kosmischer Materie meist reich an Wasserstoff. Sauerstoff-, Kohlenstoff- und Stickstoffatome sind oft an so viel Wasserstoffatome wie möglich gebunden. Sauerstoff beispielsweise verbindet sich gern mit zwei Wasserstoffatomen zu einem Molekül (H_2O). Das H steht für Wasserstoff, O für Sauerstoff, und dieses Molekül ist zu Recht berühmt. Es heißt Wasser. Ein Stickstoffatom verbindet sich gern mit drei Wasserstoffatomen zum NH_3, dem Ammoniak. Kohlenstoff verbindet sich gern mit vier Wasserstoffatomen zum CH_4, dem Methan. Diese Kürzel sind eine Art Stenobild, das die Kombination der Atome im Molekül darstellt. Neben den genannten gibt es weitere einfache Verbindungen, das CO, das Kohlenmonoxid; CO_2, das Kohlendioxid; HCN, das Wasserstoffcyanid ... und eine enorme Menge der komplizierten* Moleküle wie das CH_3COOH, CH_3CCCN und das $HC_{10}CH$.

Auch die Atome, die im Universum seltener sind, gehen chemische Verbindungen ein. Das Siliziumatom wird mit Si dargestellt, und der gewöhnliche Quarzsand ist beispielsweise aus SiO_2, dem Siliziumdioxid, aufgebaut. Der molekulare Sauerstoff der Luft ist O_2 (zum Unterschied vom einzelnen Sauerstoffatom O). Auf diese Art und Weise können die Zusammenhänge der Materie mit Hilfe ihrer atomaren Zusammensetzung dargestellt und erklärt werden. Auch wir Menschen sind Ansammlungen von Atomen, die auf komplizierte und wunderbare Weise zusammengefügt sind.

Nun sind in einem Molekül wie Wasser die Atome nicht in zufälligen Positionen oder Winkeln aneinandergeheftet. Ein isoliertes Wassermolekül hat immer die zwei kleinen Wasserstoffatome an das größere Sauerstoffatom in einem präzisen Winkel angehängt, und deshalb sieht das Molekül ein bißchen wie ein Kopf mit großen Ohren aus, ungefähr wie Micky-Maus. Die chemischen Bindungen, die Atome zusammenfügen, gehorchen den präzisen und unveränderlichen Gesetzen, die der Schönheit und Ordnung der Natur zugrunde liegen. Diese Regeln schließen auch die Eigenarten einer Wolke von Elektronen mit ein, die jedes Atom umgeben, aber für den Moment wollen wir so tun, als seien die Atome kleine, feste

---

* Das erste heißt Essigsäure, die Namen der beiden anderen sind fast unaussprechbar und viel länger als ihre Formeln. Ein Diagramm aller bekannten interstellaren Moleküle ist im Kapitel 8 auf Seite 138 abgedruckt.

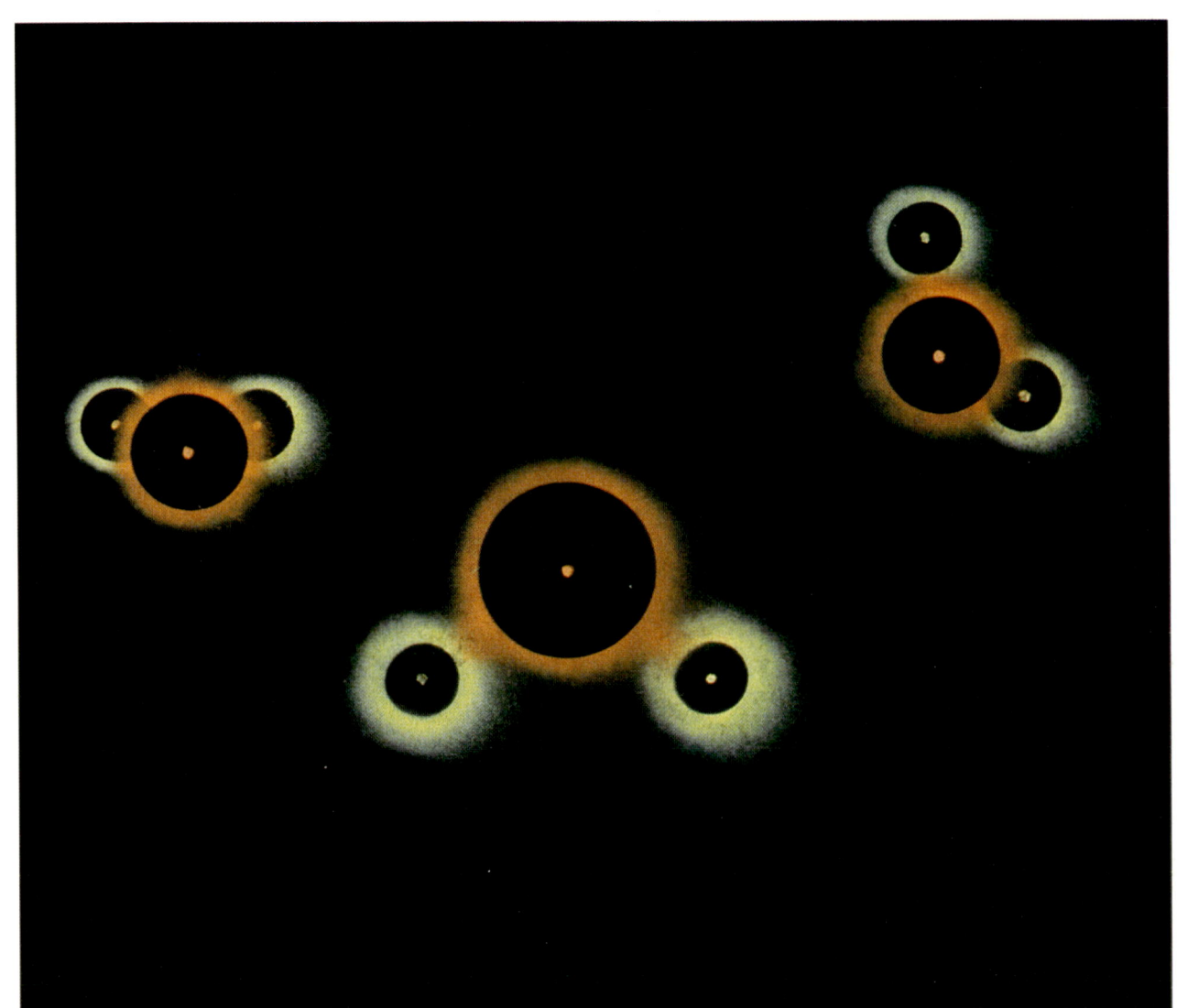

Drei Wasserdampfmoleküle. Jedes Molekül enthält ein Sauerstoffatom und zwei kleinere Wasserstoffatome. Sie sind nicht miteinander verbunden, sondern bewegen sich frei als Teile des Gases. Sie könnten Moleküle in dem Dampf sein, der aus einer Teekanne aufsteigt. Darstellung von Jon Lomberg.

Bälle. Wenn wir zwei von ihnen nahe zusammenbringen, haben sie die Tendenz, sich nach bestimmten festgelegten Regeln zu verbinden. Werden sie aber zu dicht aufeinandergeschoben, stoßen sie sich gegenseitig ab. Ein einziges isoliertes Wassermolekül, das Sie beispielsweise an einem Wintertag mit Ihrem Atem aushauchen, schwankt und taumelt glücklich in die Luft hinaus und stößt mit anderen Molekülen vor Ihnen zusammen. Aber es geht in der Regel mit diesen Molekülen keine Verbindung ein. Deren Einzelatome werden bereits leidenschaftlich von anderen Atomen umschlungen.

Temperatur ist nur ein Maß für die Bewegung der Moleküle. Liegt die Temperatur hoch, sind die Moleküle in Aufruhr. In rasender Aktivität rennen sie umher, kollidieren und prallen wieder zurück. Fällt die Temperatur, sind die Moleküle zurückhaltender und wirken beinahe gesetzt. Bei ausreichend niedrigen Temperaturen verbinden sich die Wassermoleküle miteinander. Sie bewegen sich dann so langsam, daß die molekularen Kurzstreckenkräfte eingreifen können und die benachbarten Wassermoleküle sich schwach miteinander verbinden. Wir sprechen dann von Gas, das zu Wasser kondensiert ist. Bei noch niedrigeren Temperaturen (unter

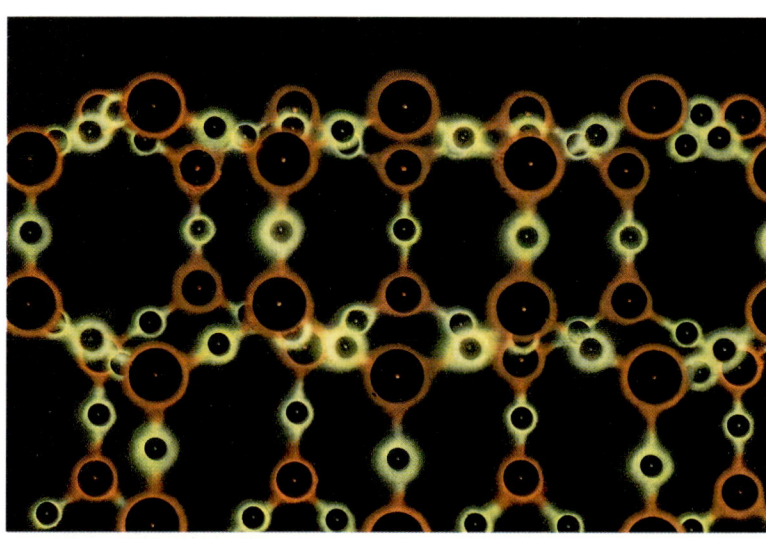

Seitenansicht der Atome in einem Silikatkristallgitter. Wenn Sie das von der Seite sehen würden, könnten Sie die sechseckige Struktur aus der Abbildung unten erkennen. Darstellung von Jon Lomberg.

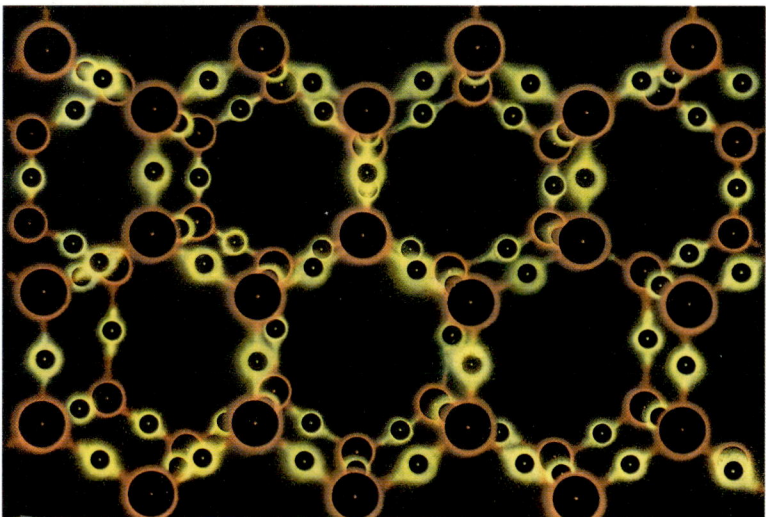

Die Molekularstruktur gewöhnlichen Wassereises. Die Kreise stellen die Elektronenwolken der einzelnen Atome dar. In der Mitte ist jeweils der winzige Atomkern. Die großen, orangefarbenen Kreise sind die Sauerstoffatome, die kleineren, gelben Kreise stellen die Wasserstoffatome dar. Wegen der Austauschkräfte bilden die Atome dieses sechseckige Kristallgitter. Wir sehen zwei der vielen Schichten, die ein kleines Eisstück ergeben würden. Darstellung von Jon Lomberg.

dem Gefrierpunkt) kondensieren die Moleküle nicht in beliebiger Anordnung, sondern in einem eleganten, sich wiederholenden Muster, das man ein Kristallgitter nennt. Dieses Gitter ist die verborgene Struktur des Eises. Jedes Wassermolekül ist darin an einen spezifischen Platz und an seine Nachbarn gebunden, wie auf der beigefügten Abbildung auf dieser Seite oben zu sehen ist.

Zweidimensional betrachtet ist das Muster sechseckig. Jedes Sechseck besteht aus sechs Sauerstoffatomen und den angefügten kleinen Wasserstoffatomen. Unter einem starken Mikroskop würden Sie die Struktur die ganze Oberfläche entlang und besonders im Innern der Eisfläche sehen. Mit Ihren Augen könnten Sie eine Million Sauerstoffatome weit nach links oder rechts reisen und würden exakt die gleiche Struktur vorfinden. Dreidimensional stellt das Kristallgitter eine Art sechseckigen Käfig dar. Hinter dem Sauerstoffsechseck vor uns liegt ein weiteres Sauerstoffsechseck, das mit kleinen Wasserstoffatomen verbunden ist. Jenseits dessen liegt wieder ein anderes und so weiter. Sie könnten den Kopf um 120 Grad drehen und würden doch nirgendwo eine Abweichung im Muster feststellen können. Die sechseckige Symmetrie auf der molekularen Ebene setzt

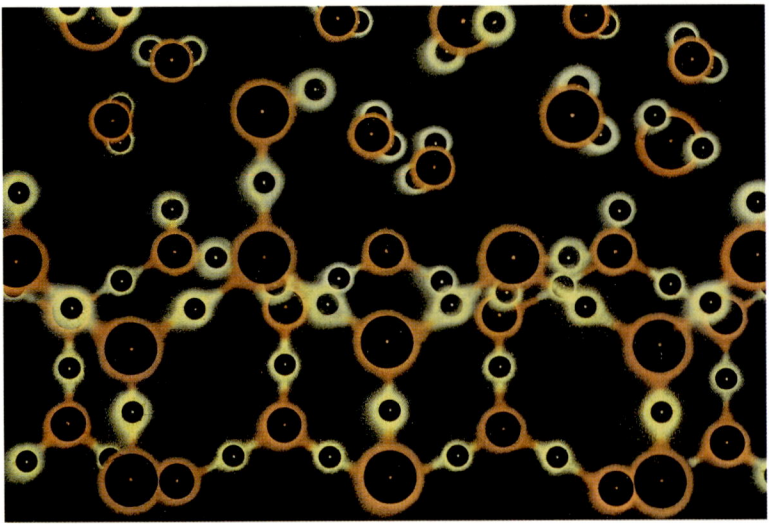

Verdampfendes Eis. Im unteren Bereich ist noch ein Teil der Eiskristallstruktur sichtbar, aber der obere Bereich der Oberfläche (Mitte der Darstellung) ist aufgeheizt, und Eisfragmente, einfache Wassermoleküle, strömen in den Raum hinaus. Diesen Prozeß nennt man Verdampfung oder Sublimation. Darstellung von Jon Lomberg.

sich bis in die mit bloßem Auge wahrnehmbare Ebene fort und ist für die wunderbare sechsseitige Symmetrie der Schneeflocken verantwortlich. Diese Zusammenhänge wurden in groben Zügen zuerst von dem Astronomen Johannes Kepler geahnt.

Unseres Wissens sind die Naturgesetze überall im Universum die gleichen, und daher muß die sechseckige Käfigstruktur bei allem Eis gleich sein: bei dem Eis auf den Oberflächen der Monde des Uranus, beim Eis in den Partikeln der Ringe des Saturn, bei jenem der winzigen Teilchen des interstellaren Raums und in den Kometenkernen.

Wenn wir uns ein solches Gitter näher betrachten könnten, würden wir feststellen, daß die Teilatome nicht ruhig an ihrem Platz bleiben, sondern vibrieren und beben. Senken wir die Temperatur, wird das Beben schwächer, erhöhen wir die Temperatur, wird das Beben heftiger. Chemische Bindungen besitzen eine spezifische Kraft, die das Eiskristallgitter zusammenhält. Bei einer bestimmten Temperatur beben die Teilatome so heftig, daß einige Bindungen brechen und ein kleines Stück des Kristallgitters, ein isoliertes Wassermolekül, sich aus seiner Umgebung löst und davonpurzelt. Selbst bei niederen Temperaturen geschieht dies gelegentlich. Sobald die Temperatur ansteigt, wird es häufiger. Aber es gibt bestimmte Temperaturbereiche, bei denen diese Bewegung der Moleküle so heftig wird, daß die oberen Eisschichten losgelöst werden und eine große Anzahl einzelner Moleküle aus dem Eiskristall hervorquillt. Wenn das auf dem Kometenkern passiert, entweichen die Wassermoleküle in den angrenzenden interplanetarischen Raum. Dieser Prozeß wird je nachdem Verdampfung, Vergasung, Verdunstung oder Verflüchtigung genannt. Im wesentlichen wird dabei das Wasser im festen Zustand, das sogenannte Eis, in Wasser im gasförmigen Zustand, den sogenannten Dampf, verwandelt.

Wenn wir ein Stück Eis in einem geschlossenen Behälter erhitzen, wollen bei einer bestimmten Temperatur die Wassermoleküle entweichen. Aber sie stoßen auf die Wände unseres Gefäßes, und einige prallen auf die Oberfläche des Eises zurück, wo sie vermutlich hängen bleiben würden. Dadurch würde dann ein Gleichgewicht zwischen den Wassermolekülen entstehen, die als Gas aus dem Eis austreten, und den Wassermolekülen, die wieder ins Eis zurückkehren. Unter solchen Umständen wäre die Rate, zu der das Eis in Wasserdampf umgewandelt würde, sehr klein, und ge-

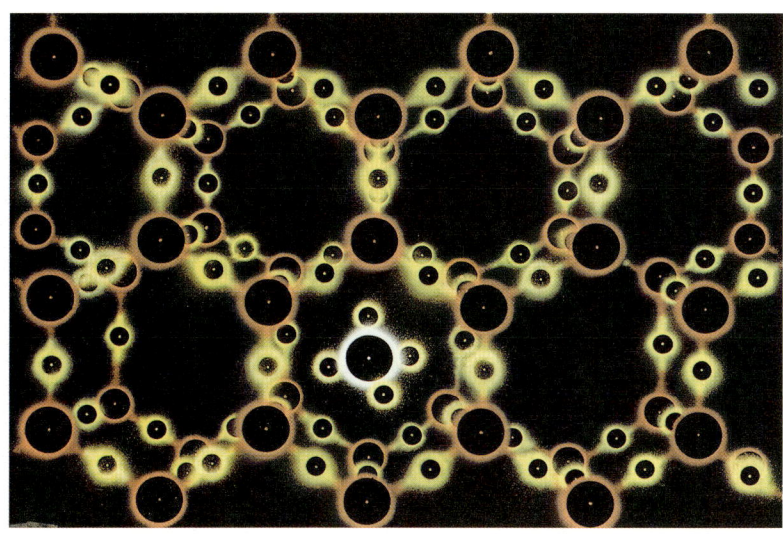

Ein Methanmolekül ist in einem der sechseckigen Käfige eines Eiskristallgitters gefangen. Das Kohlenstoffatom (weiße Umrißlinie) ist an vier kleinere Wasserstoffatome gebunden. Sie bilden gemeinsam Methan, CH_4. Eise mit solchen eingeschlossenen Molekülen haben sogenannte Käfigeinschlußverbindungen. Darstellung von Jon Lomberg.

nau diese niedrige Rate sind wir von der Erde her gewohnt. Ein Eiswürfel in einem abgedeckten Krug schmilzt langsamer als einer an der Luft. Aber auf einem Kometen ist keine Luft um das Eis, nur ein nahezu perfektes Vakuum. Sobald das Eis auf dem Kometen genügend erwärmt ist, verliert der Komet die Wassermoleküle schnell und für immer ans All.

Wassereis ist nicht die einzige Sorte Eis, die es gibt. Wenn Sie gasförmiges Ammoniak oder Methan auf die erforderliche Temperatur abkühlen lassen, werden auch sie kalte, weiße Kristallgitter ausbilden. Die Temperatur, bei der diese Gase zu Eis werden, heißt der Gefrierpunkt. Er ist bei jeder Substanz unterschiedlich.* Die Gefrierpunkte einiger gebräuchlicher Gase sind in beigefügter Tabelle abgebildet. Die Tatsache, daß Wassermoleküle bei einer vergleichsweise hohen Temperatur (0 °C) kristallisieren, ist auf die Kraft der chemischen Bindungen im H_2O zurückzuführen. Methan- oder Ammoniakeis zerfällt bei Temperaturen, bei denen das Wassereis noch fest ist.

Stellen wir uns eine Mischung aus Methan, Ammoniak, Wasser und anderen Gasmolekülen vor. Wasser ist dabei im Überfluß vorhanden, was durch seine Häufigkeit im Kosmos wahrscheinlich ist. Das meiste Wasser im Universum befindet sich in einiger Entfernung zu Sternen wie der Sonne und ist deshalb gefroren. Ein winziges Staubkorn draußen jenseits des Saturn oder auch zwischen den Sternen hat eine sehr niedrige Temperatur. Ein Wassermolekül, das auf das Staubkorn aufprallt, wird steckenbleiben. Wenn das Staubkorn Millionen Jahre durch ein dünnes Gas hindurchzieht, wird es wachsen, und das sechseckige Kristallgitter wird sich Stück für Stück in alle Richtungen ausdehnen. Bei diesem Vorgang kann es passieren, daß andere Moleküle in den sechseckigen Käfig geraten, zum Beispiel ein Methanmolekül oder Ammoniak oder andere Stoffe. Die Struktur des Wassereises, bei der fremde Moleküle innerhalb des Käfigs eingefangen sind, nennt man Käfigeinschlußverbindung. Das gefangene Molekül ist im allgemeinen nicht chemisch mit dem Eis verbunden, sondern wird rein physikalisch festgehalten. Wie Sie sehen, gibt es nur Platz für ein großes Atom in dem Käfig, und deshalb kommen bei Käfigeinschlußver-

Gefrierpunkte gewöhnlicher Gase:

Wasser H_2O	0 °C
Blausäure HCN	−14 °C
Kohlendioxid Co_2	−78 °C
Ammoniak NH_3	−78 °C
Formaldehyd HCHO	−92 °C
Methan CH_4	−182 °C
Kohlenmonoxid CO	−205 °C
Stickstoff N_2	−210 °C

---

* Gase können sofort gefrieren, ohne eine Zwischenphase des Flüssigen zu durchlaufen. Das hängt vom jeweiligen atmosphärischen Druck ab. Dies gilt beispielsweise für Wasserdampf auf dem Mars, nicht aber für die Erde, auf deren Oberfläche der atmosphärische Druck viel größer ist.

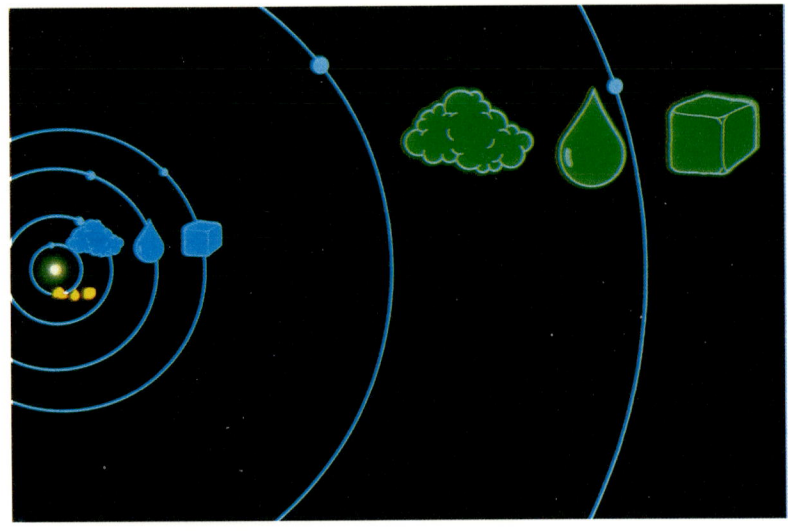

Aggregatzustände verschiedener Stoffe im gegenwärtigen Sonnensystem bei unterschiedlichen Entfernungen von der Sonne. Die konzentrischen Umlaufbahnen gehören, von der Sonne aus aufgezählt, den Planeten Merkur, Venus, Erde, Mars, Jupiter und Saturn. Für drei Stoffe, Silikat, Wasser und Methan, sind die Regionen im Sonnensystem bezeichnet, in denen sie gasförmig (Wolke), flüssig (Tröpfchen) und fest (Würfel) sind. Silikat verdampft innerhalb der Merkurbahn. Wasser ist in der Nähe der Erde flüssig und gefriert, wenn es der Sonne ferner ist als Mars. Methan kann in der Nähe der Saturnbahn flüssig sein, wird jedoch in sehr großen Entfernungen von der Sonne fest. Ein Komet besteht aus einer Mischung von Methan, Wasser und Silikat. Wenn diese Mischung von weit draußen in das Sonnensystem eindringt, wird Methan innerhalb der Saturnbahn, Wasser innerhalb der Marsbahn und Silikat innerhalb der Merkurbahn flüssig und gasförmig. Darstellung von Jon Lomberg/BPS.

bindungen in der Regel auf ein Methanmolekül sechs Wassermoleküle. Bei einer Verdampfung der Käfigeinschlußverbindung des Wassers werden die gefangenen Moleküle in dem Moment ins All freigelassen, in dem das Kristallgitter sich auflöst.

Wenn das Staubkorn über Millionen Jahre anwächst, kann es hauptsächlich aus Wassereis bestehen, weil es mehr Wasser als andere Stoffe gibt, die auf dem Teilchen kondensieren könnten. Auch andere Moleküle dürften als Käfigeinschlußverbindung eingefangen werden und andere Sorten Eis an seiner Oberfläche bilden: Stücke von CH_4-Eis, NH_3-Eis oder CO_2-Eis wie auch andere, viel kompliziertere Moleküle. Wenn die Staubteilchen weiterhin anwachsen, mit anderen zusammenstoßen und dabei Strukturen von wachsender Größe aufbauen, wird sich schließlich so etwas wie ein kleiner Kometenkern ausbilden. Er wird nicht nur aus Eis bestehen, sondern auch andere Substanzen enthalten. Auf einige werden wir später zu sprechen kommen. Doch jetzt wollen wir uns einmal vorstellen, daß der Kometenkern nur aus Eis mit Käfigeinschlußverbindungen besteht.

Stellen Sie sich vor, wie der Kometenkern ins innere Sonnensystem hineinstürzt. Die Temperatur an seiner Oberfläche steigt langsam. Eis ist kein guter Wärmeleiter, und das Innere des Kometenkerns hat deshalb noch lange die Temperatur aus dem kalten, interstellaren Raum. Doch die Außenseite wird ständig wärmer. Schließlich wird sie so heiß, daß die chemischen Bindungen, die das Eis zusammenhalten, zu brechen anfangen und die äußeren Eisschichten aus dem Kometen weg ins All geschleudert werden. Die verschiedenen Sorten Eis werden bei unterschiedlichen Temperaturen schlagartig zum Verdampfen gebracht. Das geschieht je nach Siedepunkt bei unterschiedlichen Entfernungen zur Sonne. Wenn der Komet die Bahn des Neptun kreuzt, wird ein Stück Methaneis von der näherkommenden Sonne leicht erwärmt. Dabei brechen die benachbarten chemischen Verbindungen auf, und Methaneis entweicht gasförmig ins All. Kohlendioxideis würde schon zwischen den Bahnen des Saturn und Jupiter zu verdampfen anfangen. Und das gewöhnliche Wassereis würde erst dann in größeren Mengen verdampfen, wenn der Komet in der Nähe des Asteroidengürtels ist, also zwischen den Bahnen des Jupiter und des Mars.

Man hat jedoch beobachtet, daß die meisten Kometenschweife sich speziell in der Umgebung des Asteroidengürtels ausbilden. Hier hat man den eindeutigen Beweis, daß Wassereis ein wesentlicher Bestandteil der Kometen ist und daß im wesentlichen Wasserdampf und seine Zerfallsprodukte die kometarischen Komas bilden.

Gelegentlich sehen wir, wie Kometen Gase ausströmen, und dabei entstehen zumindest kurzfristig Komas und Schweife, bereits wenn die Kometen noch außerhalb des Asteroidengürtels sind. Es läge nahe, diese Verdampfung auf andere Arten von Eis zurückzuführen. Aber je weiter von der Sonne entfernt diese Ausbrüche stattfinden, desto weniger wahrscheinlich ist es, daß die paar Astronomen auf der Erde sie wahrnehmen. Stellen Sie sich einen Kometen vor, dessen Oberfläche und Kern aus einer Mischung verschiedener Eissorten besteht: aus Wassereis, Methaneis, Ammoniakeis, Kohlendioxideis. Er befindet sich auf einer Bahn, die ihn zuerst nur in die Umgebung des Uranus oder des Neptun bringt. Bei jedem Periheldurchgang wird er Methaneis als Gas abströmen (und soweit vorhanden Stickstoffeis und Kohlenmonoxideis). Aber diese Gaswolken werden, selbst wenn sie größer sein sollten, auf der Erde nicht registriert. Nach vielen Periheldurchgängen wird das Methan, zumindest in den äußeren Schichten des Kometenkerns, vollständig ins All entwichen sein. Das ganze Methan wird langsam durch Verdampfung verschwinden. Mit jedem Mal, bei dem der Komet Methan verliert, wird er, relativ gesehen, wasserreicher. Wenn nun die Bahn eines Kometen im inneren Sonnensystem beispielsweise durch eine enge Annäherung an den Planeten Neptun gestört ist, wird der Komet Ammoniak verlieren, wenn er am Saturn vorbeizieht. Er wird leicht auszumachen sein, wenn er in das Innere der Bahn des Mars kommt. Er wird so weit erwärmt, daß die strenge Gitterstruktur des Eises reißt und eine große Wolke des häufig vorkommenden flüchtigen Wassers hervorströmt. Der teils ruhende, teils aus dem Kometeninnern aufschießende Dampf aus dem Wassereis ist auf drei Faktoren zurückzuführen: (1) die große Häufigkeit von Wasser im Kosmos überhaupt; (2) der mögliche Verlust der anderen flüchtigen Substanzen, die der Komet eventuell früher gehabt hat; und (3) die Tatsache, daß das Wasser im inneren Sonnensystem anschwillt, wenn der Komet sich seinen Beobachtern auf der Erde nähert.

Whipple und andere zeigten, daß ein Komet aus Eis reichliche Mengen Moleküle und kleiner Partikel speichern könnte, aus denen er dann die Koma und den Schweif aufbaut. Ein Kometenkern dürfte bei jedem Periheldurchgang einen Meter Materie oder mehr verlieren. Ist sein Radius am Anfang ein Kilometer, wäre seine Substanz nach 1000 Periheldurchgängen aufgebraucht. Es würden nur noch Bestandteile wie die schwer schmelzbaren mineralischen Teilchen übrig sein, von denen einige früher oder später von der Erde angezogen und als Meteorschauer niedergehen würden. Stellen Sie sich zwei Kometen vor, beide mit dem Perihel nahe der Umlaufbahn der Erde, aber mit verschiedenen Aphelen und Perioden der Umlaufzeit um die Sonne. Nehmen wir einmal an, der eine sei ein kurzperiodischer Komet und bräuchte fünf Jahre pro Bahn. Dann vergehen von dem Augenblick, wenn er im inneren Sonnensystem ankommt, bis zu dem Augenblick, wenn er vollkommen verdampft und in Meteore umgewandelt ist, 5000 Jahre. Der langperiodische Komet mit einer Periode von beispielsweise 100 Jahren braucht dagegen 100 000 Jahre, bis er alle flüchtigen Substanzen verloren hat. Das ist die typische Lebenserwartung der Kometen. Voraussetzung ist allerdings, daß der Komet bei jedem Periheldurchgang die frische Eisoberfläche direkt dem Sonnenlicht aussetzt. Immer eine Hülle dieser Kometen-Zwiebel blättert bei jedem Umlauf in

Molekularstruktur flüssigen Wassers. Die Wassermoleküle sind nicht in ein Silikatkristallgitter gezwängt, sondern können sich frei bewegen und sind wahllos verteilt. Darstellung von Jon Lomberg.

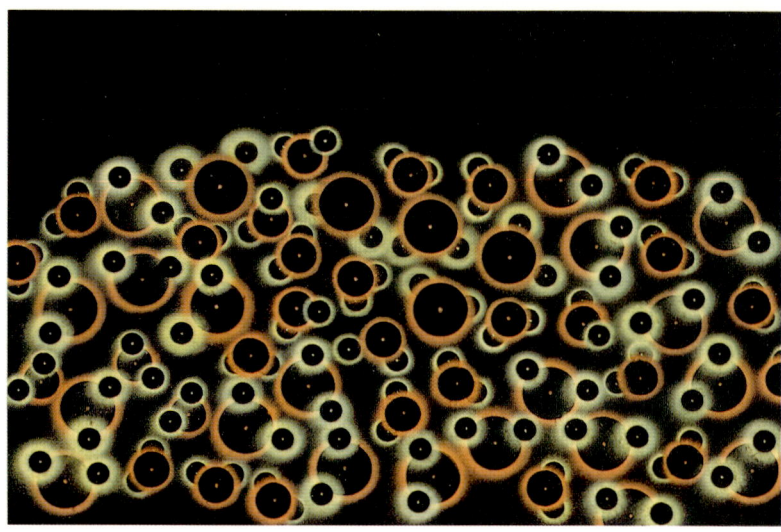

WASSER

Das Wassereis, das wir beschrieben haben, ist das häufigste Eis überhaupt. Das sechseckige Kristallgitter findet sich bei Schneeflocken und Eisbergen, Gletschern und Straßenmatsch auf der Erde. Die Struktur ist wirklich sehr bemerkenswert. Durch die großen Hohlräume oder Löcher in der Struktur ist das Eis nicht sehr dicht und schwimmt deshalb auch auf dem Wasser. Aus diesem Grund dehnt sich Wasser auch beim Gefrieren aus. Im flüssigen Zustand bewegen sich die Wassermoleküle sehr heftig und können deshalb kein regelmäßiges Eisgitter ausbilden. Geschäftig rasen sie umher, stoßen gegeneinander und lassen in dem inneren Hohlraum wenig Platz übrig. Aber sobald die Temperaturen fallen, wird die Bewegung weniger heftig, und die chemischen Bindungen zwischen den benachbarten Wassermolekülen beginnen zu wirken. Das sechseckige Gitter wird ausgebildet, und eine Substanz, die bedeutend weniger dicht ist, wird ausgeformt. Die Dichte des flüssigen Wassers beträgt 1,0 Gramm pro Kubikzentimeter, während die Dichte des Eises 0,9 pro Kubikzentimeter ist. Auf dieses Verhältnis stößt man sonst nirgends in der Natur.

Um zu verhindern, daß Eis sofort verdampft und statt dessen in einem mittleren, flüssigen Zustand bleibt, ist eine Atmosphäre nötig. Durch die Zusammenstöße mit den darüber liegenden Molekülen wird der Verdampfungsprozeß verhindert. Ohne Atmosphäre gibt es keine Flüssigkeit. Sogar auf dem Mars, dessen atmosphärischer Druck das Tausendfache des Drucks an der Oberfläche eines Kometen beträgt, kann Wasser nicht flüssig bleiben. Auf der Oberfläche der Kometen kann deshalb kein flüssiges Wasser sein, weil selbst dann, wenn die Koma dichter ist, der Kometenkern immer noch (im Vergleich zur Erde) von einem nahezu absoluten Vakuum umgeben ist. Sie könnten sich einen inneren Hohlraum auf dem Kometen vorstellen, in dem Wasser leicht flüssig werden könnte, wenn die Temperaturen hoch genug wären. Aber wenn die einzige Wärmequelle das Sonnenlicht von draußen ist, werden die Temperaturen um so niedriger, je tiefer man in den Kometen eindringt. Die modernen Spekulationen über das Leben auf den Kometen, auf die wir noch zu sprechen kommen, sind ganz davon abhängig, ob flüssiges Wasser, vielleicht sogar unterirdische Meere im Kometenkern vorhanden sind.

der Nähe des Perihels ab, bis am Ende nichts mehr übrig ist. Deshalb muß der Bestand an kurzperiodischen Kometen aus einem weiter entfernten Reservoir wieder aufgefüllt werden, wie schon Laplace und andere vermutet hatten (Kapitel 5).

Whipple erkannte auch, daß mit seiner Theorie des schmutzigen Schneeballs die nicht gravitationsbedingten Bewegungen einiger Kometen auf ganz natürliche Weise erklärt werden können. Nehmen wir doch einmal einen gewöhnlichen Luftballon, blasen ihn auf, verknoten das Mundstück und lassen ihn fallen. Seine fallende Flugbahn ist langsam und gleichmäßig. Nun nehmen wir denselben Ballon, wir verknoten ihn nicht, sondern halten nur das Mundstück zu. Wenn wir den Ballon so über unserem Kopf halten und ihn loslassen, schießt er kurze Zeit in Zickzackbewegungen durch den Raum und macht gelegentlich merkwürdige, unfeine Geräusche. Hier haben wir den Raketeneffekt: Sobald die Luft aus dem Mundstück entweicht, schießt der Ballon in die entgegengesetzte Richtung. Der Grund ist im dritten Newtonschen Axiom enthalten: Jeder Wirkung eines Körpers entspricht eine gleichgroße, entgegengesetzt gerichtete Gegenwirkung (actio = reactio).

Eine Rakete arbeitet nach exakt dem gleichen Prinzip: Die Gase aus dem Triebwerk werden auf die Startrampe geschleudert, und die Rakete erhebt sich in die Luft. Der Raketenrückstoß drückt jedoch nicht gegen den Erdboden. Das ist gar nicht notwendig, und daher arbeiten die Raketen im Vakuum des Weltalls gleich gut oder sogar besser. Ein weiteres bekanntes Beispiel ist der Rückstoß eines Gewehrs: Die Kugel fliegt nach vorn, und der Kolben stößt nach hinten gegen die Schulter des Schützen.

Das Eis im Kometen arbeitet nach dem gleichen Prinzip wie die Luft im Ballon, der Treibstoff in der Rakete und die Kugel im Gewehr. Man kann sich den Kometen als Eisberg vorstellen, der in Richtung Sonne fällt. Seine Oberfläche ist mit Teilen felsiger oder organischer Materie bedeckt, die vom flüchtigen Eis durchsetzt ist. Der Komet nähert sich der Sonne, und die gesamte Oberfläche wird erhitzt. Einige Teile werden erwärmt und verdampfen. Sie können sich vorstellen, daß sich ein Strom Methan- oder Ammoniakeis ins All ergießt und dadurch möglicherweise einige tiefer liegende Adern der Materie freigelegt werden oder vielleicht auch nur etwas Grundsubstanz. Allerdings entstehen diese ausströmenden Gase nicht gleichmäßig auf einmal auf der gesamten Oberfläche des Kometenkerns. Wenn ein Stück Methaneis in einem Abstand, wie ihn Neptun zur Sonne hat, verdampft (actio), erzittert der Komet auf seiner Bahn (reactio). Näher zur Sonne können Teile des Ammoniaks oder des Kohlendioxids ähnliche Raketeneffekte auslösen. Detaillierte Studien ergaben, daß die nicht gravitationsbedingten Bewegungen bei den kurzperiodischen Kometen leicht so erklärt werden können: Auf der Oberfläche des Kometen verflüchtigen sich Adern von Wassereis und ergeben einen Raketeneffekt.

Am Nachmittag ist es auf der Erde am wärmsten und nicht mittags, wenn die Sonne am höchsten steht. Es dauert eine Weile, bis sich der Boden erwärmt hat. Das gilt auch für den Kometen, und deshalb erwärmt sich seine Nachmittagsseite am stärksten und treibt große Mengen verdampfte Eisstücke ins All. Ob dieser Vorgang die Bahnbewegungen des Kometen beschleunigen oder verlangsamen wird, hängt von der Rotationsachse des Kometen ab.

Gelegentlich ist ein Komet strukturell geschwächt – auf Grund von Kollisionen oder schneller Rotation, und das zerrt an den Bindungskräften. Dann zerbricht der Komet in zwei oder mehr Teile. Die neuen gefrorenen flüchtigen Substanzen, die jetzt dem Sonnenlicht ausgesetzt sind, produ-

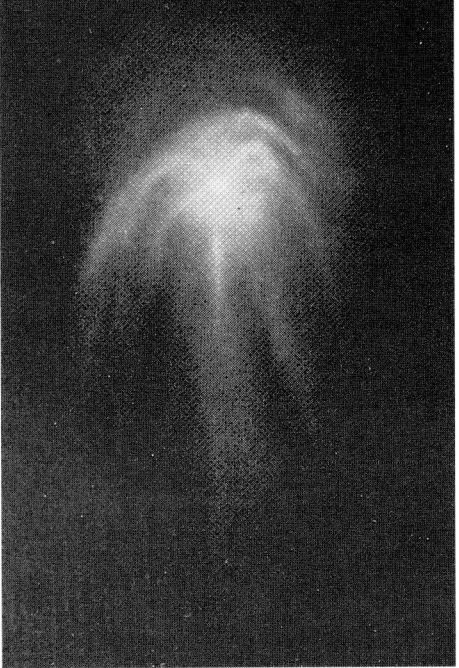

Eine Fontäne von kometarischer Materie strömt aus dem Kern des Halleyschen Kometen von 1910. Die Zeichnung wurde am 25. Mai 1910 an einem Teleskop des Helwan-Observatoriums in Ägypten angefertigt. Mit freundlicher Genehmigung der National Aeronautics und Space Administration (NASA).

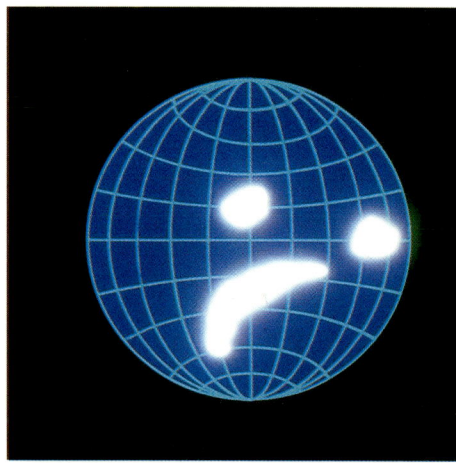

Positionen der Ausströmungen im Kern des Kometen Swift-Tuttle. Der Komet ist hier kugelförmig gedacht. Die hellen, weißen Gebiete zeigen die Stellen der Ausströmungen in der Nähe des Perihels im Jahr 1862, wie sie von Zdenek Sekanina, Jet Propulsion Laboratory, bestimmt wurden. Darstellung von Jon Lomberg/BPS.

zieren weitere Ströme von Gas und Staub und weitere stürzende und fallende Bewegungen der Kometenfragmente.

Etwas Ähnliches ist selbst bei Kometen möglich, die niemals nahe an die Sonne herankommen. Das berühmteste Beispiel ist der Komet Schwassmann-Wachmann 1. Er bewegte sich zwischen den Bahnen des Jupiter und des Saturn und erzeugte episodische Ausbrüche, bei denen er in wenigen Tagen tausendmal heller wurde. Solange keine Ausbrüche stattfinden, erscheint er als ein dunkles, rötliches Objekt und ähnelt den Asteroiden, die reich an organischer Materie sind. Ein Grund für die Eruptionen von Schwassmann-Wachmann 1 ist, daß er tief vergrabene Lagerstätten von exotischen Eisen hat, die allmählich von der Sonne erwärmt werden. Die Wärme der Sonne läßt schließlich einen Eiseinschluß verdampfen, der dann von der Oberfläche wegströmt. Winzige Teilchen Eis und Staub bilden eine zeitweilige Wolke rund um den Kometen, eine weitläufige Koma, die wir nur als ein momentanes Aufleuchten wahrnehmen. Die Kreisbahn dieses Kometen spricht für eine lange Verweildauer in diesem Teil des Sonnensystems. Warum sind exotische Eise immer noch an der Oberfläche? Wir müssen freimütig bekennen, daß wir diese Ausbrüche von Schwassmann-Wachmann 1 noch nicht erklären können. Auch bei anderen Objekten im äußeren Sonnensystem stehen wir vor einem Rätsel. Bei Chiron zum Beispiel, einem kleinen Himmelskörper zwischen Saturn und Uranus, oder bei den aus Eis bestehenden Monden der Riesenplaneten. Könnte einer von ihnen sich plötzlich eines Tages mit Wolken umhüllen und auf dramatische Weise an Helligkeit zunehmen?

Als der deutsche Mathematiker F. W. Bessel im Jahr 1835 die Ströme entdeckte, die vom Kern des Halleyschen Kometen ausgingen, erwog er, daß eine kleine nicht gravitationsbedingte Bewegung ausschlaggebend sei. Diese Vorstellung hielt sich gute 115 Jahre, bis Whipple sie in einem modernen Zusammenhang erneuerte.

Wir können heute sehen, wie Materiegase aus dem Kern eines warmen Kometen sprühen. Sie setzen unregelmäßig wie der Fluglageregler eines interplanetarischen Raumschiffs ein und aus. Die Kometenbahn schwankt jedesmal ein bißchen, wenn eine dieser großen Fontänen Materie ins All schießt. Es ist sogar möglich, wie es beim Kometen Swift-Tuttle der Fall war, die Positionen der Ströme auf dem Kometenkern auf einer Karte einzutragen.*

Die Theorie des schmutzigen Schneeballs erklärt so mit einem Schlag die Ausbildung der kometarischen Komas und Schweife, die nicht gravitationsbedingte Bewegung und die explosionsartigen Ströme aus den Kometenkernen, die man zumindest seit der Zeit von Thomas Wright bemerkt hatte. Wie wir sehen werden, kann man heute beweisen, daß Wassereis der Hauptbestandteil der von uns beobachteten Kometen ist. Fred Whipples »in die Augen springende« Erklärung, die in der besten Tradition der Wissenschaft steht, erzeugt mit einer bescheidenen Investition von Hypothesen einen unerwarteten Gewinn an genauen Prognosen.

Es sieht ganz danach aus, als ob Kometen wirklich gigantische Schneebälle sind, die um die Sonne rasen. Wieviel Schnee macht das aus? Stellen Sie sich vor, Sie hätten überall auf der Erde Schneepflüge stationiert, die ständig den gesamten Schnee zusammenschieben, der das Jahr über fällt. Nun stellen Sie sich weiter vor, daß dieser gesamte Schnee ins All hinaustrans-

---

* Der periodische Komet Swift-Tuttle, oder 1862 II, ist der Verursacher der Meteorströme aus dem Sternbild des Perseus, der sogenannten Perseiden-Meteore. Die Ströme, die man auf der Karte verzeichnet hat, treiben die Perseiden-Meteore in den angrenzenden Raum, wo sie mit der Zeit die Umlaufbahn des Kometen weitgehend auffüllen, wie in Kapitel 13 dargestellt ist.

Schmutziger Schnee bildet den Kern eines Kometen. Darstellung von Michael Carroll.

portiert und in einem kalten Lagerraum gesammelt würde. Dort würde er dann kugelförmig zusammengepreßt. Jetzt hätten wir so etwas wie einen Kometenkern mit einem Durchmesser von zehn Kilometern. Mit dieser Schneemasse können Sie 100 normale Kometenkerne machen. Ein typischer Kometenkern enthält ungefähr so viel Schnee, wie jedes Jahr in Osteuropa oder im Norden der Vereinigten Staaten fällt. Das scheint nicht so viel zu sein.

In mancher Hinsicht ist Whipples Schneeball-Hypothese eine Enttäuschung. Newton und Halley verwandelten die Kometen aus furchterregenden und unerklärlichen Gebilden in ein großartiges und erhabenes Schauspiel der Natur, das einem göttlichen Befehl gehorcht, der unsichtbar und offenbar zugleich ist. Aber bleibt noch ein Geheimnis übrig, wenn Kometen schlichte Schneebälle sind? Oder sind Kometen dadurch langweilig und banal geworden? Verblüffenderweise legen die neuen Erkenntnisse über Kometen nahe, daß sie der Schlüssel zu den Ursprüngen des Sonnensystems sind und ihre Gestalt für die uns bekannten Welten charakteristisch ist.

Ein irdischer Astronom enträtselt die Astronomie eines Kometen. Titelseite von Notenblättern aus dem Jahr 1910. Mit freundlicher Genehmigung der Library of Congress.

7. Kapitel
Die Anatomie der Kometen

Und es erschien ein anderes Zeichen
im Himmel, und siehe, ein großer, roter
Drache...
...und sein Schwanz zog den dritten
Teil der Sterne des Himmels hinweg...

Die Offenbarung des Johannes 12, 3

In der Menschheitsgeschichte wurden etwas weniger als 1000 Kometen registriert, obwohl ein paar 100 mehrmals erschienen sind. Plinius schrieb, daß man Kometen mit bloßem Auge in Abständen von einer Woche bis zu sechs Monaten sehen könne, und diese Beobachtung stimmt auch heute noch. Meist leuchtet der Komet matt und ist nur als heller Fleck am Himmel wahrzunehmen, als Lichtstreifen, als kleines Fragment der Milchstraße, das scheinbar irgendwo abgebrochen ist und sich selbständig gemacht hat. Erst durch ein Teleskop, manchmal jedoch auch durch ein Fernglas, kann man ein solches Gebilde als Komet erkennen.

Kometen treten nicht als Streifen am Himmel in Erscheinung wie Meteore. Man könnte sie also für Sterne halten. Die falsche Vorstellung, daß sie als Streifen am Himmel vorüberziehen würden, entsteht teils durch Verwechslung mit Meteoren und teils durch Momentaufnahmen auf Photographien. Unsere Alltagserfahrung identifiziert Objekte von der Form eines Kometen als Streifen. Wenn wir das Bild eines Kometen betrachten, werden manche unter uns sofort an eine Frau erinnert, deren langes glattes Haar der Wind nach hinten bläst, und aus diesem Grund kommt das Wort »Komet« auch von dem griechischen Wort für »Haare«. Nur erreicht der Komet eben nie die Tiefen, in denen der Wind bläst. Kometen leben in dem nahezu absoluten Vakuum des interplanetarischen Raums. Sie ziehen auch nicht immer den Schweif hinter sich her. Nach dem Periheldurchgang, wenn der Komet die Sonne verläßt, ist der Schweif vor dem Kern. Er hat sein Aussehen verändert.

Der Komet wird heller, und sein Schweif wird anscheinend länger, wenn er sich der Erde nähert. Beim Periheldurchgang wird er im blendenden Licht der Sonne unsichtbar, bis er plötzlich wieder zu sehen ist, entweder heller oder matter, je nachdem, in welchem geometrischen Winkel er zu Sonne und Erde steht. Manche Kometenschweife, die man sehen kann, erstrecken sich für einen Beobachter vom Zenit bis zum Horizont.

Ein heller Komet, der sich irgendwo in der Nähe der Umlaufbahn des Jupiter befindet, kann einem Beobachter auf der Erde zuerst als Lichtpunkt erscheinen, beispielsweise als Stern vierter oder fünfter Größe, der von einem wahrnehmbaren Nebel umgeben ist. In ihrer Helligkeit unterscheiden sich die Kometen natürlich sehr stark. Die meisten kann man nur durch große Teleskope sehen, manche mit bloßem Auge, und einmal alle paar Jahre erregt ein bekannter Komet großes Aufsehen. Im Lauf eines Menschenlebens erscheint ungefähr einmal ein Komet, den man auch bei Tag am Himmel sehen kann, wenn er der Sonne sehr nahe ist. Der Große Komet von 1910 (1910 I), der im nachhinein manchmal mit dem Halleyschen Kometen im selben Jahr verwechselt wird, war bei Tag sichtbar und wird daher auch der Große Tageslicht-Komet genannt.

Der Große Tageslicht-Komet von 1910, aus: Henry Norris Russell, *The Origin of the Solar System*, Princeton University Press 1935.

Gelegentlich wird ein Komet während einer totalen Sonnenfinsternis in der Nähe der Sonne entdeckt, der nun in das Licht der Sonnenkorona eingetaucht ist, während er vorher im Glanz der Sonne verborgen war. Nach der Eklipse wird der Komet wieder unsichtbar. Doch solche Fälle sind selten.* Die meisten Kometen werden in einer ziemlich großen Entfernung zur Sonne entdeckt: Die Zeitaufnahme eines Himmelsfeldes zeigt einige matte, eventuell nebelartige Objekte, die in den herkömmlichen Tabellen nicht verzeichnet sind. Amateure, die sich oft mit einer wahren Leidenschaft auf die Suche nach neuen Kometen begeben, erforschen zuweilen systematisch den Himmel Stück für Stück mit Spezialteleskopen, sie können damit größere Abschnitte des Himmels auf einmal beobachten. Manche Amateure haben schon über zwei Dutzend Kometen gefunden.

Wegen der Verschmutzung der Erdatmosphäre und des Streulichtes über den Städten kommt diese Methode allerdings etwas aus der Mode, und so traf man in früheren Zeiten mehr Menschen, die die Himmelskarte wie ihre Westentasche kannten und bei einem kleinen Spaziergang auf einen Blick sehen konnten, daß da ein Lichtpunkt am Himmel war, der kein Stern sein konnte. Auf diese Weise werden hin und wieder explodierende Sterne, Novae, und Kometen entdeckt. Es kommt aber auch vor, daß ein heller Stern zuerst von Menschen, die mit Astronomie überhaupt nichts zu tun haben, mit dem bloßen Auge gesehen wird. Der klassische Fall ist der Große Tageslicht-Komet vom Januar 1910, der von drei südafrikanischen Eisenbahnarbeitern entdeckt wurde. Damals suchten nur sehr wenige Astronomen den Himmel der südlichen Hemisphäre regelmäßig ab.

Irgendwo auf der Erde hält jede Nacht mindestens ein Astronom durch ein Teleskop Ausschau nach einem Kometen. Dabei wird nicht vorrangig nach neuen Kometen gesucht, sondern an einem äußerst komplizierten Forschungsprogramm gearbeitet, das die Eigenschaften der Kometen verständlich machen soll. Ein Astronom könnte den Kometen photographieren oder sein Licht in einem Spektrometer auffangen, um seine Zusammensetzung und Bewegungsrichtung zu analysieren. Oder er mißt die Wärmeenergie, die der Kometenkern abgibt. Aber meistens wird ein neuer Komet nicht von einem menschlichen Auge hinter einem Teleskop gefunden, sondern auf einer Photographie, die durch ein Teleskop für einen ganz anderen Zweck gemacht worden ist.

Woran erkennen Sie überhaupt, daß Sie einen Kometen entdeckt haben, der weitab von der Sonne ist? Sie sehen aufgelockerte Lichtflecken. Könnten Sie vom Photopapier herrühren? Photographieren Sie das gleiche Stück Himmel noch einmal. Könnte es sich um eine Art matter Lichtflecke handeln, um Nebel oder um eine andere Galaxie, die auf unseren Himmelskarten nicht verzeichnet sind? Photographieren Sie noch einmal diesen Sektor des Himmels. Sollte sich das Objekt in Relation zu den benachbarten Sternen vergleichsweise schnell bewegen, haben Sie wahrscheinlich einen Kometen entdeckt. Wenn das Objekt kompakt ist, könnte es ein neuer Asteroid sein.

Professionelle Astronomen entdecken Kometen gewöhnlich dann, wenn sich der Komet in großer Entfernung zur Sonne befindet, also wenn er sich dem Periheldurchgang nähert, gelegentlich aber auch danach. Beinahe immer (es sei denn, ein bekannter Komet wird »wiederentdeckt«) sind solche Entdeckungen ein zufälliges Nebenprodukt. Das eigentliche Ziel der Forschung war etwas ganz anderes. Amateurastronomen dagegen entdecken Kometen hauptsächlich dann, wenn diese sehr nahe bei der Son-

---

* Natürlich kann man eine künstliche Sonnenfinsternis herbeiführen, indem man – beispielsweise auf Weltraumflügen – mit einer undurchsichtigen Scheibe die Sonne verdeckt.

> ### NAMENGEBUNG VON KOMETEN
>
> Kometen tragen oft den Namen ihres Entdeckers, zum Beispiel »Komet Ikeya-Seki« oder »Komet West«. Es gibt auch einen »Komet Roter Berg Observatorium«, der in jenen Jahren zum erstenmal gesehen wurde, als in der Volksrepublik China die Leistung eines einzelnen nichts galt. Manchmal werden Kometen nicht nach jenen benannt, die sie entdeckten, sondern nach jenen, die zuerst erkannten, daß es sich bei den periodischen Erscheinungen um ein und denselben Kometen handelte. Der »Halleysche Komet« und der »Komet Encke« gehören dazu.
>
> Kometen werden oft auch mit römischen Ziffern versehen, wodurch die Stelle in der Abfolge von Periheldurchgängen in einem Jahr gekennzeichnet wird – beispielsweise 1858 VI oder 1988 I.

ne stehen, also während der kurzen Zeitspanne der Morgen- und Abenddämmerung. Da ein Komet spontan heller werden kann, kann er zuweilen plötzlich mit einem höchst bescheidenen Instrument oder sogar mit dem bloßen Auge wahrgenommen werden, auch wenn er bisher unsichtbar war, weil er zu weit von der Sonne entfernt war. Er muß allerdings auch der Sonne nahe genug sein. Das war bei dem Großen Tageslicht-Kometen von 1910 der Fall.

Ein großer Teil der Kometen mit periodischer Umlaufbahn wird »wiederentdeckt« werden, wenn er in Zukunft wieder in Erdnähe kommt. Wie können wir allerdings sicher sein, daß Sie denselben Kometen sehen, der schon vor Jahren beobachtet worden ist? Im allgemeinen besitzen die Kometen keine besonderen Merkmale, keine Regimentsabzeichen und keine charakteristischen Farbmuster. Dennoch kann man sie identifizieren. Orientiert man sich an Edmund Halleys bahnbrechender Arbeit, können viele Charakteristika des früheren und neuen Kometen miteinander verglichen werden: Periodizität, Exzentrizität, Entfernung des Perihels zur Sonne und Neigungswinkel der Umlaufbahn. Für die Rückkehr des Halleyschen Kometen 1986 haben die Astronomen beispielsweise ausgerechnet, wo auf seiner Umlaufbahn er sich jeweils befinden soll. Er wurde mit Hilfe großer Teleskope entdeckt, als er sich zum Perihel noch in einer Entfernung von einem Jahr befunden hatte und sich in der Nachbarschaft der Umlaufbahn des Saturn aufhielt.

Gelegentlich werden Kometen entdeckt, die man nur einmal sieht und deren Existenz durch kein erneutes Auftreten gesichert werden kann, weil ihre Umlaufbahnen entweder nicht bestimmt oder zu lange sind. Wenn sie wieder am Himmel erscheinen, werden sie nicht wiederentdeckt. Viele Berichte über diese einmaligen Erscheinungen sind vermutlich nicht auf einen Fehler des Astronomen zurückzuführen, sondern darauf, daß der Komet normalerweise zu matt ist, um im explosiven Ausbruch von Gas und Staub sichtbar zu sein. Wenn seine Aktivitätsphase vorbei ist, kehrt der Komet in seinen alten matten Zustand zurück. Diese nicht wiederentdeckten Kometen weisen auf die Tatsache hin, daß ein Großteil der Kometen noch unentdeckt ist.

Will man verstehen, was Kometen sind, woher sie kommen und was sie für uns bedeuten könnten, so profitieren wir davon, daß die Menschen bereits Tausende von Jahren lang den Sternenhimmel geduldig beobachteten und darüber Aufzeichnungen anlegten. Was beamtete Schreiber der Han-Dynastie oder des babylonischen Reichs sachlich über die Eigenhei-

Die Anatomie der Kometen 115

Die Bestandteile eines Kometen. *Oben:* Ein typischer Kometenkern mit ein paar Kilometer Durchmesser ist zum Vergleich der Größe am diffusen äußeren Rand einer typischen Kometenkoma dargestellt. *Mitte:* Eine Koma im inneren Sonnensystem neben einer Darstellung der Erde. Die Koma besteht aus diffusen Gasen und feinen Partikeln. Der Kern ist nur ein unbedeutender, in diesem Fall gar nicht sichtbarer Punkt im Zentrum. *Unten:* Ein schön entwickelter Kometenschweif erstreckt sich von der Umlaufbahn der Erde bis zur Marsbahn. Graphische Darstellungen von Jon Lomberg/BPS.

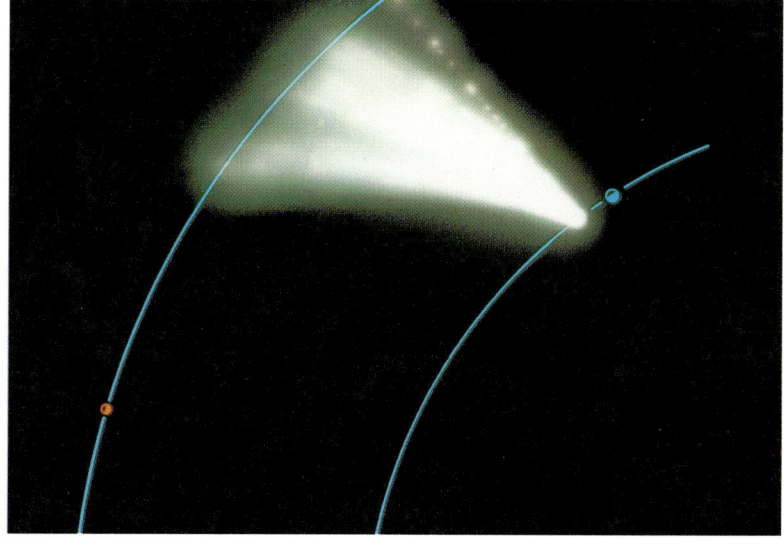

ten eines Kometen vermerkten, ermöglichte uns, Jahrtausende später das Newtonsche Gravitationsgesetz nachzuprüfen. Selbstverständlich können wir diesen Schreibern nicht mehr danken; auch werden sie nie erfahren, daß Astronomen in ferner Zukunft ihre Aufzeichnungen benutzen und zu Ergebnissen gelangen, die sie erstaunen würden.

Aus der Fülle der gesammelten astronomischen Beobachtungen hat sich das Gesamtbild von der Natur, von der Anatomie der Kometen ergeben. Verschiedene Komponenten des Bilds haben wir schon erwähnt; deshalb wollen wir hier Zwischenbilanz ziehen.

Kometen sind die weitaus größten und veränderlichsten sichtbaren Objekte im Sonnensystem.* Ein winziger Kern produziert eine materiehaltige Koma und einen enormen Schweif, der häufig größer ist als die Sonne. Es kommt aber vor, daß von zwei Kometen, die im gleichen Abstand zur Sonne stehen, der eine einen enorm großen Schweif hat und der andere gar keinen. In Anlehnung an Thomas Wright (Kapitel 4) werden die relativen Größen eines Kometenkerns, die Koma und der Schweif in den Abbildungen auf S. 115 gezeigt. Der Kometenkern sieht durch das Teleskop wie der Lichtpunkt eines Sterns aus. Gewöhnlich hat er einen Durchmesser von wenigen Kilometern, und doch kann dieser winzige Eisball einen sichtbaren Schweif erzeugen, der die Entfernung zwischen den Umlaufbahnen der Planeten des inneren Sonnensystems an Länge übertrifft. Ein Objekt von einem Kilometer Durchmesser, dessen Schweif 100 Millionen Kilometer lang ist, entspricht in etwa einem Staubpartikel, das in Washington D. C. im Sonnenlicht tanzt und dessen Schweif bis nach Baltimore reicht.

Früher fand man in der wissenschaftlichen Literatur Berichte über direkte Messungen von Kometenkernen, deren Durchmesser mit Hunderten bis Tausenden von Kilometern angegeben wurden. Heute sieht es so aus, als ob diese Messungen, die während der größten Annäherung des Kometen an die Erde gemacht wurden, nur den hellsten Teil der Koma wiedergegeben hätten. Der Kern selbst, der viel kleiner ist, könnte dabei versteckt innerhalb der Koma gelegen sein. Einige Beobachter behaupteten auch, daß sie einen Stern im Hintergrund sehen konnten, der wiederholt aufblinkte, als der Kern vor ihm vorbeizog.

Gelegentlich führt die Umlaufbahn den Kometen zufällig durch die Sichtlinie zwischen Sonne und Erde hindurch. Wenn der Kern groß genug wäre – um die 1000 Kilometer im Durchmesser –, könnte er als kleiner, beweglicher, schwarzer Punkt ausgemacht werden, dessen Silhouette gegen die strahlende Gashülle der Sonne sich abzeichnen würde. Aber in allen Fällen, wo diese Beobachtung möglich war, also beispielsweise als der Große Komet von 1882 seine Bahn durch die Sonnenscheibe nahm, war der Kern zu klein, um beobachtet werden zu können.

In Erdnähe verhüllt sich ein Komet vor den inquisitorischen Blicken der Astronomen mit einem Schleier. Erst im Dunkeln, jenseits der Umlaufbahn des Jupiter, entblößt er sich.

Gelegentlich nähert sich ein Komet mit einer nur dünnen Koma der Erde, und dann wird ein kleiner, heller Punkt innerhalb der Koma sichtbar. Das kann der Kometenkern sein, aber es könnte auch eine dichte innere Staubkoma sein.

Wenn Sie den Kometen entdecken, solange er von der Sonne weit entfernt

---

* Die Partikel in Jupiters Magnetschweif, gebildet durch das Wechselspiel von Sonnenwind und Jupiters Magnetfeld, reichen bis zur Umlaufbahn des Saturn. Dieser planetarische Magnetschweif ist größer als irgendein uns bekannter Kometenschweif. Er wurde entdeckt, als eine Raumsonde durch ihn hindurchflog.

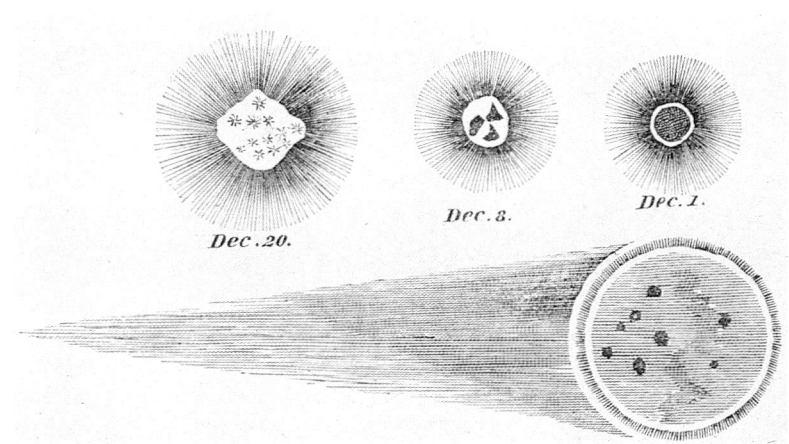

Kern des Kometen von 1618, den Cysatus (oben) an drei verschiedenen Tagen am Teleskop zeichnete, und der Komet von 1652 (27. Dezember), gezeichnet von Hevelius. Die Beobachter, die mit den ersten astronomischen Teleskopen arbeiteten, sahen in Wirklichkeit nur die Koma und nicht den Kometenkern, um den es hier geht. Die Details innerhalb der Koma sind wahrscheinlich auf die schlechte Qualität der Linsen im 17. Jahrhundert zurückzuführen. Aus: Amédée Guillemin, *Les Comètes,* Paris 1874.

ist und noch keine Koma aufgebaut hat, können Sie einen Blick auf den nackten Kern werfen. Aber da Kometen ja sehr klein sind, wenn sie in großer Entfernung zur Sonne stehen, sehen wir sie ungeachtet ihrer tatsächlichen Helligkeit nur als Lichtpunkte, ohne ein Oberflächendetail wahrnehmen zu können. Es liegt in der Natur der Sache, daß das Auflösungsvermögen der auf der Erde postierten Teleskope ebenso seine Grenzen hat wie unsere Fähigkeit, winzige Details voneinander zu unterscheiden. Aus diesem Grund haben die Astronomen einen anderen Weg eingeschlagen: Sie messen die Menge an Sonnenlicht, die vom Kern auf die Erde reflektiert wird. Wenn wir nur wüßten, wie hell der Kern ist, könnten wir ausrechnen, wie groß er sein muß, um die von uns gemessene Menge an Sonnenlicht zu reflektieren. Je stärker die Oberfläche reflektiert, desto kleiner muß der Kern sein, um die gemessene Lichtmenge zurückzuwerfen; umgekehrt, je dunkler die Oberfläche ist, desto größer muß der Kern sein. Sollten die Kometenkerne dunkel sein, beträgt die errechnete Größe ein paar Kilometer im Durchmesser oder weniger.

Die Größe eines Kometenkerns läßt sich auf direktem Weg bestimmen, indem man gebündelte Radiowellen von der Erde aussendet, die von dem Kometen aufgefangen und reflektiert werden. Sogar eine dichte planetarische Atmosphäre wie die der Venus ist für solche Radarproben transparent. Die Radiowellen durchdringen die Koma mit Leichtigkeit. Die wenigen Kometen, die seit dem Fortschritt in der Radarastronomie der Erde nahe genug gekommen sind, hatten Kerne mit einem Durchmesser von einem bis mehreren Kilometern. Das stimmt mit den Ergebnissen überein, die man mit Hilfe anderer Techniken erhalten hatte.

Der Durchmesser von circa fünf Kilometern, also ungefähr der Größe des Halleyschen Kometen, scheint gering. Aber wenn er sich sanft irgendwo auf dem Meeresboden niederließe, würde er keck über die Meeresoberfläche ragen und, zumindest bis er schmilzt, eine neue Art tropischer Insel bilden.

Die Kometen, die man auf diese Weise vermessen konnte, machten weniger als ein Prozent der bekannten Kometen aus. Wie groß ist daher die Wahrscheinlichkeit, daß es noch viel kleinere oder größere Kometen gibt? Ein Komet mit einem Durchmesser von ein paar Kilometern hat eine Oberfläche wie eine Stadt. Gibt es auch Kometen von der Größe eines Hauses oder von der Größe Luxemburgs oder beispielsweise Korsikas? Wahrscheinlich ist es unmöglich, sehr kleine Kometen im inneren Sonnensystem zu finden. Ihre Lebenszeit wäre auch extrem kurz, weil ihr Eis schnell verdunstet und der Komet aufgelöst wird. Wenn ein Komet auseinanderbricht, sind unter den Trümmern Fragmente von der Größe eines Hauses oder kleiner. Aber sie können nicht lange überleben. Die Suche nach kleinen Kometen wird für die Astronomen auch dann nicht erfolgreicher, wenn sie sich auf die lichtschwachen Objekte konzentrieren. Kometen, die kleiner sind als ein Fußballfeld, scheinen echte Mangelware zu sein. Niemand weiß, warum.

Es liegen indirekte Beweise vor, daß gelegentlich langperiodische Kometen beträchtlich größer, vielleicht 100 Kilometer groß oder noch größer sind. Das berühmteste Beispiel ist der Große Komet von 1729. Er war mit dem bloßen Auge sichtbar, obwohl sein Perihel im Außenbezirk eines Asteroidengürtels lag, beinahe bei der Umlaufbahn des Jupiter. Wäre er statt dessen der Erde nahe gekommen, hätte man in seinem Licht bequem bei Nacht eine Zeitung lesen können.

Da er so weit entfernt noch so hell war, muß er sehr groß gewesen sein und erhebliche Mengen an exotischen Eisen gasförmig ausgeströmt haben. In der Umgebung des Jupiter ist es zu kalt, als daß dort normales Wassereis verdampfen könnte. Wie wir gesehen haben, beginnt ein Eisberg aus gefrorenem Stickstoff oder Kohlenmonoxid erst jenseits der Umlaufbahn des Pluto zu verdunsten, und einer aus Methan verdunstet genau innerhalb der Umlaufbahn des Pluto. Jeder Komet, der zum großen Teil aus diesen Elementen besteht, hätte viel von seiner Substanz verloren, bevor er von der Erde aus sichtbar würde. Kometen, die aus Ammoniak oder Kohlendioxiden bestehen, würden zwischen den Umlaufbahnen von Jupiter und Saturn vollständig verdampfen und sich auflösen. Und selbst dann, wenn diese Kometen ihr Gas ausströmten, blieben sie doch für den Beobachter auf der Erde unsichtbar, wenn sie nicht wenigstens teilweise massiv sind.

Vom Kometen Kohoutek wurde berichtet, daß er in beträchtlicher Entfernung zur Sonne gesehen wurde und trotzdem ungewöhnlich hell war. Seither sind häufig Überlegungen veröffentlicht worden, wie hell er wohl in der Nähe der Umlaufbahn der Erde – im Dezember 1973 – gewesen wäre. Die Erscheinung des Kohoutek war alles andere als spektakulär, da er mit bloßem Auge nicht zu sehen war. Die Skylab-Besatzung sah ihn allerdings sehr deutlich. Offensichtlich war dieser Komet in so großer Entfernung von der Sonne deshalb so hell, weil er ein fremdartiges Eis gasförmig ausströmte, und dieser Vorgang war beendet, als er sich der Erde näherte.

Da die Gasströme periodisch austreten, konnte man daraus die Rotation

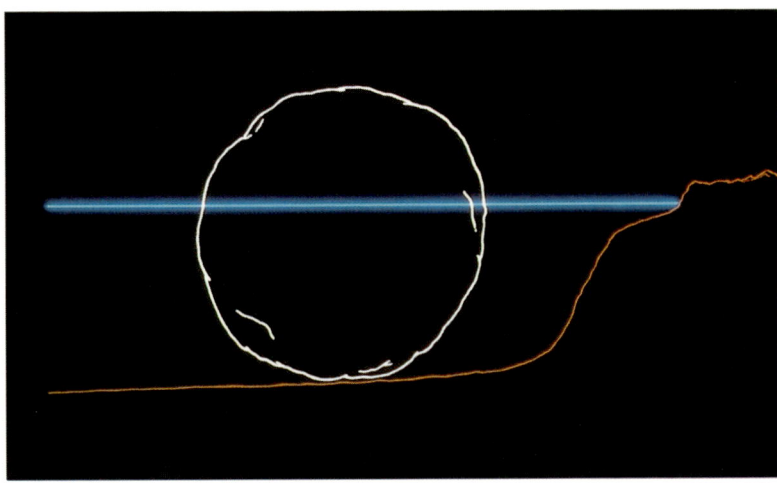

Die Größe eines Kometenkerns (vergleichbar dem des Halleyschen Kometen), verglichen mit der Tiefe des Ozeans. Diagramm von Jon Lomberg/BPS.

Wegen der gewaltigen Ausströmungen zerbricht ein Komet in viele Teile. Das Verdampfen des Eises zerstört den Kometen. Darstellung von William K. Hartmann.

des Kometenkerns berechnen, die innerhalb der Koma einsam ablief. Die Drehzahlen Dutzender von Kometen werden heute mit Hilfe dieser und anderer Methoden gemessen. Ein typischer Komet rotiert alle fünfzehn Stunden einmal. Sein Tag entspricht also beinahe einem Tag auf der Erde. Die Richtung der Drallachse am Himmel ist anscheinend total zufällig: kometarische Drallachsen zeigen beispielsweise nicht hauptsächlich auf den Polarstern. Bei einigen Kometen kann man auf Beobachtungen zurückgreifen, die bereits vor einem Jahrhundert und früher gemacht wurden, und sie zur Bestimmung der Rotation benutzen. Beispielsweise hat der Komet Encke in 140 Jahren seine Rotation nicht sehr verändert.

Weil der typische Komet so klein ist, ist auch seine Gravitation gering. Wenn Sie auf der Oberfläche eines Kometenkerns stehen könnten, hätten Sie das Erdengewicht einer Erbse. Leichtfüßig könnten Sie zehn Kilometer hoch in den Himmel hüpfen und einen Schneeball auf Nimmerwiedersehen ins All werfen, wie wir es uns in Kapitel 1 vorgestellt haben. Die Erde und die anderen Planeten besitzen deshalb eine fast vollkommene Kugelgestalt. Seit Newton wissen wir, daß die Gravitation von einem Mittelpunkt aus wirkt und alles gleichmäßig zu diesem Zentrum der Erde hingezogen wird, das selbst durch die Kraft der Gravitation zusammengehalten wird. Die Gebirgszüge, die von der runden Oberfläche der Erde emporragen, stellen dabei eine vergleichsweise geringere Abweichung vom Prinzip der vollkommenen Kugel dar, als sie durch die Emaillierung oder Kolorierung eines geographischen Globus entsteht, der die Erde darstellt. Wenn Sie auf den Gipfel des Mount Everest ein weiteres Gebirge aufhäufen könnten, würde es dort nicht lange einsam in die Stratosphäre hinaufragen. Durch dieses neue, zusätzliche Gewicht würde die Basis des

Mount Everest einstürzen und das neue Gebirge so lange in sich zusammenbrechen, bis es die Größe des heutigen Mount Everest erreicht hätte. Durch die Gravitation der Erde ist genau festgelegt, wieviel Abweichung von der vollkommenen Kugelform möglich ist.

Auf einem Kometen hingegen ist die Gravitation so gering, daß dort die seltsamsten Formen zu erwarten sind: bizarr geformte, kartoffelähnliche Gebilde, wie man sie bereits von den kleinen Monden des Mars, Jupiter und Saturn her kennt. Auf einem typischen Kometen könnten Sie einen Millionen Kilometer hohen Turm bauen, und er wird Ihnen nicht gravitationsbedingt einstürzen. Allerdings würde er durch die Rotation des Kometen ins All hinausgeschleudert werden, aber darauf kommen wir später zu sprechen.

Welcher Druck herrscht im Zentrum eines Kometenkerns? Nehmen wir doch einmal einen heraus, der einen Radius von einem Kilometer hat. Zuerst glaubt jeder, daß die Druckverhältnisse, die man einen Kilometer unter der Erde von dem überliegenden Gestein wahrnehmen kann, vergleichbar wären. Wir wissen, daß in Kohlengruben die Stützbalken hin und wieder zusammenbrechen und die Arbeiter dann unter dem herabstürzenden Schutt begraben werden. Aber wenn die Gravitation um das Dreißigtausendfache geringer wäre, würde das darüberliegende Gestein dreißigtausendmal weniger wiegen. Anders formuliert: Der Druck, der auf dem Zentrum eines Kometen lastet, beträgt ein Dreißigtausendstel des Drucks, der in der Erde in einer vergleichbaren Tiefe gemessen würde. Ein Dreißigtausendstel eines Kilometers sind drei Zentimeter. Daher entspricht der Druck, der auf das Kometenzentrum einwirkt, ungefähr dem einer Daunendecke auf Ihrem Körper. Sogar überaus zerbrechliche Gebilde können in einem Kometen mittlerer Größe bestehen.

Gesetzt den Fall, ein Kometenkern wäre im Innersten massiv oder hätte sogar einen unterirdischen See. Wie könnten wir das herausbekommen? Zieht ein Komet sehr nahe an der Sonne vorbei und bricht auseinander, wird sein Inneres dem Weltall preisgegeben. Wird dabei eine besondere Art Eis ins All abgegeben, die dann verdunstet? Sehen wir nach dem Auseinanderbrechen bisher unbekannte Moleküle im Spektrum der Kometen? Ein besonderes Mengenverhältnis von Gas zu Staub? Die Antwort auf alle diese Fragen scheint »Nein« zu lauten. Das Innere zumindest dieser Kometen besteht anscheinend aus demselben Material wie das Äußere. Es stimmt zwar, daß wir nur wenige Kometen auf diese Art untersucht haben; deshalb ist es möglich, sich vollkommen anders geartete Kometen vorzustellen, deren Inneres sich stark vom Äußeren unterscheidet, die jedoch nie nahe an der Sonne vorbeigezogen sind und aus diesem Grund von uns nicht untersucht werden konnten. Möglicherweise gibt es oft genug größere Kometen, die keinerlei gemeinsame Merkmale aufweisen. Aber bis jetzt haben wir noch keine entdeckt.

Vom Weltall aus ist die Atmosphäre der Erde nur ein dünnes, blaues Band, das die Erde umschlingt und von der Gravitation festgehalten wird. Der Komet hingegen verteilt wegen seiner geringen Gravitation seine Atmosphäre über eine Weite, die länger als der Kometenkern ist und Millionen von Kilometern betragen kann. Eine Menge dieser Kometenatmosphäre ist nicht an den Kern gebunden; die Geschwindigkeiten der spektakulären Strahlenströme liegen bei einem Kilometer pro Sekunde und übersteigen die Fluchtgeschwindigkeit beachtlich. Auf der Oberfläche eines Kometenkerns ist die Atmosphäre so dünn wie im schwarzen Himmel, 75 Kilometer über uns.

Die Gase um den Kometenkern bilden keine halbbeständige Atmosphäre

Die Anatomie der Kometen 121

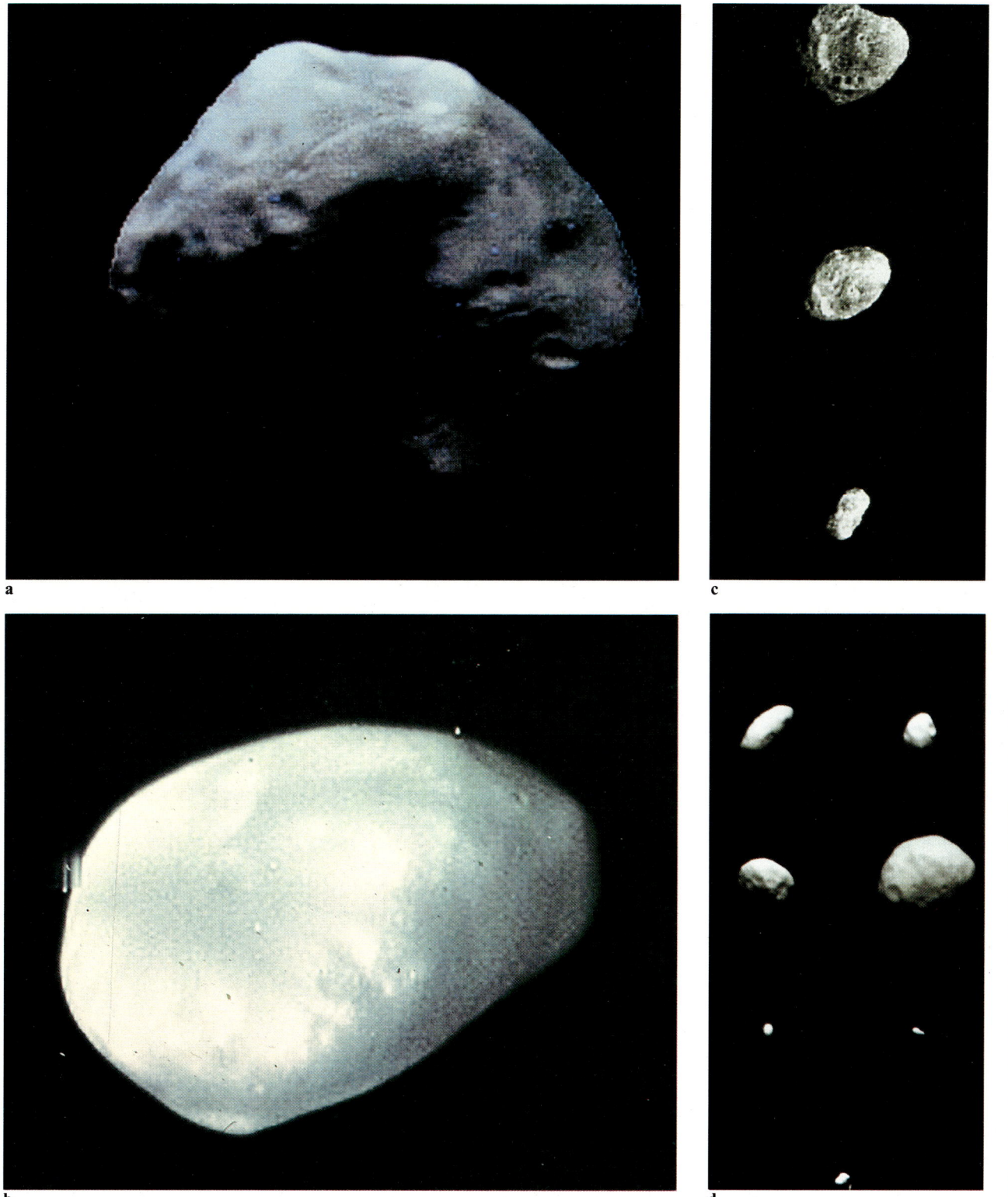

Ein Familienbild von einigen der kleinen, unregelmäßigen Monde im Sonnensystem. Da ihre Gravitationskräfte so gering sind, werden sie nicht in eine kugelförmige Gestalt gepreßt. (**a**) Phobos, der innere Mond des Mars, (**b**) Deimos, der äußere Mond des Mars, (**c**) Ansichten des Saturnmondes Hyperion aus drei verschiedenen Perspektiven, (**d**) einige kleinere Monde des Saturn. Mit freundlicher Genehmigung der National Aeronautics and Space Administration (NASA). Die Photographien stammen von den Viking- und Voyager-Missionen.

Eine Folge konzentrischer Schleier, die der Komet Donati 1858 VI auf seiner Tageslichtseite abgeworfen hat. Gezeichnet von G. P. Bond am 4. Oktober 1858 am Teleskop des Harvard-College-Observatoriums.

wie auf dem Jupiter oder der Erde. Statt dessen sehen wir Gase, die sich im ständigen Übergang befinden, wir erwischen sie zwischen ihrer Entstehung aus dem flüchtigen Eis und ihrem Austritt in den interplanetarischen Raum. Die Gravitation ist einfach zu gering, um selbst die schwersten Gase zu halten, und jeder Gasaustritt dürfte eine Veränderung des Erscheinungsbildes der Koma und des Schweifs nach sich ziehen. Hierin unterscheidet sich die Situation auf einem Kometen von der auf der Erde, denn dort bewirken die Verdunstung des Schnees oder die aus einem Vulkan oder einer Fumarole ausströmenden Gase nur belanglose Veränderungen der Gesamtzusammensetzung oder des Drucks der kompakten Atmosphäre der Erde. Die dünne Kometenatmosphäre hingegen ist von den Veränderungen der Gase abhängig, die vom Kern kommen, und reagiert deshalb mit der Zeit mit dramatischen Veränderungen in der Koma und im Schweif. Genau das konnten wir beobachten.

Die Koma ist oft eine asymmetrische Hülle, die auf der sonnenzugewandten Hemisphäre eines Kometenkerns entsteht. Sie ist gewöhnlich scharf abgegrenzt, und die übereinanderliegenden Abteilungen werden regelrecht durch die aufeinander folgenden Ausströmungsprozesse gebildet. William Huggins beschrieb die Koma als einen »leuchtenden Nebel, der den Kern umgibt«. Im inneren Sonnensystem wird jeder Komet von einem ausgedehnten Halo aus H- und OH-Atomen umhüllt, der im ultravioletten Licht stark glüht. Erst nach der Entwicklung der Orbitalteleskope in den frühen siebziger Jahren unseres Jahrhunderts, die auf einer Umlaufbahn um die Erde stationiert sind, konnte man die Wasserstoffkorona sehen. Manchmal kann auch im sichtbaren Licht der Kopf eines Kometen, also der Kern und die Koma ohne Schweif, größer als die Sonne sein. Das war bei dem Großen Kometen von 1811 der Fall. Wenn ein Komet sich der Erdumlaufbahn nähert, schrumpft seine Koma, obwohl der Komet selbst größere Aktivitäten entwickelt.

Langperiodische Kometen sind gewöhnlich heller und größer als kurzperiodische, weil sie frisch aus dem äußeren Sonnensystem kommen und

Komet West, 1975. *Links* eine Aufnahme der Koma und des Schweifs in gewöhnlichem sichtbarem Licht durch ein Teleskop auf der Erde. *Rechts* dasselbe Motiv in ultraviolettem Licht, das von atomischem Wasserstoff ausgestrahlt wird, während des kurzen Augenblickes über der Atmosphäre von einer weit hinauf reichenden Rakete aufgenommen. Diese Aufnahme zeigt eine sonst unsichtbare, riesige Wolke aus Wasserstoffgas, die den Kometen im inneren Sonnensystem begleitet. Mit freundlicher Genehmigung C. B. Opals, U. S. Naval Research Laboratory.

Eine ungewöhnliche Aufnahme des Halleyschen Kometen von 1910 mit der Venus links unten im Bild. Mit freundlicher Genehmigung der Camera Press-Photo Trends.

große Mengen flüchtigen Eises mit sich führen, das noch keine Bekanntschaft mit der Sonne gemacht hat. Das Eis schmilzt und verdunstet bei den folgenden Periheldurchgängen, und der Komet wird kleiner und weniger aktiv.

Die Gase, die aus dem Kern ausströmen, reißen auch Staubpartikel mit sich. Manche Kometen sind sehr staubig und andere verhältnismäßig sauber. Selbst in alten Kometenkernen findet man noch Gasströme und Bestände von feinem Staub. Es konnte eine nicht voraussagbare Tendenz festgestellt werden, die mit der Verdunstung des Eises und dem Raketeneffekt (Rückstoß) zusammenhängt, daß das Ausströmen von Gas und andere Nicht-Gravitations-Kräfte zunehmen, je näher der Komet der Sonne ist.

Bei staubigen Kometen hat man beobachtet, daß sie in jeder Sekunde Tonnen feiner Teilchen in den interplanetarischen Raum ausströmen und daß verhältnismäßig viel mehr Wasser als feste Bestandteile verlorengehen. Aber mit den Gasströmen werden nicht nur winzige Staubteilchen ins All gebracht, sondern auch zerbrechliche Staubkugeln, die einen

Durchmesser von mehreren Metern haben können. Über Radar hat man eine mindestens zentimeterdicke Wolke aus Staubteilchen rund um den Kometenkern festgestellt. Der verhältnismäßige Anteil von Staub und Eis auf der Oberfläche eines Kometenkerns ist vermutlich von Komet zu Komet verschieden.

Der Komet Schwassmann-Wachmann 1, der immer jenseits des Jupiter die Sonne umkreist, hat über 100 uns bekannte Ausbrüche gehabt, im Jahresdurchschnitt zwei. Manche Kometen verlieren bei jedem Periheldurchgang eine gasförmige Schicht nach der anderen, bis vom Kometen nichts mehr übrig ist. Andere scheinen auf jedem Umlauf ungefähr einen Meter Eis beim Periheldurchgang zu verlieren und geben zuletzt nichts mehr ab. Möglicherweise herrscht dann schwer schmelzbare, steinige Materie, die nicht mit dem Eis ins All gelangt ist, auf der Oberfläche des Kerns vor und verhindert, daß Sonnenlicht in das kalte Innere strömt und die tieferliegenden Eisstücke an die Oberfläche gelangen. Nach diesen Verdunstungen kann die Oberfläche eines Kometen an eine Gletschermoräne erinnern, die das nichtflüchtige Felsgestein mit einer dicken Schicht von gefrorenem Eis bedeckt. Ein wichtiges ungelöstes Problem in der Kometenforschung ist auch, ob dieses Endprodukt der Kometenevolution, der Mantel aus Gestein, der einen Eiskern umhüllt, Ähnlichkeit mit irgendwelchen bekannten Himmelskörpern des Sonnensystems hat.

Rechnet man den Schweif mit, sind die Kometen die größten Gebilde, die man im Sonnensystem je gesehen hat. Sie sind größer als die Planeten und sogar als die Sonne samt ihrer Korona. Sieht man einmal von den roten Riesensternen ab, dann sind die Kometen größer als alle anderen Sterne, die wir kennen. Die längsten Kometenschweife übertreffen die Distanz

Explosionsartige Eruptionen auf der Oberfläche eines Kometenkerns. Wenn das Eis bei aufeinanderfolgenden Periheldurchgängen verdampft, bleibt eine grobe fluviatile Ablagerung von Gestein zurück. Zeichnung von William K. Hartmann.

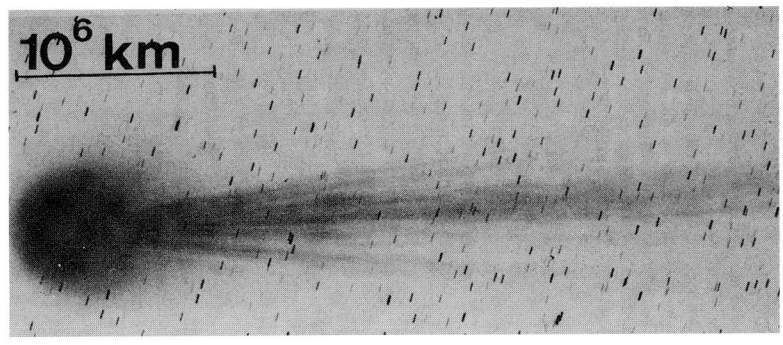

Das Negativ einer Photographie des Kometen Ikeya (1963 I). Da der Komet sich leicht vor dem Hintergrund weiter entfernter Sterne bewegte, erscheinen bei dieser Belichtungszeit die Sterne als kurze, dunkle Linien. Die Transparenz des Schweifes zeigt sich daran, daß die Sterne durch den Schweif hindurch sichtbar sind. Die horizontale Linie ist im Maßstab eine Million Kilometer lang. Photo von E. H. Geyer, Boyden-Oberservatorium, Südafrika. Aufgenommen am 24. Februar 1963.

von der Erde zur Sonne. Ihre Breite beträgt allerdings immer nur ein paar Prozent ihrer Länge. Die Materie im Kometenschweif kehrt nie wieder in den Kern zurück. Deshalb schrumpft der Komet mit der Zeit. Die übereinanderliegenden Schichten blättern ab, werden ans All verloren, und seine inneren Teile werden dem Blick freigegeben. Jeder Komet, den wir sehen können, stirbt.

Die Erde und der Mond wandern durch einen Kometenschweif. Im Hintergrund ist die Milchstraße sichtbar. Darstellung von Rick Sternbach.

8. Kapitel
Giftgas und organische Materie

Hast du nie den flammenden Flug des Kometen gesehen?
Der berühmte Fremde zieht vorbei und sprüht Schrecken
über staunende Nationen aus seinem feurigen Schweif
von riesiger Länge, zieht seine weite Bahn
durch die Tiefen des Äthers, schwingt sich an unzähligen
Welten vorbei, die mehr als nur den Glorienschein der Sonne besitzen,
verdoppelt die weite Kuppel des Himmels und besucht dann wieder
die Erde nach einer langen Reise von tausend Jahren ...

Edward Young: *Night Thoughts*, 1741

William Huggins versetzte die Welt in Angst und Schrecken, ohne es zu wollen. Dabei war er nur seinem Beruf nachgegangen. Er war Astronom. Diese Wirkungen hatte er nicht vorhersehen können. Die Menschen in Japan und Rußland waren wochenlang in Panik. In Konstantinopel standen 100 000 Menschen in Nachtgewändern auf den Dächern ihrer Häuser. In Chicago verstopften die Bewohner die Ritzen in ihren Türen mit Lappen, und Papst Pius verurteilte in Rom das Hamstern von Sauerstoffflaschen. Aus Lexington in Kentucky wurde gemeldet, daß »besorgte Menschen heute die ganze Nacht über einen Gottesdienst abhalten und sich mit Singen und Beten auf das Jüngste Gericht vorbereiten werden«. Aus Furcht vor der kommenden Katastrophe nahmen sich mehrere Menschen das Leben. Aber damit greifen wir der Geschichte vor.

Huggins war einer der ersten Astronomen, die mit dem Spektroskop arbeiteten. Er gehörte also zu den Wissenschaftlern, die Licht in seine Farben oder Frequenzen zerlegten und daraus die Bewegung und Zusammensetzung eines entfernten Objekts ablesen konnten. Diese Methode, mit der man auch die Zusammensetzung der Kometen erforschte, geht ebenfalls auf die überragenden Leistungen Isaac Newtons zurück. Newton zentrierte Sonnenstrahlen, die durch eine schmale Öffnung in einen dunklen Raum fielen, in einem Prismenglas und konnte dadurch nachweisen, daß das gewöhnliche weiße Licht ein Bündel von Licht verschiedener Farbe ist. Durch das Prisma werden die jeweiligen farbigen Lichtbündel in verschiedene Richtungen abgelenkt oder zerlegt und auf einen Schirm, der dem Prisma gegenüberliegt, geworfen. Zunächst benutzte man weiße Pappe als Schirm und später Photopapier. Die Maschine, die man rund um das Prisma baute, nannte man Spektrometer und das Regenbogenmuster des Lichts Spektrum.

Die Wissenschaftler bemerkten, daß in einem Spektrometer von hoher Dispersionsfähigkeit das Sonnenlicht außer den Regenbogenfarben unregelmäßig auftretende dunkle Linien aufwies, die fehlende Frequenzen anzeigten. Es stellte sich bald heraus, daß diese Linien auftreten, wenn das Licht der heißeren, tieferen Schichten der Sonne von einer kühleren höheren Gasatmosphäre, die die Sonne umgibt, absorbiert wird. Jedes chemische Element absorbiert einen bestimmten Frequenzanteil und stellt ver-

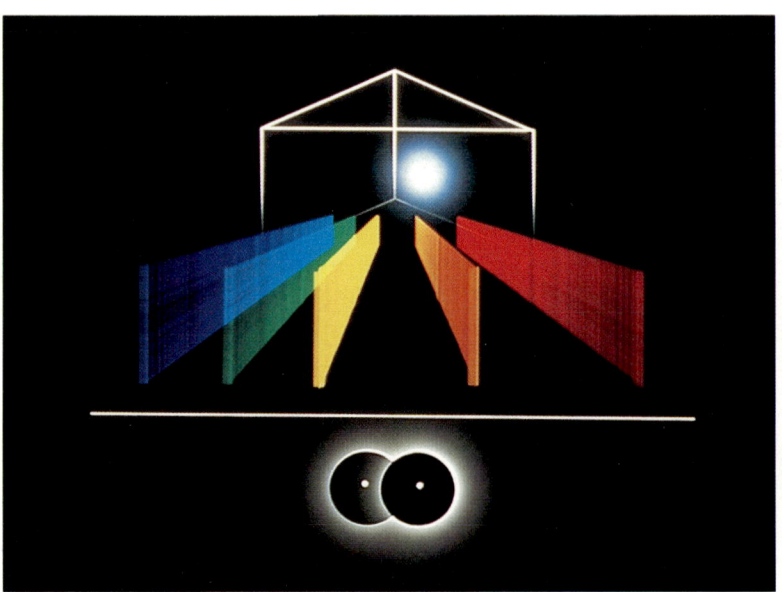

Das Licht, das ein Komet ausstrahlt, fällt in ein Teleskop und geht dann durch ein Prisma (Hintergrund), wo das Licht gebrochen und spektral zerlegt wird. Unser Schema zeigt das Spektrum von C_2. Dieses Molekül besteht aus zwei Kohlenstoffatomen, die unten dargestellt sind. Schematische Darstellung von Jon Lomberg/BPS.

schiedene dieser schwarzen Linien her. Würde man in einem Labor ein Spektrum aus einer Mischung der chemischen Elemente (und einfachen Moleküle) herstellen, könnte man die dunklen Linien aller Atome sehen. Dann wäre es möglich, die Spektrallinien des Sonnenlichts dadurch zu untersuchen, daß man im Labor Experimente an den auf der Erde vorhandenen Stoffen durchführt.

Jedes chemische Element hinterläßt seine unverwechselbare Handschrift im Spektrum. Man könnte eine Zusammenstellung dieser Handschriften vornehmen und dann im Spektrum der Sonne die Atome nachweisen, aus denen sie sich aufbaut. Die Spektroskopie revolutionierte zu ihrer Zeit die Wissenschaft und natürlich besonders die Astronomie.

Huggins konnte als einer der ersten von der gerade ausgereiften Technik der Spektroskopie profitieren. Er stellte seinen Spektrometer in den Brennpunkt eines großen Teleskops und schaute sich alles an, was es überhaupt zu sehen gab. Er konnte als erster zeigen, daß die Sterne aus den gleichen chemischen Elementen bestehen wie die Erde und die Sonne. Er bewies Edmund Halleys Vermutung, daß bestimmte interstellare Nebel riesige Wolken glühender Gase sind. 1868, als der Komet Winnecke an der Erde vorbeizog, war es selbstverständlich, daß Huggins das Spektrum ihrer Koma untersuchte. Dabei konnte er die Entdeckung bestätigen, die Donati 1864 an einem anderen Kometen gemacht hatte, daß es drei leuchtend *helle* Streifen im blauen Teil des Kometenspektrums gibt. Huggins fand auch heraus, daß im Spektrum eines Kometen zwei Komponenten vorhanden sind, nämlich eine Farbenfolge, die von schwarzen Absorptionslinien unterbrochen wird und von der er richtig annahm, daß sie absorbiertes Sonnenlicht ist, und daneben die drei hellen Streifen, die schon Donati bemerkt hatte. Wenn eine schwarze Linie bedeutet, daß irgendein Atom oder Molekül Licht absorbiert, dann müssen ein oder mehrere Streifen bedeuten, daß etwas Licht aussendet. Nur: Um was handelt es sich da?

Diese Frage konnte nur anhand der Emissionsspektren der im Labor untersuchten Materie beantwortet werden. 1868 machte Huggins dabei eine überraschende Entdeckung. Er entzündete Äthylen (C_2H_4), das unserem gebräuchlichen Haushaltsgas ähnelt, und untersuchte es im Spektrometer.

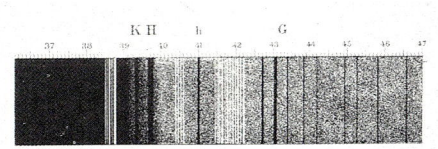

Ein Kometenspektrum von William Huggins. Das Spektrum zeigt dunkle Absorptionslinien (K, H, b, G etc.) auf drei gebündelten hellen Linien, die die Lichtstrahlung des Kometen darstellen. Aus: *Proceedings of The Royal Institution*, Band 10.

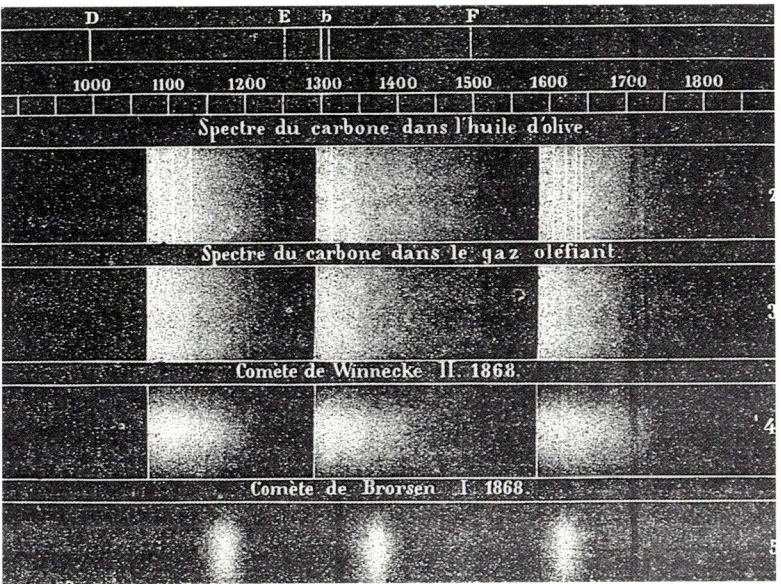

Spektren aus dem 19. Jahrhundert: (**2**) Olivenöl, (**3**) Äthylen, (**4**) und (**5**) zwei Kometen. Der Komet Winnecke II hat mit Olivenöl anscheinend mehr gemeinsam als mit dem Kometen Brorsen I. Der ganze Vergleich zeigt in Wirklichkeit nur, daß Olivenöl, Äthylen und Kometenkerne C_2-Moleküle absondern, wenn sie erhitzt oder erleuchtet sind. Darstellung aus: Camille Flammarion, *Himmelskunde für das Volk,* Neuenburg 1907/08.

Ein modernes Kometenspektrum. Der Komet Kobayashi-Berger-Milon hat hervorstehende spektrale Merkmale, die durch C_2 und CN verursacht werden. Es sind auch die spektralen Charakteristika anderer Moleküle abgebildet. Unten eine Aufstellung der Wellenlängen im sichtbaren Spektrum. Das Spektrum stammt vom Wise-Observatorium in Mitzpe Ramon, Israel. Mit freundlicher Genehmigung der National Aeronautics and Space Administration (NASA).

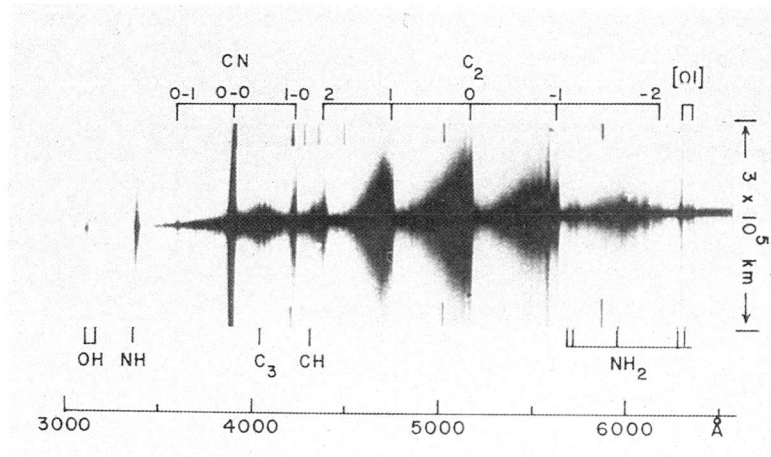

Er fand dabei genau die gleichen drei hellen Streifen, die bei der Spektralanalyse der Kometen entdeckt worden waren und folgerte daraus:

> Wir können nicht länger an der Übereinstimmung der chemischen Natur des Kometenmaterials mit dem Gas, das wir benutzt haben, zweifeln und folgern daher, daß Kohlenstoff in irgendeiner Form auf dem Kometen vorhanden ist.

Heute weiß man, daß die drei hellen Streifen von dem Molekül C_2 gebildet werden, einer Verbindung von zwei Kohlenstoffatomen.
Als 1881 der Große Komet erschien, sah Huggins wieder ein Spektrum, aus dem er nicht nur das Vorhandensein von C_2, sondern auch von C_3, CH und CN ableiten konnte, wahrlich eine reiche Ernte, die das erste photographierte Kometenspektrum brachte. (Huggins selbst identifizierte C_2 und CN und schloß auf Kohlenwasserstoffe, von denen das Molekularfragment CH die einfachste Form ist.) Heute wissen wir, daß man schwerlich einen Kometen finden kann, dessen Spektrum nicht anzeigen würde, daß in seiner Koma C_2, C_3 und CN vorhanden sind. Huggins war von der Tatsache äußerst betroffen, daß das Kometenmaterial der komplexen organischen Materie auf der Erde glich, die zweifellos biologischen Ursprungs war. Viele Wissenschaftler zogen damals zögernd den Schluß, daß die kohlenstoffhaltigen Substanzen, die Huggins in der Koma der Kometen entdeckt hatte, »das Resultat der chemischen Zersetzung organischer Körper« seien, wie es einer seiner Zeitgenossen formulierte. Aber nur selten wurde die Schlüsselfrage gestellt: Waren diese »organischen Körper« biologischen Ursprungs?
Die Entdeckungen von Huggins und seinen Nachfolgern interessierten im Grunde niemanden, bis es plötzlich im Jahr 1910 so aussah, als ob die Erde den Schweif des Halleyschen Kometen im Vorüberziehen streifen würde. Das Molekularfragment CN, ein Kohlenstoffatom in Verbindung mit einem Stickstoffatom, hatte man in den Komas und Schweifen vieler Kometen entdeckt und dann auch auf dem Halleyschen Kometen feststellen können. Seine chemische Bezeichnung lautet Cyan. In Verbindung mit einem Salz hat es aber einen anderen Namen und heißt Cyanid. Da bereits eine Spur Kaliumcyanid, bekannter ist es als Zyankali, zum sofortigen Tod führt, löste die Vorstellung, die Erde werde durch eine Cyanidwolke hindurchziehen, ein verständliches Entsetzen aus. Die Menschen befürchteten, im Giftgas umzukommen.

Die seriöse Titelseite der Einleitung in den Abschnitt über Kometen in Camille Flammarions Buch *Himmelskunde für das Volk*, Neuenburg 1907/08.

Giftgas und organische Materie 131

Die globale Panik wegen des Giftgases wurde auch noch dummerweise von einigen Astronomen angeheizt, die es eigentlich besser hätten wissen müssen. Camille Flammarion, der mit populärwissenschaftlichen Schriften über Astronomie bekannt geworden war, zog die Möglichkeit in Betracht, daß »das Cyangas die Atmosphäre [der Erde] durchtränken und möglicherweise alles Leben auf dem Planeten auslöschen würde«. Da bereits vor ihm Gambert und Laplace etwas Ähnliches vorausgesagt hatten und die Furcht vor Kometen ohnehin in prähistorische Zeiten zurückreicht, überrascht es nicht, daß durch solche und ähnliche Behauptungen eine weltweite Kometenhysterie entfacht wurde.

In Wirklichkeit war es nicht einmal klar, ob die Erde tatsächlich durch den Kometenschweif hindurchziehen würde. Kometenschweife sind stets außerordentlich dünn, ein Rauchstreifen in einem Vakuum. Das Cyan ist einer der geringsten Bestandteile der Kometenschweife. Selbst wenn die Erde 1910 durch den Schweif des Halleyschen Kometen hindurchgezogen *wäre* und die Moleküle des Schweifs bis auf die Erdoberfläche hinunter gewirbelt worden wären, so käme auf jedes billionste Molekül der Luft nur ein Molekül Cyan, und das ist weniger als die Umweltverschmutzung durch die Industrie- und Autoabgase sogar weitab von den Städten (und das ist abermals weniger, als durch die brennenden Städte im Fall eines Nuklearkriegs freigesetzt würde). Die Erde ist schon durch den Kometenschweif von 1861 ohne Schaden hindurchgezogen.

Diese oder ähnliche Informationen wurden von der weltweiten Gemeinschaft der Astronomen publiziert. Aber ihren Argumenten wurde ebenso wenig geglaubt wie Befürchtungen im Jahr 1979 zerstreut werden konnten, daß die Weltraumstation »Skylab« unschuldigen Passanten auf die Köpfe fallen könnte. Warum ist die Weltbevölkerung so leicht in Panik zu versetzen? Die Antwort auf diese Frage hängt sicherlich mit der wachsenden Umweltverschmutzung zusammen und den Erkrankungen der Atmungsorgane in ihrem Gefolge. Vielleicht bezog sich die Furcht auch nicht so sehr auf das Giftgas in den Kometen als vielmehr auf das in den nationalen Arsenalen. In H.G. Wells »Der Krieg der Welten« von 1898 benutzen die Marsianer Kampfgase bei ihrer Invasion der Erde. In vielen Erzählungen der Zeit wurde das Bild eines kommenden Krieges ausgemalt und der verheerende Einsatz von Giftgasen aufs lebhafteste geschildert. Diese Vorstellungen waren keine Phantasiegebilde der Science-Fiction-Autoren, sondern der Ausdruck einer schrecklichen, erlebten Wirklichkeit. Ein paar Jahre zuvor, bevor der Halleysche Komet 1910 erschien, hatten die europäischen Militärs die Weiterentwicklung von chemischen Kampfstoffen aktiv vorangetrieben. Als auf der Haager Friedenskonferenz von 1899 Vorschläge gemacht wurden, bestimmte chemische Waffen zu verbieten, wurde das von John Hay, dem amerikanischen Außenminister, erfolgreich vereitelt. Eine Resolution, die die Verwendung von Kampfgasen in Artilleriegeschossen untersagte, wurde zwar angenommen, aber von den Vertretern der USA nicht unterzeichnet. Im Ersten Weltkrieg, vier Jahre nach dem Kometen, wurden in der Hauptsache vom Deutschen Reich und Frankreich und in geringerem Umfang auch von den Vereinigten Staaten 120000 Tonnen Giftgas eingesetzt. Eineinviertel Millionen Verwundete waren die Folge. Über ein Viertel der amerikanischen Verluste im ersten Weltkrieg waren auf Giftgase zurückzuführen. Die Cyanid-Verbindungen machten dabei nur einen geringen Teil der eingesetzten Giftgase aus.

1910 zog der Komet vorbei, niemand erstickte, und die Erde kam durch das Ereignis nicht zu Schaden. Selbst hochsensible Meßgeräte zeigten

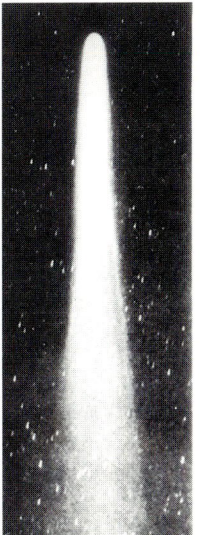

Zwei Ansichten des Halleyschen Kometen aus zwei aufeinanderfolgenden Nächten im Jahr 1910, als der Schweif des Kometen möglicherweise die Erde gestreift hat. Mit freundlicher Genehmigung der International Halley Watch.

Nicht das gesamte öffentliche Interesse an der Erscheinung des Halleyschen Kometen im Jahr 1910 stand im Zusammenhang mit dem giftigen Gas (Cyan-Wasserstoff). Mit freundlicher Genehmigung der Library of Congress.

nicht eine Spur mehr Cyan in der Luft an, was viele beruhigte. Nicht so den Entdecker des Kometencyans. Knapp eine Woche bevor der Halleysche Komet seine maximale Annäherung an die Erde erreicht hatte, starb Sir William Huggins im Alter von 86 Jahren. Er hatte in Ausübung seines Berufs Millionen Menschen in Angst und Schrecken versetzt.

Seither sind zwingende Beweise aufgetaucht, daß im Kometenkern gefrorenes Wassereis, Silikatminerale und organische Materie vorhanden sind. Auf Seite 135 sind die bisher bekannten verschiedenen Moleküle abgebildet. Die meisten dieser einfachen Moleküle und Molekularfragmente sind im Kometenkern aber nicht vorhanden. Es handelt sich bei ihnen vermutlich um Stücke und Teilchen, die vom Kometen losgebrochen und von der Strahlung der Sonne ins All befördert worden sind. Im sichtbaren Licht werden die Spektren der Koma von den blauen Emissionen des C_2 beherrscht. Dieses Molekül ist höchst selten, weil es sich bei jedem Zusammentreffen mit anderen Molekülen sofort auflöst oder neu verbindet. Wenn Sie es vor sich in der Luft hätten, würde es sich nicht lange halten. Aber auf einem Kometen ist die Dichte so gering, daß eine lange Zeit verstreichen muß, bevor das C_2 mit anderen Molekülen zusammenstößt. Stellen wir uns ein C_2-Molekül vor, das im Weltraum schwebt und der Sonnenstrahlung ausgesetzt ist. Ein Photon des ultravioletten Lichts, das wir nicht sehen können, trifft es und bringt es in den sogenannten angeregten Zustand. Es kann diese zusätzliche Energie nicht durch eine Kollision wieder loswerden, weil diese Möglichkeit nicht besteht. Das C_2 wird von der Natur daran gehindert, das Photon ultravioletten Lichts wieder ins All zurückzuschicken. So schwebt es einfach in der Koma und ist angeregt.

Schließlich stößt es ein oder mehrere Photonen aus. Das passiert nicht im ultravioletten, sondern im sichtbaren Teil des Spektrums, für den unsere Augen zufällig empfänglich sind und in dem die Atmosphäre transparent ist. Wenn wir eine Reihe von C_2-Molekülen mit ultraviolettem Licht bestrahlen und sie dann ins Dunkle bringen, würden sie anfangen zu glühen. Dieser Vorgang heißt Fluoreszenz. Die Gase werden von der intensiven, wenn auch unsichtbaren ultravioletten Strahlung der Sonne zum Glühen gebracht. Da auch der Staub und das Eis der Kometen das Sonnenlicht reflektieren oder zerstreuen, strahlt der Komet auf zweierlei Art Licht ab: durch das diffuse Sonnenlicht und die Fluoreszenz. Andere Moleküle fluoreszieren schwächer oder auf anderen Wellenlängen, die man von der Erde aus nicht so leicht ausmachen kann. Wenn uns ein paar Moleküle wie das C_2 im Kometenspektrum so ins Auge stechen, heißt das nicht unbedingt, daß sie auf dem Kometen sehr häufig sind. Aber ihre Anzahl ist groß genug, um darauf hinzudeuten, daß die Muttermoleküle, organische Moleküle, im Kometenkern, aus dem die Koma entsteht, einigermaßen häufig sein müssen. Noch häufiger ist das Molekularfragment OH, das bei der Wasserspaltung entsteht (HOH = H_2O).

Erst als Anfang der siebziger Jahre dieses Jahrhunderts Raketen und später Weltraumobservatorien in großer Höhe oberhalb der Erdatmosphäre kreisen konnten, wurde es möglich, Kometen im ultravioletten Teil des Spektrums zu beobachten. Die ersten Beobachtungen ergaben, daß Kometen eine Nebelhülle aus Wasserstoffgas haben, die sich vom Kometenkern Millionen Kilometer weit auf der sonnenabgewandten Seite ausdehnen kann. Neben dem Wasserstoff findet sich OH. Beides wird bei der Spaltung von Wasser gebildet, aus dem der Kometenkern besteht. Als man ionisiertes Wasser, H_2O^+ (ein Wassermolekül, bei dem ein Elektron fehlt) auf den Kometen gefunden hatte, war ein weiterer Beweis dafür gefunden, daß Wasser einer der Hauptbestandteile des Kometenkerns sein

»Warten auf das Ende der Welt« von R. Jerome Hill in *Harper's Weekly* am 14. Mai 1910.

muß. Durch diese Resultate wurde quantitativ wie qualitativ Whipples Theorie vom Kometenkern als einem schmutzigen Schneeball zusätzlich gestützt.

Die Beobachtungen im Ultraviolett, die später von den Weltraumobservatorien und den Raketen gemacht wurden, die speziell für diesen Zweck über die Erdatmosphäre hinaus gebracht worden sind, haben eine Anzahl neuer Moleküle und Molekularfragmente nachgewiesen. So auch das S und CS, die erste Entdeckung des Schwefels und einer Schwefelverbindung auf einem Kometen. Das Muttermolekül von CS ist wahrscheinlich das CS_2, und das wiederum stammt vermutlich von einem komplexeren schwefelhaltigen organischen Molekül ab. In den meisten Fällen bringen uns die Kometenspektren dazu, die einfachen, leicht identifizierbaren molekularen Gebilde auf fortlaufend komplexere und ungewisse Muttermoleküle zurückzuführen. Unter diesen Muttermolekülen können komplexe organische Moleküle der Art sein, die man in interstellaren Teilchen und Gas gefunden hat.

Die Infrarot-Spektren der Koma und des Kometenschweifs (zum Beispiel beim Kometen Kohoutek) weisen charakteristische spektroskopische Emissionslinien auf, die auf Silikate hinweisen, die hauptsächlichen Bestandteile der Steine.

Bei allen nahe an der Sonne vorbeiziehenden Kometen, den sogenannten »Sonnenkratzern«, konnte man die spektroskopischen Niederschläge von Metallen feststellen, die man erstmals bei den Untersuchungen an dem Großen September-Kometen 1882 II bemerkt hatte. Man findet Chrom-, Nickel- und Kupferatome, die man auf anderen Planeten noch nie festgestellt hat. Die Begründung dafür ist einleuchtend: Wie schon Isaac Newton als erster herausgefunden hatte, kommen diese Kometen mit geringem Perihelabstand so nahe an die Sonne heran, daß selbst Eisen rotglühend würde. Die einzelnen mineralischen Teilchen kochen und verdampfen, und ein Gas, das aus metallischen Atomen besteht, strömt in die Koma, damit die Astronomen auf der Erde etwas zu sehen bekommen. In der Kälte und Dunkelheit, aus der die Kometen kommen, waren die Metalle vermutlich chemisch an Silikate gebunden.

Sogar bei Kometen, die der Sonne nicht so nahe kommen, befinden sich die Teilchen und organischen Moleküle während des Periheldurchgangs in einer Art Hochofen im Vergleich zu der ruhigen und gefahrlosen Umgebung weit weg von der Sonne. Photonen mit hoher Energie und geladene Teilchen bombardieren ständig die Kometenmoleküle, sie zerbrechen sie, reißen Teile los, sie ionisieren und spalten sie. Viele von diesen Molekülen sind so zerbrechlich, daß sie sich in der ultravioletten Strahlung der Sonne nur Stunden oder noch weniger halten können, bevor sie auseinandergerissen werden. Dies ist ein weiterer Grund, warum die Moleküle, die man in der Koma und im Schweif gefunden hat, nicht unbedingt die häufigsten sind, sondern nur die widerstandsfähigste Auslese darstellen, die die Strahlenbombardements überstanden hat.

Da man annimmt, daß Methan-Eis (CH_4) im äußeren Sonnensystem häufig ist, wird es verständlicherweise als das Muttermolekül solcher CH-Fragmente angesehen. Aber bei so hohen Temperaturen ist das Vorkommen von Methan-Eis eher unwahrscheinlich, es sei denn, eine neue Ader wird gerade dann freigelegt, wenn der Kometenkern in das innere Sonnensystem eintritt. Aus diesem Grund ist es verlockend, sich das Methan-Eis als einen Gefangenen im Eiskristallgitter vorzustellen. Jedoch kann auch durch die Vorstellung einer eingeschlossenen Methanmenge das Vorkommen von Molekülen wie C_2 und C_3 nicht erklärt werden, die ver-

Sir William Huggins (1824 bis 1910). Mit freundlicher Genehmigung der Mary Lea Shane Archives of the Lick Observatory, Universität von California.

Übrigens schweben die Laputianer ständig in Angst ... Ihrer Meinung nach drohen uns von den Himmelskörpern immerfort irgendwelche Gefahren ... Die Erde sei dem letzten Kometen, der an ihr vorbeiflog, nur um ein Haar entkommen und wäre beinahe zu Asche verbrannt. Der nächste Komet, der nach ihrer Berechnung in einunddreißig Jahren zu erwarten sei, werde uns wahrscheinlich vernichten.

Jonathan Swift, *Gullivers Reisen*, übers.: Kurt Heinrich Hansen, Winkler, 1958, Seite 248

mutlich von komplizierteren organischen Verbindungen abstammen. So müssen sogar die einfachsten kometarischen organischen Moleküle wie das CH von komplizierterer organischer Materie herrühren und nicht vom Methan.

Man kann die Spektroskopie neben ihrer Verwendung für Messungen am sichtbaren, ultravioletten und infraroten Teil des Spektrums auch bei Radiofrequenzen einsetzen. Bei dieser Methode können auch ohne Prismen die Absorptions- oder Emissionslinien der jeweiligen Atome oder Moleküle voneinander unterschieden werden. Soweit man weiß, wurde der erste Versuch, einen Kometen radioastronomisch zu beobachten, während der größten Annäherung des Halleyschen Kometen an die Erde am 18. März 1910 von Lee De Forest unternommen, dem Erfinder der Elektronenröhre mit drei Elektroden, der Hauptstütze bei der Entwicklung des modernen Radios. Er beobachtete mit Hilfe von Antennen und einem neuartigen Empfangsgerät vom Dach eines Gebäudes in Seattle in Washington einen Kometen und vermutete in ihm den Urheber der gesteigerten atmosphärischen Störung, die er festzustellen glaubte. In neuerer Zeit wurden Vorkommen von kometarischem HCN (Wasserstoff-Cyanid) und CH_3CN (Acetonnitril) gefunden, organischen Cyaniden, die die Muttermoleküle jenes Cyans sein können, das 1910 Millionen Menschen in Schrecken versetzte. Die Moleküle und Molekularfragmente, die man in Kometenspektren gefunden hat, sind auf Seite 135 wiedergegeben.

In den siebziger Jahren unseres Jahrhunderts wurde für die Radiospektroskopie ein neues Feld voller Überraschungen gefunden, als man im interstellaren Raum auf viele fremdartige Moleküle gestoßen war. Betrachten Sie einmal eine entfernte Quelle der Radioemissionen, also beispielsweise das Zentrum der Milchstraße. Sie werden eine Reihe neuer Spektrallinien entdecken, die von den Gasen herrühren, die sich zwischen der Radioquelle und Ihrem Radiospektrometer befinden. Das Gas zwischen den Sternen ist sehr dünn, aber wenn es möglich wäre, alle Moleküle in einer sichtbaren Linie Tausende von Lichtjahren lang aneinanderzureihen, so fände man auch sehr seltene Moleküle darunter. Diese Wunschliste interstellarer, zumeist organischer Moleküle finden Sie auf den Seiten 136/137. Die Astronomen werden bei dem Adjektiv »organisch« nervös und befürchten, es wäre insofern mißzuverstehen, als damit etwas Lebendiges in irgendeiner anderen Welt gemeint wäre. Aber das Wort »organisch« bezeichnet lediglich Moleküle auf Kohlenstoffbasis. Und organische Chemikalien würden auch dann erzeugt und zerstört werden, wenn es im Universum überhaupt kein Leben gäbe. Umschreibungen wie »kohlenstoffhaltig« sind zwar gebräuchlich, aber wir wollen hier den korrekten chemischen Terminus »organisch« verwenden. Zwar wird bei der organischen Chemie die Biologie in keiner Weise mit einbezogen, aber es kann dennoch einen Einfluß auf die Frage nach der Entstehung des Lebens auf unserer Erde oder sonstwo haben, wenn irgendwo im Universum komplexe organische Moleküle gebildet werden. Tatsächlich müssen auch die Ursprünge des Lebens auf unserer Erde von bereits existenten organischen Molekülen in Gang gesetzt worden sein, die ihrerseits definitionsgemäß nicht von etwas Lebendigem stammen konnten.

Im interstellaren Gas findet man mannigfache organische Moleküle, von denen einige ziemlich komplex sind. Auch Eisstücke und Silikate kennt man spektroskopisch als wichtige Komponente der winzigen Teilchen im interstellaren Staub. Aber die Kometen bewegen sich hauptsächlich in weiter Entfernung zu den Planeten in der interstellaren Sphäre. Man kann mit gutem Grund annehmen, daß sie aus interstellarem Material bestehen.

Die Zusammensetzung der Moleküle und der Molekularfragmente, die in Kometen (Seite 135) und in dem interstellaren Gas (Seiten 136/137) identifiziert wurden. Ein Schlüssel zur Identifizierung der Moleküle ist auf Seite 138 abgebildet. Zwischen den kometarischen und interstellaren Molekülen besteht eine große Ähnlichkeit, aber die Moleküle, die in dem interstellaren Gas bis jetzt identifiziert werden konnten, sind meist sehr viel komplizierter gebaut. Graphische Darstellungen von Jon Lomberg/BPS.

Giftgas und organische Materie 135

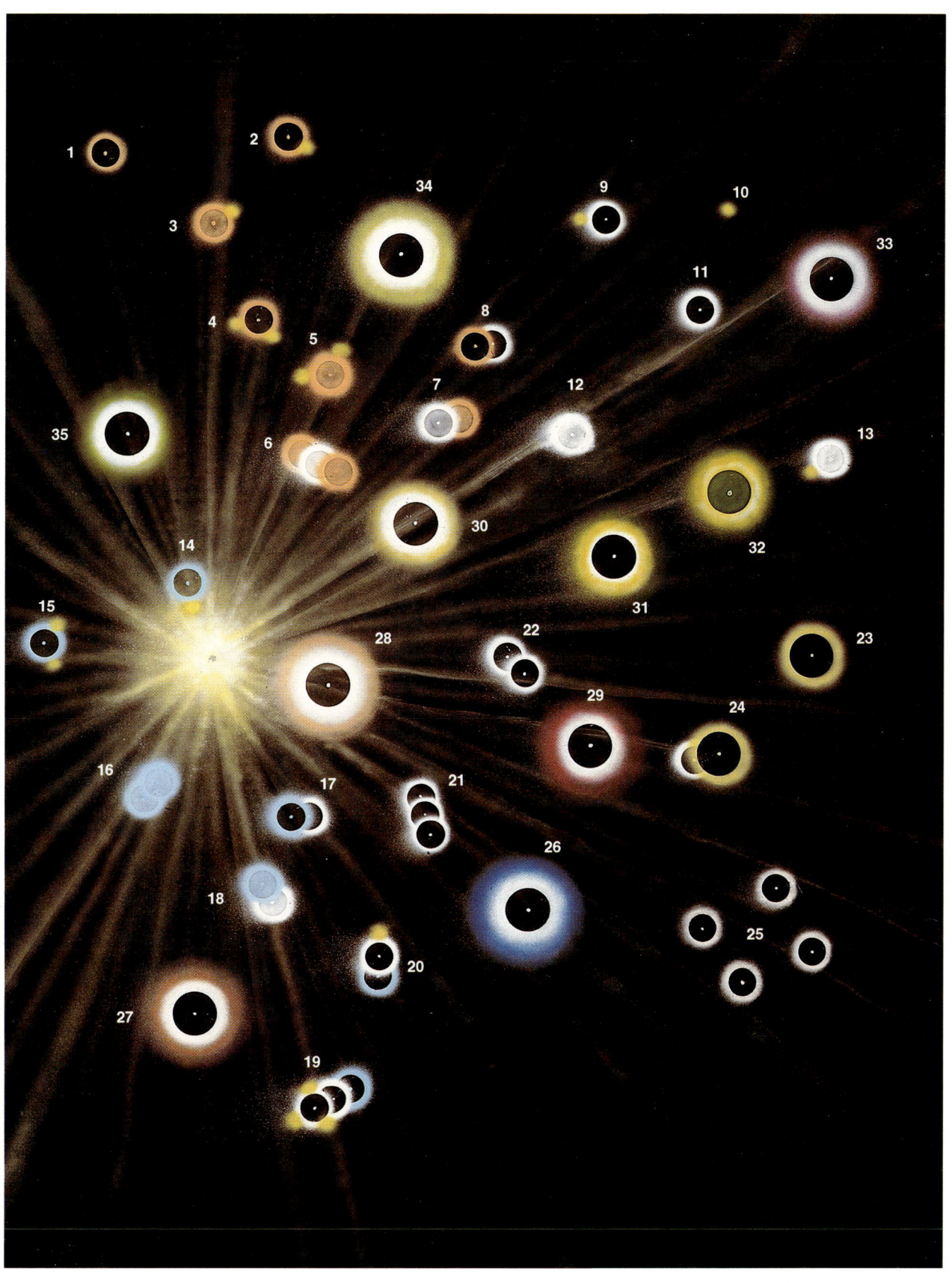

136 *Der Komet*

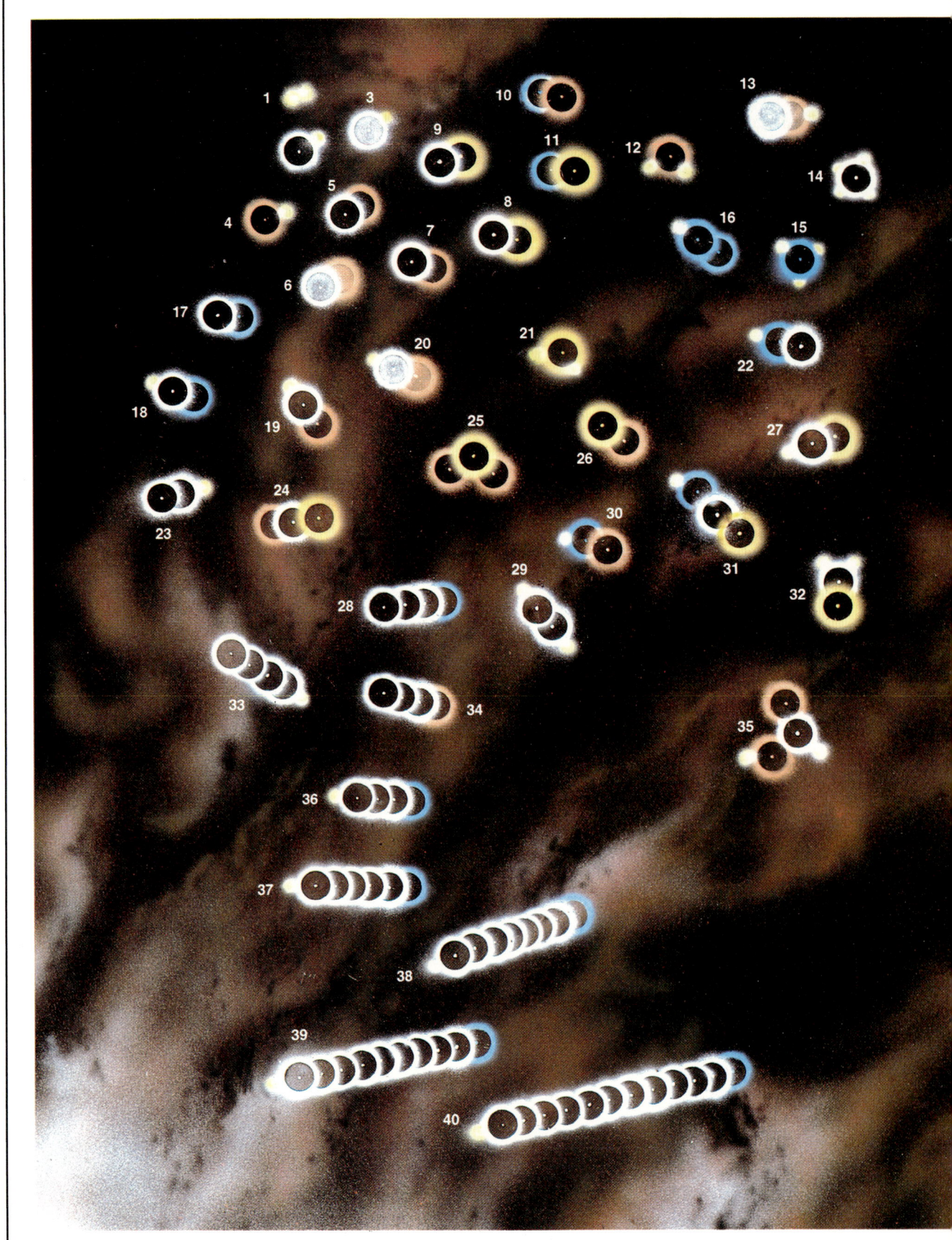

Giftgas und organische Materie 137

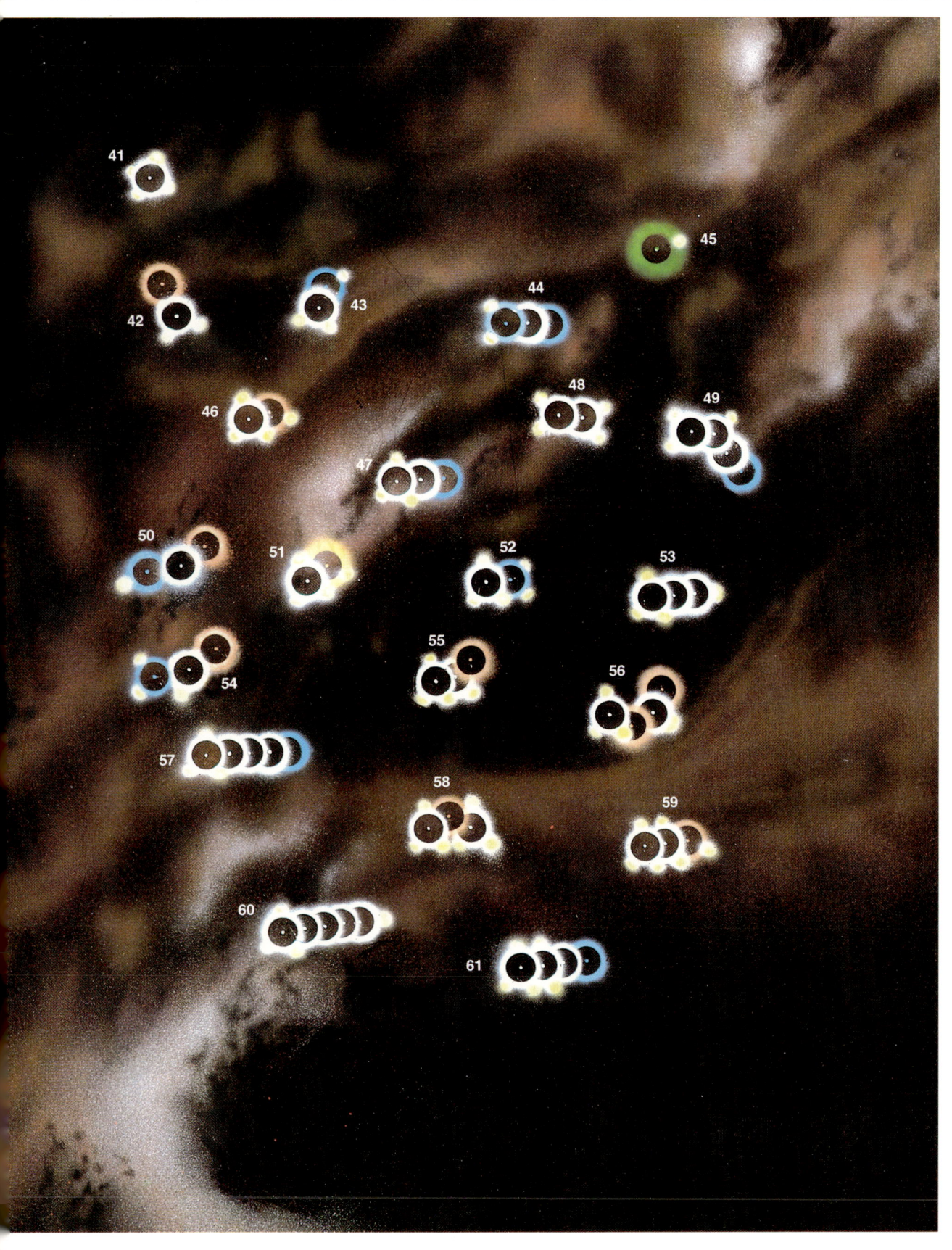

Zeichenerklärung zu Seite 135

1) O	13) CH^+	25) Silikate
2) OH	14) NH	26) Co
3) OH^+	15) NH_2	27) Cu
4) H_2O	16) N_2^+	28) Fe
5) H_2O^+	17) CN	29) Ni
6) CO_2^+	18) CN^+	30) Mn
7) CO^+	19) CH_3CN	31) Ca
8) CO	20) HCN	32) Co^+
9) CH	21) C_3	33) V
10) H	22) C_2	34) Na
11) C	23) S	35) K
12) C^+	24) CS	

Zeichenerklärung zu Seite 136/137

1) H_2	22) HNC	42) H_2CO
2) CH	23) CCH	43) H_2CNH
3) CH^+	24) OCS	44) H_2NCN
4) OH	25) SO_2	45) HCl
5) CO	26) SO	46) CH_3OH
6) CO^+	27) HCS	47) CH_3CN
7) SiO	28) CCCN	48) C_2H_4
8) SiS	29) HCCH	49) C_2H_3CN
9) CS	30) HNO	50) HNCO
10) NO	31) HNCS	51) CH_3SH
11) NS	32) H_2CS	52) CH_3NH_2
12) H_2O	33) CCCCH	53) CH_3CCH
13) COH^+	34) CCCO	54) $HCONH_2$
14) SiH_4	35) HCOOH	55) CH_3CHO
15) NH_3	36) HC_3N	56) $HCOOCH_3$
16) HN_2	37) HC_5N	57) CH_3CCCN
17) CN	38) HC_7N	58) CH_3OCH_3
18) HCN	39) HC_9N	59) CH_3CH_2OH
19) HCO	40) $HC_{11}N$	60) CH_3CCCCH
20) HCO^+	41) CH_4	61) CH_3CH_2CN
21) H_2S		

Nehmen wir an, daß Kometen einfach aus Silikaten und Eisstücken bestehen, aus gefrorenem H_2O, CH_4, NH_3, CO_2 und so weiter, und stellen uns vor, daß Molekularfragmente sich unter der Einwirkung der Sonnenstrahlung ablösen. Dann ergibt sich aus Berechnungen, daß C_3 und CN im Vergleich zu anderen Molekülen nur unzureichend produziert werden. Mit den Silikaten und Eisstücken allein können die zahlreichen organischen Teilchen, die William Huggins entdeckte, nicht erklärt werden. Aber wenn wir einmal annehmen, daß die Kometen letztendlich aus interstellarer Materie herstammen, könnten wir die Natur der Moleküle in der Koma und im Schweif verstehen.

Kometarische Silikate sind vermutlich aufs engste mit komplexen organischen Verbindungen vermischt oder von ihnen bedeckt. Die relative Häufigkeit von Atomen in einem Kometenkern ähnelt sehr der in den interstellaren Teilchen und Gasen. In den Spektren der Kometen wird ein verhältnismäßig geringerer Kohlenstoffanteil sichtbar als in den interstellaren Teilchen. Dies läßt sich durch eine große Menge komplexer organischer

 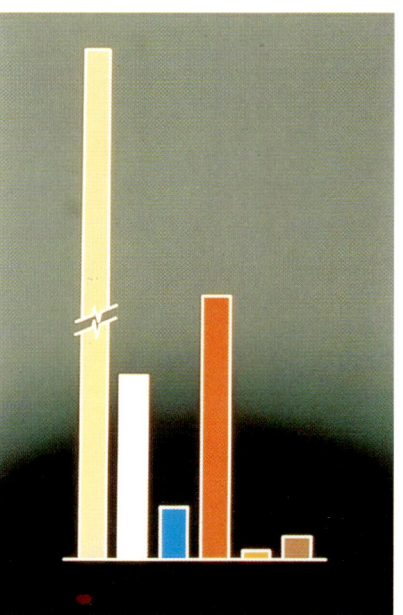 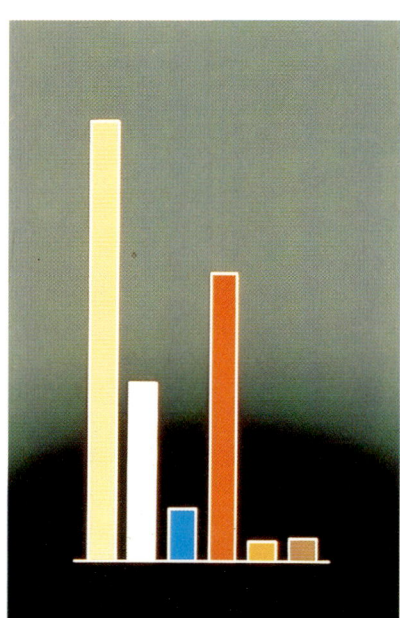

Säulendiagramme zeigen das relativ häufige Vorkommen von chemischen Grundelementen in Kometeneis *(links)*, in interstellarem Eis *(Mitte)* und im gesamten Universum *(rechts)*. Die Atome sind Wasserstoff (hellgelb), Kohlenstoff (weiß), Stickstoff (blau), Sauerstoff (orange), Schwefel (dunkelgelb) und Silizium (braun). Wasserstoff kommt im Vergleich zu interstellarem Eis oder Kometen im Universum sehr häufig vor. Der Vergleich zeigt, daß die atomare Zusammensetzung der Kometeneise der Zusammensetzung der interstellaren Eise sehr ähnlich ist. Graphische Darstellung von Jon Lomberg/BPS.

Moleküle im Kometenkern erklären, die sich schwer verflüchtigen und sich im Spektrum nicht niederschlagen. Falls diese Interpretation stimmt, würden Kometen bis zu zehn Prozent organische Materie besitzen. Schon ein paar Prozent dunkler organischer Materie würde genügen, um den Kometenschnee so dunkel und rot zu färben, wie wir das in der Beobachtung wahrgenommen haben. Den besten Beweis aber für organische Materie in Kometen erlangt man durch geborgene kleine Teile kometarischer Materie. Das behandeln wir in Kapitel 13.

Folgendes Bild ergab sich bei der Arbeit, die Huggins und seine Nachfolger mit dem Spektroskop leisteten: Ein Komet ist ein Schneeball, der von kleinen mineralischen Teilchen bedeckt ist, die von komplexer organischer Materie umgeben sind. Die organischen Moleküle verteilen sich durchgängig im Kometen, obwohl sie möglicherweise in den Oberflächenschichten konzentriert sind. Der Anteil an organischer Materie macht mindestens ein paar Prozent aus, eventuell sogar zehn Prozent, und das genügt, um den Schnee merklich dunkel und rötlich zu färben. Diese Chemie ähnelt der, die wir von den Molekülen zwischen den Sternen kennen. Ohne die Annahme, daß die Kometen aus interstellarer Materie gebildet wurden, können wir sie nicht verstehen. Deshalb sind Kometen mehr als alle anderen Himmelskörper, die wir beobachten konnten, Boten aus dem interstellaren Raum.

Ein Komet und sein Schweif wandern zwischen den anderen Lichtern am nächtlichen Himmel. Aus: Grandville, *Un Autre Monde*, 1844. Mit freundlicher Genehmigung der Library of Congress.

9. Kapitel
Schweife

Beflort den Himmel, weiche Tag der Nacht!
Kometen, Zeit- und Staatenwechsel kündend,
Schwingt die kristallnen Zöpf' am Firmament...

William Shakespeare: *Heinrich VI.,*
Erster Teil, 1. Akt, 1. Szene

Sterne, die durch die entfernteren Teile des mehrschweifigen Kometen de Cheseaux (1744) hindurch gesehen werden. Amédée Guillemin, *Le Ciel,* Paris 1864.

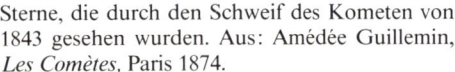

Sterne, die durch den Schweif des Kometen von 1843 gesehen wurden. Aus: Amédée Guillemin, *Les Comètes,* Paris 1874.

Dies ist ein Kapitel über das Nichts oder um etwas, das dem Nichts näher kommt als alles im irdischen Alltag. Ein Würfel Zucker hat ein Volumen von einem Kubikzentimeter. Wenn Sie sich aus der Luft vor Ihrer Nase einen Kubikzentimeter auswählen und ihn sich sehr genau anschauen, würden Sie 30 Milliarden Milliarden Moleküle sehen. Alle sind sehr klein und rennen energisch gegeneinander an. Und wenn Sie nun wiederum in einem Kubikzentimeter eines Kometenschweifs die Atome und Moleküle zählen wollten, würden Sie nur tausend oder weniger oder gar keine finden. Ein heller Kometenschweif kommt dem absoluten Vakuum viel näher als das Vakuum, das wir im Labor mit der modernsten Technologie herstellen können. Wie der Geist aus dem Märchen aus Tausendundeiner Nacht kann ein Kometenschweif, der sich von Himmelskörper zu Himmelskörper erstreckt, in einer Messinglampe aufbewahrt werden. Newton schrieb: »Wird ein gasförmiger Komet [d. h. allein der Schweif] mit einem Radius von tausend Millionen Meilen demselben Kondensationsgrad wie die Erde ausgesetzt, könnte er leicht in einem größeren Fingerhut aufbewahrt werden.« Aber selbst bei nur einem Molekül pro Kubikzentimeter wäre für den riesigen Schweif, an den Newton dachte, ein Fingerhut mit einem Durchmesser von drei Kilometern nötig. »Größer«, in der Tat!

Der Schweif ist meist völlig durchsichtig: Wenn er an einem Stern vorbeizieht, ist der Stern immer durch ihn hindurch zu sehen. Aber dennoch ist es erstaunlich, daß die Luft im Raum durchsichtig sein soll, während das Vakuum im Kometenschweif mit dem Auge sichtbar ist. Die Luft ist ein »Etwas«. Bei einer steifen Brise merken wir das sofort. Der Kometenschweif ist beinahe ein »Nichts«. Wie kann das »Etwas« unsichtbar sein, während das »Nichts« deutlich sichtbar ist? Was sehen wir eigentlich, wenn wir den Kometenschweif anschauen?

Die Antwort auf diese Frage lautet: Wir sehen Kometen gegen einen schwarzen Himmel, während der Himmel bei Tageslicht fast gleichmäßig erleuchtet ist. Newton stellte tiefschürfende Überlegungen an, als er die Helligkeit eines Kometen mit jener verglich, die er während eines Laborexperiments gesehen hatte:

> Die Helligkeit der Schweife der meisten Kometen ist gewöhnlich auch nicht größer als jene unserer Luft, die, einige Inches dick, in einem abgedunkelten Raum den Sonnenstrahl reflektiert, der durch die Jalousie fällt.

Position des Schweifs des Großen Kometen von 1843 bei seinem schnellen Lauf um die Sonne. P bezeichnet das Perihel. Der Schweif zeigt immer von der Sonne weg. Aus: Camille Flammarion, *Himmelskunde für das Volk*, a.a.O.

Das Licht reflektiert viele weit voneinander getrennte Partikel als auch die gleiche Anzahl von Partikeln, die unter dem Einfluß der Luft komprimiert wurden. Die Frage bleibt: Was sehen wir, wenn wir den Schweif eines Kometen betrachten?

Wenn Sie einmal das Glück haben sollten, bei klarem Himmel einen gut sichtbaren Kometen über sich zu erblicken, sollten Sie Ihre Aufmerksamkeit auf die Stellung des Kometenschweifs zur Sonne richten. Ist es kurz vor Sonnenaufgang, dann achten Sie darauf, wie der Schweif von den ersten Strahlen der Morgenröte am östlichen Horizont wegströmt. Ist es kurz nach Sonnenuntergang, zeigt der Schweif von der Sonne weg, die nun am westlichen Horizont steht. Und sollten Sie sogar das Glück haben, Augenzeuge eines großen Tageslicht-Kometen zu sein, werden Sie eindeutig erkennen können, daß der Kometenschweif immer von der Sonne wegzeigt. Von dieser Regel gibt es keine größeren Ausnahmen. Von Komet zu Komet gibt es zwar unterschiedliche Abweichungen im genauen Winkel, in dem der Schweif zu der geraden Linie von Komet zu Sonne steht, doch ist diese Regel im allgemeinen genauso unabänderlich wie die Beobachtung, daß die Spitzen der Mondsichel immer von der Sonne wegzeigen.

Kometenschweife weisen von der Sonne weg, ob der Komet sich ihr nähert oder sich von ihr entfernt. Diese Feststellung trafen zuerst chinesische Astronomen beim Erscheinen des Halleyschen Kometen im Jahr 837. Nach dem Periheldurchgang fliegt der Komet mit dem Schweif voran aus dem Sonnensystem hinaus. Die Kometenschweife gleichen viel eher dem Rauch, der an einem windigen Tag aus einem Industrieschornstein steigt, als dem langen Haar einer Radfahrerin, das nach hinten flattert, wenn sie an einem windstillen Tag einen Hügel hinunterfährt: Es ist nicht die Bewegung des Kometen, die die Richtung des Schweifs bestimmt, sondern der Wind, der von der Sonne ausgeht.

Es gibt zwei Arten von Kometenschweifen: Lange, blaue Schweife, die beinahe ganz gerade von der Sonne wegweisen, und kürzere, gebogene, gelbe Schweife. Bevor man ihre Eigenarten erklären konnte, unterteilte man sie in Schweiftyp I und Schweiftyp II. Diese Bezeichnungen werden

Photographien des Halleyschen Kometen beim Periheldurchgang im Jahr 1910 in den tatsächlichen Umlaufpositionen und der richtigen Orientierung. Montage von Jon Lomberg.

auch heute noch verwendet. Schweiftyp II ist gelb, weil er das Sonnenlicht zu uns zurück reflektiert, während der Schweiftyp I ein eigenerzeugtes blaues Licht abgibt. Zu gegebener Zeit kann ein Komet den einen oder anderen, überhaupt keinen oder beide Schweiftypen haben. Schweiftyp I hat ein charakteristisches kompliziertes, tanzendes Muster von Strahlenbändern, von denen jeder Strahl schmäler als der Durchmesser des Mondes ist, aber eine Länge von rund zehn Millionen Kilometern hat. Kometenschweife vom Typ I verändern sich auch, und zwar nicht nur von Komet zu Komet, sondern auch von Stunde zu Stunde, Tag zu Tag, Woche zu Woche, und das beim gleichen Kometen. Wie den Blindschleichen und Eidechsen der Schwanz, kann den Kometen ein neuer Schweif nachwachsen. Auf den folgenden Seiten sind photographierte und gezeichnete Beispiele dieser Neigung zur Metamorphose wiedergegeben. Einige der Bilder sind als Negative abgedruckt, weil Schwarz auf weißem Hintergrund die feinen Details besser sichtbar macht. Kometen sind Verwandlungskünstler. 1908 beispielsweise verblüffte der Komet Morehouse die bei einer Konferenz in Oxford versammelten Astronomen. Kometenteile von beträchtlicher Größe wanderten vom Kern in den Schweif:

> Die Bildung des Schweifs scheint mit Unterbrechungen vor sich zu gehen und kein kontinuierlicher Prozeß zu sein. Offensichtlich gibt es in bestimmten Abständen im Kern Konvulsionen oder Explosionen, bei denen große Bündel oder Brocken eines Schweifs entstehen, die abwandern, so daß der Komet zeitweilig nur einen kleinen Schweif hat. ... Die Anzeichen einer kommenden Konvulsion sind klar erkennbar.

Ein junger britischer Astronom, Arthur Eddington, verwendete bei einem Vortrag über den Kometen Morehouse die neu zur Perfektion gebrachte Technik der Diapositive:

> Das ist derselbe Komet einen Tag später. Alles hat sich vollständig verändert. Weder können Sie auf dieser Photographie auf ein bestimmtes Merkmal im Schweif hinweisen und sagen, daß es mit jenem in der Aufnahme zuvor übereinstimmt und daß das eine sich in

Die dünnen, geraden Schweife von Typ I und die gekrümmten Schweife von Typ II des Kometen Donati über Paris am 5. Oktober 1858. Aus: Amédée Guillemin, *Les Comètes*, Paris 1874.

das andere verwandelt hätte. Noch können Sie sagen, daß dies der Schweif vom Vortag in abgeänderter Form ist. Soweit man es beurteilen kann, ist der Schweif vollkommen neu.

Schweiftyp I bildet manchmal »Knoten« aus, kleine Kondensationen von Materie, die heller als ihre Umgebung sind. Man weiß, daß die Knoten zuweilen beschleunigen und in entgegengesetzter Richtung am Schweif zur Sonne hinunterstürzen. Als Eddington über den Kometen Morehouse sprach, war er gänzlich verwirrt von dieser Beschleunigung, die so unverhofft einsetzte und aufhörte. Wenn man sie schnell hintereinander photographiert, kann man messen, wie schnell sich die Knoten bewegen. Sie erreichen eine Geschwindigkeit von 250 Kilometern pro Sekunde, und ihre Beschleunigung (die Sie spüren würden, wenn Sie auf einem Knoten säßen) kann 1 g erreichen. Es gibt auch Knoten mit viel geringerer Geschwindigkeit oder Beschleunigung. Über die Knoten in Kometenschweifen kann man ebensowenig Vorhersagen machen wie über das Wetter.

Kometenschweife vom Typ II bestehen aus kleinen Partikeln. Würde nur die Newtonsche Gravitation am Werk sein, könnte eine Ansammlung feiner Partikel nicht durch das All reisen, als ob sie ein fester Körper wäre. Statt dessen wäre jedes Partikel auf einer getrennten Umlaufbahn um die Sonne und würde sich als Mikroplanet im beinahe perfekten Vakuum bewegen. Die Anfangsgeschwindigkeit der Staubteilchen, die den Kometen verlassen, hängt von den Eigenheiten der Gaswolke ab, die sie mitreißt. Daher bewegen sich einige ein wenig schneller und andere ein wenig langsamer als der Komet. Der Mars bewegt sich auf seiner Umlaufbahn langsamer als die Erde, und die Erde bewegt sich langsamer als die Venus. Auf die gleiche Art und Weise werden die schnelleren Partikel ihre Umlaufbahnen näher an der Sonne haben, und die langsameren werden weiter von der Sonne entfernt sein. Die langsam stufenweise steigende Geschwindigkeit ist quantitativ wie qualitativ für die charakteristische Krümmung des Schweiftyps II verantwortlich. Die großen gelben Schweife der Kometen verraten durch ihre speziellen Formen, daß sich einzelne kleine Partikel auf getrennten Umlaufbahnen um die Sonne bewegen.

Spektroskopische Untersuchungen von Typ II ergaben, daß der Schweif Sonnenlicht zum Beobachter reflektiert, ohne daß er eigene Spektrallinien hinzufügt oder abzieht. Dies spricht für gewöhnlichen Silikatstaub, und im Spektrum der Kometenschweife findet man auch im Infrarotbereich den Nachweis für Silikate, die Hauptbestandteile des gewöhnlichen Gesteins auf der Erde sind. Daher nennt man Schweiftyp II einen Staub-Schweif, auch wenn wir annehmen, daß dort klebrige, dunkle organische Materie mit feinen Partikeln Silikatstaubs eng verbunden ist.

Winzige Partikel, die Anhäufungen von noch kleineren Partikeln aus Silikaten und organischer Materie, werden vom Kometenkern weggeströmt und in entgegengesetzter Richtung zur Sonne nach hinten gelenkt. Nach den Regeln des Newtonschen Gravitationsgesetzes wird dann der schöne kurvige Schweif ausgebildet. Aber welche geheimnisvolle Macht treibt die Partikel nach hinten? Der erste, der die richtige Antwort ahnte, war Johannes Kepler. Er behauptete, der Kometenschweif werde durch den Druck des Sonnenlichts weggetrieben und löse sich letztendlich in interplanetarisches Gas auf.

Im täglichen Leben spielt der Strahlungsdruck keine Rolle. Auch sehr kleine Menschen werden nicht vom Sonnenlicht zu Boden geworfen, wenn sie an einem wolkenlosen Tag vor die Tür treten. Die Kraft des Strahlungsdrucks entspricht dem Gewicht einer ein Atom dicken Schicht

---

DER KOMET VOM JULI 1819
AN MRS. BIETTA

Jetzt sitze ich in der Patsche. Verdammt tief sitz'
ich in der Patsche. Hätte ich uns besser gekannt,
        meinen Mann und mich!
Meine . . . ist seit zwei Wochen überfällig!
Wegen . . . *Sie* wissen schon, Mrs. Bietta!

Und wissen Sie was? Dieser ganze Ärger nur we-
        gen eines Kometen,
Mit einem Schweif, der jeden in Erstaunen ver-
        setzte!
Amelli passierte genau dasselbe
und auch Gina und Bina und Babetta.

Und Nuziada's ist schon einen Monat überfällig,
Sie wissen, was für eine kleine Närrin sie ist.
Stellen Sie sich nur vor, dieser hinterlistige
        Komet!

Erinnern Sie sich? Wir waren dort,
lachten über den riesigen Schweif und
spielten unter ihm! Kann es sein?

Schematische Darstellung des Sonnenlichtdruckes, der die Gase und feinen Partikel in der Kometenkoma zurückbläst und so die Schweifbildung verursacht. Darstellung von Jon Lomberg/BPS.

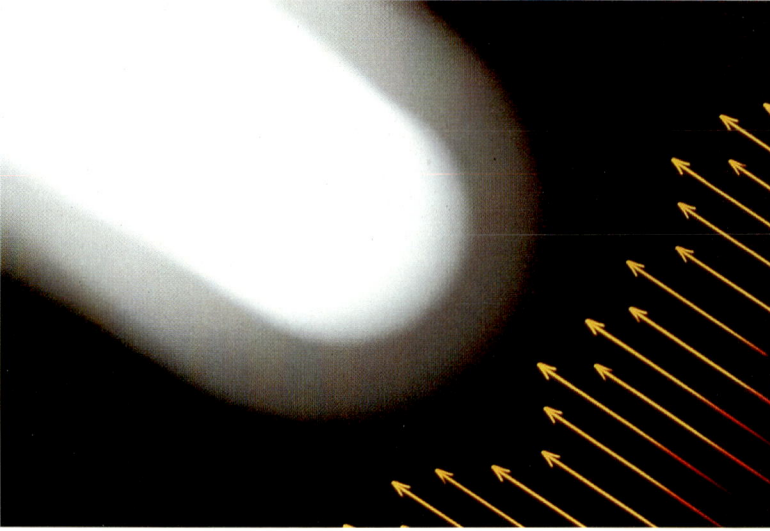

auf der Erdoberfläche. Der Strahlungsdruck zählt beinahe nicht. Wenn Sie aber nahezu aus Nichts bestehen, kann der Strahlungsdruck Sie beliebig hin und her schieben. Die Kraft, die das Sonnenlicht auf uns ausübt, hängt von der Fläche ab, die wir ihm bieten, während der Widerstand, den wir dem Sonnenlicht entgegensetzen, das uns hin und her schieben möchte, von unserer Masse abhängt. Je kleiner das Partikel ist, desto mehr Fläche bietet es im Verhältnis zu seiner Masse. Im freien Raum wird auf ein ausreichend kleines Partikel eventuell die Kraft des Strahlungsdrucks stärker wirken, die es von der Sonne wegschiebt, als die Sonnengravitation, die es zur Sonne hinzieht.

Sowohl die Kraft des Strahlungsdrucks wie die der Gravitation variieren umgekehrt proportional dem Quadrat ihrer Entfernung zur Sonne. Wenn daher ein Partikel so klein ist, daß der Strahlungsdruck überwiegen kann, wird es kontinuierlich aus dem Sonnensystem hinaus beschleunigt. Bei der Umlaufbahn des Merkur besiegt der Strahlungsdruck die Gravitation völlig, und sobald sich das Partikel auf halbem Weg zum nächsten Stern befindet, hat der Strahlungsdruck über die Gravitation gesiegt. Die Staubpartikel müssen sehr klein sein, ein hunderttausendstel Zentimeter im Durchschnitt, so klein also, daß man sie unter dem normalen Mikroskop nicht mehr sehen kann, damit der Strahlungsdruck sie aus dem inneren Sonnensystem hinausbefördern kann. Von allen Gaspartikeln, die von den Eruptionen vom Kometenkern weggeblasen werden, werden deshalb nur die kleinsten Partikel vom Sonnenlicht ins All zurückgebracht. Die größeren Partikel, die für immer dem Kometen, aber nicht der Sonne entkommen sind, bleiben auf Umlaufbahnen um die Sonne.

Wenn die Partikel noch kleiner sind, dann unterschreiten sie sogar die Wellenlängen des gelben Sonnenlichts und schlüpfen durch die Ritzen und Rillen der Lichtwellen. Folglich werden sie nicht ins All hinausgetrieben. Deshalb gibt es nur einen kleinen Anteil von Partikeln entsprechender Größe im Einwirkungsbereich der Wellenlänge des gelben Lichts, die vom Sonnenlicht aus dem Sonnensystem hinausbefördert werden. Im interplanetarischen Raum dürften Partikel dieser Größe fehlen.

Wenn der Schweiftyp II aus Staub besteht, woraus setzt sich dann der längere und berühmtere Schweiftyp I zusammen? Aristoteles erinnerte ein Kometenschweif an das Nordlicht. Auch Kant sah dieses Phänomen in ähnlicher Weise:

Die geraden, blauen Ionenschweife und die gekrümmten, gelblichen Staubschweife des Kometen West (1976 VI). Photographiert von Dennis di Cicco am 8. März 1976. Mit freundlicher Genehmigung der International Halley Watch.

Die Erde trägt etwas in sich, das mit der Ausdehnung der Kometennebel und ihrer Schweife verglichen werden kann, nämlich das Nordlicht oder die Aurora Borealis. ... Dieselbe Kraft der Sonnenstrahlen, die das Nordlicht entstehen läßt, würde einen Nebelkopf mit Schweif bilden, wenn die feinsten und flüchtigsten Partikel ebenso häufig auf der Erde wie auf den Kometen gefunden werden würden.

Während man zu Aristoteles' oder Kants Zeiten das Nordlicht noch nicht verstand, wissen wir heute einiges über das vielfarbige, zeitlich wechselnde Lichtmuster am Himmel, das manchmal an eine üppige Dekoration erinnert und hauptsächlich in den arktischen und antarktischen Regionen der Erde zu sehen ist. Das Nordlicht erscheint in den Polarregionen, weil die geladenen Teilchen, vor allem Protonen von der Sonne, vom Magnetfeld der Erde dahin gelenkt werden. Die Protonen strömen in die Atmosphäre über den Polen ein, zerteilen die Moleküle der Luft ein wenig und bringen sie zum Glühen. Das Nordlicht ändert sich, weil die Versorgung mit Protonen unterschiedlich ist. Die hypothetische Ähnlichkeit in der Erscheinung von kometarischem Schweiftyp I und Nordlicht muß nicht unbedingt eindeutig sein, aber es stimmt sicherlich, daß für das Verständnis beider Erscheinungen Elektrizität und Magnetismus zentral sind.
Die Spektren der Komas zeigen, wie wir gesagt haben, hauptsächlich Molekularfragmente wie das C_2, C_3 und CN. Richtet man aber das Teleskop von der Koma weg auf den Schweif, wird ein vollkommen anderes Spektrum sichtbar, in dem die Linien von CO^+ dominieren. CO^+ ist ein Kohlenmonoxidmolekül, das ein Elektron abgegeben hat. Solche elektrisch aufgeladenen Moleküle nennt man Ionen. Wie das C_2 absorbiert auch das CO^+ das unsichtbare ultraviolette Licht von der Sonne, das wegen der Fluoreszenz in das blaue Licht zurückgestrahlt wird. Darum wird der Schweiftyp I ein Ionen-Schweif genannt, und darum glüht er bläulich. Wenn Sie die ultraviolette Sonnenstrahlung auf irgendeine Weise abstellen könnten, sähe der Staub-Schweif zwar noch gleich aus, aber der Ionen-Schweif würde gänzlich verschwinden. Relativ gesehen ist im Schweif

Das Nordlicht flackert über einen Nachthimmel in Alaska. Mit freundlicher Genehmigung der National Aeronautics and Space Administration (NASA).

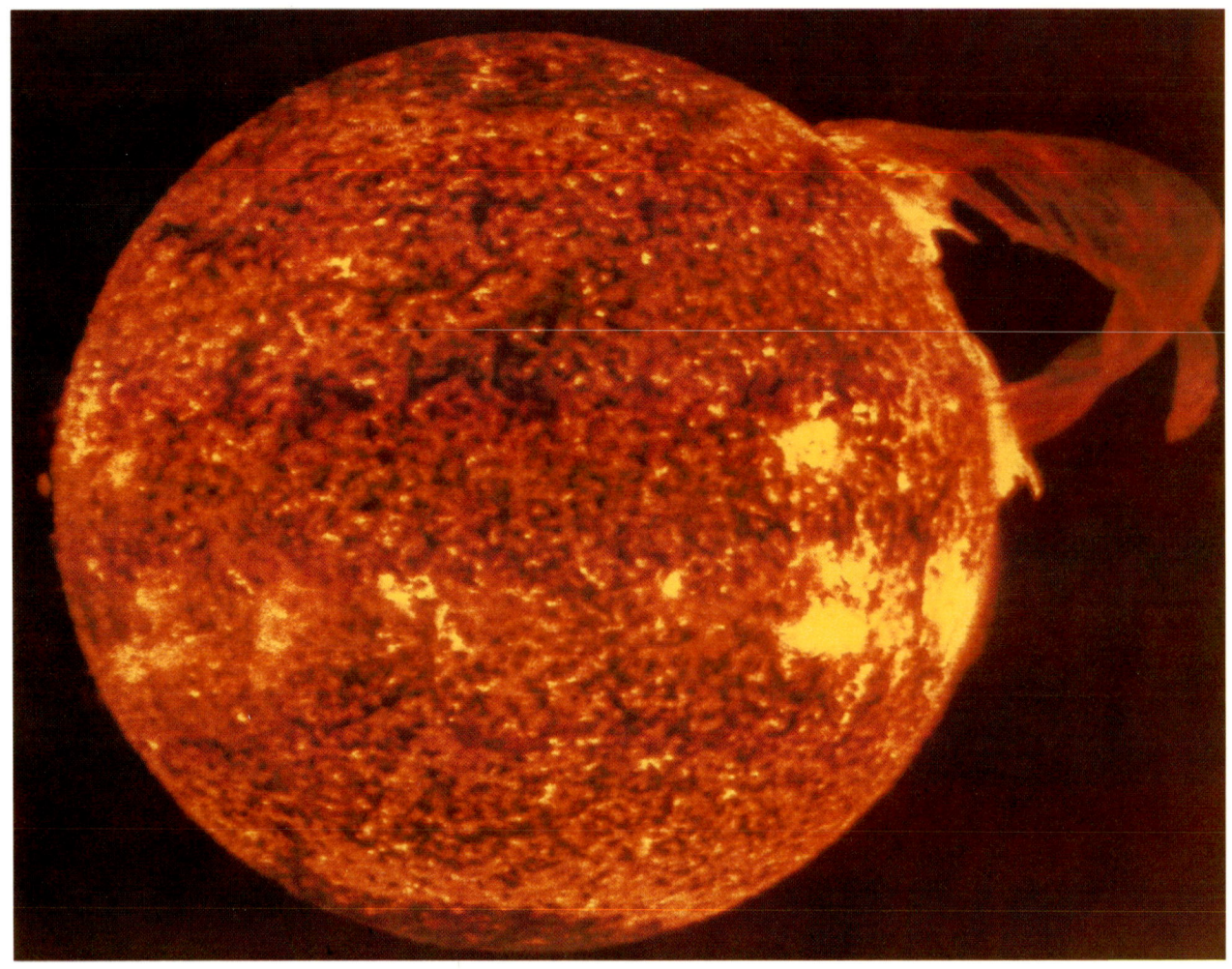

Eine ungeheure Sonnenprotuberanz am 19. Dezember 1973. Dieses Bild gelang im Licht ionisierter Heliumatome und wurde von der Skylab-Mannschaft in der Erdumlaufbahn aufgenommen. Helium ist nach Wasserstoff das zweithäufigste Atom in der Atmosphäre der Sonne. Mit freundlicher Genehmigung der NASA.

der Kometen nur ein kleiner Teil von CO^+, aber wenn Sie das CO^+ herausfiltern würden, müßte der Ionen-Schweif ebenfalls verschwinden.

Gewöhnlich sind Moleküle elektrisch neutral. Die Zahl der negativ geladenen Elektronen an der Außenseite eines Atoms gleicht die Zahl der positiv geladenen Protonen im Innern eines Atoms aus. Stellen Sie sich ein Wassermolekül vor, das nahe der Erde im interplanetarischen Raum schwebt. Es wird von einem Photon ultravioletten Lichts von der Sonne getroffen (oder von einem Proton), und eines seiner Elektronen wird dabei ins All getragen. Das Molekül ist daher positiv geladen: Es hat mehr Protonen als Elektronen. Das geladene Molekül heißt *Ion,* und der Prozeß, bei dem das Elektron weggetragen wird, heißt Ionisation. Ein Wassermolekül, bei dem ein Elektron abgegeben worden ist, würden wir mit H_2O^+ darstellen, wobei das Pluszeichen die überschüssige positive elektrische Ladung anzeigt, oder, äquivalent, das Fehlen eines Elektrons. Sind zwei Elektronen abgegeben, würden wir das als H_2O^{++} darstellen. Das gleiche gilt für CH^+, N_2^+ oder CO^+.

Nun rast so ein Molekül vom Kometenkern ins All, wird von einem Lichtstrahl attackiert und verliert im Kampf ein Elektron. Warum sollte es nun geradewegs von der Sonne weggehen? Warum sollten die Knoten in den Schweifen auf unvorhersehbare Weise beschleunigen? Welche Kraft wirkt von der Sonne auf das Ion und nicht auf das Staubteilchen?

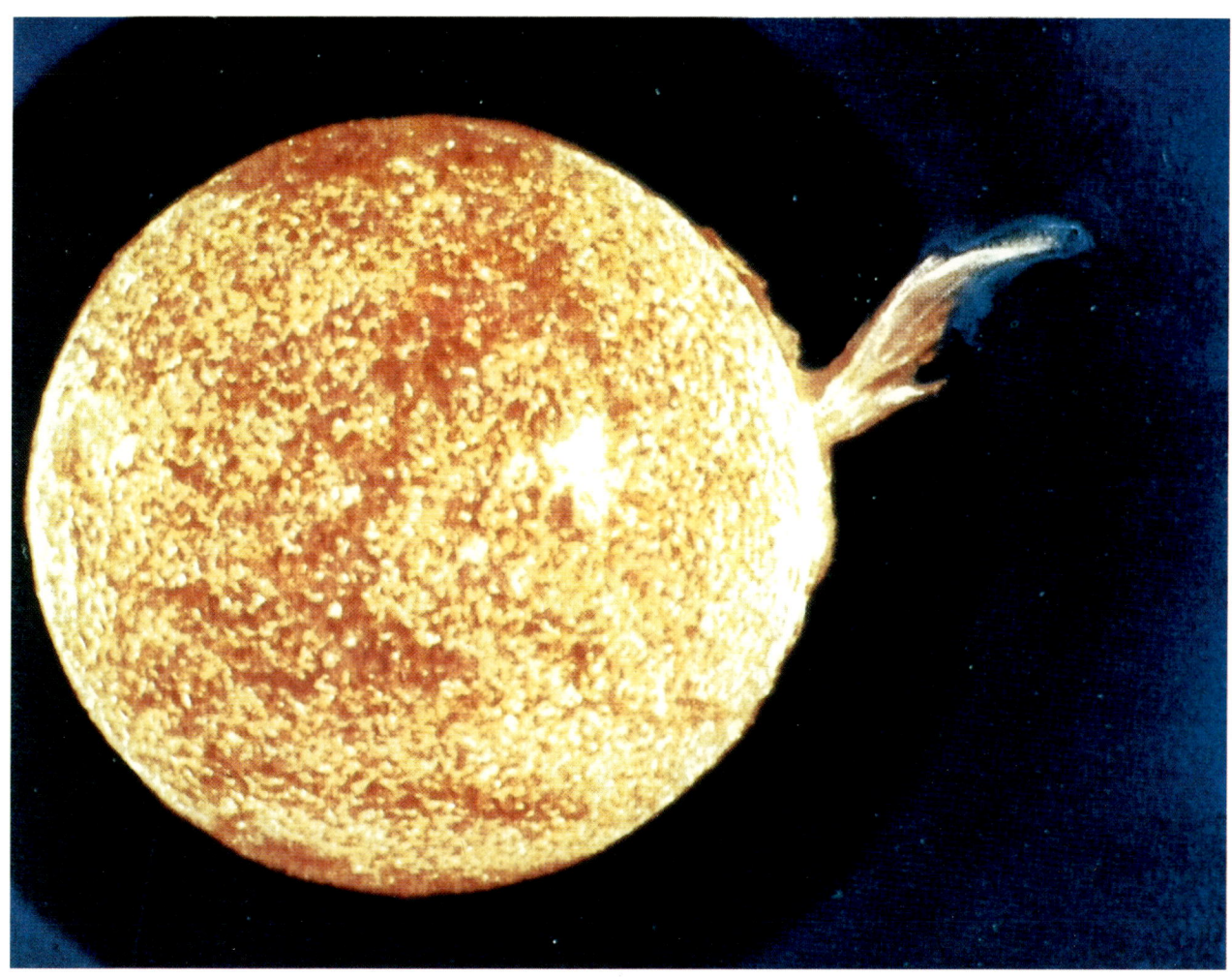

Der Strahlungsdruck ist bei weitem zu schwach, um die Beschleunigung der Knoten im Ionen-Schweif zu erklären. Auch variiert die Beschleunigung der Knoten mit der Zeit, während die Lichtmenge, die die Sonne abgibt, sehr konstant ist. Die Sonne muß die Kometenschweife also noch durch etwas anderes beeinflussen als durch das Licht, das sie ins All strahlt. Wenn wir die Kometen monatelang beobachten, finden wir manchmal eine Periodizität in den Beschleunigungen, die der Periode der Sonnenrotation nahezu gleicht, die wir bei Kometen kennen. Die Schlußfolgerung ist einfach: Der Einfluß geht von einer bestimmten Region der Sonne aus und nicht von der Sonne als Ganzem. Dieser Einfluß, wer oder was er auch immer sei, erreicht den Kometen nur dann, wenn die aktive Sonnenregion dem Kometen zugewandt ist. Rotiert die Sonne (von der Erde aus gesehen alle 27 Tage einmal), ist die aktive Region der Sonne eventuell vom Kometen abgewandt. Die Beschleunigung des Ionen-Schweifs läßt nach und fängt dann wieder an, wenn die Region wieder dem Kometen zugewandt wird.

Man weiß seit langem, daß die Sonne von Zeit zu Zeit geladene Partikel ausstößt: Durch das Teleskop sieht man auf der Oberfläche der Sonne ein Flackern, und drei Tage später streift ein »Magnetsturm« die Erde, der die fernen Funkverbindungen stört.

Zufällig zeigte der Ionen-Schweif des Kometen Whipple-Fedtke-Teozad-

Eine andere Protuberanz mit Protonen, Elektronen und Heliumionen schießt von der Sonne hoch und verursacht eine Verwirrung in der Sonnencorona (taucht hier blau auf). Weitere kräftige Eruptionen treiben geladene Teilchen von der Sonne weg und bewirken ein gewaltiges Aufleuchten der Sonne. Mit freundlicher Genehmigung der NASA.

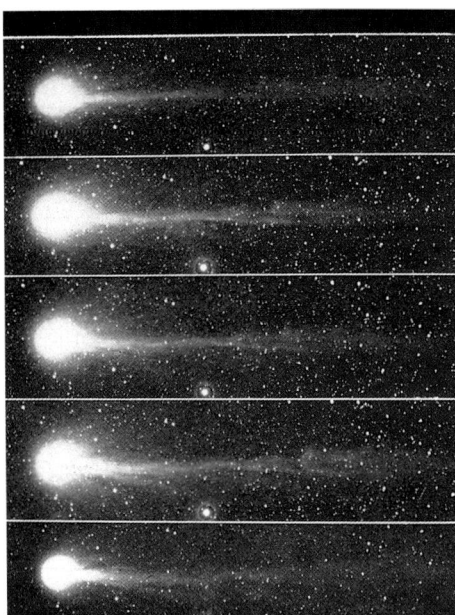

Fünf Aufnahmen, die in einem Abstand von ungefähr einer Stunde von dem Kometen Whipple-Fedtke-Tevzadze (1943 I) am 8./9. März 1943 gemacht wurden. Während des Krieges in Deutschland aufgenommen von C. Hoffmeister, Sonneberg-Oberservatorium. Aus: N. B. Richter, *The Nature of Comets*, London 1963.

ze am 29. März 1943 eine deutliche Knotenbeschleunigung, und am selben Tag ging ein größerer Magnetsturm auf die Erde nieder. Ludwig Biermann, der deutsche Astrophysiker, der während und nach dem Zweiten Weltkrieg in Deutschland arbeitete, errechnete mit Hilfe solcher Beobachtungen die Eigenheiten dieser Ausbrüche von geladenen Partikeln aus der Sonne. Er folgerte, daß ständig ein Sonnenwind aus der Sonne heraus bläst und die Ionen-Schweife der Kometen auf die Leeseite treibt. Dabei ist es egal, in welcher Sektion des Himmels sich der Komet gerade befindet. Aber außerdem muß die gelegentliche Beschleunigung in den Ionen-Schweifen auf ein Flackern der Sonne zurückgehen, das einen ungleich intensiveren Ausfluß von geladenen Teilchen erzeugt als ein gewöhnlicher Sonnenwind, der nur in bestimmte Richtungen ins All geblasen wird.

Der Sonnenwind wurde von dem sowjetischen Raumschiff Luna 3 1959 zuerst an Ort und Stelle entdeckt, später vom amerikanischen Raumschiff Explorer 10 und in besonderem Maße vom interplanetarischen Raumschiff Mariner 2, das bei seiner historischen ersten Reise von der Erde zur Venus ausführliche Messungen des Sonnenwinds durchführte. Die Messungen ergaben, daß der Sonnenwind hauptsächlich aus Protonen und Elektronen besteht. In der Nachbarschaft zur Erde fand man pro Kubikzentimeter nur ein paar von ihnen, und sie strömten strahlenförmig mit einer Geschwindigkeit von mehreren 100 Kilometern pro Sekunde aus der Sonne heraus. Hinzu kommt, daß gelegentliches Flackern und andere heftige Vorfälle auf der Oberfläche der Sonne Protonen und Elektronen von hoher Energie in den Weltraum hinaustreiben. Dieser Wind, der von der Sonne kommt, trägt ein magnetisches Feld bei sich, das die Ionen auf dem Weg aufsammelt. In dem Moment, in dem ein Molekül vom Sonnenlicht ionisiert wird, wird es von den Magnetfeldern aufgefangen, die im Sonnenwind eingelagert sind. Diejenigen Moleküle jedoch, die nicht ionisiert, sondern elektrisch neutral geblieben sind, werden von den Magnetfeldern nicht beeinflußt. Deshalb sind die Ionen-Schweife der Kometen Wetterfahnen im Sonnenwind, und die Fahne flattert immer gerade nach hinten. Aber gelegentlich erreicht eine regelwidrig magnetisierte Wolke von der Sonne den Schweif und bringt die Ionen durcheinander.

Der Ionen-Schweif hat mehr Variabilität und oft auch mehr Struktur als der Staub-Schweif. Innerhalb von Stunden können sich die dünnen, geraden Strahlen verändern, zusammenfließen, aufgehen und auflösen. Diese sehr kleinen Linien können komplexe Formen ausbilden, die scharfe, rechtwinklige Unregelmäßigkeiten und Korkenzieherformen im Durchmesser von Millionen Kilometern haben können. Einige der Schweifmuster erwecken den Eindruck, als ob der Komet unberechenbar von einer Stellung in die andere überwechselt, wie es Feuerwerksraketen manchmal tun. Aber der Komet bewegt sich auf einer nahezu vollkommen elliptischen Bahn. Der Sonnenwind bewirkt die Richtungsänderung. Zuweilen trennt sich der ganze Schweif vom Kern, verblaßt und treibt langsam nach hinten, bis er gänzlich verschwindet. Der typische Kern bildet nach diesem Abtrennungsvorgang einen neuen Schweif aus, und der alte und neue Schweif können miteinander in Verbindung treten oder sich auch für kurze Zeit ineinanderschlingen. Die Komplexität und Variabilität eines Kometenschweifs erzeugt beinahe biologische Assoziationen. Die gängige Meinung unter Astronomen ist, daß die Wechselwirkungen zwischen den elektrisch geladenen Molekülen im Ionen-Schweif und dem hochvariablen Sonnenwind für die meisten seltsamen Phänomene bei Kometenschweifen verantwortlich sind. Der Komet besitzt selbstverständlich auch selber seine Eigenarten, beispielsweise was den Zeitpunkt und Umfang der Gas- und Stauberuptionen angeht. Aber im Detail verstehen wir die Vielfalt der schnell wechselnden Formen des Ionen-Schweifs noch lange nicht.

Die Astronomen haben viele Stunden damit verbracht, Photographien von einem Kometenschweif im richtigen Zeitablauf zu erstellen. Sie haben mit einer Ausrüstung vom Vergrößerungsglas bis zur Computer-Kontrast-Verstärkung jede Krümmung und Biegung untersucht, weil sie hofften, so den zugrunde liegenden physikalischen Mechanismus aufdecken zu können. Wir stoßen im täglichen Leben nicht sehr häufig auf einen Strom von geladenen und neutralen Gasen durch einen bewegten Strom von Protonen, der ein eigenes Magnetfeld hat. Dieses Problem enthält zwangsläufig viele Geheimnisse. Es verlangt ausgeklügelte dreidimensionale, magnetströmungsdynamische Berechnungen und analoge Laborbedingungen, unter denen ein elektrisch geladenes Plasma mit einem festen Gegenstand (beispielsweise einer Wachskugel) in Verbindung treten kann. Dazu soll ein Duplikat eines Kometenkerns hergestellt werden.

Die Bewegung der Kometen im Gravitationsfeld der Sonne wird grundsätzlich von den gleichen physikalischen Gesetzen gesteuert, die auf einen Felsbrocken wirken, der in die Luft geworfen wird und wieder zu Boden fällt. Wir kennen in unserem Alltagsleben eine Parallele. Die Verdunstung des Eises von einem Kometenkern unterscheidet sich nicht sehr vom Schmelzen des Schnees in der Sonne. Wieder können wir das Phänomen besser verstehen, weil es in unserem Alltagsleben vorkommt. Aber die Plasmaphysik eines Kometenschweifs hat außer einer entfernten Verwandtschaft mit dem Nordlicht kein Gegenstück auf der Erde, und daher sehen wir uns Aspekten gegenüber, die mysteriös sind und sich unserem Verständnis vorläufig entziehen.

Unser Wissen von den Ionen-Schweifen eines Kometen ist neuartig und in mancher Hinsicht noch unausgereift. Aber es entspricht völlig den Erwartungen der Astronomen einer früheren Epoche. Der amerikanische Astronom E. E. Barnard schrieb 1909:

> Bei jedem Versuch, bestimmte Eigenheiten des Kometen zu erklären, sind wir gezwungen, uns auf sehr glitschigem Boden zu bewegen, weil wir sie mit den überkommenen Theorien nicht erklären können. Daher müssen wir mit unbekannten Größen rechnen, die unsere ganzen Vorstellungen eventuell über den Haufen werfen, die wir uns von den Bedingungen gemacht haben, die im Weltall in Nachbarschaft zur Sonne und den Planeten herrschen. Aber da es anscheinend keine andere Erklärung gibt, mag die bloße Tatsache, daß wir auf der Suche nach einer möglichen Begründung ins Extreme getrieben werden, uns zu einem Wissen über die interplanetarischen Bedingungen verhelfen, das wir ohne die Hilfe des weit ausladenden Schweifs nie erlangen würden.

Heute wissen wir, daß die Ionen-Schweife solare Luftsäcke sind, Proben der interplanetarischen Wetterbedingungen, die sonst sehr schwer auszumachen sind:

Nachdem ein Komet anfängt, Gas auszuströmen, und eine Koma bildet, stoßen der Sonnenwind und das magnetische Feld, das er mit sich führt, mit der Kometenatmosphäre zusammen. Die Moleküle in den äußeren Schichten der Koma werden durch das ultraviolette Licht der Sonne ionisiert. Der Sonnenwind fegt diese Ionen hoch, er umkreist das sonnenzugewandte Segment der Koma und fliegt weit hinter den Kern. Eine Schock-

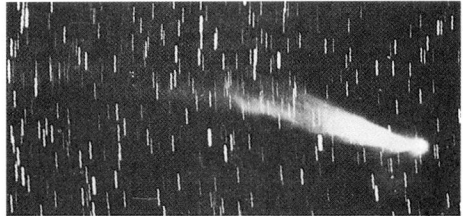
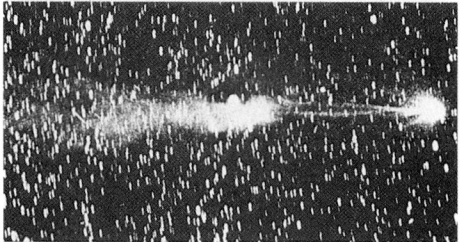
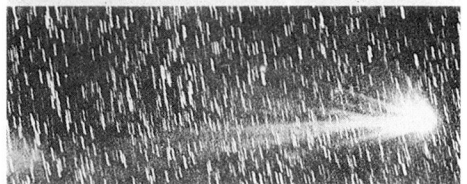

Schweiftrennung im Kometen Morehouse (1908 III). Diese drei Aufnahmen wurden an drei aufeinanderfolgenden Tagen gemacht, am 30. September, 1. Oktober und 2. Oktober 1908. Ein großes Stück des Schweifs ist im Fallwind des Kometen verlorengegangen. Die gestrichelten Linien sind die verlängerten Bilder der Sterne im Hintergrund, die bei dieser Belichtungszeit so auf dem Photo erscheinen. Mit freundlicher Genehmigung des Yerkes-Observatoriums, Universität von Chicago.

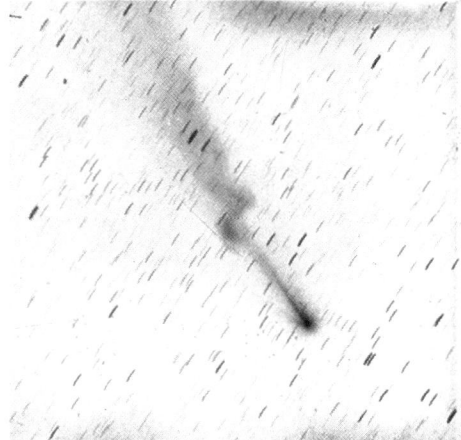

Komet Morehouse (1908 III) zwei Wochen nach der Schweiftrennung, die oben abgebildet ist. Photographie der Universität von Indiana. Mit freundlicher Genehmigung der National Aeronautics and Space Administration (NASA).

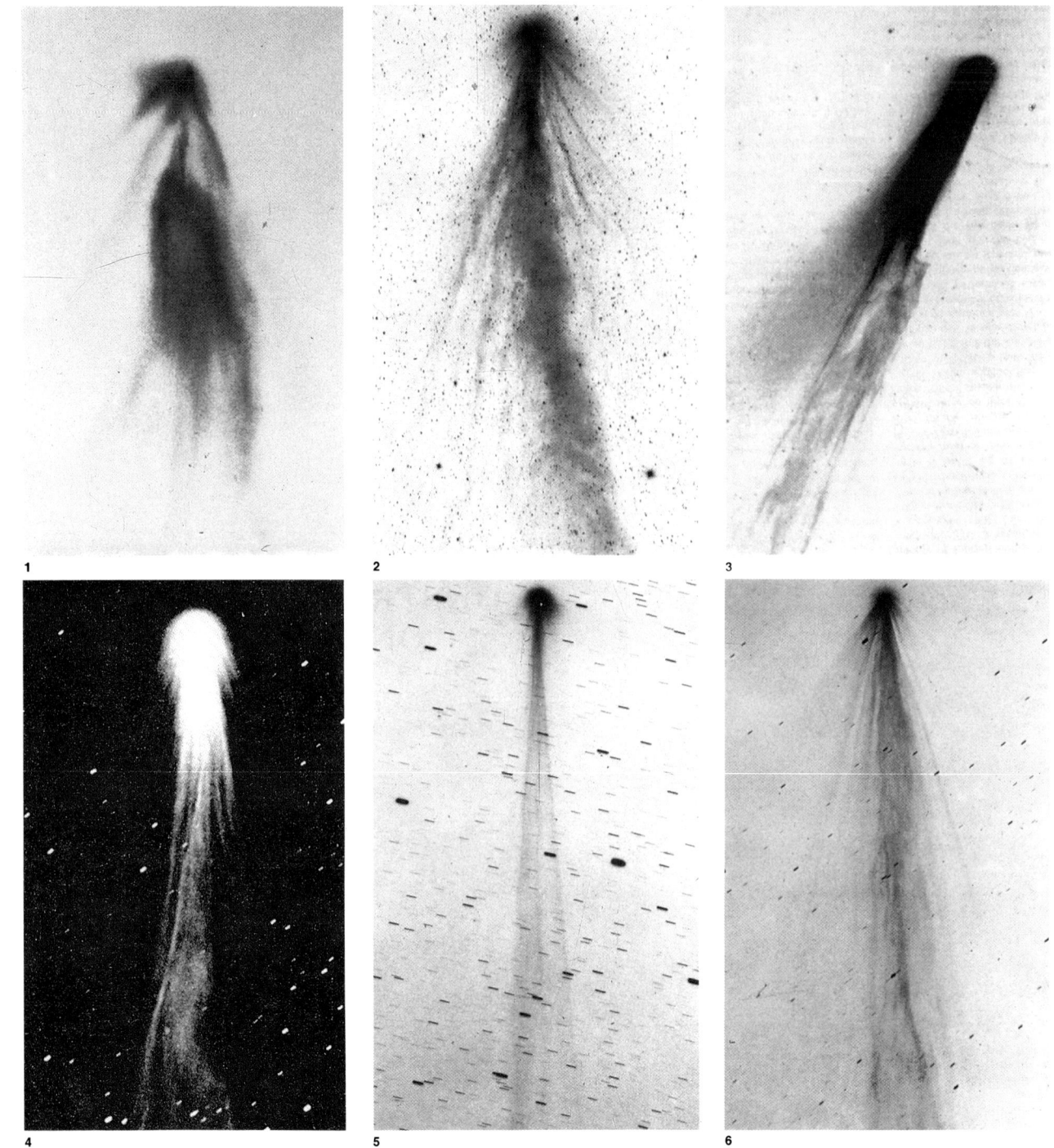

1 Komet Humason (1962 VIII). Zeichnung nach Photographien von Elizabeth Roemer. Mit freundlicher Genehmigung der National Aeronautics und Space Administration (NASA).
2 Komet Humason (1962 VIII). Beachten Sie die Strahlenstruktur. Aufnahme des Mt. Palomar-Observatoriums. Mit freundlicher Genehmigung der National Aeronautics and Space Administration (NASA).
3 Komet Mrkos, aufgenommen am 3. August 1957 im Mt. Palomar-Observatorium. Beachten Sie den strukturlosen, schwachen Staubschweif und die sehr komplexen Formen des Ionenschweifs. Brandt, »Comet«, *Scientific America*.
4 Die spektakuläre Erscheinung des Kometen Morehouse (1908 III). Photographiert von Max Wolf in der Sternwarte von Heidelberg.
5 Komet Finsler (1937 V), aufgenommen am 9. August im Lowell-Observatorium. Mit freundlicher Genehmigung der National Aeronautics and Space Administration (NASA).
6 Komet Morehouse (1908 III), aufgenommen am 25. November 1908 in der Königlichen Sternwarte von Greenwich. Mit freundlicher Genehmigung der National Aeronautics and Space Administration (NASA).

welle wird auf der Windseite (Luvseite) der Koma erzeugt, die der Schockwelle eines Überschallflugzeuges beim Durchbrechen der Schallmauer entspricht. Dieser Bugschock entsteht eine Million Kilometer in Luv vom Kometen. Die Ionen werden vom Sonnenwind leewärts gepeitscht. Sie können sich 100 Millionen Kilometer von der Sonne weg verteilen. Das ultraviolette Sonnenlicht strömt in sie hinein und läßt sie in einem unheimlichen Blau erglühen. Der Schweif wird gelegentlich von einem Windstoß übernommen und noch seltener von einem kleinen Zyklon im Sonnenwind. Der Schweif, der früher so perfekt in Gegenrichtung zur Sonne gezeigt hat, wird durcheinandergewirbelt.

Wegen der schnellen und unregelmäßigen Veränderlichkeit der Kometen und aus technischen und organisatorischen Gründen wurde vom Kometenschweif bisher nie ein umfangreicher Film in Zeitraffertechnik gedreht. Doch heute sind wir an dem Punkt, wo dies entweder von der Erde oder von einem Raumschiff aus möglich ist. Sogar farbige spektroskopische Filme können gemacht werden. Außerdem gibt es heute im interplanetarischen Raum eine Anzahl von Monitor-Stationen, von denen der Sonnenwind und seine Varianten routinemäßig überwacht werden. Wir stehen kurz davor, unser Wissen auf dem Gebiet des interplanetarischen Wetters zu verwenden für ein intensiveres Verstehen der langen und anmutigen Kometenschweife.

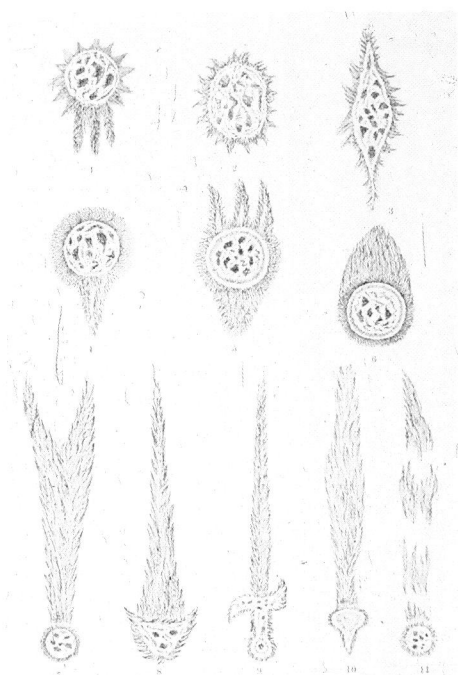

Kometenformen, die nach den Beschreibungen des Plinius gezeichnet sind. Aus: Amédée Guillemin, *Les Comètes,* Paris 1874.

Ein Tageslichtkomet, dargestellt auf einem Notenblatt aus dem Jahr 1909. Mit freundlicher Genehmigung von Ruth S. Freitag, Library of Congress.

10. Kapitel
Ein Kometenbestiarium

Wenn eine solche seltene und ungewohnt gestaltete Feuererscheinung (Komet) sich zeigt, da will Jedermann wissen, was denn das sey, und alles Andere vergessend, fragt man nur nach dem neuen Gast, und weiß nicht, soll man ihn bewundern oder fürchten. Denn es gibt schon Leute, die einen Lärm machen und wichtige Prophezeihungen daraus verkündigen.

Seneca: *Naturbetrachtungen,* Siebentes Buch: Von den Cometen

Die Astronomen, welche mehr Aufmerksamkeit auf die Bewegungsgesetze, als auf die Seltsamkeit der Gestalt, bezeigen . . .

Immanuel Kant: *Allgemeine Naturgeschichte und Theorie des Himmels,* 1797, III. Hauptstück

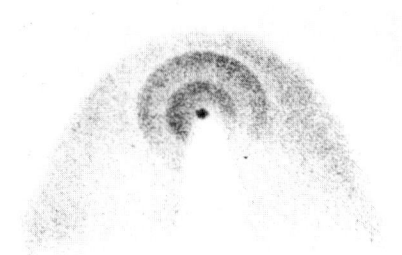

Aufeinanderfolgende Nebelhüllen, die aus dem Kern des Kometen Donati (1858 VI) ausströmten. Durch ein Teleskop gezeichnet von Schmidt am 5. Oktober 1858. Mit freundlicher Genehmigung der National Aeronautics and Space Administration (NASA).

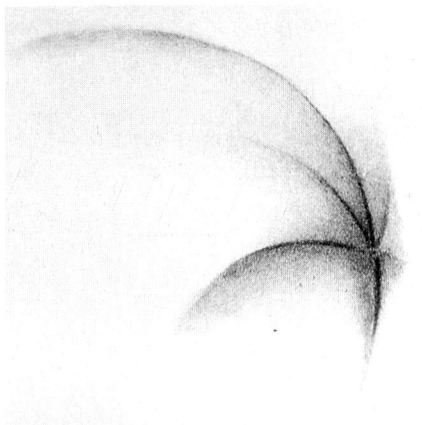

Fünf (oder möglicherweise sechs) Ausströmungen des Kometen Tebbutt (1861 II). Gezeichnet von Schmidt. Mit freundlicher Genehmigung der National Aeronautics and Space Administration (NASA).

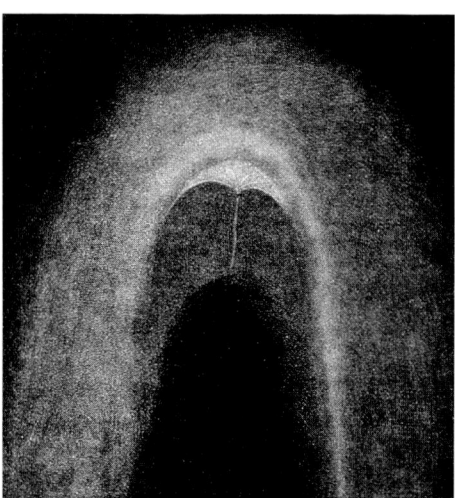

Vielfältige Fontänen auf der Sonnenseite des Kerns des Kometen von 1861. Gezeichnet von Warren de la Rue am 2. Juli 1861. Aus: Amédée Guillemin, *Le Ciel*, Paris 1864.

Wie ein Wal, der aus den Wogen in die Höhe springt, bevor er in die Tiefen des Ozeans eintaucht, glüht ein Komet kurz im Sonnenlicht auf, schrumpft zusammen und verschwindet wieder. Die Kometen tanzen am Nachthimmel und verändern kapriziös ihre Helligkeit, Größe, Form und ihre Bahn.

Manchmal können wir außergewöhnliche Aktivität im Bereich des Kerns ausmachen. Halonen entstehen, breiten sich aus und lösen sich wieder auf. Zahlreiche Fontänen schleudern Gas und Staub in den Weltraum. Der Komet rotiert durchschnittlich einmal im Laufe von ein paar Stunden und bestimmt dadurch die Bogenkrümmung der ausströmenden Substanzen. Sie werden vom Strahlungsdruck und vom Sonnenwind von der Sonne weggetrieben.

Einige Kometen bilden in regelmäßiger Folge Komas, die wie Schleier wirken. Der Komet Donati ist ein berühmtes Beispiel. Die nächstliegende Erklärung ist, daß ein Stück Eis auf der Oberfläche durch die Sonneneinstrahlung eruptionsartig verdampft. Da der Komet rotiert, gibt es auf ihm Tag und Nacht, und auf der Sonnenseite bilden sich genausooft neue Komas, wie der Kern rotiert.

Auf den folgenden Seiten haben wir eine Art Kometenbestiarium zusammengestellt. Es ähnelt den Bestiarien, die mittelalterliche Autoren herausgegeben haben, um ihre Leser in Erstaunen zu versetzen, zu unterhalten oder auch zu belehren. Die meisten dargestellten Tiere gab es wirklich, viele waren exotisch, und einige wenige, wie das Einhorn, verdanken ihre Existenz Übersetzungsfehlern oder verfälschten Berichten, wie jenem über das afrikanische Nashorn. Es gab allerdings auch ein paar bewußte Fälschungen.

Mit einer ähnlichen Haltung bieten wir Ihnen Bilder von Kometenformen an, die verschiedene Astronomen photographiert oder gezeichnet haben. Besondere Aufmerksamkeit wird den Ausströmungen innerhalb des Komas geschenkt. Manchmal präsentiert sich der Komet so, daß wir genau auf die Rotationsachse sehen, dann betrachten wir ihn wieder in einem schrägen Winkel. In allen Fällen erkennt man leicht, auf welcher Seite die Sonne liegt. Einige Illustrationen sind schwarzweiß reproduziert, um die Kontraste zu verstärken.

Am Teleskop späht der Astronom durch ein Meer von Luftturbulenzen, und das Bild, das er erhält, ist immer verzerrt. Astronomen nennen die Qualität des Bildes das »Seeing«. Ein Grund dafür, daß Teleskope auf einsamen Berggipfeln hoch über einem Teil der Atmosphäre aufgestellt werden, ist die Verbesserung des Seeings. Am Objektiv eines großen Teleskops ist das Auge des Astronomen einer Photoplatte überlegen: Der Astronom kann es sich ins Gedächtnis zurückrufen, wenn sich die Atmosphäre nur einen Augenblick beruhigt hatte und er einen Blick auf ein winziges Detail im Kometen erhaschen konnte. Weil er sich solche Momente merkt und aufzeichnet, was er gesehen hat, kann der Astronom oft mit Detailkenntnissen aufwarten, die mit photographischen Methoden an demselben Teleskop nicht zu bekommen sind. Der Nachteil dieser Methode besteht darin, daß Menschen nur unzulängliche Aufzeichnungsgeräte sind. An der Grenze des Auflösungsvermögens können die Augen dem Beobachter böse Streiche spielen. Hält man jedoch die Zeichnungen verschiedener Beobachter nebeneinander, zieht photographische Aufzeichnungen zum Vergleich heran und bedient sich neuer Bildverstärkungstechniken, dann kann man feststellen, daß die frühen Kometenbeobachter im großen und ganzen durchaus wußten, was sie taten und sahen.

Jede einzelne dieser Kometenformen stellt einen Schnappschuß aus dem Leben und Sterben eines Kometen dar; ein Sonnenstrahl, der einem riesigen Eisklumpen Gewalt antut. Alle diese Schauspiele werden, wenigstens zum Teil, durch Eruptionen von Gas und Staub, Rotation, Strahlungsdruck und durch die jeweilige Wetterlage im Sonnenwind verursacht. Die Ausströmungen und die Koma haben in der Regel einen Durchmesser von Tausenden von Kilometern. Die Entschlüsselung der Ereignisse, die diese Erscheinungen bewirken, ist eine Art Detektivarbeit. Auch Geologen verfahren in der Praxis so. Werfen Sie einen Blick auf die Vielfalt der Kometenformen, die hier dargestellt sind, und versuchen Sie, ob Sie eine einleuchtende, einheitliche Erklärung dafür finden, was da passiert.

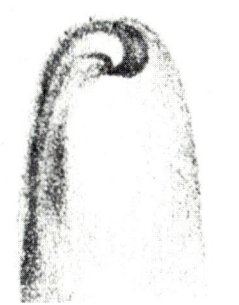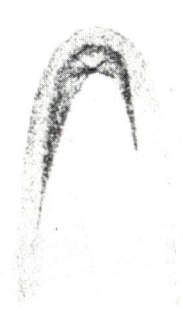

Zwei Ansichten der inneren Koma des Halleyschen Kometen zu zwei verschiedenen Tageszeiten am 5. Mai 1910. Gezeichnet in Johannesburg von R.T.A. Innes *(links)* und W.M. Worsell *(rechts)*. Das Bild rechts impliziert aus unserem Blickwinkel offensichtlich eine Rotation im Uhrzeigersinn. Mit freundlicher Genehmigung der National Aeronautics and Space Administration (NASA).

Auf der Abbildung Seite 156 oben sehen wir in einem schiefen Winkel auf den Kern, während fünf oder sechs Strahlen von der Sonne zurückgetrieben werden. Auf dem Bild Seite 156 unten und anderen Abbildungen sind die Fontänen auf die erhitzte, sonnenzugewandte Hemisphäre des Kometenkerns beschränkt. Die Rotationsrichtung kann oft aus der Krümmung der Ausströmungsstrahle (zum Beispiel Abbildungen oben) abgeleitet werden.

Die Gravitation der Erde reicht – zum Glück für uns – nicht aus, um Kometen anzuziehen, die in ihrer Nähe vorbeifliegen. Aber hin und wieder wird ein Komet zufällig sehr nahe an der Erde vorüberziehen. Das ist nur eine Frage der Zeit. Wenn Sie lange genug warten – sagen wir mal 100 Millionen Jahre –, werden Sie wahrscheinlich sehr merkwürdige Kometen zu Gesicht bekommen. Zwischen der Umlaufbahn des Saturn und des Uranus ist da zum Beispiel Chiron, ein höchst ungewöhnliches Objekt, das 1977 von Charles Kowal in den Hale-Observatorien in Kalifornien entdeckt wurde. Benannt wurde Chiron nach dem weisen Kentauren, den Zeus ins Sternbild der Schützen versetzte. Chiron hat einen Durchmesser von 300 oder 400 Kilometern, mehr als jeder andere bekannte Komet, auch wenn die größeren Asteroiden ebenso riesig sind. Könnte Chiron das noch sichtbare Mitglied einer früher unbekannten Ansammlung massiver Kometen sein, die sich hauptsächlich jenseits von Pluto bewegen?

Der Gedanke liegt nahe, daß die Kurven (in den Schweifstrahlen) vielleicht Spiralkurven sind, die entstehen, wenn der Kometenkern beim Ausstoß von Dampf- oder Gaswolken rotiert.

Arthur Stanley Eddington

Chiron ist sehr dunkel und leuchtet rot. Andere Objekte im äußeren Sonnensystem werden von komplexen organischen Substanzen verdunkelt und gerötet, und wahrscheinlich ist das auch bei Chiron der Fall. Fest steht, daß nicht viel unverschmutztes, frisches Eis auf seiner Oberfläche liegen kann. Vielleicht ist Chiron ein Komet, dessen Oberflächeneisschichten aus Methan und anderen seltenen flüchtigen Gasen verdampft sind und eine dunkle organische Matrix zurückgelassen haben.

Alle paar tausend Jahre passiert Chiron so häufig Saturn, daß man seine Umlaufbahn als unstabil bezeichnen kann. Er scheint sich langsam seinen Weg zur Sonne zu bahnen und könnte eines Tages ein kurzperiodischer Komet werden. Stellen Sie sich vor, daß Chiron nach wiederholtem Zusammentreffen mit Jupiter und Saturn eines Tages in das innere Sonnensystem eindringt. Wenn Schwassmann-Wachmann 1 von seinem einsamen Posten zwischen den Umlaufbahnen von Jupiter und Saturn aus immer noch Eruptionen produzieren kann und wenn der Große Komet von 1729 mit bloßem Auge gesehen werden konnte, als er sich in der Entfernung wie Jupiter befand, wie würde dann wohl ein solcher Komet aussehen, wenn er frisch aus dem äußersten Sonnensystem käme und nahe an der Erde vorbeizöge? Chiron enthält zweifellos auch Wassereis, das explosionsartig verdampfen würde, wenn der Komet sich der Sonne näherte. Ein sehr dunkler Komet, seine rote Farbe ist vielleicht gerade zu erken-

Schematische Darstellung eines ausströmenden Kometenkerns. *Links:* Aus einem schiefen Winkel gesehen. *Rechts:* Draufsicht auf die Rotationsachse. Schematische Darstellung von Jon Lomberg/BPS.

nen, mit einem Durchmesser von Hunderten von Kilometern und zahllosen Staubfontänen, fliegt an der Erde vorbei. Das wäre zweifellos ein imposanter Anblick. Es scheint keine historischen Aufzeichnungen über eine solche Erscheinung zu geben. Zweifellos ist sie ein sehr seltenes Ereignis.

Wir wollen bescheidener fragen: Gibt es überhaupt ein historisches Zeugnis dafür, daß sich jemals ein rotierender, Gase ausströmender Kometenkern der Erde genähert hat? Im Falle des Kometen Morehouse 1908 III hatte die innere Koma mit ihren Strahlen ungefähr einen Durchmesser von 4000 Kilometern.

Das ist ein ziemlich typischer Wert, der ungefähr der Größe des Mondes entspricht. Käme ein solcher Kometenkern der Erde so nahe wie der Mond, erschiene er uns natürlich ebenso groß wie der Mond, also ungefähr ein halbes Grad im Durchmesser. Aus der beobachteten Frequenz, mit der neue Kometen in das innere Sonnensystem eindringen, läßt sich berechnen, wie lange wir warten müssen, bis ein Komet uns so nahe kommt wie der Mond. Das Ergebnis dieser Berechnung lautet: mindestens ein paar tausend Jahre. Wenn Sie bereit sind, vier- oder fünftausend Jahre zu warten, wird vermutlich ein Kometenkern in viel geringerer Entfernung an Ihnen vorbeiziehen. Stellen Sie sich das vor. Der Himmel wird monatelang von einem schwerfälligen, roten, unförmigen Objekt beherrscht, über dem sich weiße Baldachine wölben. Seine funkelnden, gekrümmten Fontänen schießen in das All, und alle festen Bestandteile werden schließlich in einen breiten Schweif zurückgetrieben, der sich von Horizont zu Horizont über den Himmel spannt. Das wäre ein wahrlich denkwürdiges Ereignis.

Wenn sich der Komet nicht von einem sehr unwahrscheinlichen Himmelssektor der Erde annäherte, würde er von allen Völkern der Welt gesehen. Es gäbe gewiß einen mythologischen Rahmen – manchmal auch Weltanschauung genannt –, in den diese Erscheinung eingefügt würde. Die Menschen würden das Schauspiel für ein böses Omen oder ein anderes bedeutungsträchtiges Zeichen halten. Irgendeine Kometenerscheinung muß aus diesen Gründen in die Kunst vieler Kulturen eingedrungen sein, vielleicht sogar mit ganz zentraler Bedeutung. Im Laufe der Zeit könnte die Erinnerung an die tatsächlichen Ereignisse verschwimmen, und die Berichte würden ungenauer, aber die Kometenerscheinung bliebe immer noch ein zentrales Thema in der Kunst und in den Überlieferungen der folgenden Generationen. Wenn wir eine solche Erscheinung sehen würden und glaubten, sie enthielte eine Botschaft für uns, wären wir bestimmt auch geneigt, die Botschaft zu beachten. Nach Tausenden von Jahren hätte das Kometensymbol, wie auch immer es damals aussah, keine Beziehung mehr zu seinen bizarren und furchteinflößenden Ursprüngen. In einer vorwissenschaftlichen Gesellschaft ohne schriftliche Überlieferung müssen Berichte über ein unerhörtes Ereignis mit ungewöhnlichen physikalischen Vorgängen nach Tausenden von Jahren einfach ihren Bezug zur Realität teilweise verlieren.

Die Vorstellung, daß Kollisionen von Planeten mit der Erde historische Katastrophen über die Welt gebracht haben, ist in Mißkredit geraten, da im Laufe der Jahrhunderte in einer Reihe von populären Büchern und Aufsätzen mit sehr dürftigem Beweismaterial übertriebene Behauptungen aufgestellt wurden. Aber es ist, zumindest seit Halleys Zeiten, offensichtlich, daß extreme Annäherungen von Kometen und sogar Zusammenstöße mit der Erde stattfinden werden, wenn wir nur lange genug warten. Wie bei allen wissenschaftlichen Fragen sind wir hier auf die Qualität des

Beweismaterials angewiesen. Wir sind uns der Notwendigkeit bewußt, vorsichtig zu argumentieren.

Man wird leicht verstehen, daß die Versuchung groß ist, bei diesem Thema ins Spekulieren zu geraten. Wenn Kometen in historischer Zeit hin und wieder erscheinen, muß irgendwann ein wirklich großer Komet in Erdnähe gekommen sein und etwas Spektakuläreres angerichtet haben als das, woran sich Großvater vom ›Großen Kometen‹ erinnert. Also durchforstet man Kunst und mythologische Literatur oder geologische Berichte, bis man etwas findet, das anscheinend zu einem Kometen paßt. Dann schreibt man es auf. So behauptete Ignatius Donnelly – Kongreßmitglied, Vizegouverneur von Minnesota und leidenschaftlicher Verfechter der Menschenrechte und des Naturschutzes – 1883 in einem sehr populären Buch mit dem Titel *Ragnarök,* daß überall auf der Welt dicke Tonbrocken vom Himmel fielen, wenn die Erde durch den Schweif eines Kometen flöge, der nach dem »Sandbankmodell« aufgebaut wäre (Kapitel 6). Tone entstehen jedoch durch bekannte geologische Prozesse. Sie zeigen in ihrer atomaren oder molekularen Struktur nichts, was auf einen außerirdischen Ursprung hindeuten würde. Außerdem weiß man heute, daß das »Sandbankmodell« von Kometen unbrauchbar ist, obwohl es von Experten zu Donnellys Zeiten allgemein anerkannt wurde. Der russisch-amerikanische Psychiater Immanuel Velikovsky meinte, die Plagen Ägyptens, das himmlische Manna und andere Ereignisse in den Mythen vieler Kulturen seien auf einen Kometen zurückzuführen, welcher der Erde zu nahe gekommen wäre. Aber ein Komet ist nicht die einzig denkbare Erklärung solcher Geschichten, und auch andere Elemente seiner Hypothese beruhen auf Irrtümern.

Es besteht Grund zu der Annahme, daß in der Antike genaue Beschreibungen außergewöhnlicher Ereignisse gemacht wurden. Der Historiker Ephoros zum Beispiel berichtet im 4. Jahrhundert v. Chr. von einem Kometen, der in zwei Hälften zerfallen ist. Spätere Autoren zitierten Ephoros, allerdings nicht ohne ihrer Skepsis Ausdruck zu verleihen. Zu Plinius' Zeiten gab es keine anderen Beispiele für die Spaltung von Kometen, und doch wurde ein Bericht darüber, daß sich einmal ein Komet in zwei Teile gespalten hat, bis in unsere Zeit überliefert. Heute wissen wir, daß – wie beim Bielaschen Kometen und bei Kometen mit geringem Perihelabstand – Spaltungen tatsächlich auftreten. Ephoros ist rehabilitiert, und wir müssen zur Kenntnis nehmen, daß Berichte über ungewöhnliche Kometenerscheinungen unverfälscht durch ein Jahrtausend bis zu uns gelangen können.

In unserem Jahrhundert wurden umfassende Newtonsche Berechnungen der Umlaufbahn des Halleyschen Kometen angestellt. Jede Erscheinung des Kometen seit 240 vor Christus wurde mit Angabe des Datums und der Position des Kometen am Himmel vorhergesagt oder, genauer gesagt, nachträglich bestimmt. Auf jede dieser errechneten Erscheinungen gibt es in antiken Quellen eindeutige Hinweise, daß zum fraglichen Datum in der vorausgesagten Position tatsächlich ein heller Komet zu sehen war. Diese Übereinstimmung von Berechnung und Beobachtung festigt nicht nur unser ohnehin großes Vertrauen zur Gravitationstheorie Newtons, sondern erneuert auch unsere Achtung vor der Präzision und Aufmerksamkeit der alten chinesischen, koreanischen, japanischen, babylonischen und europäischen Chronisten. Diese Achtung darf uns nicht dazu verführen, Beschreibungen von Kometen Glauben zu schenken, in denen Drachen, Schwerter oder Visionen auftauchen (vgl. Abbildung Seite 26). Aber vieles deutet doch darauf hin, daß auch in historischen Darstellungen von

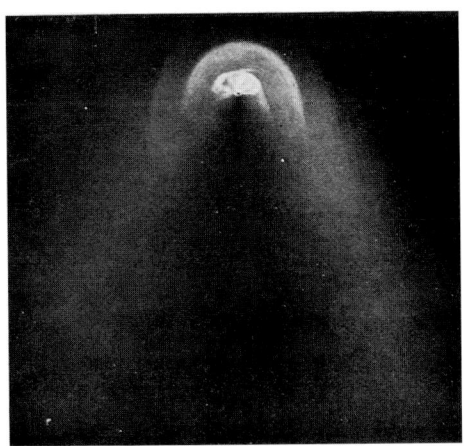

Komplexe, beinahe biologische Formen in der Nähe des ausströmenden Kerns des Kometen Donati. Zeichnung am Teleskop von Bond am 5. Oktober 1858 im Harvard-College-Observatorium. Mit freundlicher Genehmigung der National Aeronautics and Space Administration (NASA).

Kometenerscheinungen für uns vielleicht ein wenig von der Naturgeschichte dieser idiosynkratischen Besucher aus der Tiefe des Alls erhalten ist.

Plinius erwähnt »einen weißen Kometen mit silberfarbigem Schweif und von solcher Strahlung, daß man ihn kaum ansehen kann; dabei zeigt er in sich das Bild einer Gottheit in menschlicher Gestalt«. Was sollen wir davon halten? Wenn ein Komet so hell ist, müßte er in eine stark reflektierende Koma gehüllt sein und nahe an der Erde vorbeiziehen. Das ist durchaus möglich. Die Struktur der Koma kann kompliziert sein und an eine menschliche Gestalt erinnern (Bonds Zeichnung des Kometen Donati zum Beispiel, der einem Fetus gleicht). Aber die Beschreibung des Plinius ist in den Mythen und der Kunst der Welt sicherlich nicht weit verbreitet.

Plinius beschreibt einen anderen Kometen mit folgenden Worten: »Der Pferdestern [gleicht] einer Pferdemähne, die sich in schnellster Bewegung im Kreis um sich dreht.« Das Thema Rotation taucht im Zusammenhang mit Kometen in antiken Berichten gelegentlich auf. Epigenes meint, Kometen würden in Wirbelstürmen geboren. Diese Ansicht verwirft Seneca aus gutem Grund, obwohl ein rotierender, Gase oder Dämpfe ausströmender Kometenkern einem Wirbelsturm durchaus ähnlich sehen kann. Seneca wendet unter anderem ein, daß Wirbelstürme von kurzer Dauer seien und daß ihre Rotationsbewegungen durch die rasche Drehung der Himmel um die Erde ausgelöst würden. Seneca wußte nicht, daß die Erde sich dreht. Er sagt: »Am Wirbelwind nun sieht man etwas Rundes. ... Folglich müßte ihm auch das Feuer ähnlich sein, das er in sich verschloß. Allein es ist lang und auseinandergehend und sieht gar nicht wie kreisförmig aus.«

Das hört sich ganz danach an, als ob Epigenes und Seneca verschiedene Teile eines Kometen beschreiben würden, und zwar Seneca die Koma und den Schweif und Epigenes einen schnell rotierenden Kern. Wir fragen deshalb, ob es ein weitverbreitetes altes Symbol gibt, das mit Himmelserscheinungen verbunden wird und eine Drehbewegung darstellt. Mit aller Vorsicht können wir behaupten, daß ein solches Symbol existiert: es ist das Hakenkreuz.

Dieses Symbol aus vier abgewinkelten Armen, die von einem gemeinsamen Zentrum ausgehen, wurde vom Naziregime in Deutschland benutzt und entwickelte sich zu einem Symbol des Schreckens. Aber es gab eine Zeit, lange vor den Nazis, in der die Hakenkreuze bei fast allen Kulturen der Erde als positive Symbole bekannt waren. Versuchen Sie bitte für einen Augenblick, nicht die Nazis mit diesem Symbol zu assoziieren, sondern es ganz für sich zu betrachten.

Im Jahre 1979 waren wir wegen unserer Fernsehserie »Unser Kosmos« in Indien, um die altüberlieferte Feier des Jahreszeitenzyklus, die Pongal genannt wird, zu filmen. Wir waren sehr gerührt von der Großzügigkeit und Freundlichkeit der Bewohner in dem Hindudorf Thanjawur im drawidischen Südindien. Als sie jedoch begannen, ganz vergnügt mit Kreide Hakenkreuze auf die Treppen vor ihren Häusern zu malen, gerieten wir ein wenig aus der Fassung. Das sei ein altes Glückssymbol, erklärten sie uns. Und das ist es tatsächlich.

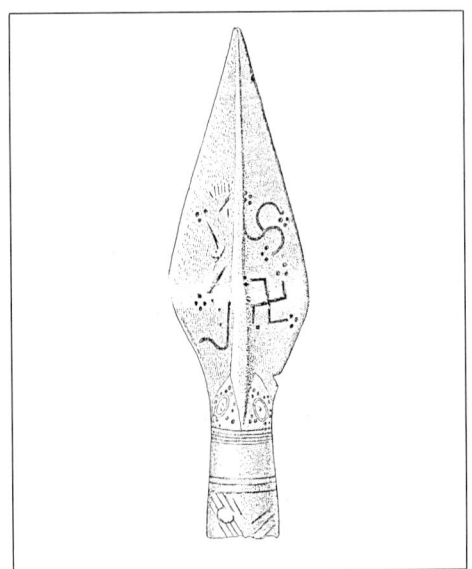

Speer aus der Eisenzeit, in Brandenburg in Deutschland gefunden. Unter den Symbolen sind ein rechtwinkliges, vierarmiges Hakenkreuz (unten rechts) und ein S-förmiges, dreiarmiges Hakenkreuz (oben rechts). Nach Thomas Wilson, a.a.O.

In den zwei tiefsten und deshalb ältesten Schichten von Troja – die bis in die frühe Bronzezeit 3000 v.Chr. zurückreichen – wurden keine Spuren von Hakenkreuzen gefunden. In der dritten Schicht, der »verbrannten Stadt«, aus dem Beginn des zweiten Jahrtausends fand Heinrich Schliemann, der Entdecker Trojas, überall Hakenkreuze. Hunderte der entdeckten Artefakte, besonders Spindeln, die mit einer Drehbewegung bedient wurden, waren mit Hakenkreuzen verziert. Während der Tang-Dynastie in China erreichte der öffentliche Mißbrauch dieses wichtigen Symbols solche Ausmaße, daß ein kaiserliches Dekret erlassen wurde, das den Druck von Hakenkreuzen auf Seidenstoffe verbot. In Westindien gibt es viele Höhlen, die als buddhistische Tempel dienen. Die meisten der Inschriften im Fels beginnen oder enden mit einem Hakenkreuz. Die Dschaina, die mit ihrer Achtung vor der Heiligkeit allen Lebens das genaue Gegenteil der Nazis sind, benützen das Hakenkreuz »als Zeichen der Weihe und des Segens«. Aus diesem Grund malten auch die Japaner es einst auf ihre Särge. In einem Bericht über Tibet in der Londoner *Times* von 1904 ist die Rede von »ein paar weißen, in Reihen zusammengedrängten Hütten.... An der Tür jeder Hütte ist ein Hakenkreuz, bei dem die Haken im Uhrzeigersinn angebracht sind, und darüber eine grob angedeutete Darstellung der Erde und der Mondsichel.« Auf Decken, Perlstickereien, Töpferwaren und anderen Artefakten war das Hakenkreuz ein geläufiges, beinahe typisches Symbol der Indianerstämme in Nordamerika. Thomas Wilson, der Kurator der Abteilung für vorgeschichtliche Anthropologie im *Nationalmuseum* der Vereinigten Staaten, schrieb 1896:

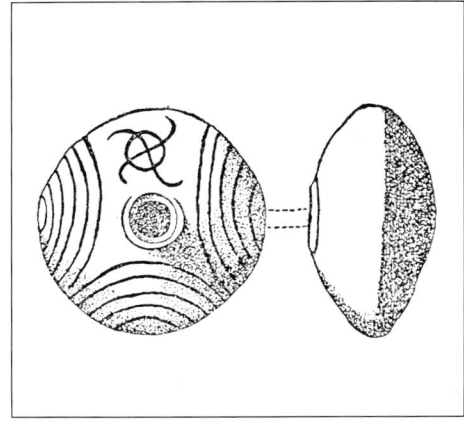

Spindel, die mit einem Hakenkreuz verziert ist. Schliemann fand viele Hunderte solcher Spindeln in Troja. Thomas Wilson, *The Swastika: The Earliest Known Symbol, and its Migrations; With Observations on the Migration of Certain Industries in Prehistoric Times,* Smithsonian Institution, Washington DC, 1896.

> Wir wissen nicht, ob es als religiöses Symbol diente, als Fetisch für Glück und Segen, oder ob es nur Schmuckstück war. Wir wissen nicht, ob es eine verborgene, mysteriöse oder symbolische Bedeutung hatte. Aber es ist da. Das prähistorische oder orientalische Hakenkreuz taucht in seiner ganzen Reinheit und Einfachheit bei einer der mystischen Zeremonien der Ureinwohner in der großen amerikanischen Wüste mitten im nordamerikanischen Kontinent auf.

Wie läßt es sich erklären, daß dieses merkwürdige Symbol in den alten Kulturen von Indien, China, im amerikanischen Südwesten, im Mexiko der Mayas, in Brasilien, in Britannien und in der Türkei auftaucht? Das Hakenkreuz war während der Bronzezeit in Europa von der Arktis bis zum Mittelmeer bekannt und breitete sich während der Eisenzeit zu den etruskischen, mykenischen, trojanischen und hethitischen Zivilisationen aus. Das Wort »Swastika« (Hakenkreuz) kommt aus dem Sanskrit:

> Die Wurzel *svasti* bedeutet wörtlich »Wohlbefinden«. Das Zeichen Swastika muß lange existiert haben, bevor ihm der Name gegeben wurde. Es muß lange vor der buddhistischen Religion oder dem Sanskrit existiert haben....
> Betrachten wir die gesamte prähistorische Welt, stellen wir fest, daß das Hakenkreuz nur auf kleinen und vergleichsweise unbedeutenden Objekten verwendet wurde, wie zum Beispiel auf Vasen, Töpfen, Behältern für Drogen, Gebrauchsgegenständen, Werkzeugen und Haushaltsgeräten, ... und nur selten auf Statuen, Altären und ähnlichem.... In Italien [findet man es] auf Urnen, in denen die Asche der Toten begraben wurde. An den Schweizer Seen wurde es in Töpfe eingebrannt, in Skandinavien in Waffen und Schwerter et cetera, in Schottland und Irland in Gemmen und Nadeln, in Amerika in Metates, Mörser, in denen Mais gestoßen wurde. Die brasilianischen Frauen trugen es auf dem Keramikfeigenblatt. Der Puebloindianer malte es auf seine Tanzrassel, während der nordamerikanische Indianer es in der Zeit der Grashügelbauten in Arkansas und Missouri in Form einer Spirale auf seine Töpfe malte. In Tennessee ritzte er es in

Ein ausgestrecktes, bogenförmiges Hakenkreuz auf einer dreifüßigen Tonvase aus dem vorkolumbianischen Arkansas. Nach Thomas Wilson, a.a.O.

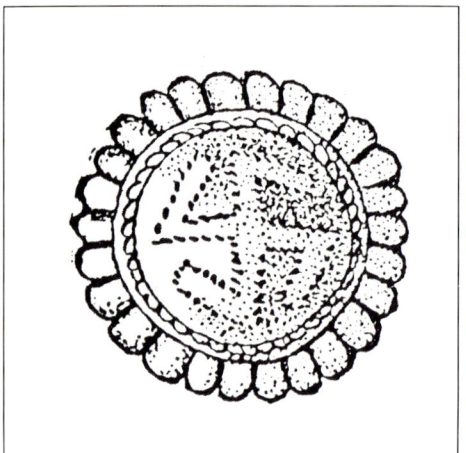

Hakenkreuzsymbol auf einer etruskischen »Bulla«. Nach Thomas Wilson, a.a.O.

Muscheln, und in Ohio schnitt er es in seiner einfachsten, gewöhnlichen Form aus Kupferblättern.... Da wir in Amerika keine Darstellungen des Hakenkreuzes auf religiösen Monumenten der Eingeborenen, an alten Göttern, Götzenbildern und geweihten oder heiligen Gegenständen finden, können wir mit gutem Grund behaupten, daß es hier nicht als religiöses Symbol verwendet wurde.... Da säkulare Verwendungszwecke für das Hakenkreuz offenbar überwiegen, deutet vieles darauf hin, daß außer bei den Buddhisten und frühen Christen und den mehr oder weniger heiligen Zeremonien der nordamerikanischen Indianer das Hakenkreuz nicht als heiliges oder geweihtes Symbol angesehen werden kann.

Dieses Zitat stammt aus dem Standardwerk über die Ethnographie des Hakenkreuzes von Wilson. Er zweifelte daran, daß das Hakenkreuz durch Diffusion von Kultur zu Kultur weitergegeben wurde:

Wenn das Zeichen bei den Ureinwohnern Amerikas auch den Namen Swastika hätte, wäre das ein guter Beweis für Kontakt und Kommunikation. Wenn die Religion, die es in Indien repräsentiert, auch in Amerika gefunden werden sollte, könnte man die Kette der Beweise vollständig nennen.

Aber das ist nicht der Fall. Andererseits argumentiert Wilson, daß das Hakenkreuz auf keinen Fall ein so einfaches Zeichen ist, daß es spontan auf der ganzen Welt entstehen konnte.

Zum Beweis führe ich die Tatsachen an, daß es nicht allgemein benützt wird, daß es bei christlichen Völkern fast unbekannt ist, daß es weder in irgendwelchen Mustern für Ornamente aufgeführt noch in irgendeinem europäischen oder amerikanischen Werk über Ornamente erwähnt wird und daß es auch Künstlern und Dekorateuren in anderen Ländern unbekannt ist und von ihnen nicht verwendet wird... Die gerade Linie, der Kreis, das Kreuz, das Dreieck sind einfache Figuren, die leicht hergestellt werden können. Sie hätten in jedem Stadium des primitiven Menschen und in jedem Teil der Welt erfunden und wiedererfunden werden können. Diese Erfindungen hätten unabhängig voneinander gemacht werden und bei verschiedenen Völkern oder bei einem Volk zu verschiedenen Zeiten unterschiedliche oder möglicherweise auch gar keine festgelegte und bestimmte Bedeutung haben können. Das Hakenkreuz war jedoch wahrscheinlich die erste Erfindung, die mit einer bestimmten Intention gemacht wurde und eine kontinuierliche und logische Bedeutung hatte, die von einem Menschen zum anderen weitergegeben wurde...

Das ist ein echtes Problem: Ein Symbol ist Tausende von Jahren alt und taucht weder spontan auf, noch wird es von einer Kultur an eine andere weitergegeben. Auch Schliemann wunderte sich darüber und meinte: »Das Problem ist unlösbar.« Wenn das Hakenkreuz jedoch ursprünglich eine Himmelserscheinung war, die weit entfernte Kulturen unabhängig voneinander sehen konnten, ließe sich das Rätsel lösen. In den älteren Darstellungen des Hakenkreuzes sind die Arme oft gebogen und nicht abgewinkelt. Diese Art nennt man s-förmiges Hakenkreuz. Schliemann sah in ihm eine reale Bewegung dargestellt. Er wies darauf hin, daß die Bewe-

Mykenischer Holzknopf, auf dem ein S-förmiges Hakenkreuz, flankiert von zwei vierarmigen Kreuzen, abgebildet ist. Nach Thomas Wilson, a.a.O.

Ein Kometenbestiarium 163

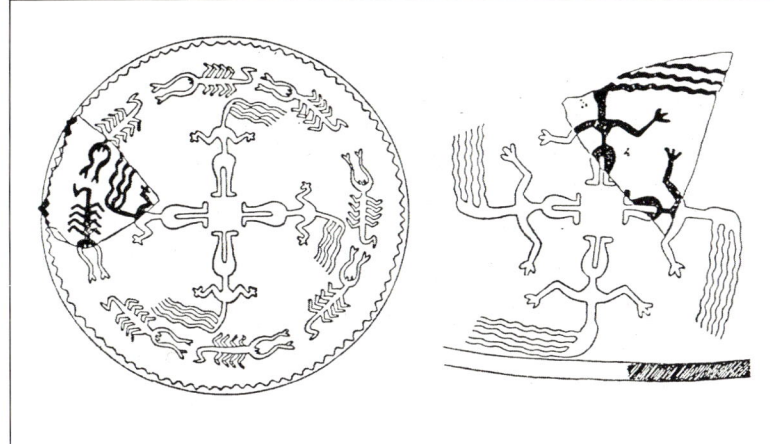

Töpferarbeiten aus dem alten Samarra. Die ausgegrabene Scherbe, auf der schwarze Figuren abgebildet sind, wird dazu benützt, das ganze Muster zu rekonstruieren. Nach Graf Goblet D'Alviella, *The Migration of Symbols*, University Books, New York 1956.

gungsrichtung von den Armen angezeigt wurde, die in Rotationsrichtung um den Mittelpunkt schwangen. Aber was konnte das sein?
Ein anderes Problem, das man in vielen wissenschaftlichen Arbeiten über das Hakenkreuz findet, besteht darin, daß das Zeichen anscheinend mit etwas Hellem am Himmel in Verbindung steht, gleichzeitig jedoch keinerlei Bezug zur Sonne hat. Um eine Vorstellung der oft aufgebauschten Diskussion unter Gelehrten über die Bedeutung des Hakenkreuzes zu vermitteln, sei hier nur die Argumentation des Grafen Goblet D'Alviella zitiert: Die Arme des Hakenkreuzes sind »Strahlen in Bewegung«. Die Bilder, die am schnellsten assoziiert werden, stellen die Sonne oder die Sonnengötter dar. Daraus schließt Graf D'Alviella, das Hakenkreuz stelle die Sonne dar. Sein Hauptbeweisstück ist eine thrakische Münze, auf der das Wort für »Tag« durch das Hakenkreuzsymbol ersetzt ist. Das, glaubt er, sei eine vollständige Gleichsetzung des Hakenkreuzes mit »der Vorstellung von Licht oder Tag«. Kritiker wenden ein, es bestehe keinerlei Notwendigkeit für ein zusätzliches Sonnensymbol, und das Hakenkreuz gleiche überhaupt nicht der Sonne. Auf einigen indianischen Münzen erscheint das Hakenkreuz unabhängig von dem großen Rad der Sonne, hat aber denselben Stellenwert. Die Argumentation führt also in eine Sackgasse. All diese Schwierigkeiten scheinen beseitigt, wenn einmal helle Hakenkreuze am Himmel über der Erde rotiert haben und von Menschen auf der ganzen Welt gesehen wurden. Diese Vorstellung ist der astronomischen Realität jedoch so fern, daß sie zwar von Spekulanten, die sich mit dem Ursprung des Hakenkreuzes beschäftigt haben, kurz in Betracht gezogen wurde. Aber aus dem einfachen Grund, daß nichts so unwahrscheinlich ist wie ein brennendes Hakenkreuz am Himmel, wurde sie nicht weiterverfolgt. Wir brauchen uns nur die Skizzen und Photographien der sprühenden Fontänen in einem Kometenkern genau anzusehen, die Generationen von Astronomen angefertigt haben, um zu erkennen, daß hier möglicherweise die Lösung des Rätsels zu finden ist.
Stellen wir uns folgendes vor: Wir befinden uns am Anfang des zweiten Jahrtausends vor Christus. Vielleicht ist Hammurabi König von Babylon. Vielleicht regiert Sesostris III. in Ägypten oder Minos auf Kreta. Wahrscheinlicher ist, daß wir uns in einer Zeit befinden, die heute nicht mit einem berühmten Namen in Verbindung gebracht wird. Während alle Menschen auf der Erde ihren täglichen Geschäften nachgehen, saust ein schnell rotierender Komet mit vier aktiven Eruptionsströmen vorbei. Wenn die Menschen zu dem Kometen hinaufsehen, schauen sie auf die

Vier symmetrisch angeordnete Ausströmungen auf der beleuchteten oberen Hemisphäre eines nicht rotierenden Kometenkerns *(oben)*. Wenn der Kern jedoch schnell rotiert (in dieser schematischen Darstellung im Uhrzeigersinn), verlängern und krümmen sich die Arme und bilden eine Art Hakenkreuz. Darstellung von Jon Lomberg/BPS.

164 *Der Komet*

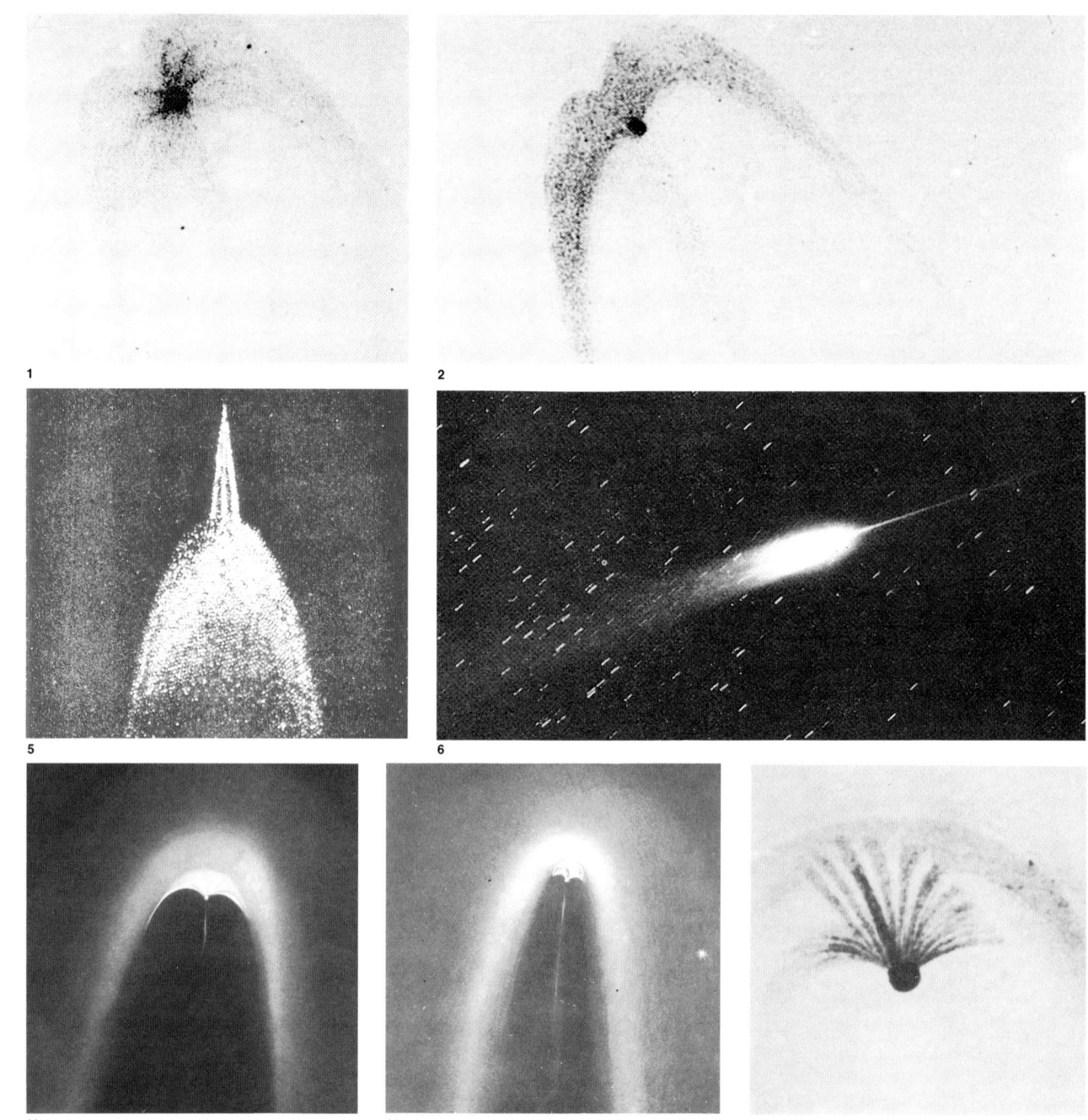

Einige der vielen Formen, die Kometen annehmen können. Kometen erscheinen in den verschiedensten Gestalten und Größen. Manchmal verändert sich ein Komet bei einer einzigen Erscheinung in kürzester Zeit sehr stark.
1 Der Halleysche Komet im Jahr 1835. Gezeichnet von Schwabe. Mit freundlicher Genehmigung der National Aeronautics and Space Administration (NASA).
2 Vier Tage später zeichnete Schwabe denselben Kometen, aber diesmal gestaltet wie eine Fledermaus. Mit freundlicher Genehmigung der National Aeronautics and Space Administration (NASA).
3 Während der nächsten Erscheinung des Halleyschen Kometen im Jahr 1910 fertigte Innes diese Zeichnung an. Mit freundlicher Genehmigung der National Aeronautics and Space Administration (NASA).
4 Noch einmal der Halleysche Komet im Jahr 1910, in einer Darstellung von Ricco. Mit freundlicher Genehmigung der National Aeronautics and Space Administration (NASA).
5 Der Komet von 1851. Mit freundlicher Genehmigung R. A. Lyttletons.
6 Der Komet Arend-Roland (1957 III) am 25. April 1957. Aufgenommen von H. Neckel. Die Photographie stammt aus N. B. Richters *The Nature of Comets*, London 1963.

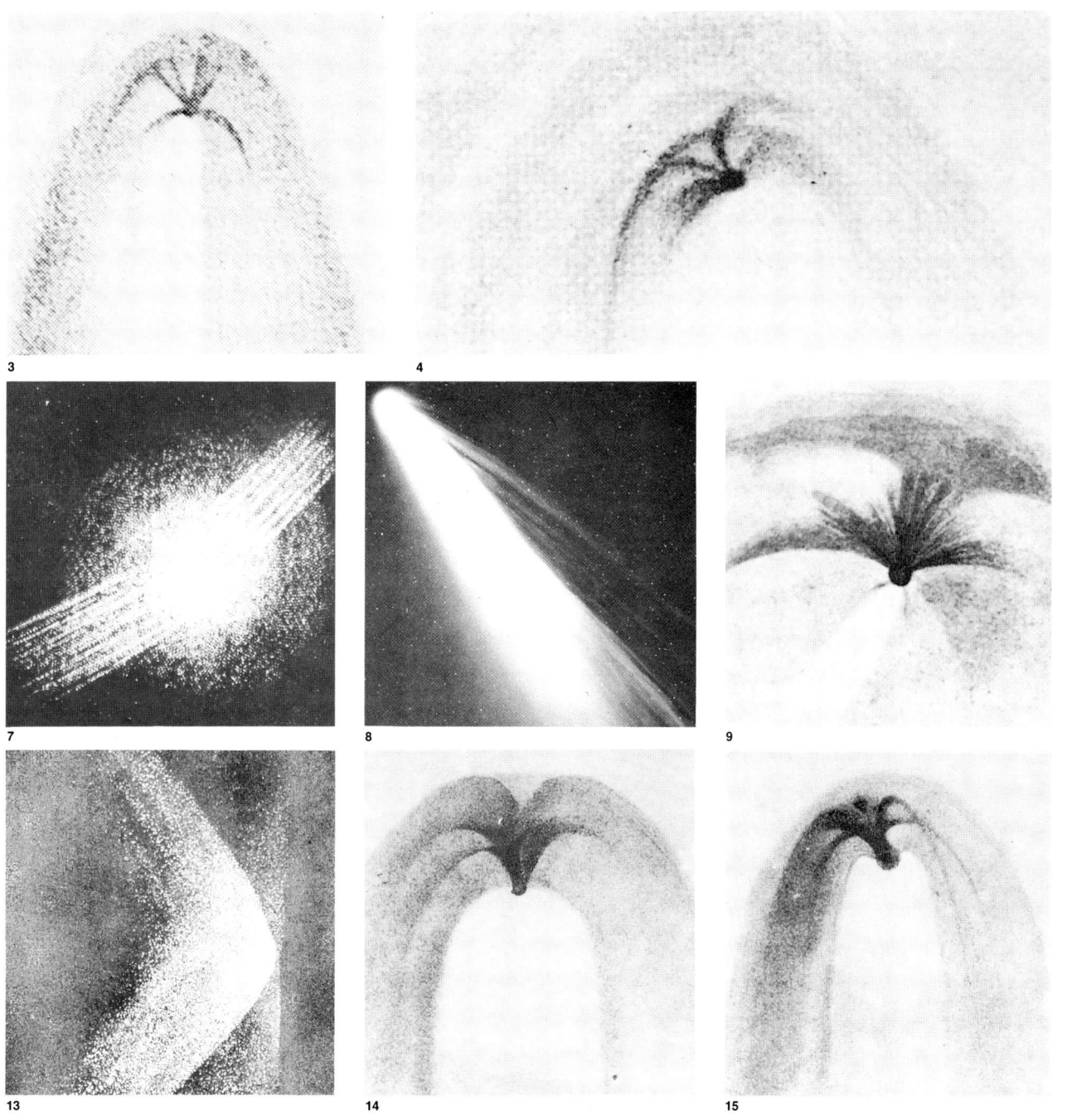

7 Der Komet von 1823. Mit freundlicher Genehmigung R. A. Lyttletons.
  Komet Tebbutt (1861 II). Gezeichnet von Secchi. Mit freundlicher Genehmigung der National Aeronautics and Space Administration (NASA).
8 Komet Tebbutt (1861 II). Einen Tag später von Secchi gezeichnet. Mit freundlicher Genehmigung der National Aeronautics and Space Administration (NASA).
9 Der Große Komet von 1861. Zeichnung von Warren de la Rue am 2. Juli 1861.
10 Der Große Komet von 1861. Einen Tag später gezeichnet von Warren de la Rue.
11 Beide Illustrationen aus: Amédée Guillemin, *Les Comètes*, Paris 1874.
12 Komet Coggia (1874 III). Zeichnung von Chambers. Mit freundlicher Genehmigung der National Aeronautics and Space Administration (NASA).
13 Zeichnung des Enckeschen Kometen von 1871. Mit freundlicher Genehmigung R. A. Lyttletons.
14/15 Zwei Zeichnungen des Kometen Daniel (1970 IV) von Wolf.

Rotationsachse. Die vier Eruptionen, die auf der sonnenzugewandten Seite symmetrisch um den Äquator angeordnet sind, erzeugen – wegen der schnellen Rotation des Kometen – gebogene Strahle, die Sie in ähnlicher Form bei einer rotierenden Berieselungsanlage im Garten sehen können. Ausgehend von den gewöhnlichen Darstellungen des Hakenkreuzes, müßten die Beobachter ein Feuerrad gesehen haben, das sich gegen den Uhrzeigersinn drehte und die Arme dabei schwang. Solange alle vier Eruptionen gleichzeitig da waren, hätten die Bewohner der Erde, vielleicht ein wenig verkürzt, ein leuchtendes Hakenkreuz am Tageshimmel gesehen.

Das Hakenkreuz hat etwas Anthropomorphes. Wir interpretieren seine Formen als Arme und Beine, die in Bewegung sind. Es ist eines der wenigen Symbole, die normalerweise nicht in der Natur vorkommen und die ebenso einfach wie eindrucksvoll sind. Würde etwas Ähnliches an Ihrem Nachthimmel mitten in Schleiern und Fontänen von Staub langsam Gestalt annehmen – etwas, das sich selbst antreibt, das lebendig und beinahe zielstrebig wirkt –, dann würden Sie dieses Ereignis bestimmt nicht so rasch vergessen. Sie würden über seine Bedeutung, seinen religiösen Sinn und über das, was es vielleicht prophezeit, spekulieren. Menschen würden das Symbol aufzeichnen, damit dieses Wunder nicht vergessen wird. Ob günstiges Vorzeichen oder Vorbote einer Katastrophe, niemand müßte den Menschen einer vorwissenschaftlichen Zeit erst lange erklären, daß dieser Komet eine Bedeutung hat.

So stellen wir uns wenigstens vor, wie es möglich gewesen sein könnte, daß das Hakenkreuzsymbol über die ganze Welt verbreitet ist. Das ist selbstverständlich nur eine Spekulation. Die Form des Hakenkreuzes unterscheidet sich nicht sehr von den Feuerradstrukturen, die in vielen Kometen beobachtet und mit kurzer Belichtungszeit durch große Teleskope photographiert wurden. Der Komet Bennett 1970 II ist das jüngste Beispiel. Beim Kometen Bennett war das Feuerrad gelb, was darauf hindeutet, daß die Form von Staub gebildet wird. Schauen Sie sich diese Formen an, und Sie werden vielleicht einräumen, daß bei einer ausreichend großen Anzahl rotierender Kometen mit Eruptionen früher oder später einer dabeisein wird, der sich uns als eine Art Hakenkreuz darstellt. Aber dieses Argument reicht nicht aus, um Sie oder uns von dem kometischen Ursprung des Symbols zu überzeugen. Wir brauchen mindestens ein konkretes Beweisstück. Unter diesen Umständen ist es interessant, daß wir gerade in der Kultur mit der längsten Tradition der sorgfältigen Beobachtung von Kometen die einfache, offensichtlich eindeutige Beschreibung einer Kometenform als Hakenkreuz finden. Das ist beim neunundzwanzigsten und letzten Kometen der Fall, der in dem alten seidenen Atlas über Kometenformen erscheint. Der Atlas wurde in einem Han-Grab in Mawangdui in China gefunden. Er datiert vom dritten oder vierten Jahrhundert vor Christus (Kapitel 2), enthält aber eine Sammlung von Beobachtungen, die viel älter sein müssen. Der neunundzwanzigste Komet wird »Di-Xing«, »der langschwänzige Fasanenstern«, genannt. Die Spalte unter dem »Hakenkreuz«-Kometen ist länger als die anderen 28, da der Hakenkreuzkomet allein Gegenstand verschiedenster Interpretationen ist. Der Komet wird mit Veränderung in Verbindung gebracht. »Seine Erscheinung im Frühling bedeutet gute Ernte, sein Erscheinen im Sommer bedeutet Dürre, sein Erscheinen im Herbst bedeutet Überflutung, sein Erscheinen im Winter bedeutet kleine Kriege.« Diese Prophezeiungen sind natürlich phantastisch, deuten aber auf mehr als eine historische Erfahrung mit Kometen dieser Form hin. Deshalb scheint uns ein Ursprung des

> Sowohl die Form des leuchtenden Schweifs wie die Richtung, in die er vom Kern austritt, waren einzigartigen und unberechenbaren Veränderungen unterworfen. Die verschiedenen Phasen wechselten so schnell, daß die Erscheinungen keine zwei Nächte hintereinander gleich aussahen. Einmal war die Ausströmung dünn und nur wenig vom Kern entfernt. Zu anderen Zeiten zeigte sie eine fächerförmige oder gegabelte Form wie eine Gasflamme, die aus einem abgeflachten Hahn austritt. Zu wieder andern Zeiten wurden zwei, drei oder sogar mehrere Ausströmungen in verschiedene Richtungen ausgesandt.
>
> John Herschel: »On the 1835 Apparition of Halley's Comet«, *Outlines of Astronomy*, London 1858

Ein Kometenbestiarium 167

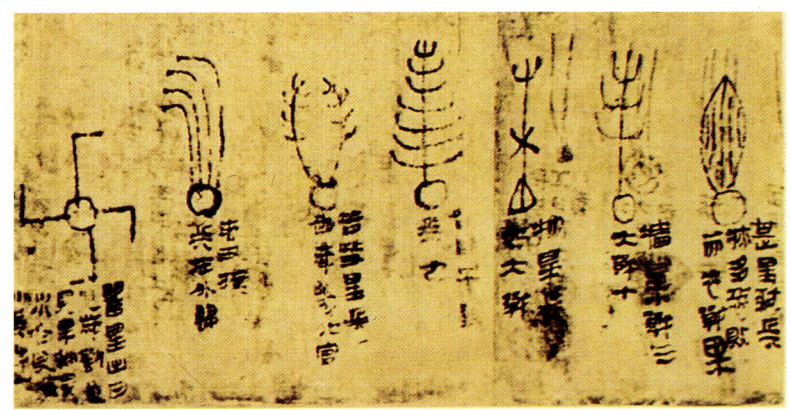

Die letzten sieben Kometen, die in der chinesischen Mawangdui-Seide aus dem dritten oder vierten Jahrhundert v. Chr. abgebildet sind. In den Bildüberschriften findet sich kein Hinweis darauf, daß die letzte Kometenform, die einem Hakenkreuz ähnelt, für etwas ganz anderes als die anderen Kometenformen gehalten wurde.

Hakenkreuzes in einer Kometenerscheinung durchaus möglich. Wir fragen uns deshalb, ob dieser Zusammenhang auf anderen, wenig beachteten Artefakten alter Kulturen dargestellt wird.

Das Hakenkreuz breitete sich über die ganze Welt aus und wurde fast überall als positives Zeichen betrachtet. Tausende Jahre später taucht der Nazibrand des Rassismus und des Raubes auf und sucht nach einem Symbol, das die angeblich höherwertigen, rassisch homogenen Völker Nordeuropas repräsentieren könnte. Sie nennen sich Arier nach den hellhäutigen Persern, die in der Mitte des zweiten Jahrtausends vor Christus in das Reich der dunkelhäutigen Inder eindrangen. Das Hakenkreuz schmückte Uniformen, Waffen, Flugzeuge und festliche Kleidungen.

Ein Feuerrad verdampfender Eisstücke erscheint in einsamer Größe am Himmel über der Erde, und 3500 bis 4000 Jahre später wird seine Form – die über alle dazwischenliegenden Menschengenerationen hinweg nicht vergessen wurde – für Barbarei und Mord eingesetzt. Aber welch merkwürdige Ironie: Ein Kometenkern mit heftigen Eruptionen stirbt. Das Hakenkreuz symbolisiert also den Tod.

Schematische Darstellung der Oortschen Kometenwolke, die um die Sonne herum verteilt ist. Nur ein winziger Bruchteil der Billionen Kometen in der äußeren Oortschen Wolke sind abgebildet. Die meisten von ihnen befinden sich in einer Entfernung von der Sonne, die ungefähr ein Drittel der Entfernung der Sonne zum nächsten Stern beträgt. In größerer Sonnennähe ist wahrscheinlich die viel zahlreichere Kometenpopulation der inneren Oortschen Wolke. Zeichnung von Jon Lomberg/BPS.

Teil 2
Ursprung und Schicksal der Kometen

11. Kapitel
Inmitten einer Billion Welten

Wie viele andere Körper außer diesen Kometen bewegen sich im Geheimen und erscheinen niemals vor den Augen der Menschen! Denn Gott hat nicht alles für den Menschen gemacht.

Seneca: *Naturbetrachtungen,* Siebentes Buch: Von den Cometen

Wir haben Grund zu der Annahme, daß es noch eine viel größere Anzahl von Kometen gibt, die sich in großer Entfernung von der Sonne befinden. Sie sind dunkel und haben keinen Schweif und könnten deshalb unserer Beobachtung entgehen.

Edmund Halley in: *Transactions of the Royal Society of London* Band 24 (1706), Seite 882

> »Es scheint allerdings nicht zur Regelmäßigkeit des Universums zu passen, daß [die Kometen] nach einem kurzen Blick auf die Sonne gleichmäßig immer weiter weg in jene öden und weiten planetarischen Grenzbereiche fliegen sollten, um Millionen von Jahren in diesen kalten und dunklen Regionen herumzukriechen.... Vielmehr sollten sie in gewissen, wenn auch langen Perioden die Sonne umlaufen.«
>
> Thomas Barker: *Of the Discoveries Concerning Comets*, London, Whiston and White, 1957

Die Alten glaubten, die Planeten gehörten zu einer unsichtbaren Maschine aus durchsichtigen Kristallsphären, die durch ein raffiniertes Getriebe miteinander verbunden sind. Wir wissen heute, daß die Alten sich irrten. Es gibt keine Kristallsphären. Die Planeten umlaufen die Sonne und werden nur von der unsichtbaren Hand der Newtonschen Gravitation geleitet. Einige Welten bestehen aus Stein, andere aus Gas oder Eis, aber von Merkur bis Pluto gibt es nirgends eine Kristallsphäre. Aber stellen Sie sich vor, daß wir das Sonnensystem mit unglaublicher Geschwindigkeit verlassen, bis selbst die äußersten Planeten für unser Auge zu klein werden und sogar die Sonne nur noch ein Lichtpunkt ist, nicht heller als der hellste Stern, der von der Erde aus gesehen werden kann. Dann treffen wir tatsächlich auf so etwas wie eine Kristallsphäre, aber auf eine zersplitterte: eine Wolke aus Billionen von Schnee-und Eisbrocken; kleine Welten, in der Größe einer Stadt, die in der großen Dunkelheit zwischen den Sternen schwach erleuchtet sind. Wir leben inmitten einer Billion unsichtbarer Welten. Das klingt wie die Lehre einer modernen Sekte. Wir reden jedoch nicht von metaphorischen Welten, sondern eher von einer Billion von Räumen, von denen jeder eine Welt für sich ist wie unsere Erde. Jeder Raum ist durch die Gravitation an eine Sonne gebunden, und jeder hat eine Oberfläche, ein Inneres und vereinzelt sogar eine Atmosphäre.

Richten Sie Ihren Blick nach oben. Konzentrieren Sie sich auf das kleinste Stück Himmel, das Sie mit dem Auge festhalten können. Stellen Sie sich vor, daß es sich kegelförmig immer weiter in den Raum zu den Sternen hin ausbreitet. In diesem kleinen Stück Himmel gibt es 100000 und mehr Welten – Welten, die wir nicht sehen und die keinen Namen haben; aber wir wissen, daß es sie gibt. Der Himmel ist voll von entfernten Cousins der Erde, den Kometenkernen, die sich kalt, schweigend und träge durch die interstellare Finsternis wälzen. Aber wenn sie veranlaßt werden, in unseren Teil des Sonnensystems zu fallen, quietschen und poltern sie, fangen an zu verdampfen, Gas- und Staubfontänen auszustoßen, und schließlich erzeugen sie den Schweif, der von den Bewohnern der Erde so angestaunt wird. Wie wir von dieser unsichtbaren Menge eisiger Welten erfahren haben, ist eine Detektivgeschichte der Wissenschaft. Sie beginnt mit Halley.

Nachdem Edmund Halley die erste Liste der Planetenumlaufbahnen aufgestellt hatte, wurde klar, daß einige Kometen unregelmäßig in Erdnähe zurückkehrten, manche nur einmal in Jahrhunderten oder noch seltener. (Siehe Abbildung Seite 72.) Er wußte, daß es viele unsichtbare, langperiodische Kometen gibt, die schon lange die Sonne nicht mehr besucht haben. Und wenn wir zufällig Kometen sehen, deren Perioden Jahre oder Jahrhunderte dauern, gibt es vielleicht andere mit Perioden, die in Millionen Jahren gezählt werden. Wie das Motto zu diesem Kapitel zeigt, war Halley bereit, an einen großen Bestand unentdeckter Kometen mit sehr langen Perioden und hohen Exzentrizitäten zu glauben. Aber mit einer wirklich riesigen Anzahl von Kometen rechnete er nicht, und als Thomas Wright eine Rosette von Kometenumlaufbahnen um die Sonne zeichnete, beschied er sich damit, einige wenige Kometen einzuzeichnen, obgleich er davon überzeugt war, daß »Kometen ... in der Schöpfung sicherlich am häufigsten vorkommen.« Der Schlüssel zur Entdeckung der Kometenwolke liegt in den Umlaufbahnen der Kometen, die wir sehen können. Aber sie stellen nur eine kleine Auswahl aus allen Kometenumlaufbahnen dar. Nach allem, was wir wissen, könnte diese Auswahl für eine größere Population nicht repräsentativ sein, aber sie ist unser einziger Ansatzpunkt.

Eine Aufnahme des Kometen Kohoutek vom 11. Januar 1974. Beachten Sie die außergewöhnliche Struktur im Schweif (rechte Ecke unten). Dieser Komet ist gerade aus der Oortschen Wolke angekommen. Mit freundlicher Genehmigung des Joint Observatory for Comet Research, New Mexico.

Eine elliptische Kometenumlaufbahn hat eine bestimmte Größe. Der Punkt der Bahn, der der Sonne am nächsten liegt, heißt Perihel. Den entferntesten Punkt bezeichnet man als Aphel. Diese Fachbegriffe haben wir im ganzen Buch durchgehend verwendet. Die Linie zwischen Perihel und Aphel, die durch die Sonne hindurch läuft, ist die große Achse der Ellipse. Die Hälfte der großen Achse nennt man die große Halbachse. Kometen mit kurzen großen Halbachsen verlassen den planetarischen Teil des Sonnensystems nie und bilden das Reich der kurzperiodischen Kometen. Solche Kometen hat die Gravitation der Sonne eingefangen. Nur ein sehr starker äußerer Einfluß könnte ihre Laufbahn maßgeblich verändern. Kometen mit langen Halbachsen sind den größten Teil einer Umlaufzeit weit hinter den Umlaufbahnen der Planeten und tauchen seltener als einmal im Laufe eines Menschenlebens im inneren Sonnensystem auf. Solche langperiodischen Kometen sind viel lockerer an die Sonne gebunden und lassen sich leichter aus der Bahn bringen. Man ist übereingekommen, einen Kometen mit einer Periode, die kürzer als 200 Jahre ist, einen kurzperiodischen Kometen zu nennen. Ein Komet mit einer Periode von über 200 Jahren heißt entsprechend langperiodischer Komet. Die Zahl 200 ist keine magische Zahl. Sie wurde gewählt, weil sie ungefähr die Jahre angibt, in denen moderne astronomische Forschungen zu Kometen angestellt wurden. Der Enckesche Komet oder (nach dieser Definition) der Halleysche Komet sind also kurzperiodische Kometen, während ein Komet wie Kohoutek, der 1973 an der Erde vorüberzog und nicht vor Ablauf von zehn Millionen Jahren zurückkehren wird, ein langperiodischer Komet ist.

Laplace nahm an, die Sonne habe eine unveränderliche Position im Weltraum und würde von einer großen Anzahl interstellarer Kometen in zielloser Bewegung umkreist. Einige von ihnen würden sich relativ zur Sonne zufällig sehr langsam bewegen, sodann von ihrer Gravitation angezogen werden und in das innere Sonnensystem fallen. Dadurch kämen, wie Laplace zeigte (Kapitel 5), viele Kometen auf sehr exzentrische Umlaufbahnen, die jedoch an die Sonne gebunden wären. Nur selten würde ein Komet in eine hyperbolische Laufbahn geraten, einmal kurz in das innere Sonnensystem eintauchen und nie wieder zurückkehren. Aber das sehen wir nur scheinbar. Da die Berechnung mit Beobachtungen von Kometen übereinstimmt, nahm Laplace sie als Bestätigung der Existenz einer großen Wolke interstellarer Kometen, von denen die Sonne und ihre Planeten umgeben sind.

Spätere Forscher entdeckten jedoch, daß die Sonne sich gleichfalls bewegt. Zur Zeit nähert sie sich mit hoher Geschwindigkeit einem Punkt im Sternbild des Herkules.* Berechnet man die Fallbahn interstellarer Kometen in zielloser Bewegung für eine bewegte Sonne, dann kommt man, entgegen den Beobachtungen, zu einer großen Zahl hyperbolischer Kometen. Im späten 19. Jahrhundert wurde Laplace' These von der Existenz einer Wolke interstellarer Kometen verworfen. An die Lösung dieses Problems – der Vorstellung, daß die Kometen locker an die Sonne gebunden sind und die Sonne sich in Relation zu den Kometen nicht bewegt – kam man erst im zweiten Drittel des 20. Jahrhunderts.

Laplace hatte auch berechnet, daß die kurzperiodischen Kometen zerstört würden, entweder weil sie durch ihre eigene Gravitation aus dem Sonnensystem hinausgeschleudert würden oder weil sie hin und wieder mit einem Planeten zusammenstoßen würden oder nach ausreichend vielen Durchgängen durch das Perihel einfach im interplanetaren Raum verschwänden. Wenn es eine große Wolke interstellarer Kometen gäbe, könnte die Ansammlung kurzperiodischer Kometen durch eine Kaskade von interstellaren Kometen zu langperiodischen Kometen und dann wieder zu kurzperiodischen Kometen ergänzt werden. Das ist das planetarische Billardspiel, das schon erwähnt wurde (Abbildung Seite 89 unten). Wie aber werden diese zerstörten Kometen im inneren Sonnensystem ersetzt, wenn die Sonne interstellare Kometen nicht anzieht?

Es gibt nur zwei Möglichkeiten: Entweder entstehen heute irgendwo im Sonnensystem Kometen, oder es gibt irgendwo im Sonnensystem einen riesigen Vorrat an Kometen, der für ständigen Nachschub sorgt. Alle Vermutungen darüber, wie Kometen in ausreichender Zahl erst in jüngster Zeit entstanden sein könnten, haben sich als falsch erwiesen. Damit bleibt als Erklärung nur, daß die Kometen sehr weit entfernt sind. Wenn sie uns näher wären, müßten wir irgendwelche Anzeichen von ihnen finden. Daraus folgt, daß in sehr großer Entfernung von der Erde (und von der Sonne) eine richtige Kometenwolke existieren muß. Aber wo ist sie? Und wie viele Kometen befinden sich dort?

Wenn wir wenige langperiodische Kometen auf sehr exzentrischen Umlaufbahnen sehen, die in das innere Sonnensystem stürzen, könnte es dann nicht eine viel größere Anzahl von Kometen geben, die auf langsamen, runden Umlaufbahnen weit draußen hinter Pluto kreisen und das innere Sonnensystem meiden? So könnte man die beinahe zufälligen Inklinationen der Umlaufbahnen der langperiodischen Kometen erklären. Wir können uns vorstellen, daß sie von allem abgekoppelt sind, was Planeten und kurzperiodische Kometen auf ihrer Ekliptik beeinflußt. Die Kometenwolke bewegt sich so, wie noch Newton glaubte, daß die Planeten sich bewegen müßten, wenn Gott nicht am Anfang eingegriffen hätte. Solche Kometen wären viel zu weit von der Sonne entfernt, um Komas oder Schweife entwickeln zu können. Sie wären von der Erde aus nicht zu sehen.

Jan Oort war viele Jahrzehnte lang das Haupt der hervorragenden modernen Schule holländischer Astronomen. Zu seinen vielen Beiträgen gehören die erste korrekte Berechnung der Entfernung der Sonne vom Zentrum der Milchstraße, die erste Anwendung von Radioteleskopen zur kartographischen Darstellung der Spiralstruktur der Milchstraße und die

Der Astronom Ernst Julius Öpik. Der 1843 geborene Wissenschaftler hat über 50 Jahre lang wichtige Beiträge zur Erforschung von Kometen, Asteroiden, Meteoren und Meteoriten geleistet. Seine Arbeit über das Schmelzen der Meteore beim Eintritt in die Erdatmosphäre hatte unerwartete Spätfolgen bei der Entwicklung von Hitzeschilden für ballistische Geschosse und Weltraumfahrzeuge. Aus dem *Irish Astronomical Journal*.

---

* Daß alle Sterne eine Eigenbewegung haben, bewies als erster der allgegenwärtige Mr. Halley.

Entdeckung starker episodischer Explosionen im Zentrum der Milchstraße, was auf ein Schwarzes Loch genau im Zentrum unserer Galaxie hindeuten könnte. Und es war Oort, der kurz nach dem Zweiten Weltkrieg die Existenz einer fernen Kometenwolke annahm, die locker an die Gravitation der Sonne gebunden ist. Einige Aspekte der Theorie wurden von dem estnisch-irischen Astronomen Ernst Öpik vorweggenommen. Aber Oort war der erste, der die volle Schönheit der Theorie erkannte und weiterentwickelte.

Wie Halley die Eigentümlichkeiten der Umlaufbahnen der Handvoll von Kometen, die ihm zur Verfügung standen, untersuchte, analysierte Oort 21 langperiodische Kometen mit gut berechneter Umlaufbahn. Er stellte fest, daß es eine kleine, diffuse Menge von langperiodischen Kometen mit großen Halbachsen gibt, die eine Länge von wenigen tausend Astrologischen Einheiten haben. Außerdem gebe es noch ein paar Dutzend Kometen, deren große Halbachsen eine Länge von mehreren tausend A.E. hätten. Das sind bereits riesige Entfernungen von der Sonne. Die Kometen sind also einige hundertmal weiter von der Sonne entfernt als Pluto. Aber die Masse der Kometen befindet sich anscheinend in der Entfernung von 100000 A.E. Einundzwanzig Kometen bilden kein sehr reiches Vergleichsmaterial, aber es reicht aus. Seit Oorts Pionierarbeit im Jahre 1950 sind die statistischen Methoden besser geworden, aber die Schlußfolgerung bleibt dieselbe: Die meisten langperiodischen Kometen kommen aus einem Raum, der ungefähr 100000 A.E. von der Sonne entfernt ist.

Oort vermutete, daß eine gewaltige Kometenwolke die Sonne in riesigen Entfernungen umrundet und alle Kometen, die wir sehen, nur Ausreißer aus dieser fernen Gemeinde sind. Die meisten dieser Kometen sind auf beinahe kreisförmigen Umlaufbahnen mit vernachlässigbarer Exzentrizität. Sie dringen nie in den planetaren Teil des Sonnensystems ein, und wir bekommen sie nie zu Gesicht. Aber gelegentlich verläßt ein Kometenkern seine Gefährten und stürzt in das innere Sonnensystem. Dort kann er der Sonne so nah kommen, daß wir ihn als langperiodischen Kometen bezeichnen. Er kann aber auch etwas näher an einem oder mehreren der großen Planeten vorbeiziehen. Dadurch wird seine Umlaufbahn zunehmend verändert – bis wir ihn schließlich als kurzperiodischen Kometen beschreiben können.

Aber was veranlaßt diesen einsamen Kometen, der von der Gravitation der Sonne kaum angezogen wird, in das innere Sonnensystem einzudringen? Oort berechnete, daß die Sonne in ihrer Bewegung um das Zentrum der Milchstraßengalaxie gelegentlich anderen Sternen nahe genug kommen würde, um in der Kometenwolke eine Art Gravitationsverwirrung auslösen zu können. Dadurch würden viele von ihnen in alle Richtungen verstreut und einige auch in die Nähe der Sonne. Ein typischer Komet in der Oortschen Wolke umkreist die Sonne mit der geringen Geschwindigkeit von 100 Metern in der Sekunde, ungefähr 360 km/h. Die Geschwindigkeitsveränderung, die durch den vorbeiziehenden Stern ausgelöst wird, beträgt nur wenige Millimeter pro Sekunde. Das ist ungefähr die Höchstgeschwindigkeit, die Sie erreichen können, wenn Sie mit den Fingern über eine Tischplatte laufen. Die Gesamtgeschwindigkeit des Kometen erhöht sich dadurch nur geringfügig, aber das reicht aus, um einige von ihnen wegzutreiben, so daß sie schließlich unten zwischen den Planeten herumtorkeln. Es ist nicht nur ein Gravitationsimpuls eines einzelnen vorbeiziehenden Sterns, der die Kometen in Aufregung versetzt. Vielmehr bildet sich durch Dutzende stellare Passagen eine quirlige Population von Kometen, die sich schneller bewegen. Das letzte stellare Zusammentreffen

Jan Hendrik Oort von der Universität Leiden in den Niederlanden. Oort kartographierte die Spiralstruktur der Milchstraßengalaxis und untersuchte, neben vielen anderen Leistungen, das merkwürdige polarisierte Licht des Krebs-Nebels. Aus R. Berendzen: *Man Discovers the Galaxies*, New York 1984.

Öpik hatte früher schon stellare Perturbationen ferner Kometenumlaufbahnen untersucht. Seine Schlußfolgerungen hat Russel wie folgt zusammengefaßt:
»Auch die Inklinationen der Umlaufbahnen sind stellaren Perturbationen ausgesetzt und können sich verändern. Auf Dauer gesehen, entsteht dadurch ein heilloses Durcheinander. Vielleicht könnte so die beobachtete wahllose Verteilung der Kometeninklinationen erklärt werden.«

Henry Norris Russel: *The Solar System and Its Origin*, New York 1935

»Der Artikel zeigt, daß drei Tatsachen, die langperiodische Kometen betreffen und bis jetzt nicht richtig gedeutet wurden, nämlich die wahllose Verteilung der Umlaufebenen und der Perihele und die überwiegende Zahl beinahe parabolischer Umlaufbahnen, als notwendige Folgen (stellarer) Perturbationen bei den Kometen betrachtet werden können.«

J. H. Oort: »The Structure of the Cloud of Comets Surrounding the Solar System, and A Hypothesis Concerning Its Origin«, *Bulletin of the Astronomical Institute of The Netherlands* Band 11 (1950), Seite 91

> »Wir können deshalb ungefähr die hunderttausendfache Entfernung der Erde von der Sonne als Grenze für die durchschnittliche große Achse einer Kometenumlaufbahn ansetzen, wenn wir von einer Periode von zehn Millionen Jahren ausgehen. Da wir pro Jahr ungefähr drei Kometen mit einer langen Periode sehen und einige vielleicht gar nicht bemerken, dürfte es circa 50 Millionen Kometen geben.«
>
> Herbert Hall Turner, Professor am Savilian-Lehrstuhl für Astronomie der Universität Oxford, bei einem Freitagabendgespräch der Royal Institution in London am 18. Februar 1910

Die Berechnung läßt Kometen außer acht, die nicht in das innere Sonnensystem eindringen. Sie zeigt aber, daß viele Überlegungen, die für die Hypothese der Oortschen Wolke wichtig sind, schon seit Jahrzehnten, ja sogar seit Jahrhunderten in der Luft liegen.

bewirkt dann den geringen Geschwindigkeitszuwachs, der nötig war, um ein paar Kometen zur Sonne oder in das interstellare Medium zu treiben.

Selbst wenn sich ein Stern seinen Weg mitten durch die Kometenwolke bahnte, wären die Konsequenzen nicht spektakulär. Öpik verglich das mit einem Geschoß, das durch einen Mückenschwarm fliegt: nur ein paar Mücken werden zerschmettert und getötet. Der Schwarm als ganzer besteht fast unbeschädigt weiter. Und Kometen, die sich tief in der Oortschen Wolke befinden, werden durch stellare Perturbationen nicht aus ihrer Bahn geworfen. Da sie sich näher an der Sonne befinden, sind sie durch die Gravitation stärker gebunden und können von einem vorbeiziehenden Stern nicht losgerissen werden.

Wir wissen heute, daß außer den nahen Sternen große Wolken interstellarer Moleküle – viele von ihnen sind organisch – in der Nähe der Sonne existieren. Das Sonnensystem wird vermutlich ungefähr einmal alle Äonen ein paar solcher Wolken durchqueren. Immer wenn das passiert, findet eine zusätzliche Gravitationsbewegung des Kometenhalos um die Sonne statt, und ein weiterer Kometenschwarm wird in das Innere des Sonnensystems getrieben.

Oort schloß daraus auf ein riesiges Reservoir von Kometen in tiefgefrorenem und unbeschädigtem Zustand. Aber wie groß ist dieses Reservoir? Im achtzehnten Jahrhundert argumentierte der aus dem Elsaß stammende deutsche Astronom Johann Heinrich Lambert, daß der Raum um die Sonne wahrscheinlich mit so vielen Kometen angefüllt sei, wie hineinpaßten, ohne daß es ständig zu Zusammenstößen käme. Daraus folgerte er, daß es im Sonnensystem »mindestens 500 Millionen Kometen« gäbe. Aus der gegenwärtigen Größe der Oortschen Wolke und der gegenwärtigen Anzahl von Gravitationsperturbationen durch vorbeiziehende Sterne schließen Astronomen auf mindestens eine Billion Kometenkerne. Die Zahl von Kometen in der Oortschen Wolke ist also etwa so groß wie die Zahl der Sterne in einer Galaxie, die beträchtlich größer als die Milchstraße ist. Es scheint jedoch, daß die Zahl der Kometen in der Oortschen Wolke noch größer ist. Eine Reihe jüngster Forschungsergebnisse unterstützt die These, daß sich die Oortsche Wolke von ihrer Peripherie in ungefähr 100 000 A. E. Entfernung von der Sonne stetig nach innen ausdehnt und beinahe die Umlaufbahn von Pluto* erreicht. In diesem Fall könnte die Anzahl der Kometen fast 100 Billionen erreichen.

Diese Zahlen sind so schwindelerregend, daß sie Anlaß zu Zweifeln geben. »Das größte Problem dieser Hypothese«, sagt ein sehr angesehener amerikanischer Astronom, der für seine Aufgeschlossenheit neuen Ideen gegenüber bekannt ist, »besteht darin, daß sie die Existenz einer riesigen Zahl von Kometen mit einer großen Perihelentfernung voraussetzt.« Genau das ist das Hauptproblem.

Welchen Umfang hat die Oortsche Wolke? Hunderttausend A. E. sind etwas weniger als zwei Lichtjahre, ungefähr die Hälfte der Entfernung der Sonne von dem nächsten Stern. Wenn wir auf dem Kometen stünden, wären wir so weit von der Sonne entfernt, daß wir sie so sehen würden, wie

---

* Diese Kometen sind einerseits zu weit draußen, als daß sie mit Planeten zusammenstoßen könnten, wodurch sich ihre Bahnen verändern würden. Und sie sind andererseits für die gewöhnlichen vorbeiziehenden Sterne oder interstellaren Wolken zu weit drinnen, als daß diese ihre Bahnen stören könnten. Aber in jedem geologischen Zeitalter kommt ungefähr einmal ein Stern ungewöhnlich nahe an die Sonne heran und zieht sogar durch die Oortsche Wolke hindurch. Wenn es eine innere Oortsche Wolke gibt, kann sie durch eine nahe Begegnung mit einem Stern weitgehend zerstört werden. Eine Milliarde Kometen werden dann auf einmal ausgestreut, ein Kometenschauer prasselt ins innere Sonnensystem, bei dem eine Million Jahre lang ungefähr ein Komet pro Stunde niedergeht.

sie vor zwei Lichtjahren aussäh. Die typische Periode, mit der ein Komet aus der Oortschen Wolke die Sonne umläuft, sind ein paar Millionen Jahre. Da das Sonnensystem fünf *Milliarden* Jahre alt ist, hat so ein typischer Komet die Sonne tausendmal umlaufen. Ein Jahr auf dem Kometen ist eine Million Mal länger als ein Jahr auf der Erde. Auf diese Welten treffen die Worte aus dem 90. Psalm tatsächlich zu: »Denn tausend Jahre sind vor dir wie ein Tag.«*

Wenn sich eine Billion oder mehr Kometen in der Oortschen Wolke befinden, meinen Sie vielleicht, daß die Kometen sich dort wesentlich näher kommen müßten als irgendwoanders im Sonnensystem. Sie stellen sich vor, daß sie sich weit entfernt von der Sonne zusammendrängen wie auf Gustave Dorés Bild die Seelen der Toten in der Hölle.

Aber die große Zahl der Kometen hat in dem riesigen Raum, den sie einnehmen, mehr als genug Platz. Die durchschnittliche Entfernung zwischen den Kometen beträgt ungefähr 20 A. E.; das entspricht also ungefähr der Entfernung von der Erde zum Planeten Uranus. Die höchste Kometenkonzentration im Sonnensystem findet sich zufällig in den innersten Regionen, wo wir durch einen glücklichen Zufall leben. Drei oder vier langperiodische Kometen ziehen jedes Jahr vorbei. Das ist, soweit wir wissen, die höchste Kometendichte, die es zwischen unserem Sternensystem und dem Alpha Centauri, dem nächsten Sternensystem, gibt.

Eine Gruppe von Sündern ereilt ihr Schicksal nach dem Tod. Aus: *Die Menge der Sünder* von Gustav Doré. Illustration zu Dantes »Inferno«.

Die Raumsonde Voyager 2 wurde 1977 mit ungewöhnlich hoher Geschwindigkeit auf eine Flugbahn gebracht, auf der sie 1986 den Planeten Uranus und 1989 den Neptun erreichen könnte. Wenn wir mit unserer gegenwärtigen Technologie die Oortsche Wolke erreichen wollten, bräuchten wir Jahrzehnte, um von einem Kometen zum anderen zu fliegen. Wir werden die Oortsche Wolke in nächster Zukunft jedoch noch nicht erreichen. Die Voyager-Raumsonde – die schnellste, die von der Menschheit je abgeschossen wurde – braucht neun Jahre, um von der Erde zum Uranus zu fliegen, und sie bräuchte 10000 Jahre, um das Zentrum des Kometenreservoirs zu erreichen. Die Kometen selbst brauchen Millionen von Jahren, um von den äußersten Grenzen des Sonnensystems in die Nähe der Erde zu fallen. Die Oortsche Wolke ist sehr weit weg.

Wieviel wiegt eine Billion Kometen? Wenn jeder von ihnen ungefähr einen Kilometer Durchmesser hat, entspricht die Gesamtmasse aller Kometen in der äußeren Oortschen Wolke ungefähr der derzeitigen Masse der Erde. Anders ausgedrückt: Wenn man die Erde in einzelne Brocken von einem Kilometer Größe teilt, erhielte man, was die Anzahl und die Größe (nicht aber die Zusammensetzung) angeht, ungefähr die gegenwärtige Kometenpopulation der äußeren Oortschen Wolke. Wenn der Komet durchschnittlich etwas größer ist oder wenn Sie die innere Oortsche Wolke mit einbeziehen, wird die Gesamtmasse der Wolke beträchtlich höher sein.

Die kurzperiodischen Kometen tendieren dazu, die Sonne in derselben Ebene zu umlaufen wie die Planeten, nämlich in der Ekliptik oder Zodiakalebene. Sie tendieren auch dazu, die Sonne in derselben Richtung wie die anderen Planeten zu umrunden. Die langperiodischen Kometen zeigen jedoch eine chaotische Mixtur der verschiedensten Umlaufbahnneigungen. Die Wahrscheinlichkeit, daß die Richtung ihrer Umlaufbahnen den Bahnen der anderen Planeten genau entgegengesetzt ist, ist ebenso groß wie die Wahrscheinlichkeit, daß sie die Sonne in derselben Richtung umkreisen. Newton glaubte, daß das Chaos der langperiodischen Kometen genau dem entspräche, was man in einem Universum finden würde, in

---

* 365 Tage/Jahr × 1000 Jahre = 365 000 : 1, fast 1 000 000 : 1.

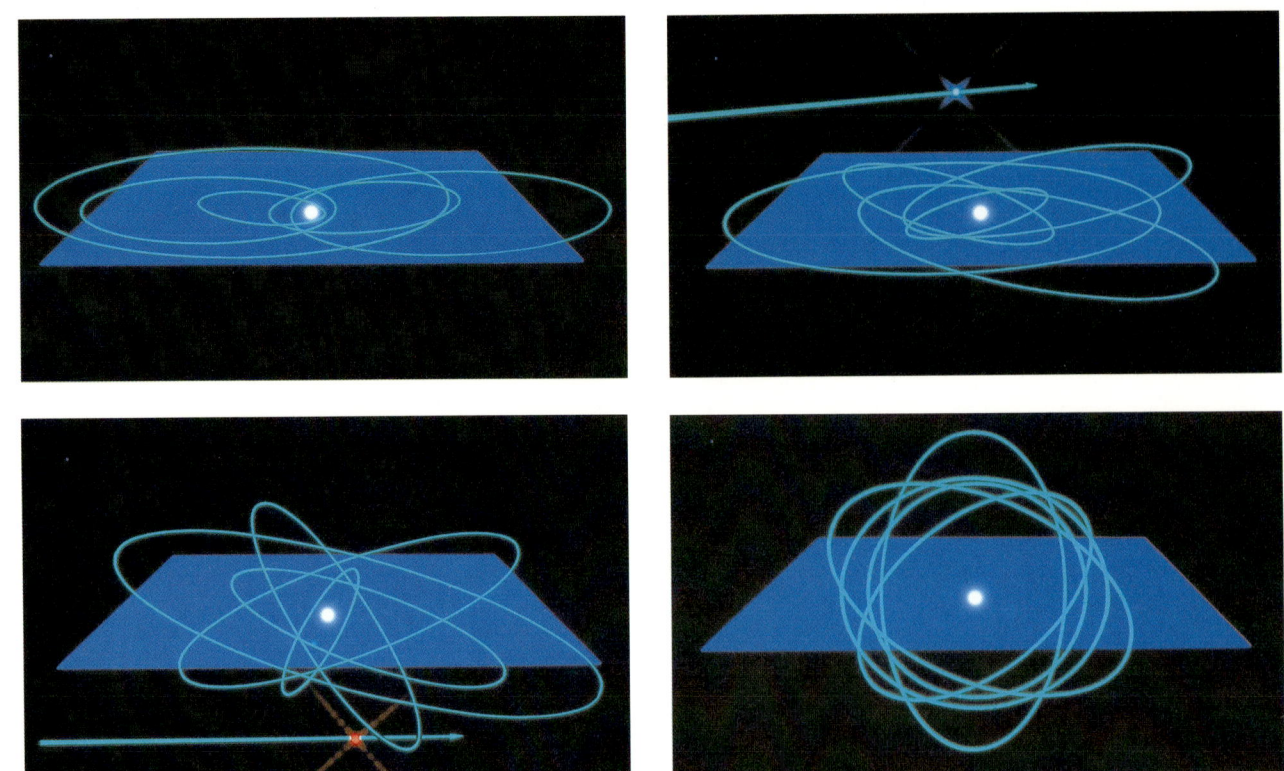

Ursprünglich geordnete Kometenbahnen geraten durch die Gravitationswirkungen vorbeiziehender Sterne in Unordnung. Die blaue Ebene stellt die Ekliptik oder Zodiakalebene dar, auf der die Umlaufbahnen der Planeten und kurzperiodischen Kometen liegen. Stellen Sie sich vor (oben links), daß die Kometen in der Oortschen Wolke und die langperiodischen Kometen ursprünglich an diese Ebene gebunden waren. Solange das Sonnensystem existiert (oben rechts, unten links), ziehen Sterne vorbei. Durch ihren Einfluß werden die Kometenumlaufbahnen aus der Ebene gehoben, bis sie (unten rechts) die unterschiedlichsten Neigungen haben und eher außerhalb als in der Ebene liegen. Der Lichtpunkt in der Mitte ist die Sonne. Die Gravitationswirkung dieser vorbeiziehenden Sterne kann gelegentlich auch einen Kometen der Oortschen Wolke in das innere Sonnensystem treiben. Graphische Darstellung von Jon Lomberg/BPS.

dem nur die Gravitation alle Bewegungen beherrschte. Die geordnete Regelmäßigkeit der kurzperiodischen Kometen dagegen sei ein Zeichen für das Eingreifen Gottes bei Erschaffung der Welt. Aber nachdem Laplace gezeigt hatte, daß die Bahncharakteristika langperiodischer Kometen auf die Bahnstörungen der kurzperiodischen Kometen übertragen werden können, die von der Gravitation Jupiters eingefangen werden, wurde die religiöse Interpretation allmählich aufgegeben, obwohl ein Dozent an der Royal Institution noch 1835 damit schließen konnte, daß die Umlaufbahnneigungen und die Exzentrizität von Kometen »nicht von physikalischen Gesetzen, sondern vom Willen des Schöpfers abhängen«. In der Tat ist es für menschliche Wesen schwierig, den Willen des Schöpfers zu erkennen: Oort erbrachte den mathematischen Beweis, daß stellare Perturbationen durchaus ausreichen, um die Umlaufbahnen neu zu verteilen, unabhängig davon, welche Neigung die Kometenbahnen in der Oortschen Wolke hatten. Selbst wenn alle Kometen in der Oortschen Wolke ursprünglich dieselbe Ebene hatten wie die Planeten, hätten vorbeiziehende Sterne die Neigungswinkel inzwischen wahllos verändert und außerdem eine gleichgroße Anzahl langperiodischer Kometen mit retrograder und prograder Umlaufrichtung erzeugt. Jede Information über die ursprüngliche Verteilung der Kometenbahnen ist durch die verschiedensten stellaren Zusammentreffen inzwischen verlorengegangen.

Ein typischer Komet in der Oortschen Wolke lebt schon Milliarden Jahre lang bei einer Temperatur von ein paar Grad über dem absoluten Nullpunkt. Nichts geschieht: keine Kollisionen, keine Erwärmung des Kometen, kein Abströmen der Gase. In der Oortschen Wolke ist es sehr ruhig. Ein Fluß galaktischer kosmischer Strahlen drängt sich allmählich gewaltsam in den obersten Meter des Kometen, manchmal auch zwei Meter tief hinein. Jeder kosmische Strahl läßt eine Spur von zerstörten chemischen

Bindungen hinter sich zurück. Die Fragmente schließen sich langsam wieder an der eisigen, massiven Oberfläche zusammen und bilden neue Moleküle. Wenn zuerst Methan oder Kohlenmonoxideis entstehen, werden daraus seit dem Bestehen des Sonnensystems sehr häufig komplexe organische Moleküle gebildet. Das gilt aber nur für die äußere Hülle des Kometen. Wenn man einen sehr langsamen Zeitrafferfilm der Kometenoberfläche drehen könnte (sozusagen mit einer Einstellung pro Million Jahre), könnte man sehen, wie durch die Synthese der komplexen organischen Moleküle die Eisstücke langsam dunkler und immer intensiver rot würden. Nehmen wir einmal an, die Bahn des Kometen wird im inneren Sonnensystem gestört. Während eines einzigen Perihel-Durchgangs würde das ganze chemisch veränderte Eis ins All verdampfen. Die Arbeit einer Milliarde Jahre wäre in einem Augenblick zunichte. Das darunter liegende Eis, das nach dem Verdampfen des obersten Meters freigelegt ist, wird sein ursprüngliches Aussehen nahezu beibehalten haben. Es wird reines weißes Eis sein, wenn das das Ausgangsmaterial für den Kometen war, oder Eis mit roten Flecken, die von den organischen Molekülen der interstellaren Materie herstammen, die zuerst in den Kometen eingegangen ist. Auf jeden Fall liegt unter der dünnen Oberflächenschicht, die von den kosmischen Strahlen bearbeitet wird, eine Materie, die seit Beginn des Sonnensystems praktisch unberührt ist.

Warum liegt die äußere Grenze der Oortschen Wolke in einer Entfernung von 100 000 A. E.? Nimmt die Dichte der Kometen in der Oortschen Wolke in größerer Entfernung langsam ab? Stößt die Oortsche Wolke vielleicht mit einer Wolke eines anderen Sterns zusammen? Wir können uns zwei Kometenhalonen vorstellen, die sich überschneiden und sich gegenseitig durchdringen. Die einzelnen Kometen vermischen sich, sind aber doch weit voneinander entfernt und dem Stern treu, in dessen Umgebung sie geboren wurden, bis sie schließlich weiterziehen. Wir wissen jedoch, daß die Oortsche Wolke eine Ausdehnung von circa 100 000 A. E. hat. Der sowjetische Astrophysiker G. A. Chebotarov hat gezeigt, daß das massive Zentrum der Milchstraßengalaxie, das von Sonne und Erde 30 000 Lichtjahre entfernt ist, den lockeren Gravitationsgriff der Sonne auf einen Kometen, der über 200 000 A. E. weit weg ist, durchaus lösen kann. Aber ein kleiner Teil der Zentrumsmasse der Galaxie besteht wahrscheinlich aus einem Schwarzen Loch, das sich dort befindet. Ohne das Schwarze Loch wäre die Oortsche Wolke nur etwas größer. Die Oortsche Wolke verknüpft vertraute Vorfälle in unserem öden Teil des inneren Sonnensystems nicht nur mit den nächsten Sternen, sondern auch mit dem Zentrum der Galaxie, das so weit weg ist, daß wir es in dem Zustand sehen, in dem es vor 30 000 Jahren war, weil ihr Licht so lange braucht, um zur Erde zu kommen. Die Kometen, die durch unseren Teil des Sonnensystems rasen, gehören zu einer launischen Population, die von vorbeiziehenden Sternen und astronomischen Nebeln nervös gemacht wurde. Wäre unser Sonnensystem isoliert vom Rest des Weltalls, wir würden nie von der Existenz der Kometen erfahren. Dann nämlich könnten keine Wandersterne und interstellare Wolken zufällig die Oortsche Wolke streifen und sie zur Freigabe einiger Kometen veranlassen, die ins Innere des Sonnensystems geeilt kommen.

Und die Zahl der Kometen, die hier unten ankommen, wird (wie die äußeren Grenzen der Oortschen Wolke, aus der sie stammen) zum Teil von einem Schwarzen Loch im Zentrum der Galaxis bestimmt, einem Phänomen, von dem man noch vor wenigen Jahrzehnten keine Ahnung hatte. Die Kometen sind also ebenso unerwartet wie fest mit Milchstraße ver-

Eine Briefmarke der Vereinten Nationen, die einen Kometen mit einer Galaxie in Verbindung bringt.

Eine frühe Ansicht darüber, welcher Zusammenhang zwischen Kometen und der Milchstraßengalaxie besteht. Diese Karikatur von Olaf Gulbransson zeigt den Polizeichef von Berlin, der kurz zuvor eine öffentliche Demonstration mit Gewalt niedergeschlagen hatte. Er verwarnt den Halleyschen Kometen, weil er durch die Milchstraße fährt. »Die Milchstraße«, schimpft er, »ist kein Ort für eine Demonstration.« Aus *Simplicissimus*, 4. April 1910. Mit freundlicher Genehmigung Ruth S. Freitags, Library of Congress.

bunden. Diese Schlußfolgerung paßt gut zu den Gedanken Jan Oorts, der vielleicht mehr als jeder andere im zwanzigsten Jahrhundert unser Wissen über die Galaxie revolutioniert hat.

Oorts Theorie hat einen bemerkenswerten Erklärungshorizont. Um die Handvoll neuer Kometen zu erklären, die jedes Jahr an unserem Himmel erscheint, wird eine riesige, schwindelerregende Zahl unsichtbarer Kometen angenommen, die sich weit hinter der Umlaufbahn des Pluto befinden. Oorts Theorie erklärt das, was wir über Kometen wissen, besser als jede andere Theorie. Die Billionen Kometen werden heute von Astronomen auf der ganzen Welt als existent angenommen und passenderweise als Oortsche Wolke bezeichnet. Jedes Jahr erscheinen viele wissenschaftliche Aufsätze über die Oortsche Wolke, über ihre Eigenschaften, ihren Ursprung und ihre Entwicklung, obwohl es nicht den geringsten empirischen Beweis für ihre Existenz gibt. Keine Raumsonde ist bis zur Oortschen Wolke geflogen, um die Kometen dort zu zählen. Und es wird noch ein Weilchen dauern, bis es soweit ist. Es gibt keine Messungen mit Teleskopen auf der Erde oder im Weltraum, mit denen die Existenz einer solchen Wolke bestätigt worden wäre, und unserer Einschätzung nach kann die Wolke mit gegenwärtigen Meßinstrumenten auch nicht entdeckt werden.

Wir verfügen heute noch nicht über die Fähigkeit, in der Oortschen Wolke herumzustöbern. Mit der Verfeinerung der wissenschaftlichen Instrumente und der Weiterentwicklung von Weltraumsonden, dis bis weit hinter Pluto fliegen können, werden sich unsere Möglichkeiten verbessern, die Kometen der Oortschen Wolke zu beobachten. In der Zukunft unserer Gattung wird der Tag kommen – vorausgesetzt, wir sind nicht so dumm und rotten uns vorher selbst aus –, an dem wir die Population der Oortschen Wolke direkt messen, jeden der größeren Kometen benennen und charakterisieren, ihre zukünftigen Umlaufbahnen berechnen und vielleicht sogar Pläne für ihre Nutzbarmachung entwickeln können. Wir wissen nicht, wie lange es noch dauern wird, bis eine Darstellung der Oortschen Wolke wie auf der Aufmacherseite dieses Kapitels möglich sein wird, die auf empirischen Daten basiert. Aber wir wünschen den Astronomen jener fernen Zeit viel Erfolg und teilen schon im voraus die Freude, die sie zweifellos an jenen großen Entdeckungen der Zukunft haben werden.

Ein Schnappschuß vom Ursprung des Sonnensystems vor beinahe fünf Milliarden Jahren. Die abgeflachte Scheibe um die junge Sonne ist der Sonnennebel, in dem sich eine riesige Zahl kilometergroßer Objekte aus Schnee und Gestein verdichtet hat. Einige von ihnen (hier sind nur wenige dargestellt) entwickeln Schweife und können ohne weiteres als Kometen bezeichnet werden. Man ist heute der Ansicht, daß alle Planeten, Monde, Asteroiden und Kometen im derzeitigen Sonnensystem aus dem Sonnennebel stammen. Darstellung von Jon Lomberg.

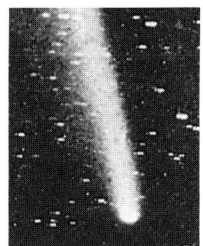

12. Kapitel
Mementos der Schöpfung

Aus wessen Schoß geht das Eis hervor?

Hiob 38,29

Es geschieht oft, daß Kometen auftauchen. Sie ... gehören nicht zu den Sternen, die am Anfang gemacht wurden, sondern wurden gleichzeitig auf göttlichen Befehl geschaffen und verteilt.

Johannes von Damaskos

Rotation und Revolution im Sonnensystem. Eine der Gesetzmäßigkeiten planetarischer Bewegung ist, daß die Planeten sich, um ihre Achsen drehend, um die Sonne bewegen in derselben Richtung, wie sich auch die Sonne (Bildmitte) bewegt. Dies läßt den Schluß zu, daß die Sonne und ihre Planeten aus derselben abgeflachten, rotierenden Gaswolke entstanden sich. Die Rotation der Venus und des Uranus folgt dieser Regel nicht. Dies dürften spätere Katastrophen bewirkt haben. Diagramm von Jon Lomberg/BPS.

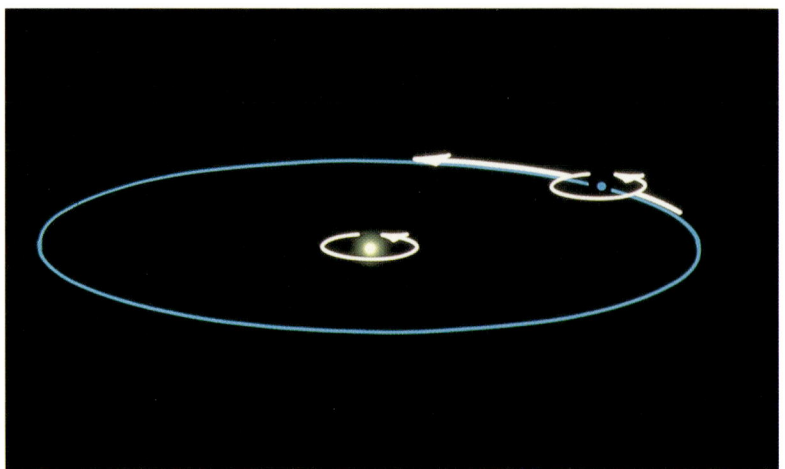

Eines Morgens erwachten die Menschen, schauten sich um und entdeckten, daß unser Stern, die Sonne, ein ganzes Gefolge anderer Welten besitzt, von denen keine der Erde gleicht. Die inneren, nächsten, sogenannten erdähnlichen Planeten (Merkur, Venus, Erde und Mars) bewegen sich auf nahezu kreisförmigen Umlaufbahnen in der Richtung um die Sonne, in der die Sonne rotiert.*
Ihre Silikathüllen bedecken ihre Metallkerne.
Hinter ihnen befinden sich die Asteroiden. Das sind Tausende von kleinen unregelmäßigen Objekten. Einige bestehen aus Gestein, andere aus Metallen, und wieder andere sind reich an dunkler, komplexer organischer Materie. Die größten von ihnen haben einen Durchmesser von mehreren Kilometern, aber die meisten sind nur einen Kilometer klein oder kleiner. Auch sie umlaufen die Sonne in prograder Richtung und sind eng an den Planeten gebunden, in dessen Reichweite all die anderen Planeten ihre Bahn ziehen. Die meisten Asteroiden bewegen sich auf nahen kreisförmigen Bahnen zwischen jenen von Mars und Jupiter. Nur wenige haben elliptische Umlaufbahnen, die sie ins Innere der Umlaufbahnen von Mars, Erde oder Venus führen.
Weiter entfernt befinden sich die gigantischen Gasplaneten Jupiter, Saturn, Uranus und Neptun, die hauptsächlich aus Wasserstoff und Helium bestehen, zu einem geringen Teil aber auch Wasser, Ammoniak und Methan enthalten. Sie haben die Masse von 15 bis 300 Erden und besitzen anscheinend kleine Kerne aus Stein und Metall. Diese »jupiterähnlichen« Planeten haben Dutzende von Monden aus verschiedenen Gemischen von Stein, Eis und organischen Stoffen. In diesen Sphären und noch weiter entfernt sind Billionen eisiger Kometen, die sich meist auf kreisförmigen Umlaufbahnen unendlich weit von den Planeten entfernt bewegen. Eine Hälfte kreist in prograder Richtung, die andere in retrograder Richtung, und ihre Umlaufbahnen haben die verschiedensten Neigungen. Eine viel kleinere Anzahl von Kometen hat stark exzentrische Bahnen, die sie in die Nähe der inneren Planeten bringen, wo noch weniger kurzperiodische Kometen zu finden sind. Sie alle haben Umlaufbahnen mit prograder Richtung auf der Ekliptik. Aber wie entstand diese Fülle von Welten? Warum besitzen ihre Bahnen solche Regelmäßigkeit?
Wenn wir zum erstenmal hören, wo die kleinen Kinder herkommen, sind

---

* Diese Richtung der Rotationsbewegung – im Uhrzeigersinn, wenn Sie von einem Punkt hoch über dem Nordpol auf das Sonnensystem hinabschauten – nennt man prograde oder rechtläufige Bewegung. Die Bewegung in die entgegengesetzte Richtung heißt retrograd.

viele von uns ein wenig skeptisch. Oft entspricht das, was beschrieben wird, nicht den eigenen Beobachtungen des Zuhörers. Verglichen mit Störchen, Engeln und Kohlbeeten scheint die Machart umständlich und unwahrscheinlich. Aber ganz gleich, wie wenig die Geschichte zunächst einleuchten mag, es besteht unter intelligenten Individuen ein vernünftiger Konsens über diese Frage, und unmittelbare Erfahrungen überzeugen schließlich auch den hartnäckigsten Zweifler. Beim Studium des Ursprungs von Kometen wie Planeten werden exotische Prozesse über riesige Entfernungen hinweg und aus lang vergangenen Epochen zu Hilfe gerufen. Wenn wir an einer astronomischen Theorie über unseren Ursprung zweifeln, können wir nicht nach den Meinungen der Astronomen über ein paar Welten, die ganz in unserer Nähe sind, fragen. Es gibt niemanden, der uns über die kosmische Version von Vögeln und Bienen berichten kann. Das müssen wir selbst herausfinden.

Die Astronomen haben jedoch einen großen Vorteil: Wenn sie etwas über die Sterne wissen wollen, finden sie eine Milliarde Untersuchungsobjekte. Selbst ein sehr unwahrscheinlicher Vorgang kann entdeckt werden, wenn nur genügend Fälle untersucht und verglichen werden. Ansonsten sind die Astronomen auf Grundlagenkenntnisse reduziert. Sie arbeiten mit den Prinzipien der Physik und mit dem, was über das Universum bereits bekannt ist.

Erste Formen einer modernen Ansicht über den Ursprung des Sonnensystems wurden von zwei bedeutenden Denkern vorgebracht, denen wir in diesem Buch schon begegnet sind: von Immanuel Kant und Pierre Simon, dem Marquis de Laplace. Sie hatten ihren Vorgängern gegenüber einen

Die Saturnringe, von der Voyager-1-Raumsonde aus gesehen. Saturn befindet sich knapp außerhalb des Bildes unten links. Die geringen Farbunterschiede in den vielen flachen Ringen wurden durch die Computerverarbeitung sehr verstärkt. Die große dunkle Lücke in den Ringen, auf diesem Bild ungefähr Dreiviertel des scheinbaren Abstandes von der Peripherie entfernt, ist die Cassinische Teilung. Kant und Laplace dienten die Saturnringe als Modell für die Struktur des Sonnennebels, der die Sonne umgab, als die Planeten sich bildeten. Mit freundlicher Genehmigung der National Aeronautics and Space Administration (NASA).

Die Ringe anderer Planeten. Saturn besitzt ein elegantes Ringsystem. Die Ringe bestehen aus unzähligen kleinen Partikeln, die den Planeten auf seiner Äquatorebene umlaufen (siehe Abbildungen in Kapitel 2). Die Saturnringe sind seit dem 18. Jahrhundert bekannt. Erst in jüngster Vergangenheit wurde entdeckt, daß andere Riesenplaneten auch äquatorale Ringsysteme besitzen. In den *Abbildungen auf dieser Seite* sind zwei gefälschte Farbaufnahmen der Jupiterringe reproduziert. Die Aufnahmen wurden von Voyager-2 gemacht. Mark Showalter von der Cornell-Universität verstärkte die Kontraste. Die *Abbildung auf Seite 185* zeigt das erste eindeutige Bild der Ringe des Uranus. Die Aufnahme wurde im Infrarotbereich gemacht; deshalb sind die Ringe relativ hell, und der Planet ist relativ dunkel. Die Ringe wurden durch das 200-Inch-Hale-Teleskop (Objektivdurchmesser 5,08 m!) am 26. Mai 1983 im Mt. Palomar-Observatorium photographiert von Philip Nicholson von der Cornell-Universität und von Keith Matthews vom Institute of Technology in Kalifornien.

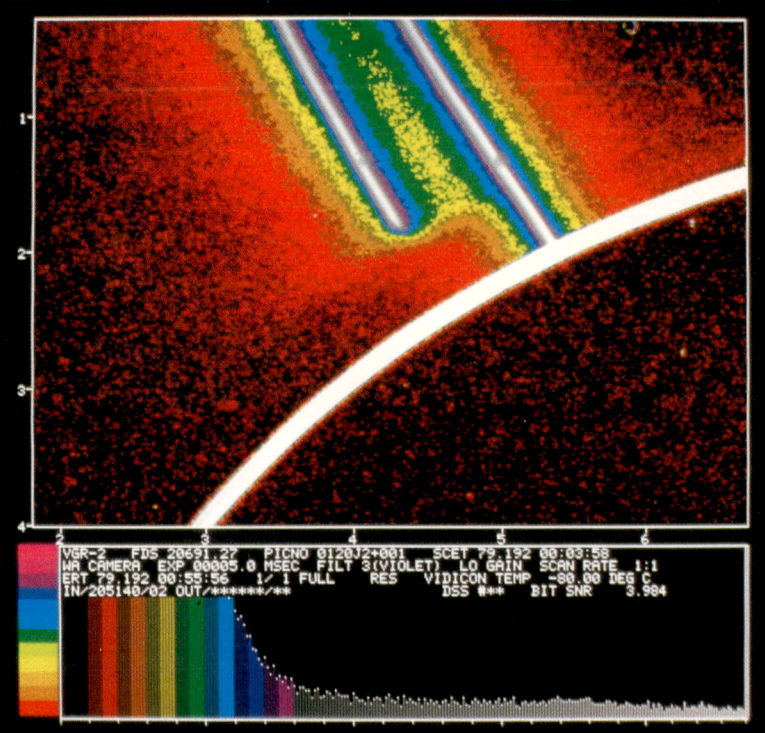

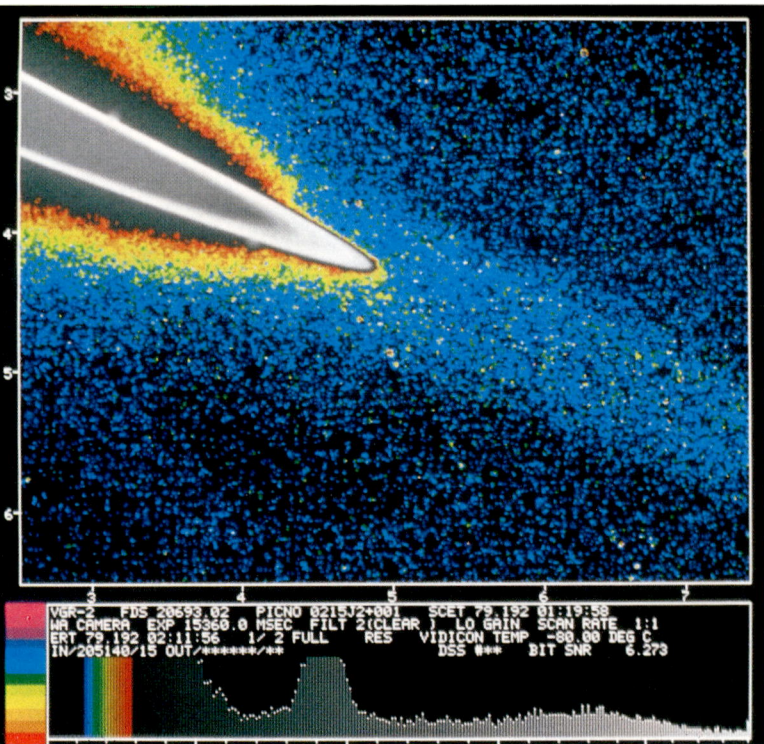

deutlichen Vorteil: Im 18. Jahrhundert machte die beobachtende Astronomie bedeutende Entdeckungen. Kant und Laplace waren von der Struktur der Saturnringe fasziniert, die von Galilei, Huygens und ihren Nachfolgern zum erstenmal beschrieben wurden. Es gab also einen Planeten

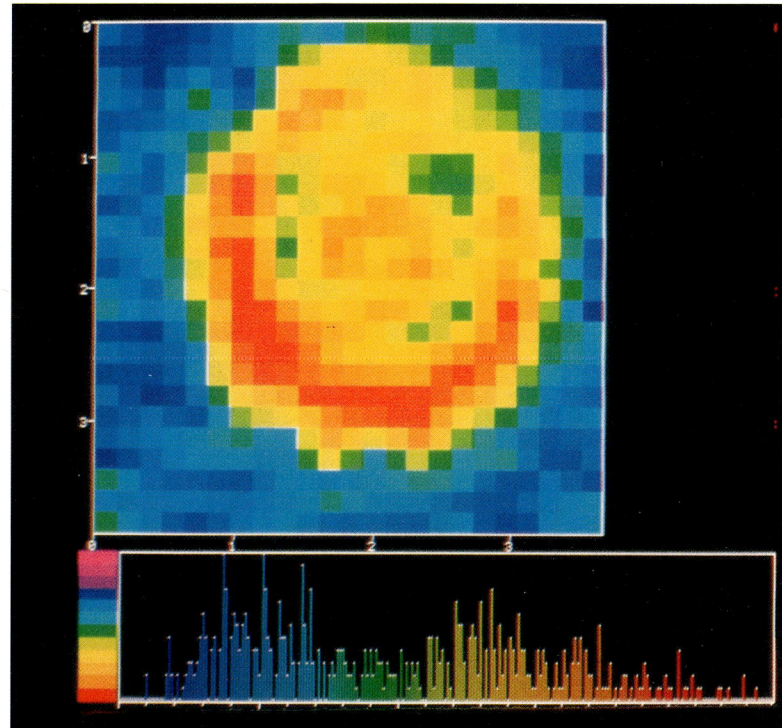

mit einer flachen Scheibe aus feinen Partikeln, die ihn auf seiner Äquatorebene umrundete. Hatte die Sonne vielleicht einst ein viel größeres Ringsystem, aus dem sich die Planeten irgendwie verdichteten?

Kant hatte Thomas Wrights Erkenntnis, daß die Milchstraße eine dünne Sternenplatte sei, zu der auch die Sonne gehöre, akzeptiert und weiterentwickelt. Astronomen entdeckten merkwürdige abgeflachte leuchtende Formen am Nachthimmel, die später Spiralnebel genannt wurden (siehe Abbildung Seite 74). Die Natur schien demnach eine Vorliebe dafür zu haben, ausgedehnte Systeme aus Staub oder Sternen abzuflachen.

Die Kant-Laplacesche Hypothese zum Ursprung des Sonnensystems schließt das Zusammenwirken von Rotation und Gravitation ein. Stellen Sie sich eine unregelmäßige Wolke von interstellarer Materie aus Gas oder Staub vor, die das Sonnensystem bilden soll. Alle solchen Wolken, die heute bekannt sind, zeigen eine langsame Rotation. Wenn die Wolke ausreichend Masse hat, werden die zufälligen Molekularbewegungen von der Selbstgravitation, der gegenseitigen Anziehung der Atome und Teilchen in der Wolke, überwältigt. Die Wolke beginnt, sich zusammenzuziehen, und die fernen Regionen kommen immer näher zum Zentrum. Die Dichte der Wolke nimmt zu, da die Materie auf ein kleineres Volumen schrumpft. Während sie sich zusammenzieht, dreht sie sich schneller, und zwar aus demselben Grund, aus dem sich eine Eiskunstläuferin bei der Pirouette schneller dreht, wenn sie ihre Arme anzieht. (Das Experiment kann auch mit einem kleinwüchsigen Menschen durchgeführt werden, der auf einem rotierenden Klavierstuhl sitzt. Er hält Backsteine in beiden ausgestreckten Händen und zieht die Arme dann schnell an den Körper. Bei der Vorführung dieses Experiments ist Vorsicht geboten). Das physikalische Prinzip, das hier wirkt, nennt man die Bewahrung des Drehimpulses. Es wird von den Newtonschen Bewegungsgesetzen abgeleitet. Wenn jedoch Gas und Staub und zufällige Kondensate in der Wolke im-

»Obschon die Elemente des Planetensystems willkührlich sind, so haben sie doch sehr merkwürdige Verhältnisse zu einander, die uns über ihren Ursprung aufklären können. Wenn man es mit Aufmerksamkeit betrachtet, so erstaunt man, alle Planeten von Abend gegen Morgen, und beynahe in einerley Ebene um die Sonne, alle Trabanten nach einerley Richtung und beynahe in einerley Ebene mit ihren Planeten, um diese Planeten sich bewegen, endlich die Sonne, die Planeten und die Trabanten, deren Umdrehungsbewegung man beobachtet hat, in der Richtung und beynahe in der Ebene ihrer Wurfbewegungen um sich selbst drehen zu sehen.
Eine so ausserordentliche Erscheinung ist kein Werk des Zufalls, sondern zeigt eine allgemeine Ursache an...«

Laplace: »Betrachtungen über das Weltensystem und über künftige Fortschritte der Astronomie«, in: *Darstellung des Weltsystems,* Buch 5, Kap. 6

An dieser Stelle fügt er zwei weitere Regelmäßigkeiten hinzu: die annähernd kreisförmigen Planetenumlaufbahnen und die hohen Exzentrizitäten und zufälligen Neigungen der Umlaufbahnen langperiodischer Kometen.

mer schneller rotieren, wirkt mit wachsender Geschwindigkeit eine immer größere Kraft nach außen, die manchmal Zentrifugalkraft genannt wird (zentrifugal bedeutet das Zentrum fliehend). Wenn Sie einen Eimer mit Wasser an einem Strick im Kreis herumschleudern, werden Sie kein Wasser verschütten, wenigstens so lange nicht, bis Sie mit der Bewegung aufhören. Die Zentrifugalkraft gleicht die Gravitation aus.

In Vergnügungsparks werden oft Fahrten in einem hohlen Zylinder angeboten, der schnell rotiert. Eine Menge lachender und kreischender Menschen, hin und her gerissen zwischen Angst und Vergnügen, wird von der Zentrifugalkraft an die Innenwand des rotierenden Zylinders gepreßt. Hört der Zylinder auf, sich zu drehen, taumeln die Menschen von den Wänden. Auch in der kontrahierenden Wolke wird die Zentrifugalkraft die Kontraktion verlangsamen und schließlich ganz stoppen, allerdings nur auf der Rotationsebene. Wenn Sie nämlich auf einem kleinen Materieklumpen stehen, der an der Rotationsachse entlang ins Zentrum fällt, werden Sie keine Zentrifugalkraft spüren, ebensowenig wie im Mittelpunkt des rotierenden Zylinders. Das hat zur Folge, daß Materie auf der Äquatorebene den Zusammenbruch der Wolke verhindert, während entlang der Achse weiterhin Materie nach innen stürzt. Dadurch entsteht mit der Zeit aus einer ursprünglich unregelmäßigen Wolke eine abgeflachte Scheibe. Je stärker sich die Scheibe zusammenzieht, desto schneller rotiert sie, und desto dichter wird sie in ihrem Zentrum. Der Zusammenbruch hört auf beziehungsweise verlangsamt sich, wenn die Scheibe an ihrer Peripherie Materie abwirft.

Die Kant-Laplacesche Hypothese besagt, daß eine unregelmäßig rotierende, interstellare Wolke auf diese Weise zusammenbrach. Aus dem verdichteten Zentrum bildete sich die Sonne. Heute bestehen keine Zweifel darüber, daß interstellare Materie, die zu der Dichte und Temperatur der Sonne komprimiert wird, thermonukleare Reaktionen auslöst und wie ein Stern zu leuchten beginnt. Für das 18. Jahrhundert war es eine gewagte Hypothese. Andere, kleinere Verdichtungen in der Nähe bildeten nach Kant und Laplace die Planeten, die riesige Schwaden angrenzender Schutteilchen hinausschleuderten, als sie immer größer wurden. Das Ergebnis wären regelmäßige Abstände zwischen den neu gebildeten Planeten, ähnlich der Auslegung des heutigen Sonnensystems. Noch kleinere Verdichtungen in der Nähe der Planeten bildeten ihre Monde. Die Grundannahme, die sich hinter der Hypothese Kants und Laplace' verbirgt, ist wichtiger als ihre Details. Sie nahmen an, daß sich das Sonnensystem aus einem völlig anderen primordialen Zustand ohne stellares – und noch viel weniger göttliches – Eingreifen *entwickelte*.

In Analogie zu den Spiralnebeln (die natürlich viel größere, galaktische Dimensionen haben) wird die kontrahierende Wolke, aus der sich die Sonne bildete, traditionsgemäß Sonnennebel genannt. Heute kennen wir eine Vielzahl flacher rotierender Wolken um die nähergelegenen Sterne. Es ist allerdings in Wissenschaftskreisen üblich, sie Verdichtungswolken zu nennen.

Laplace vermutete, daß während der Bildung des Sonnensystems die Atmosphäre der Sonne weit in den Raum hinaus reichte. Das sei möglicherweise die Folge einer starken Explosion in der Sonne gewesen, ähnlich der Nova von 1572, die im Sternbild der Kassiopeia beobachtet wurde. Vielleicht sei sie aber auch ein Rest des ursprünglichen Sonnennebels gewesen. Laplace stellte sich vor, daß die interstellaren Kometen sich auf die Sonne zu bewegten und der Stoff im Sonnennebel die Kometen im inneren Sonnensystem abbremste, ihre Umlaufbahnen veränderte und sie zwang, die Sonne einzukeilen. Der Widerstand des Sonnennebels säuberte das innere Sonnensystem von Kometen mit nahezu kreisförmigen Umlaufbahnen, beeinflußte Kometen in viel größerer Entfernung jedoch nicht. Gravitationsstörungen durch die jupiterähnlichen Planeten hätten zufällig einen Kometen zu einem Besuch im inneren Sonnensystem gezwungen. Diese Überlegung ist in verschiedener Hinsicht bemerkenswert. Sie enthält die Vorstellung einer Art natürlicher Auslese in der physikalischen Welt, und zwar lange vor Darwin, und sie trifft außerdem die Annahme, daß es einst im Sonnensystem viel mehr Objekte gegeben hat als heute. Zuletzt beinhaltet sie die Hypothese, daß jenseits des entferntesten Planeten, den wir kennen, ein großes Kometenreservoir existiert.

Aber warum wurden dann die Planeten nicht auf ähnliche Weise gestört und dazu gezwungen, mit der Sonne zu kollidieren? Laplace nahm an, daß sich die Planeten durch sukzessive Verdichtung im frühen Sonnennebel bildeten. Während der Planet auf Kosten angrenzender Materie wuchs und seine Umgebung von Nebelresten freifegte, entstand ein Ring leeren Raums, der sich um die Umlaufbahn jedes neuen Planeten konzentrierte. Vielleicht spielte Laplace mit dem Gedanken, daß es in den Saturnringen dunkle Löcher geben müsse, falls auch Monde zwischen den Ringen existierten. Er rief jedoch zur Vorsicht gegenüber seiner Hypothese auf, die er nur »mit jenem Mißtrauen, das all das erregen sollte, was nicht Ergebnis von Beobachtung oder Berechnung ist«, offerierte. Weil er vom interstellaren Ursprung der Kometen überzeugt war, kam es ihm nicht in den Sinn anzunehmen, daß Kometen wie auch Planeten sich aus dem Sonnennebel verdichteten.

Wenn sich alles aus ein und derselben rotierenden und kollabierenden Wolke gebildet hätte, folgte daraus ganz natürlich, daß die Richtung der Rotation und der Umlaufbahnen der Satelliten mit denen ihrer Planeten identisch ist, daß die Planeten in derselben Richtung rotieren, in der sie auf ihren Bahnen laufen, und daß die Umlaufbahnen der Planeten nahezu kreisförmig sind, während die Kometen exzentrische Bahnen aufweisen.

Kant und Laplace erklärten mit der Nebularhypothese die Regelmäßigkeiten des Sonnensystems als Endergebnis einer Evolution von Himmelskörpern. Beide glaubten, daß viele andere Sterne von Planetensystemen umgeben seien, die sich aus ihren eigenen Verdichtungsscheiben entwickelt hätten.

In den letzten Jahrzehnten haben Beobachtungen vom Erdboden und vom Weltraum aus gezeigt, daß viele nahegelegene Sterne von Verdichtungsscheiben umgeben sind. Die erste Entdeckung wurde von einem Weltraum-Observatorium namens IRAS, Infrared Astronomy Satellit gemacht, einem englisch-holländisch-amerikanischen Gemeinschaftsprojekt. Wega ist einer der hellsten Sterne am Nachthimmel, nur 26 Lichtjahre von uns entfernt, und es war eine echte Überraschung, daß dieser gut erforschte Stern von einem Ringnebel umgeben ist. Er zeigte sich als verlängerte Quelle infraroter Strahlung, die sich auf die Wega zentriert. Nun ist die Wega ein Stern, der beträchtlich jünger ist als die Sonne. Die Verdichtungsscheibe um die Wega läßt die begründete Vermutung zu, daß die meisten, vielleicht sogar alle gewöhnlichen Sterne während und sofort nach ihrer Entstehung von solchen Scheiben umgeben sind. Irgend etwas, vielleicht eine Kombination aus Strahlungsdruck, dem stellaren Wind und Planetenformation, bringt schließlich Ordnung in die Scheibe. Aber das erfordert Zeit. Und in dieser Zeit könnten sich zusätzlich Körper aus dem Nebel verdichtet haben.

»Die Kant-Laplacesche Hypothese erweist sich als einer der glücklichen Griffe in der Wissenschaft, die uns anfangs durch ihre Kühnheit erstaunen machen, sich dann nach allen Seiten hin mit anderen Entdeckungen in Wechselbeziehungen setzen ...«

»Über die Entstehung des Planetensystems«; Vortrag von H. Helmholtz, gehalten 1871 in Heidelberg und Köln. Veröffentlicht in: *Populäre Wissenschaftliche Vorträge* von H. Helmholtz, Braunschweig: Druck und Verlag von Friedrich Vieweg und Sohn, 1865

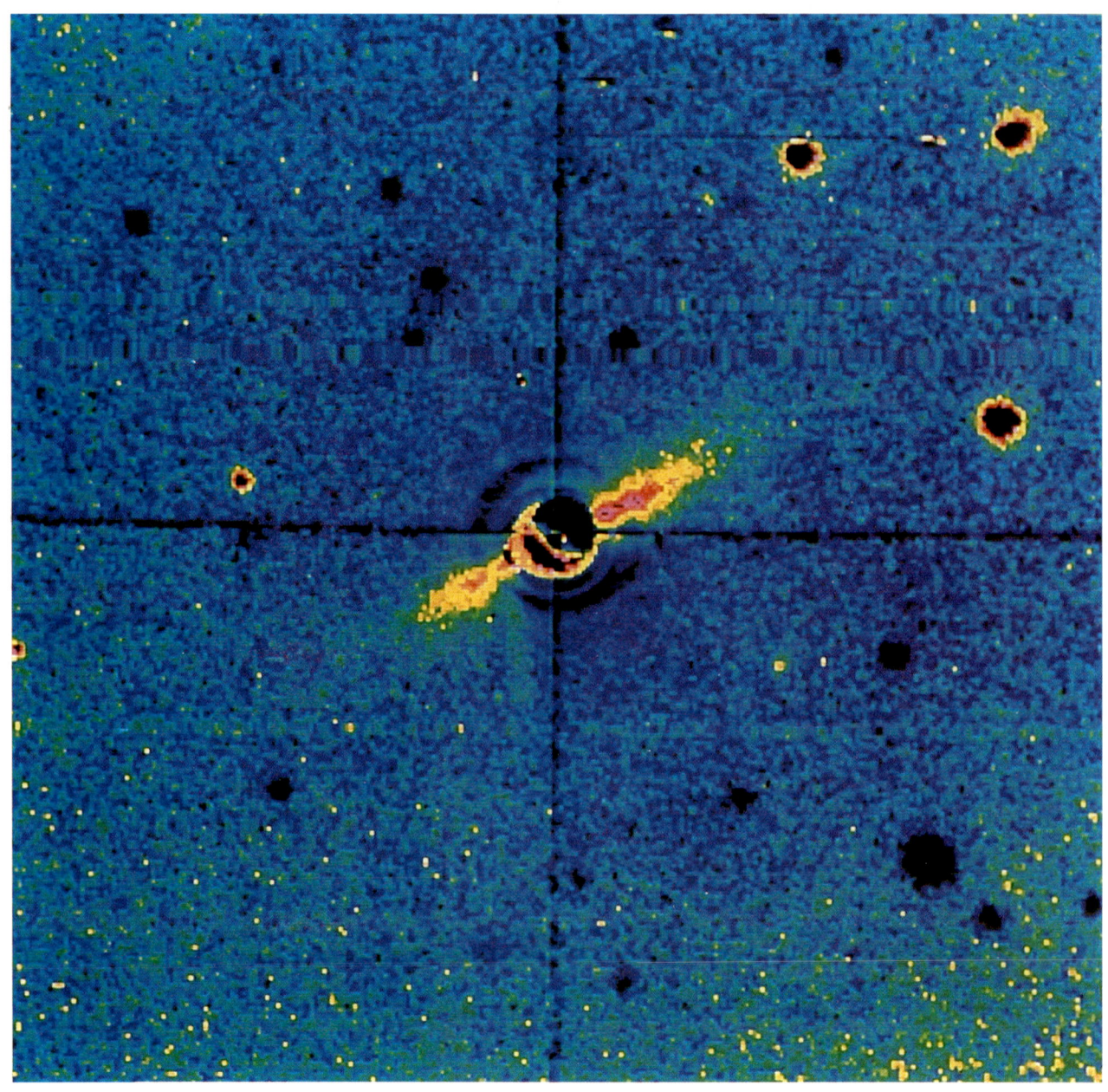

Wie ein anderes Sonnensystem in einem späten Entwicklungsstadium aussehen könnte, wird hier mit einem Bild des Sterns Beta Pictoris demonstriert. Der Stern in der Mitte des Bildes ist am Teleskop ausgeblendet worden, um die schwächer leuchtende Scheibe aus Trümmerteilchen besser hervorzuheben (gelbe und rosafarbene, diagonale Streifen). Diese dünne Scheibe, die man beinahe direkt von der Seite sieht, kann nicht mehr als ein paar Millionen Jahre alt sein. Die Aufnahme wurde von Bradford A. Smith (Universität von Arizona) und Richard J. Terrile (Jet Propulsion Laboratory) mit dem 2,5-Meter-Teleskop des Las Campanas-Observatoriums in der Nähe von La Serena in Chile gemacht.

IRAS erbrachte auch infrarote Beweise für eine Verdichtungsscheibe, die, neben einer Anzahl anderer Sterne, einen Stern namens Beta Pictoris umgibt. Kurze Zeit später brachten Bradford Smith von der Universität von Arizona und Richard Terrile vom Jet Propulsion Laboratory eine hochempfindliche Kamera, die für ein Himmelsteleskop entwickelt worden war, an einem Teleskop auf der Erde an und konnten so den Verdichtungsnebel von Beta Pictoris in normal sichtbarem Licht photographieren. Die Scheibe dehnt sich vom Zentralstern über fast 400 A. E. aus (hier wird sie aufgehalten, damit ihr Licht das viel schwächere Licht, das von der Scheibe reflektiert wird, nicht überstrahlt und auslöscht). Wäre dies ein Bild der Sonne in ihrer frühen Entwicklungsgeschichte, würde sich die Verdichtungsscheibe viel weiter von der Sonne entfernen als die Umlaufbahnen der Planeten, die am weitesten (ungefähr 40 A. E.) entfernt sind.

Smith und Terrile konstatieren das weitgehende Fehlen von Trümmerteilchen im Inneren der Scheibe und nehmen an, daß diese Region durch die Verdichtung zu Planeten leergefegt wurde, die allerdings zu klein sind, um direkt gesehen zu werden. Verdichtungsscheiben wurden auch bei jungen Sternen gefunden, die erst vor einer Million Jahren entstanden.

Es scheint also, daß die Kant-Laplacesche Hypothese in ihren Grundannahmen verifiziert wurde, und das mit einer Technologie, die sie begeistert

Eine große Ansammlung interstellaren Gases und Staubes: der Adlernebel im Sternbild M-16 *(oben)*, 5500 Lichtjahre entfernt, und der Eta-Carinae-Nebel *(unten)* im 4200 Lichtjahre entfernten Sternbild Carina in der südlichen Hemisphäre. Hinter den hellen Sternen im Vordergrund können wir eine riesige Konzentration von interstellarer Materie erkennen, die so dicht ist, daß wir die Sterne dahinter nicht sehen können. In solchen dunklen, kugelförmigen und fibrösen Wolken bilden sich Sonnennebel und Planetensysteme, so wie unser Planetensystem sich vor beinahe fünf Milliarden Jahren gebildet hat. Die rote Farbe läßt sich vor allem auf Wasserstoffgas in diesen riesigen Wolken zurückführen. Mit freundlicher Genehmigung der Hale-Observatorien, Carnegie Institution of Washington, des California Institute of Technology sowie der Association of Universities for Research in Astronomy, Cerro Tololo Inter-American Observatory, Chile.

hätte. Die Sonne, die Planeten und ihre Monde entstanden alle aus ein und derselben rotierenden und kontrahierenden Scheibe aus Gas und Staub. Deshalb ist die Ebene der Planetenbahnen identisch mit der Rotationsebene der Sonne. Newtons Ansicht, daß die Regelmäßigkeit der Planetenbewegungen direkter Beweis göttlichen Eingreifens ist, wurde von einer tendenziell evolutionären Theorie verdrängt. Diese Theorie basiert allerdings auf Naturgesetzen, die wir, wenn wir wollen, immer noch auf einen Gott oder auf Götter zurückführen können. Als Laplace – ausgerechnet von Napoleon – gefragt wurde, warum er in seiner Darstellung der Entstehung und Geschichte des Sonnensystems an keiner Stelle einen Gott erwähnt habe, antwortete er: »Sire, diese Hypothese brauche ich nicht.«

Wir wollen nun einer modernen Wiedergabe der Kant-Laplaceschen Hypothese folgen und dem Ursprung und der Geschichte der Kometen besondere Aufmerksamkeit schenken. Durch spektroskopische Informationen wissen wir, daß interstellares Gas vor allem aus Wasserstoff und Helium besteht, obwohl es viele andere Stoffe enthält, wie beispielsweise komplexe organische Moleküle (Abbildung Seite 136/137). Neben Gas ist der andere Hauptbestandteil des interstellaren Raums eine riesige Menge von Staubpartikeln. Wenn man ein paar Partikel vor Ihnen auf einen Tisch legte, könnten Sie diese nicht sehen, da sie einen durchschnittlichen Durchmesser von einem Zehntel Mikrometer haben. Wenn Sie jedoch riesige Mengen von diesen Partikeln über Hunderte oder Tausende von Lichtjahren hinweg konzentrieren würden, hätten Sie genug Staub, um die Sterne zu verdunkeln.

Auch auf die chemische Zusammensetzung der Staubteilchen kann geschlossen werden. Es zeigt sich, daß die meisten zu ungefähr gleichen Teilen aus Eis, Silikaten und organischen Stoffen zu bestehen scheinen. Da dieses Gemisch aus Gas und Staubteilchen überall in der Milchstraße die interstellaren Wolken bildet, muß es auch den früh zusammenbrechenden Sonnennebel gebildet haben.

Wenn der Nebel kontrahiert und seine Dichte zunimmt, stoßen die Staubteilchen immer häufiger miteinander zusammen. Beim Zusammenstoß neigen die Partikel – zum Teil aufgrund ihrer organischen Bestandteile – dazu, aneinander festzukleben. Große Teilchen verschlingen die kleineren.

Aber all das geht nicht im Dunkeln vor sich. Die ursprüngliche Sonne leuchtet bereits hell. In den äußeren Teilen der Scheibe ist es immer noch so kalt, daß Eisklumpen aus gefrorenem Methan und Kohlenmonoxid in der wachsenden Verdichtung der Materie nicht schmelzen. Aber im innersten Sonnensystem ist es selbst für Eis aus Wasser zu heiß. Dort verdampft und verschwindet das Eis auf den Teilchen, und was übrigbleibt, besteht hauptsächlich aus Silikaten. Man muß Steine schon sehr nahe an die Sonne bringen, bis sie anfangen zu kochen. Als Folge davon muß sich die chemische Zusammensetzung des inneren Sonnensystems von der chemischen Zusammensetzung des äußeren Sonnensystems unterschieden haben. Innen dominierten die Silikate und außen die Eise mit einigen Prozentanteilen organischer Stoffe. Nach verschiedenen Berechnungen zu urteilen, müßte sich eine riesige Anzahl von Objekten mit einem Kilometer Durchmesser überall in der Wolke gebildet haben: Auf der Innenseite waren sie silikathaltig und auf der Außenseite eishaltig. Diese Objekte entstanden, hauptsächlich aufgrund der grundsätzlichen Instabilität im Sonnennebel, in dem kleine Welten mit wenigen Kilometern Durchmesser schnell und bevorzugt gebildet wurden. Staubteilchen- und Gaswolken

brachen durch Gravitation zusammen und bildeten die Scheibe. Es bedarf allerdings einer sehr großen Gravitationskraft, um so leichte und so schnelle Moleküle wie Wasserstoff festzuhalten. Im mittleren Teil der Wolke stießen Klumpen mit einem Kilometer Durchmesser zusammen und bildeten größere Körper, bis einige wenige Materieansammlungen in der Lage waren, das kalte Gas um sie herum festzuhalten. So sieht die Evolutionskette der jupiterähnlichen Planeten aus. Der ursprüngliche Verdichtungskern ist von einer weiten Gasatmosphäre eingehüllt. Im inneren, wärmeren Sonnensystem wuchsen die Staubteilchen, die von ihren Eisanteilen befreit waren, langsamer, und die Temperaturen waren höher. Diese beiden Faktoren machten es den wachsenden Steinkörpern immer schwerer, das Gas einzufangen. So sieht die Evolutionskette der erdähnlichen Planeten aus.

Die großen Himmelskörper würden die kleinen auf den benachbarten Bahnen zusammenfegen. Weil die relativen Geschwindigkeiten so gering waren, würden die beiden Körper dazu tendieren, sanft zu kollidieren und zu verschmelzen. Schließlich wurden einige wenige große Himmelskörper gebildet, deren Bahnen sich niemals kreuzen. Sie wurden zu Planeten. Hier ist eine Art natürliche Auslese durch Kollisionen am Werk. Zuerst hat man eine große Zahl wachsender Körper auf chaotischen Bahnen. Schließlich wird durch einen Prozeß der Kollision, des Wachstums und, aber nur gelegentlich, des Zerbrechens der Himmelskörper das Sonnensystem einer Gesetzmäßigkeit unterworfen, und sein Funktionieren wird einsichtiger. Die Zahl der Himmelskörper nahm ständig von Billionen über Tausende auf Dutzende ab. Die Planeten sind heute dekorativ ver-

Schematische Darstellung der Verdichtung im frühen Sonnennebel. Wir schauen von oben auf den Sonnennebel. Sein helles, rotes Inneres ist links dargestellt. Je weiter man sich von der entstehenden Sonne entfernt, desto kühler wird es. Drei verschiedene Stoffe sind aufgeführt: Methan (CH$_4$) in grüner Farbe, Wasser (H$_2$O) in blauer Farbe und Silikate (SiO$_2$) in oranger Farbe. Die Würfel zeigen feste Stoffe an, die Wolken Dämpfe. In den äußersten Regionen des Sonnennebels verdichtete sich Methan zu einem festen Stoff. Weiter innen war es nur in gasförmigem Zustand anzutreffen. Wasser ist bis weit in das Innere hinein Eis, und Silikate bleiben beinahe bis auf die Sonnenoberfläche fest. Deshalb bildeten sich im Inneren des Sonnensystems Planeten aus Gestein und in den äußeren Bereichen Himmelskörper aus Eis. Graphische Darstellung von Jon Lomberg/BPS.

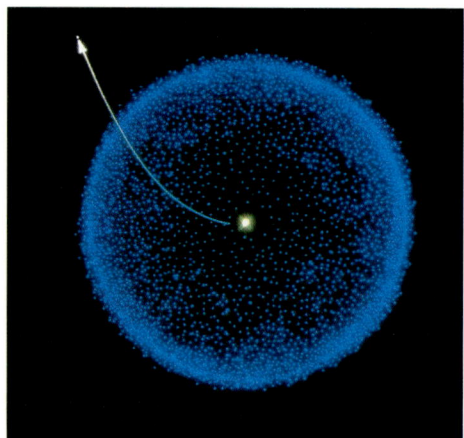

In der frühen Geschichte des Sonnensystems bildete sich die Oortsche Wolke zumindest zum Teil dadurch, daß Kometen durch die Gravitationsfelder der Riesenplaneten hinausgeschleudert wurden. Der Sonnennebel und die Riesenplaneten sind viel zu weit entfernt, als daß man sie auf diesem Bild sehen könnte. Hauptsächlich kometarische Körper in der Umgebung von Uranus und Neptun werden durch die Gravitationswirkung hinausgeschleudert und bilden die Oortsche Wolke (sie sind hier in blauer Farbe dargestellt). Kometarische Körper in der Umgebung von Jupiter oder Saturn werden vollständig aus dem Sonnensystem hinausgeschleudert (Pfeile). Graphische Darstellung von Jon Lomberg/BPS.

»Die Annahme erscheint vernünftig, daß es in der Phase der Entstehung der größeren Planeten außer den Planeten viele *kleine* Verdichtungen gab, die kometenartige Strukturen gehabt haben könnten. ... Viele dieser vereinzelten Körper müssen schließlich von den Planeten (oder Protoplaneten) absorbiert worden sein. Es war jedoch wohl auch unvermeidlich, daß in der Periode der Konglomeration eine Anzahl von kleinen Verdichtungen starke Perturbationen erfuhr, die sie auf Umlaufbahnen mit beträchtlicher Exzentrizität brachten. Die Perturbationen bei weiteren Periheldurchgängen würden dann einen Diffusionsprozeß ... nach außen hin auslösen. ... Die geringfügigen stellaren Perturbationen, die erforderlich sind, um das Perihel aus dem Bereich der größeren Planeten zu bringen, ... tragen nicht nennenswert zu der Flucht von Kometen bei. Ihr Haupteffekt besteht darin, ... sie semipermanent in der großen Wolke zu ›fangen‹, die das Sonnensystem umgibt. ... Hatten die stellaren Perturbationen die Umlaufbahnen erst so weit verändert, daß sie nicht mehr durch das innere Sonnensystem führten, würde praktisch nichts mehr verdampfen, und die Kometen könnten ihre leicht flüchtigen Bestandteile mühelos bis heute erhalten.«

J. H. Oort: »Empirical Data on the Origin of Comets«, Kapitel 20 in *The Solar System*.

teilt. Die Bahnen machen im großen und ganzen eine nahezu perfekte Kreisbewegung. Mit Ausnahme von Pluto* lassen sie einander viel Raum. Die früheren Himmelskörper auf ihren höchst exzentrischen Bahnen lebten gefährlich. In kurzer Zeit kollidierten sie mit einem anderen oder wurden aus dem Sonnensystem vertrieben. Schließlich blieben nur Planeten übrig, deren Bahnen sich zufällig so entwickelt hatten, daß sie völlig von ihren Nachbarn isoliert waren. Auch wir profitieren von diesem Verlauf der Dinge: häufige, die Erde erschütternde Kollisionen wären vermutlich ungünstig für die Entwicklung des Lebens gewesen.

Planeten, die so entstanden wären, müßten die Sonne in Bahnen umlaufen, die wir heute bei den Planeten feststellen. Obwohl noch niemand erklären konnte, warum sich gerade neun Planeten und nicht beispielsweise sechs oder vierzehn gebildet haben, trifft die Darstellung insgesamt ziemlich genau zu. Sie erklärt nicht nur die Umlaufbahnen, sondern auch die allgemeinen chemischen Unterschiede zwischen den erdähnlichen und den jupiterähnlichen Planeten, die wir heute beobachten können.

Wenn Sie sich vorstellen, wie die zusammenfallende Wolke aus Gas und Staub immer flacher wird und immer schneller rotiert, wie die Kollisionen der Staubteilchen immer größere und größere Körper bilden, wie sich schließlich Körper mit einem Kilometer Durchmesser bilden, die mit anderen zusammenstoßen und weiter wachsen, stellt sich Ihnen vielleicht die Frage: Was geschah mit all jenen kilometergroßen Körpern? Ist von ihnen etwas übriggeblieben? Wurden sie alle von den wachsenden Planeten geschluckt, mit denen sie zusammenstießen? Oder gibt es sie noch irgendwo, unverändert seit der Zeit, in der das Sonnensystem entstanden ist?

Wenn wir über das Schicksal der ursprünglichen kleinen Welten Berechnungen anstellen, entdecken wir, daß durch Gravitationsinteraktionen mit den neuentstandenen jupiterähnlichen Planeten eine große Zahl der kilometergroßen Welten an die äußersten Gravitationsgrenzen des Sonnensystems geschleudert wurde, ähnlich wie eine automatische Ballwurfmaschine, die 100 Millionen Jahre lang einmal pro Minute Baseballe in die Zuschauerränge schießt. So entstand die Oortsche Wolke. Es gibt eine Population ursprünglicher Körper, die sich vor viereinhalb Milliarden Jahren so weit von der Sonne entfernten, daß keine Verdampfungen, keine Kollisionen und auch keine äußeren Einflüsse sie verändern konnten. Sie bilden den Stoff, aus dem das Sonnensystem entstand, und sie warten auf uns. Die Oortsche Wolke und jeder neu erscheinende Komet sind die Rechtfertigung der Träume aller Astronomen.

In den siebziger Jahren unseres Jahrhunderts zeigten V. S. Safronov, ein Spezialist für die frühe Geschichte des Sonnensystems, und J. A. Fernandez, ein junger Astronom aus Uruguay, daß ursprüngliche Kometenkörper (jene Objekte mit einem Kilometer Durchmesser), die sich in der Nähe von Jupiter und Saturn gebildet hätten, von den Gravitationsperturbationen dieser Planeten mit riesiger Masse ganz aus dem Sonnensystem hinausgeschleudert worden wären. Wenn die Mutterkörper der Kometen jedoch in der Nähe weniger schwerer Planeten wie Uranus und Neptun entstanden sein sollten, würde der Einfluß der Gravitation sie hauptsächlich in die Oortsche Wolke schleudern, aber nicht über die Grenzen des Sonnensystems hinaus. Wenn sich diese ursprünglichen Welten also überall im Sonnensystem gebildet haben, wären die meisten von ihnen zur

---

* Aus diesem Grund haben einige Wissenschaftler angenommen, daß Pluto ein entflohener Satellit des Neptun ist, der periodisch an den Ort seines Verbrechens zurückkehrt.

Formierung der Planeten gebraucht oder in den interstellaren Raum geschleudert worden. Millionen wären jedoch in die Oortsche Wolke zurückgeleitet worden.

Wenn sich die Mutterkörper der Kometen in der Nähe von Jupiter gebildet hätten, wären keine eisförmigen Gase wie zum Beispiel Methan übriggeblieben. Und wenn sie der Sonne noch näher gekommen wären, hätte die Hitze auch gewöhnliches Wassereis verdampft. Damit deuten zwei voneinander unabhängige Betrachtungen – wie die Materie der ursprünglichen Kometen richtig zusammengesetzt ist und wie die richtigen Bahnen aussehen, auf die sie geschleudert wurden – auf einen Ursprung der Kometen ungefähr in der Nähe von Uranus und Neptun hin.

Kometen scheinen kurz vor den Monden und Planeten ungefähr vor 4,6 Milliarden Jahren aus interstellaren Staubteilchen und Gas im Sonnennebel entstanden zu sein. Viele Kometen stießen miteinander zusammen und bildeten größere Körper. Sie opferten sich, damit die Planeten entstehen konnten. Auch unser Planet scheint aus solchen Körpern, die wenig Eis, aber viel Gestein enthielten, entstanden zu sein.

Viele andere Kometen wurden durch Gravitationswirkung früher oder später ganz aus dem Sonnensystem geschleudert, wenn sie nahe an den jupiterähnlichen Planeten, besonders an Jupiter selbst vorüberzogen. Berechnungen zeigen jedoch sehr deutlich, daß eine beträchtliche Population ursprünglicher Kometen in die äußersten Bereiche des Sonnensystems geschleudert worden sein muß, wo zufällige Gravitationswirkungen vorbeiziehender Sterne sie auf kreisförmige, regellos geneigte Umlaufbahnen gezwungen hätten. Nicht alle von ihnen wären an die äußerste Peripherie des Sonnensystems geschleudert worden, und die Berechnungen sagen eine beträchtliche Kometenpopulation in einer Entfernung von hundert- bis zehntausend Astronomischen Einheiten voraus. Diese Ko-

Iapetus, einer der äußeren Monde des Saturn. Wenn man einmal von der Erde absieht, findet man offensichtlich immer mehr organische Materie im Sonnensystem, je weiter man sich von der Sonne entfernt. Der helle Stoff auf der Oberfläche des Iapetus ist beinahe reines Wassereis. Der dunkle Stoff ist wahrscheinlich ein Fleck aus komplexer organischer Materie, dessen Ursprung noch umstritten ist. Mit freundlicher Genehmigung der National Aeronautics and Space Administration (NASA).

ENTSTEHUNG DER KOMETEN UND DES SONNENSYSTEMS

Auf dieser Seite bildet sich in einer interstellaren Wolke aus Gas und Staub (oben links) ein Sonnennebel (oben rechts) und entwickelt sich weiter. Durch Kollisionen der kilometergroßen Körper und weitere Kollisionen und Eruptionen entsteht ein Sonnensystem mit einer kleinen Anzahl von Planeten (unten) und einer großen Anzahl von Kometen (nicht dargestellt). Folge von Darstellungen von Kazuaki Iwasaki.

Die Entwicklung der übrigen, kleinen Trümmerteile, Körper mit hundert Kilometer oder weniger Durchmesser, ist auf der gegenüberliegenden Seite schematisch dargestellt. Ein Kometkern (a), der in das innere Sonnensystem gelangt, wird zu einem Kometen mit entwickeltem Schweif (b). Einige Kometen kollidieren mit Monden oder Planeten und verursachen Krater (c), die jedoch ebenso von Asteroiden aus Gestein verursacht werden, die ihre eigenen Kollisionen überstanden haben (d). Andere Kometen werden in die Oortsche Wolke oder in den interstellaren Raum zurückgeschleudert (e), oder die äußersten Eisschichten verdampfen, und der Komet wird zu einem Asteroid (f). Wenn das Eis fast vollständig verdampft, zerfällt der Komet in einzelne Teile und wird zu einem Meteorstrom (g). Kometarische Trümmerteile, die auf die Erde fielen, mögen zur Entstehung von Leben beigetragen haben (h).

Mementos der Schöpfung 195

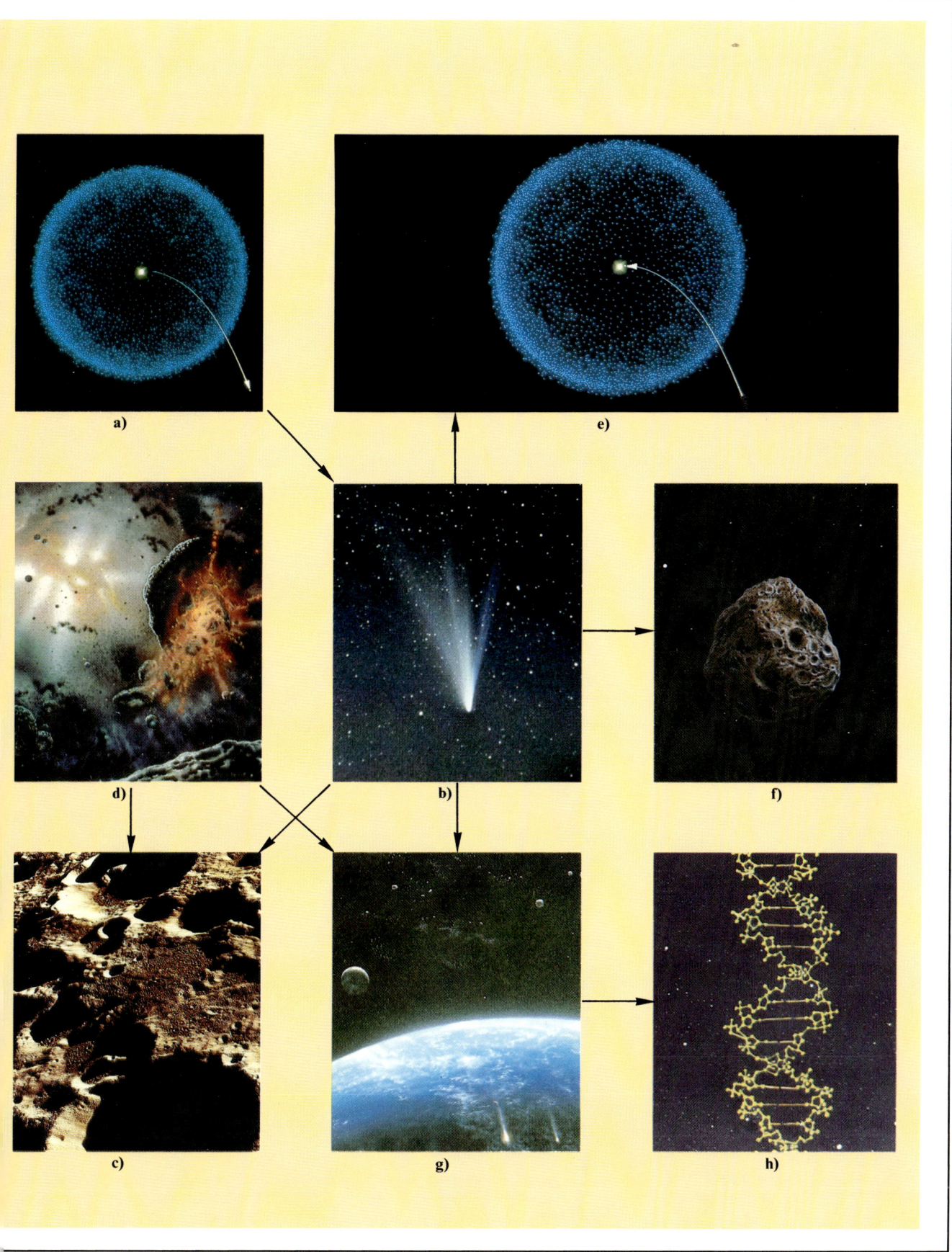

metenpopulation ist für Gravitationsperturbationen vorbeiziehender Sterne wenig anfällig. Es ist deshalb möglich, daß ein typischer Bewohner aus dem inneren Teil der Oortschen Wolke von Astronomen auf der Erde noch nie gesehen wurde. Durchaus wahrscheinlich ist auch, daß viel größere Kometen (als die mit einem Kilometer Durchmesser) in die Oortsche Wolke hinausgeschleudert wurden. Aber ihre Zahl ist wesentlich kleiner, und wir werden viel seltener beobachten können, daß einer von ihnen in unseren kleinen, aber gut beleuchteten Teil des Weltraums eindringt.

Wenn dieses zur Zeit gängige Bild richtig ist, besteht ein typischer kurzperiodischer Komet aus einer Anhäufung interstellarer Materie, die sich während der Entstehung des Sonnensystems vor fast fünf Milliarden Jahren verdichtet hat und von den gerade gebildeten Planeten Uranus und Neptun an die Grenzen des Sonnensystems geschleudert wurde, wo ihre Umlaufbahn durch Gravitationswirkungen vorbeiziehender Sterne fast kreisförmig wurde. Ein paar Milliarden Jahre später treiben zusätzliche Gravitationseinflüsse weiterer Sterne und interstellarer Wolken den Kometen zurück in den planetarischen Teil des Sonnensystems. Dort reduzieren nahe Planetenvorübergänge – diesmal besonders bei Jupiter – die große elliptische Umlaufbahn auf die etwas bescheideneren Dimensionen der Bahn eines kurzperiodischen Kometen. Die Heimkehr ist lange aufgeschoben worden, und das Sonnensystem hat sich in der Zwischenzeit merklich verändert.

Wie alles andere, von dem wir Kenntnis haben, werden Kometen geboren, leben eine Weile und sterben dann, beziehungsweise sie verschwinden wenigstens. Was passiert, wenn ein kurzperiodischer Komet seinen langen Weg vom Uranus zur Oortschen Wolke und dann zum Jupiter zurückgelegt hat? Jedesmal, wenn ein Komet das innere Sonnensystem durchläuft, geht er eine Unmenge von Risiken ein. Zuletzt fällt er den Gefahren zum Opfer. Einige Kometen verkleinert jeder Durchgang durch das Perihel um einen Meter, bis kaum noch etwas von ihnen übrig ist. Andere kollidieren auf ihrem Weg mit irgendeinem Hindernis, verwandeln sich in einen völlig anderen Himmelskörper oder verschwinden in interstellaren Weiten. Diese verschiedenen Schicksale haben, wie sich allmählich herausstellt, wichtige Konsequenzen für die Planeten von heute und höchstwahrscheinlich auch für uns.

Wir werden auf diese Zusammenhänge in den nächsten Kapiteln näher eingehen; eine graphische Darstellung der Evolution des Sonnensystems und der Geburt und des Todes der Kometen findet sich auf den Seiten 194/195.

Da ein Komet auf so viele verschiedene Arten sterben kann, würde es bald keine kurzperiodischen Kometen mehr geben, wenn nicht durch die Gravitationswirkung Jupiters neue Kometen in das innere Sonnensystem hereingezogen würden. Wie auf der Erde nimmt eine neue, überschwengliche, aber relativ unerfahrene Generation die Plätze der jüngst Verschiedenen ein.

Die Kometen sind Stationen auf dem Weg der Evolution von Planeten aus interstellarer Materie. Sie haben viel gesehen. Als kümmerliche Reste aus der Zeit der Entstehung des Sonnensystems, die Milliarden von Jahren unbeschädigt ihre einsame Existenz geführt haben, können sie uns viel erzählen. Das ist die Hauptmotivation für das anbrechende Zeitalter der Raumsondenerforschung von Kometen.

Sowohl die Kometen wie auch die Planeten entstanden aus interstellarer Materie. Sie unterscheiden sich jedoch darin, daß sich die Planeten seit den Anfängen des Sonnensystems in ihrer physikalischen und chemischen Beschaffenheit stark verändert haben, während die Kometen von den Verwüstungen der Zeit fast völlig verschont blieben. Wenn wir uns mit den Kometen beschäftigen, beschäftigen wir uns mit unseren eigenen Anfängen.

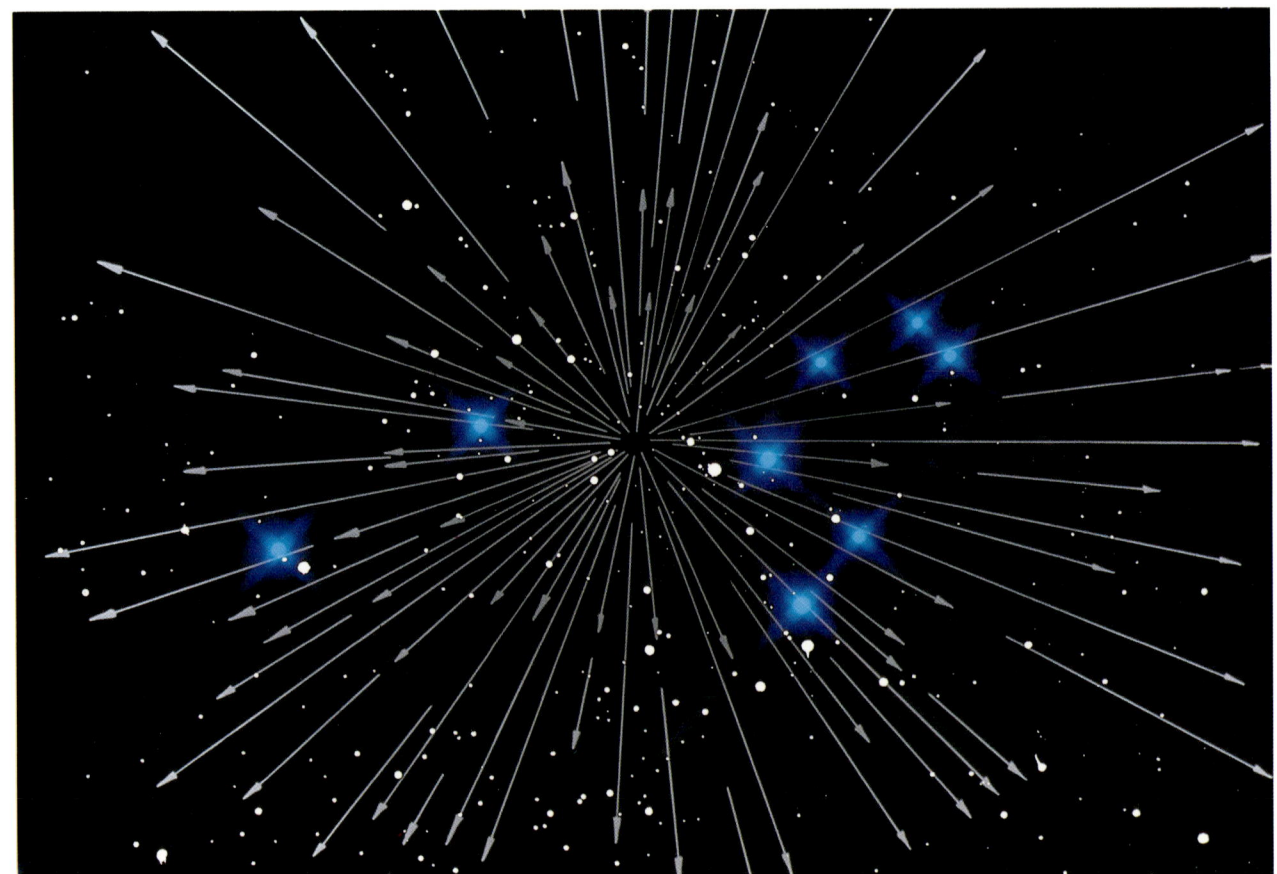

Meteorradiant im Sternbild des Löwen. In einem Meteorstrom entstehen die meisten Meteore (hier als Pfeile dargestellt, die andeuten, in welcher Richtung die Meteore durch die Erdatmosphäre fallen) anscheinend in einem bestimmten Punkt am Himmel, in diesem Fall im Sternbild des Löwen, dessen Sterne blau gekennzeichnet sind. Ein Meteorstrom entsteht, wenn die Erde, die sich in diesem Augenblick auf ihrer Umlaufbahn um die Sonne auf das Sternbild des Löwen zubewegt, eine Wolke von Meteortrümmern durchpflügt. Andere Meteorströme haben ihre Radianten in anderen Teilen des Himmels und sind an anderen Tagen des Jahres sichtbar. Graphische Darstellung von Jon Lomberg/BPS.

13. Kapitel
Die Geister verloschener Kometen

Oft auch kannst bei dräuendem Sturm du Fallen der Sterne
Steil vom Himmel herab anschaun, und wie sie den langen
Silbernen Schweif nachziehn, die Nacht mit Flammen zerteilend.

Vergil: *Vom Landbau*
Erstes Buch (Übers.: R. A. Schröder)

Sie hören von ihnen, lange bevor Sie eine zu sehen bekommen. »Hast du gestern nacht die Sternschnuppe gesehen?« fragen sich die Erwachsenen gegenseitig. Erinnern Sie sich, wie alt Sie werden mußten, bevor man Ihnen erlaubte, lange genug aufzubleiben und selbst zum Nachthimmel empor zu schauen?

Wenn Sie etwas älter, beispielsweise zehn Jahre alt, schließlich Ihre erste Sternschnuppe zu Gesicht bekommen, sind Sie begeistert. Es ist wie ein Feuerwerk. Sie brechen vielleicht sogar in Oh- und Ah-Rufe aus. Sie versuchen auszumachen, ob irgendein Stern, der früher oben am Himmel hing, jetzt fehlt. Aber das ist ein schwieriges Unterfangen. Es gibt so viele schwach leuchtende Sterne. Und trotzdem fragen Sie sich, warum überhaupt noch Sterne übrig sind, wenn jede Nacht Meteore herabfallen.

In dem Wort Sternschnuppe verbirgt sich ein ganzes Modell des Universums. Sterne können sich von ihrer Verankerung im Firmament lösen und auf die Erde stürzen. Sterne müssen deshalb kleine Körper sein. Sie sehen den Lichtpunkt, der vom Horizont zum Zenit jagt, aufleuchtet und dann verlöscht. Wohin ist er verschwunden? Es schiene natürlicher, daß er in die andere Richtung fällt, vom Zenit in Richtung Horizont. Dann könnten Sie Lust bekommen, eine Sternschnuppe zu suchen, und schnell zu der Stelle marschieren, wo der Lichtschweif scheinbar endete. Vielleicht schon in der Nachbarschaft. Was, glauben Sie damals, im jugendlichen Alter, würden Sie finden? Ein fünfeckiges Gebilde, in Silberpapier verpackt, das im Schnee funkelt? Vielleicht.

Das Wort »Sternschnuppe« ist selbstverständlich kein wissenschaftlicher Ausdruck. Das astronomische Wort für die Erscheinung ist Meteor. Meteore sind Körper, die durch die Atmosphäre der Erde fallen und dabei einen Lichtstrahl erzeugen. Das Licht sieht so ähnlich aus wie eine Magnesiumstichflamme. Wenn ein Meteor in einsamem Glanz herabfällt, wird er sporadischer Meteor genannt. Ist er Mitglied einer Gruppe von Meteoren, die alle in derselben Nacht vom selben Teil des Himmels herabfallen, gehört er zu einem Meteorstrom. Die hellsten Meteore nennt man Feuerkugeln. Sehr große Feuerkugeln können so hell wie der Mond oder gar die Sonne sein. Der glänzende Kopf des Meteors hat die Form einer Träne und wird von einem Lichtstrahl begleitet, der Funken sprüht. Wenn eine Feuerkugel bei Tageslicht herabfällt, ist manchmal ein Schweif aus schwarzem Rauch sichtbar. Nach der Definition geht ein Meteor nicht auf der Erde nieder. Wenn Sie dem Lichtstreifen am Himmel folgen und in das mögliche Aufschlagsgebiet eilen und dort tatsächlich einen Stein finden, der gerade vom Himmel gefallen ist, dann ist das kein Meteor, sondern ein Meteorit. Das Diminutivsuffix deutet darauf hin, daß der Meteorit kleiner ist als ein Meteor. Das ist so allgemein jedoch falsch. Das große Loch im Boden von Arizona wird »Meteor Crater« genannt. Das Objekt, bei dessen Einschlag der Krater entstanden ist, war jedoch zu groß, um ein Meteor zu sein. Anders als die Kometen, mit denen sie manchmal verwechselt werden, huschen Meteore tatsächlich über den Himmel.

»Die Meteore flüstern grün über unseren Köpfen«, lautet eine wunderschöne, beschwörende Zeile der amerikanischen Schriftstellerin Loren Eiseley. In Wirklichkeit flüstern Meteore nur mit sich selbst. Sie streichen zu leise durch die oberen Luftschichten, um hier unten gehört zu werden. Wie Kometen und Kinder in viktorianischen Dramen sind sie zwar sichtbar, aber man hört sie nie. Meteoriten, kleine Teilchen, die von den Asteroiden oder dem Mond oder Mars oder verloschenen Kometen abgebrochen sind, kann man hören. Meteoriten und einige kometische Feuerkugeln erzeugen gelegentlich ein tiefes, rumpelndes Donnern, das einzige

---

»Wie durch die Klarheit reiner stiller Nächte
Von Zeit zu Zeit ein plötzlich Feuer hinläuft,
Das Auge, das erst sicher stand, bewegend,
Und einem Sterne gleicht, der Stätte wechselt,
Nur daß am Ort, dran es entglommen, keiner
Verloren geht, und selbst es kurz nur dauert.«

Dante Alighieri: *Die göttliche Komödie*
Das Paradies, Canto XV

... zeugt indes auch Daimachos, der in seiner Schrift *Über die Frömmigkeit* berichtet, vor dem Fallen des Steins sei fünfundsiebzig Tage lang ununterbrochen am Himmel ein ungeheuer feuriger Körper wie eine Feuerwolke zu sehen gewesen, der sich nicht still verhielt, sondern vielfältig verschlungene und gebrochene Bewegungen ausführte, so daß infolge der Erschütterung und heftigen Bewegung feurige Stücke sich losrissen und nach vielen Seiten hinführten und blitzten wie die Sternschnuppen. Nachdem er dann in jener Gegend herabgestürzt war und die Einwohner, sobald sie sich von ihrem Schrecken und Staunen erholt hatten, sich versammelten, war keine Wirkung und keine Spur eines so großen Feuers zu gewahren, sondern nur ein Stein lag da, groß zwar, der aber doch nur einen winzigen Bruchteil jenes feurigen Gebildes darstellte. Daß nun Daimachos nachsichtige Leser braucht, ist klar ...

Plutarch: *Lysander* (in: Große Griechen und Römer, Bd. III, hrsg. u. übers. Konrad Ziegler, Zürich u. Stuttgart 1955, S. 20)

Geräusch, das ein anderer Himmelskörper erzeugt und das ohne Hilfsmittel vom erdgebundenen Menschen jemals gehört wurde.

Frühe Kulturen hielten Meteore und Meteoriten, wie auch Kometen, für Vorboten meist unheilvoller Ereignisse. Seltener wird eine weniger anthropozentrische Erklärung angeboten. In Westafrika hat die Annahme Tradition, Meteore und Meteoriten seien eine Art Abfallprodukt der Sonne. Wie die Vorstellung, ein Meteor sei ein herabfallender Stern, enthält diese Lehre des Stammes in Atakpame im südlichen Togo mehr als nur ein Körnchen Wahrheit, wie wir noch sehen werden. Die Herero, ein zu den Bantu gehörender Stamm in Südwestafrika, nennen sie »summende Steine«. Diese Bezeichnung spiegelt zweifellos eine direkte Erfahrung mit einem Meteoritenfall wider. In anderen Traditionen sind die Meteore die Seelen der Toten, die zur Erde zurückkehren, um wiedergeboren zu werden, oder ein Donnerkeil oder die Boten Mbomveis, des höchsten Wesens. Die Jukun in Nigeria glauben, daß ein Meteor ein Nahrungsmittel sei, das als Geschenk von Stern zu Stern getragen wird. Nach Auffassung der Kambari ist ein Meteor eine Art königliches Banner, das anzeigt, daß die Wesen, die auf den Sternen leben, an diesem Tag die Erde besuchen. Im islamischen Teil Afrikas wurde eine Sternschnuppe als Dolch beschrieben, den die Engel werfen, um die Pläne jener Geister zu durchkreuzen, die in den Himmel fahren wollten. Im allgemeinen werden Meteore wie Kometen in Afrika und überall in der Welt für die Vorboten von Seuchen, Katastrophen, Hexerei und Tod gehalten. Das Unheil, das Meteore mit sich bringen, ist jedoch meist nicht so groß wie das Unheil, für das Kometen verantwortlich gemacht werden. Das mag daran liegen, daß Meteore viel häufiger sind als Kometen. Wenn Sie geduldig sind, können Sie in jeder Nacht einen niedergehen sehen.

Die Chinesen führten von frühester Zeit an peinlich genau Buch über Meteore und schenkten besonders den Farben große Aufmerksamkeit. Die früheste Bezeichnung »Sterne fallen in Schauern« findet sich in den *Ch'un Ch'iu,* den *Frühlings- und Herbstannalen,* und beschreibt ein Ereignis, das am 23. März 678 v.Chr. stattgefunden hat. Im antiken und mittelalterlichen Europa war die genaue Aufzeichnung von Meteorbeobachtungen praktisch unbekannt. Gelegentliche helle Feuerkugeln wurden jedoch der Aufzeichnung für wert befunden. Im Jahr 1000 zum Beispiel – das groß als das Jahr des Weltendes angekündigt wurde – heißt es in einer zeitgenössischen Darstellung:

»Die Nacht war schön. Kein Mond stand am Himmel. Die Meteore waren nicht nur wegen ihrer großen Vielzahl, sondern auch wegen ihrer eigenen Pracht gut zu erkennen. Ich werde diese Nacht niemals vergessen. ... In den folgenden zwei oder drei Stunden, sahen wir ein Schauspiel, das ich gewiß nie vergessen werde. Die Sternschnuppen wurden immer zahlreicher, bis man manchmal mehrere auf einmal sehen konnte. Manchmal strichen sie über unsere Köpfe, manchmal nach rechts, manchmal nach links, aber alle kamen von Osten. Als es nun immer später wurde, ging das Sternbild des Löwen über dem Horizont auf, und da erst zeigte sich wirklich der außergewöhnliche Charakter des Schwarms. Alle Leuchtstreifen der Meteore strahlten vom Löwen aus. Manchmal schien ein Meteor direkt auf uns zuzukommen, aber dann wurde sein Weg so verkürzt, daß er kaum eine wahrnehmbare Länge hatte und wie ein gewöhnlicher Fixstern aussah, der kurz aufleuchtet und dann ebenso schnell verschwindet. Gelegentlich waren die leuchtenden Schweife noch viele Minuten lang zu sehen, nachdem der Blitz des Meteors über den Himmel gezuckt war. Die große Mehrheit der Schweife in diesem Schauer war jedoch vergänglich. Es wäre unmöglich zu sagen, wie viele Tausende von Meteoren sichtbar waren; und jeder von ihnen war hell genug, daß er in einer gewöhnlichen Nacht Bewunderung erregt hätte.«

Bericht über den Leonidenstrom am 13. und 14. November 1866, in: Robert Ball: *The Story of the Heavens,* London 1900

Ein Meteor fällt zur Erde. Aus: Amédée Guillemin, *Le Ciel*, Paris 1864.

Die Himmel öffneten sich, und auf die Erde fiel eine Art brennende Fackel, die eine lange Lichtspur hinterließ, die wie der Weg eines Blitzes aussah. Seine Helligkeit war so groß, daß sie nicht nur diejenigen, die auf den Feldern waren, in Furcht versetzte, sondern auch diejenigen, die sich in ihren Häusern aufhielten. Als sich die Öffnung im Himmel langsam schloß, erblickten die Menschen mit Schrecken die Gestalt eines Drachen mit blauen Füßen und einem Kopf, der größer und größer zu werden schien.

Das moderne wissenschaftliche Interesse an Meteoren wurde durch den folgenden Bericht des deutschen Wissenschaftlers Alexander von Humboldt geweckt, der in der Nacht vom 11. November in Camana in Venezuela schrieb:

Gegen Morgen, von 2½ Uhr an, sah man gegen Osten höchst merkwürdige Feuermeteore. Bonpland, der aufgestanden war, um auf der Galerie die Kühle zu genießen, bemerkte sie zuerst. Tausende von Feuerkugeln und Sternschnuppen fielen hintereinander, vier Stunden lang. ... Alle Meteore ließen 8 bis 10° lange Lichtstreifen hinter sich zurück. ... Die Phosphoreszenz dieser Lichtstreifen hielt 7 bis 8 Sekunden an. Manche Sternschnuppen hatten einen sehr deutlichen Kern von der Größe der Jupiterscheibe, von dem sehr stark leuchtende Lichtfunken ausfuhren. Das Licht der Meteore war weiß, nicht rötlich. ... Von 4 Uhr an hörte die Erscheinung allmählich auf; Feuerkugeln und Sternschnuppen wurden seltener, indessen konnte man noch eine Viertelstunde nach Sonnenaufgang mehrere an ihrem weißen Lichte und dem raschen Hinfahren erkennen.*

Der Große Leoniden-Meteorstrom vom 13. November 1833 in der Darstellung eines Augenzeugen. Nach Fletcher Watson, *Between the Planets*, Harvard University Press 1956.

Humboldt war der Ansicht, daß viele Beobachter, auch in Europa, in jener Nacht dasselbe Wunder gesehen hätten. Daraus schloß er, daß ein Meteorschauer sich auf einem großen Gebiet über der Erde hoch in der Atmosphäre abspielt. Aber diese direkte Schlußfolgerung brachte zahlreiche Probleme mit sich:

Welchen Ursprung nun auch diese Feuermeteore haben mögen, so hält es schwer, sich in einer Region, wo die Luft verdünnter ist als im luftleeren Raume unserer Luftpumpen, ... eine plötzliche Entzündung zu denken. ... Hängt die Periodizität dieser wichtigen Erscheinung vom Zustand der Atmosphäre ab, oder von etwas, das der Atmosphäre von auswärts zukommt, während die Erde in der Ekliptik fortrückt? Von alledem wissen wir gerade so viel wie zur Zeit des Anaxagoras.**

Es ist eine bemerkenswerte Tatsache, daß Meteorströme jedes Jahr fast immer zum selben Datum – sagen wir am 12. August oder am 14. Dezember – wiederkehren, auch wenn sie ein oder zwei Tage brauchen, um ihre höchste Intensität zu erreichen, und ein oder zwei Tage, um wieder abzufallen. Sie können in einer klaren Nacht hinausgehen und die hellen Meteore zählen. Bei einer sehr intensiven Strömung können Sie auf Dutzende pro Sekunde kommen. Sie stellen fest, woher die Meteore anscheinend kommen. Sie sind nicht zufällig über den Himmel verteilt, sondern tendie-

* Alexander von Humboldt, *Südamerikanische Reise*, Hrsg. K. L. Walter-Schomburg, Berlin 1967, S. 146 f.
** Humboldt, a. a. O., S. 145

ren dazu, sich an einer bestimmten Stelle in einem bestimmten Sternbild zu konzentrieren (siehe die Aufmacherillustration dieses Kapitels). Den Punkt, von dem die Meteore auszugehen scheinen, bezeichnet man als den Radianten. Der Radiant macht alle Bewegungen des Sternbildes wie Aufgang und Untergang mit. Aus diesem Grunde richtet sich die Bezeichnung des Meteorstroms oft nach dem Sternbild, aus dem er scheinbar auftaucht.

Die Leoniden am 17. November gehen vom Sternbild des Löwen aus. Die Tauriden am 5. November gehen vom Sternbild des Stiers aus. Wie, so fragten sich die Astronomen des neunzehnten Jahrhunderts, können die Meteorströme wissen, welcher Tag im Jahr gerade ist? Und wie brachten sie das Zauberkunststück fertig, aus einem kleinen Fleck am Himmel hervorzuströmen, der mit den Sternen auf- und untergeht?

In einem Meteorstrom scheinen alle Bahnen vom selben Punkt im Raum auszugehen. Diesen optischen Eindruck kennt jeder, der schon einmal nachts bei Schneefall Auto gefahren ist. Wenn das Auto durch die fallenden Schneeflocken fährt, jagen sie an allen Seiten vorbei, kommen aber scheinbar aus einem festen Punkt direkt vor der Kühlerhaube im Lichtkegel der Scheinwerfer.*

Ein Meteorstrom in einer Darstellung aus Camille Flammarions *Himmelskunde für das Volk*, Neuenburg 1907/08. Als Datum wird der 27. November 1872 angegeben. Wenn »27« ein Druckfehler für »17« ist, wäre das der Leoniden-Strom.

Ein Meteorstrom entsteht, wenn die Erde bei ihrem jährlichen flinken Lauf um die Sonne einen Staubstrom durchläuft. Was dann passiert, wurde um die Jahrhundertwende von dem britischen Astronomen Robert Ball lebendig geschildert:

> Wir wollen uns einen Schwarm kleiner Objekte vorstellen, der im Raum herumstreift. Denken Sie an einen Heringsschwarm im Atlantik, der sich über viele Quadratmeilen erstreckt und aus unzähligen Myriaden von Individuen besteht. ... Der Schwarm von Sternschnuppen ist vielleicht noch viel zahlreicher als ein Heringsschwarm. Die Sternschnuppen sind jedoch nicht sehr nah beieinander. Sie sind durchschnittlich wahrscheinlich einige Meilen voneinander entfernt. Der tatsächliche Umfang des Schwarms ist deshalb riesig. Seine Dimensionen müssen in Hunderttausenden von Meilen gerechnet werden.** Die Meteore können sich ihren Weg nicht wie ein Heringsschwarm selbst auswählen, denn sie sind dazu gezwungen, die Route zu nehmen, die ihnen von der Sonne vorgeschrieben wird. Jeder einzelne folgt seiner Ellipse in völliger Unabhängigkeit von seinen Nachbarn. ... Wir sehen sie nicht, bis die Erde sie einfängt. Alle dreiunddreißig Jahre macht die Erde einen großen Fang von diesen Meteoren. Sie ist dabei ebenso erfolgreich wie die Fischer mit den Heringen und geht in ähnlicher Weise vor. Denn wie die Fi-

---

* Das würde auch für hypothetische interstellare Kometen gelten, die von der Gravitation der Sonne angezogen werden. Sie würden meistens scheinbar aus der Richtung im Raum kommen, auf die sich die Sonne und ihre Planeten zubewegen, nämlich auf das Sternbild des Herkules. Die Tatsache, daß Kometen keine Vorliebe für Herkules zeigen, ist eines der vielen gewichtigen Argumente gegen Laplace' Theorie, daß langperiodische Kometen direkt aus Regionen jenseits des Sonnensystems zu uns kommen.

** Ball dachte ungefähr so: Angenommen, die Maximalintensität eines Meteorstroms dauert ungefähr eine Stunde. Wenn wir wissen, wie schnell sich die Erde durch den Schwarm hindurchbewegt, können wir ausrechnen, wie groß die Entfernung vom Anfang bis zum Ende des Schwarmes ist. Die Erde ist 150 Millionen Kilometer (93 Millionen Meilen)von der Sonne entfernt, also ist der Umfang ihrer gesamten kreisförmigen Umlaufbahn $2\pi \times 1{,}5 \times 10^8$ Kilometer lang. Die Erde braucht 365 Tage, um diesen Kreis einmal zu durchlaufen. Also bewegt sie sich mit einer Geschwindigkeit von $2\pi \times 1{,}5 \times 10^8$ Kilometer/365 Tage = 2,5 Millionen Kilometer pro Tag. Mit dieser Geschwindigkeit läuft die Erde um die Sonne. Wenn ein Meteorstrom einen Tag andauert, muß er also einen Durchmesser von 2,5 Millionen Kilometer haben. Da die Maximalintensität im allgemeinen nur ein paar Stunden dauert, hat der innere Kern eines Meteorstroms einen Durchmesser von ein paar hunderttausend Kilometern.

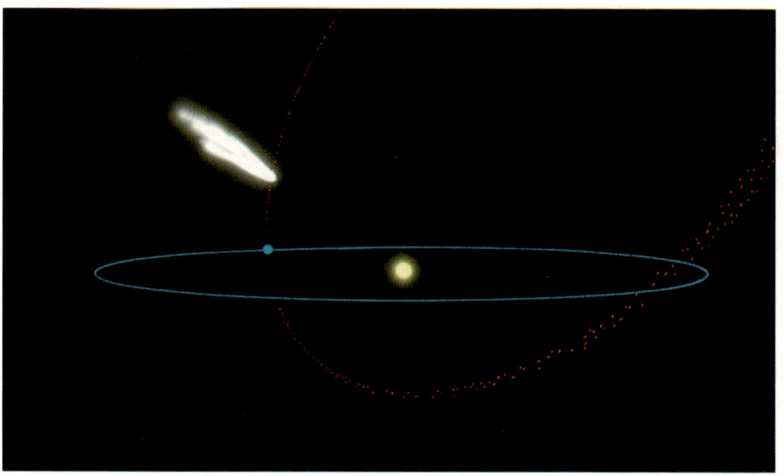

Ein immer noch aktiver Komet beginnt nach mehreren Periheldurchgängen, sich aufzulösen. Feine kometarische Trümmerteilchen verteilen sich über die gesamte Kometenlaufbahn und breiten sich auch weit über die ursprüngliche Breite der Umlaufbahn aus. Der Komet selbst fliegt auf dieser Darstellung weit hinter der Erdbahn vorbei, aber die Kometenteilchen schneiden die Umlaufbahn der Erde. Deshalb fliegt die Erde jedes Jahr an einem bestimmten Datum durch die kometarischen Trümmerteilchen hindurch, und ein Meteorstrom entsteht. Graphische Darstellung von Jon Lomberg/BPS.

scher ihre Netze auslegen, in denen die Fische ihr Schicksal ereilt, hat die Erde eine Atmosphäre, in der die Meteore ihr Ende finden. Wie wir hören, besteht keine Gefahr, daß die Heringe aussterben, denn die Zahl, die von den Fischern gefangen wird, ist verschwindend gering verglichen mit der Vielzahl, mit der sie im Atlantik vorkommen. Im Hinblick auf die Meteore können wir dasselbe sagen.

Auf die Frage, warum Meteorströme an der Erde vorbeiziehen, wurde eine Antwort gefunden, als man entdeckte, daß Meteorströme mit Kometen, vor allem mit zerfallenden Kometen wie den Bielaschen (Kapitel 5), in Verbindung stehen. Es spricht heute sehr viel dafür, daß in den Staubschweifen von Kometen und in der Koma kleine Partikel sind. Diejenigen, die nicht vom Strahlungsdruck oder ähnlichem beseitigt werden, umlaufen die Sonne weiterhin als separate Mikroplaneten und bleiben im wesentlichen auf der Umlaufbahn des Erzeugerkometen. Durch Ausströmungen und Strahlungen der Koma werden sich einige Partikel etwas langsamer, andere etwas schneller als der Kometenkern bewegen. Als Folge davon haben die Partikel leicht unterschiedliche Perioden beim Umlauf um die Sonne. Ein Partikel, das ein wenig langsamer ist als der Rest, wird nach einem Durchgang durch das Perihel ein wenig nachhängen, dann mehr nach zwei Durchgängen und so weiter. Schließlich wären die Partikel über die gesamte Länge der Umlaufbahn verteilt und würden sich auch seitlich ein wenig ausbreiten. Die kleinen Partikel spüren auch den Strahlungsdruck, gegen den große Partikel immun sind, und die Anziehungskraft von in der Nähe befindlichen Planeten trägt viel dazu bei, daß der Partikelstrom sich ausbreitet. Ein Schwarm kleiner Meteore kann die Sonne Schulter an Schulter auf ein und derselben Umlaufbahn praktisch ohne Kollisionen umrunden. Wenn der Komet nun langsam zerfällt, füllt er seine gesamte Bahn mit Kometentrümmern.

In den meisten Fällen sind die Meteorströme in einer Kometenumlaufbahn für Astronomen auf der Erde völlig unsichtbar. Aber gelegentlich überschneidet sich die Umlaufbahn des Kometen zufällig mit der Umlaufbahn der Erde. Da die Erde sich an jedem Tag im Kalender in einem bestimmten Segment ihrer Bahn befindet, müssen die entstehenden Meteorströme an einem bestimmten Tag des Jahreskalenders auftreten. Die wichtigsten Meteorströme sind heute die Perseiden, die Leoniden, die Orioniden und die Geminiden. Dazu kommen noch die Tauriden, die mit dem periodischen Kometen Encke in Verbindung gebracht werden. Jeder

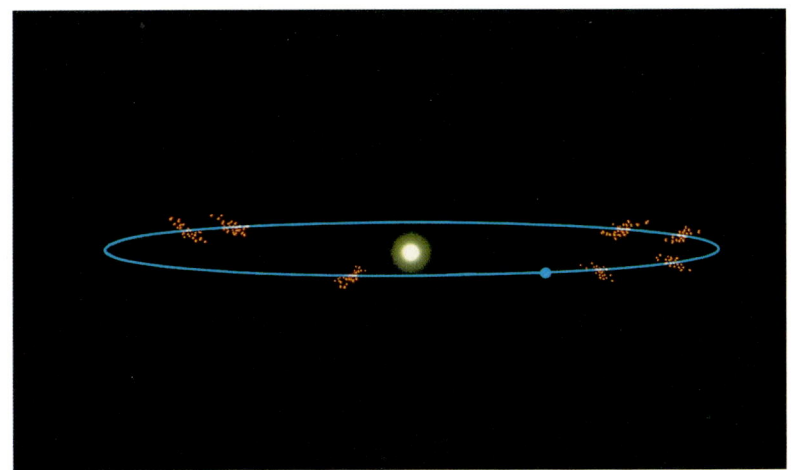

Die meisten Meteorströme, die von verlöschenden Kometen hinterlassen werden, durchquert die Erde nicht. In den wenigen Fällen, in denen die Trümmerteilchen in der Kometenumlaufbahn die Erdumlaufbahn kreuzen, entstehen Meteorströme. Hier ist anhand von kleinen Segmenten meteorbestreuter Umlaufbahnen von sieben Kometen dargestellt, wie sie die Umlaufbahn der Erde schneiden. Jede Überschneidung mit den Trümmerteilchen verschiedener Kometen findet an einem bestimmten Tag im Jahr statt. Die Erde ist in blauer Farbe gezeichnet. Schematische Darstellung von Jon Lomberg/BPS.

sterbende Komet verstreut Trümmer auf seiner Umlaufbahn. Einige Umlaufbahnen kreuzen die Bahn der Erde. Meteorströme sind die Geister verloschener Kometen.

Wie Tycho Brahe in der Lage war, durch Beobachtungen der Parallaxe zu bestimmen, daß die Kometen weit hinter dem Mond vorbeiziehen (Kapitel 2), kann man mit photographischen Beobachtungen desselben Meteors, die von verschiedenen Kameras auf der Erde gemacht werden, bestimmen, wie hoch der Meteoritenstreifen ist.

Das Ergebnis liegt in der Regel ungefähr bei einer Entfernung von 100 Kilometern. In dieser Höhe beträgt der Atmosphärendruck 0,00003 Prozent des Druckes an der Erdoberfläche. Humboldt wunderte sich völlig zu Recht, daß beim Durchgang durch so dünne Luft ein so heller Schweif entstehen konnte.

Stellen Sie sich vor, daß Sie ein Stück Komet an einer bestimmten Stelle über der Erde festhalten und dann loslassen. Natürlich beschleunigt es sich beim Fall. Wenn es die äußerste Erdatmosphäre erreicht, wird es sich mit Fluchtgeschwindigkeit ungefähr elf Kilometer pro Sekunde bewegen. Normalerweise hat ein Komet relativ zur Erde eine bestimmte Geschwindigkeit, bevor er von der Gravitation der Erde angezogen wird, und trifft sie deshalb mit einer höheren Geschwindigkeit. Ein Komet auf einer sehr exzentrischen Umlaufbahn, der sich retrograd bewegt, so daß er mit der aufsteigenden Hemisphäre kollidiert, kann eine Geschwindigkeit von 72 Kilometern pro Sekunde erreichen. Zum Vergleich: Die durchschnittliche Mündungsgeschwindigkeit einer Gewehrkugel beträgt ungefähr einen Kilometer pro Sekunde. Wenn ein Meteor in die Atmosphäre der Erde eindringt, heizt er sich in der dünnen Luft in ungefähr 100 Kilometern Höhe durch Reibung bis zur Weißglut auf. Die Spektroskopie von Meteoren zeigt Spektrallinien von Eisen, Magnesium, Silizium und einer Reihe anderer Elemente, aus denen gewöhnliche Gesteinsarten bestehen. Bevor sie in die Erdatmosphäre eindringen, könnten sie auch Eise und organische Stoffe enthalten, aber wenigstens die Silikatbestandteile sind noch vorhanden, wenn die Meteore verglühen.

Partikel von der Größe Ihrer Faust oder größer jagen durch die Erdatmosphäre und heizen sich durch Reibung an der Luft auf. Dabei verkohlt oder schmilzt eine dünne Schicht, oder sie brennt ab. Dieser Prozeß schützt das Innere des Meteoriten, wie der Ablationsschild an einer Raumfähre die Astronauten schützt, wenn sie wieder in die Atmosphäre eindringen.

Ein Schwarm kometarischer Trümmerteilchen fällt durch die Erdatmosphäre. Einige Partikel schweben wie ein feiner Nebel nach unten, andere, große Materieteilchen gelangen auf die Erdoberfläche, und Partikel von mittlerer Größe verbrennen beim Eintritt in die Erdatmosphäre als Meteore. Darstellung von Don Dixon.

Der Rest des Objekts überlebt den Durchgang durch die Erdatmosphäre und erreicht den Erdboden, wo man ihn, wenn er gefunden wird, als Meteoriten bezeichnet.

Sehr kleine Partikel können ihre Hitze schnell abstrahlen, weil sie im Verhältnis zu ihrer Masse eine sehr große Oberfläche haben, und schmelzen deshalb nicht. Sie werden in einer Höhe von 100 Kilometern einfach langsamer und verwandeln sich in Teile von selten auftretenden leuchtenden Wolken, die des Nachts das Sonnenlicht reflektieren. Langsam fallen sie durch ein Sperrfeuer von Luftmolekülen, von denen sie in der Schwebe gehalten werden. Schließlich dringen sie in die Zirkulation der niederen Atmosphären ein und schweben zur Erdoberfläche hinunter. Diese Objekte nennt man Mikrometeoriten. Partikel von mittlerer Größe sind zu klein, um das Verkohlen einer nur dünnen Schicht zu überleben, und zu

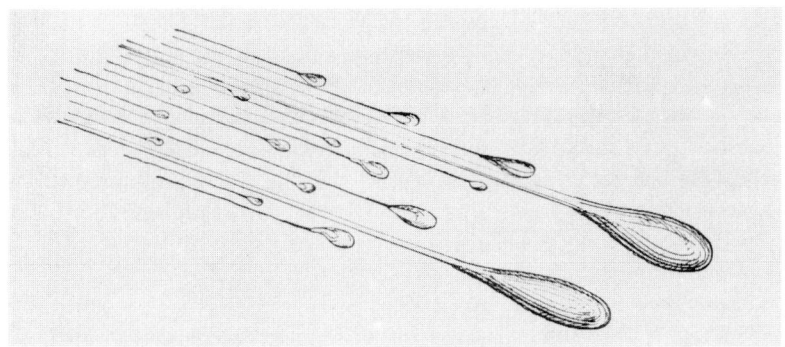

Eine Darstellung von Meteoren, die beim Eintritt in die Erdatmosphäre schmelzen und verbrennen. Aus: H. W. Warren, *Recreations in Astronomy*, 1879.

groß, um langsam hinabzugleiten. Sie verbrennen vollständig beim Eindringen in die Atmosphäre. Das sind echte Meteore.

Mit Radartechnik und einem Netz schneller Kameras kann man messen, wie der Meteor abgebremst wird, wenn er in die Erdatmosphäre eindringt, und wie er auflodert. Daraus kann man Informationen über Masse und Dichte des Meteoriten herleiten. Typische, als »Sternschnuppen« sichtbare Meteore haben einen Durchmesser von wenigen Millimetern. Die meisten sind gerade so groß wie eine Erbse. Eine Feuerkugel, so hell wie der hellste Stern, wiegt durchschnittlich nicht mehr als 100 Gramm. Ein poröser Körper bietet mehr Fläche als ein dichter Körper mit derselben Masse und wird deshalb stärker abgebremst. Deshalb kann man die unterschiedliche Dichte von Meteoren verschiedener Ströme bestimmen. Die Geminiden sind Meteore mit einer Dichte, die man auch bei irdischem Gestein findet, nämlich ungefähr ein Gramm pro Kubikzentimeter. Die meisten Meteore haben jedoch eine weitaus geringere Dichte. Der Komet Giacobini-Zinner gilt als Erzeuger der Draconiden, einem einst gewaltigen, heute jedoch wenig beeindruckenden Meteorstrom, der jedes Jahr am 10. Oktober sichtbar ist. Die Dichte der Draconiden ist sehr gering, ungefähr 0,01 Gramm pro Kubikzentimeter. Eine so zerbrechliche Struktur konnten diese Meteoriten nur bewahren, wenn sie nicht gewaltsam von ihrem Erzeugerkörper weggeschleudert wurden. Es gibt also zwei Arten von Objekten, die in die Atmosphäre der Erde eindringen und Feuerkugeln erzeugen. Die eine ähnelt sehr stark den Meteoriten, die gefunden werden.

Eine Lithographie von Honoré Daumier mit dem Titel »Der Komet von 1857«. Die Eile der Frau legt eher die Vermutung nahe, daß der Komet über den Himmel »zuckt«. Dann wäre es kein Komet, sondern ein Meteor. Wenn wir Meteore durch ein Teleskop betrachten, ist es viel besser, ein Weitwinkel-Teleskop zu benutzen und nicht das Fernrohr, das hier dargestellt ist, denn wir kennen die genaue Position jedes einzelnen Meteors nicht im voraus. Mit freundlicher Genehmigung D. K. Yeomans'.

Das Lockheed-U-2 Flugzeug, das für Aufklärungsflüge der Central Intelligence Agency (CIA) entwickelt wurde und jetzt von der National Aeronautics and Space Administration (NASA) zu Forschungszwecken eingesetzt wird. Dieses Modell fliegt in die Stratosphäre und sammelt dort kometarische Trümmerteilchen. Mit freundlicher Genehmigung des Ames Research Center, National Aeronautics and Space Administration (NASA).

Die andere Art hat sehr zerbrechliche, poröse Strukturen, die man nicht mit vielen makroskopischen Körpern vergleichen kann, die auf der Erde vorkommen.

Mit Hilfe moderner Photo- und Radartechnik ist es möglich, die Geschwindigkeit und die Richtung zu berechnen, aus der ein Meteor kommt. Aus diesen Daten läßt sich die Umlaufbahn des Meteors herleiten. Sporadische Meteore, die nicht zu einem Meteorstrom gehören, tendieren dazu, auf der Ekliptik zu liegen und die Sonne in derselben Richtung wie die Planeten und die kurzperiodischen Kometen zu umlaufen. Die Meteore der Meteorströme haben dagegen viel größere Exzentrizitäten und Bahnneigungen, obwohl einige von ihnen gewiß auch auf der Ekliptik liegen. Von den mehr als 40 000 Meteorstreifen am Himmel, die untersucht wurden, hat kein einziger eine Umlaufbahn, die ihren Ursprung außerhalb des Sonnensystems hat.

Auch hier hat wieder eine Art natürlicher Auslese stattgefunden. Kurzperiodische Kometen mit einer geringen Neigung der Bahnebene erzeugen Meteorströme, die häufig durch die Gravitation des Jupiter zertrümmert werden. Die entstandenen Fragmente bewegen sich in einer Reihe von Umlaufbahnen. Einige davon werden zu sporadischen Meteoren. Aber Kometen mit einer größeren Neigung der Bahnebene haben die Tendenz, sich vom Jupiter fernzuhalten, und deshalb können ihre Meteorströme in der Regel viel länger intakt bleiben. Nur drei Meteoriten sind jemals wieder aufs neue zu sehen gewesen, die Überreste einer Feuerkugel sind: Lost City, Pribram und Innisfree. Der Name gibt immer den Ort an, an dem er wieder gesehen wurde. Normalerweise verhalten sie sich wie Meteoriten. Sie bestehen meist aus porösen Silikaten mit sehr geringer Dichte. Jene hellen Meteore, die aus Regionen jenseits von Jupiter kommen, tragen den aufregenden Namen transjovianische Feuerkugeln. Wie man aus den Charakteristika ihres Eindringens in die Atmosphäre schließen kann, sind sie zerbrechlicher als die grazilsten Meteoriten, die man kennt. Wenn man ein beträchtliches Stück dieser Materie vor Sie auf den Tisch legte, würde es unter seinem eigenen Gewicht zusammenfallen. Es ist möglich, daß die Hohlräume in diesen Silikatstaubbällen auf dem Erzeugerplaneten ursprünglich mit Eisen und organischen Stoffen gefüllt waren.

Am 5. Mai 1960 gab der sowjetische Ministerpräsident Nikita Chruschtschow eine kurze Erklärung darüber ab, daß ein amerikanisches Flugzeug vier Tage zuvor sowjetischen Luftraum verletzt habe und abgeschossen worden sei. Ein wenig später an diesem 5. Mai gab die neu gebildete amerikanische »National Aeronautics and Space Administration« (NASA) eine ähnliche Erklärung ab, aus der die für viele Menschen neue Information hervorging, daß es ein neues Flugzeug namens U-2 gibt, das sehr hoch fliegen kann. Ein Beobachtungsflugzeug dieser Art, das »meteorologische Bedingungen in großen Höhen« untersuchte, wie ein Sprecher der NASA sagte, war über dem »bergigen und zerklüfteten Gebiet« des Van-Sees in der Türkei vermißt worden. Vielleicht war es über die Grenze in die UdSSR geraten. Das Flugzeug wurde abwechselnd als »fliegendes Testbett« und »fliegendes Wetterlaboratorium« bezeichnet. Es wurde von der NASA unter anderem dazu benützt, die »Konzentration bestimmter Elemente in der Atmosphäre« zu bestimmen. Lincoln White, Sprecher des Außenministeriums, sagte: »Wir haben noch nie vorsätzlich versucht, den sowjetischen Luftraum zu verletzen, und so war es auch in diesem Fall.« Drei Tage später erklärte Chruschtschow, daß das U-2-Flugzeug über der Sowjetunion in der Nähe von Swerdlowsk, etwas mehr als 2000 Kilometer vom Van-See entfernt, abgeschossen worden sei. Der Pilot Francis Gary Powers und ein Teil seiner photographischen Ausrüstung wurden unversehrt aufgefunden. Powers gab zu, daß er im Auftrag des amerikanischen Geheimdienstes CIA auf einem riskanten Spionageflug über der Sowjetunion war. Im Flugzeug befanden sich, wie sich herausstellte, keinerlei Instrumente für Analysemessungen der Atmosphäre. Chruschtschow stellte in Moskau einen Teil der Ausrüstung zur Schau, die Powers mit sich führte. Darunter war eine Pistole mit Schalldämpfer, eine Giftkapsel, die im Falle der Gefangennahme geschluckt werden sollte, 7500 sowjetische Rubel, französisches, westdeutsches und italienisches Geld, drei Uhren und »sieben Goldringe für Damen«. Chruschtschow fragte: »Wozu waren all diese Dinge in den höheren Schichten der Atmosphäre nötig? Oder hätte der Pilot noch höher fliegen sollen, bis zum Mars vielleicht, um dort den Marsdamen den Kopf zu verdrehen? Sie sehen, wie gut amerikanische Piloten ausgerüstet werden, bevor sie zu einem Flug aufbrechen, um Luftproben aus den höheren Schichten der Atmosphäre zu nehmen.«

In der amerikanischen Antwort wurde die Bemäntelung des Vorfalls durch die NASA nur wenige Tage zuvor mit keinem Wort erwähnt. Statt dessen war nur die Rede davon, wie wichtig es wegen des nach außen abgeschotteten sowjetischen Systems sei, Daten über die militärische Kapazität der Sowjets zu erhalten. Der Vorfall ist aus verschiedenen Gründen historisch bedeutsam, unter anderem auch, weil er das geplante Gipfeltreffen zwischen Chruschtschow und dem amerikanischen Präsidenten Eisenhower verhinderte. Er brachte auch die Integrität der brandneuen »National Aeronautics and Space Administration« (NASA) in Gefahr, die sich, wie Eisenhower ausdrücklich verlangt hatte, nur friedlichen Forschungen auf den Gebieten der Wissenschaft und Technik widmen sollte.

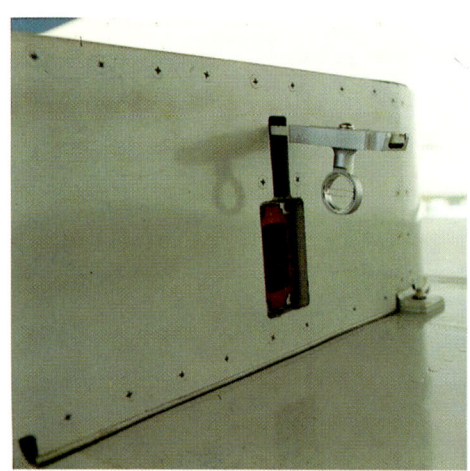

Eine klebrige Sammelplatte, die an die Tragfläche der U-2 montiert wird und in stratosphärischen Höhen kometarische Trümmerteilchen auffängt. Mit freundlicher Genehmigung des Ames Research Center, National Aeronautics and Space Administration (NASA).

Ein paar Jahre nach diesem Vorfall wurden die U-2-Maschinen bei Spionagetätigkeiten hauptsächlich durch Aufklärungssatelliten ersetzt. Erst als sie für Spionagezwecke überholt waren, wurden sie wirklich zu wissenschaftlichen Zwecken verwendet. Die Geschichte hat ihre eigene Ironie. Kurioserweise wurde die U-2 viele Jahre später tatsächlich bei fundamentalen – ja sogar bahnbrechenden – Forschungen eingesetzt, die durchaus der Erforschung der höheren Atmosphäre gedient haben. Genauer gesagt wurden zum erstenmal in der Geschichte der Menschheit Teile eines Kometen eingefangen und zur Untersuchung auf die Erde gebracht. Die treibende Kraft dieses Programms war Donald Brownlee von der Universität von Washington in Seattle.

Die U-2 startet vom »NASA Ames Research Center« in der »Moffett Field Naval Air Station« in der Nähe von Mountain View in Kalifornien. Es hat im Verhältnis zu seiner Größe riesige Tragflächen und sieht ein wenig plump aus, wie eine Kreuzung zwischen einem Segelflugzeug und einer Düsenmaschine. An einem Mast, der auf der Tragfläche angebracht ist, sind Auffangflächen mit einer klebrigen Siliconschicht befestigt. Die Flächen werden dem Luftstrom erst ausgesetzt, wenn die U-2 eine Höhe von 20 Kilometer erreicht hat. Das Flugzeug fliegt mehr oder weniger ziellos, weil unbekannt ist, wo in der Stratosphäre sich Konzentrationen feinen Kometen- oder Meteoritenstaubes befinden. In jeder Stunde, die es fliegt und die klebrige Platte vor sich durch die Luft schiebt, sammelt es ungefähr einen großen Partikel (mit einem Durchmesser von mehr als zehn Mikrons für das bloße Auge immer noch unsichtbar) und viele kleine. Dann wird die Platte automatisch abgedeckt. Das Flugzeug stürzt aus dem beinahe schwarzen Himmel herab, und die Tagesbeute von stratosphärischem Staub wird unten auf der Erde unter dem Mikroskop untersucht.

Es kommt äußerst selten vor, daß sich kleine Partikel, die ein wenig von der Erdoberfläche emporgehoben wurden, eines Tages in der Stratosphäre wiederfinden. Normalerweise werden sie vom Regen aus der Luft ausgewaschen oder sinken irgendwo, bevor sie große Höhen erreichen, wieder zur Erdoberfläche. Es gibt eine natürliche Barriere für die Zirkulation zwischen der niederen und der höheren Atmosphäre. (Diese Schranke wird in einem Atomkrieg zerstört, aber das ist ein anderes Thema.) Wenn also die menschliche Technologie die Stratosphäre nicht mit feinen Partikeln verschmutzt, muß sie als natürliches Auffangbecken für außerirdische Partikel dienen, die aus dem All auf die Erde fallen.

Die NASA-Wissenschaftler nehmen die klebrige Platte von der Tragfläche der U-2 und legen sie unter ein Mikroskop. Sie zählen die Partikel verschiedener Größe, photographieren sie und versuchen dann, eine chemische Analyse anzustellen, was schwierig ist, da nur wenige große Partikel dabei sind. Aus diesem Grund vermeiden sie auch destruktive Versuche. Viele Wissenschaftler stehen Schlange, um dieses Material nach ihnen zu untersuchen. Zwischen den Untersuchungen werden die Partikel in der alten »Lunar Curatorial Facility« im Johnson-Raumfahrtzentrum in Houston aufbewahrt, neben dem Mondgestein, das die Apollo-Astronauten mit auf die Erde brachten.

Eine Art von Staub, die gefunden wird, sind kugelförmige Klümpchen aus reinem Aluminiumoxid, die in einer Höhe von 20 Kilometern gesammelt wurden. Wie sind sie dorthin gekommen? Es stellte sich heraus, daß diese Partikel von Feststoffraketen hauptsächlich amerikanischer, sowjetischer und französischer Bauart stammen, die auf ihrem Weg in ferne Regionen des Alls in der Stratosphäre stark beschleunigen. Die Menge der

Aluminiumoxidpartikel in der Stratosphäre nimmt beständig zu. Aber diese Information lenkt nur von den wichtigeren Ergebnissen ab. Die klebrigen Platten haben ein viel merkwürdigeres Partikel eingefangen. Wenn Sie die häufigste Art stratosphärischer Staubpartikel unter extremer Vergrößerung untersuchen, stellen Sie fest, daß diese Partikel unregelmäßige Ansammlungen noch viel kleinerer Partikel sind, die ungefähr einen Durchmesser von einem Zehntel Mikron haben. Hunderttausend von ihnen aneinandergelegt wären so lang wie der Nagel Ihres kleinen Fingers. Mit keinem der bekannten industriellen oder biologischen Verfahren werden solche Partikel hergestellt, und selbst wenn es solche Verfahren gäbe, ist es ausgeschlossen, daß solche Partikel in so großen Mengen in die Stratosphäre gelangten. Eine Reihe physikalischer und chemischer Versuche weisen alle in eine Richtung: Diese Partikel haben ihren Ursprung in einer anderen Welt. Da feine Partikel in unserem Teil des Weltraums hauptsächlich von Kometen stammen, folgt, daß wir hier den Rohstoff von Kometen vor uns haben.

Wir sind uns nicht ganz im klaren darüber, warum die Partikel zusammenkleben. Vielleicht haftete einmal (oder immer noch) ein adhäsiver Stoff an ihren Oberflächen. Am Mikroskop sieht man auf den ersten Blick, daß so ein Partikel ein sehr zerbrechliches Gebilde ist. Es wird zerfallen, wenn man es mit zuviel Gewicht belastet. Wenn diese Ansammlungen jemals tief im Inneren eines kleinen Himmelskörpers waren, wären sie zermalmt worden, es sei denn, die Hohlräume wären mit einem anderen, flüchtigeren Stoff aufgefüllt gewesen, der jetzt verschwunden ist. Das ist ein anderer Hinweis darauf, daß die stratosphärischen Staubteilchen wahrscheinlich aus Kometenschweifen stammen. Das Eis ist inzwischen vollständig verdampft, und selbst einige der organischen Stoffe sind verlorengegangen.

Schauen Sie sich die winzigen Körnchen noch einmal an. Sie befanden sich einst auf der Oberfläche eines Kometenkerns. Wenn Sie ein unbeschädigtes Teilchen aus dem Inneren eines Kometenkerns aus solcher Nähe betrachten könnten, würden Sie wahrscheinlich solche Trauben kleiner, dunkler Partikel sehen, die reich an organischen Stoffen sind; alle Hohlräume und die gesamte Umgebung wären jedoch mit Eis gefüllt. Während die Zeit im inneren Sonnensystem verstreicht, verdampft das Eis, die Partikel fliegen hinaus in den Raum, und einige von ihnen dringen in die Atmosphäre der Erde ein.

Neunzig Prozent der flockigen Partikel, die wahrscheinlich von Kometen

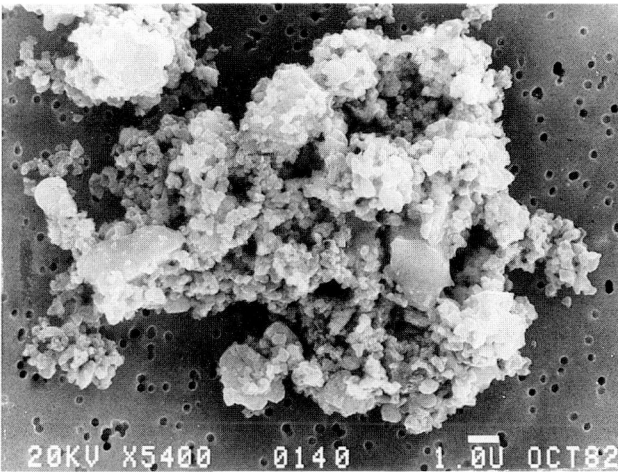 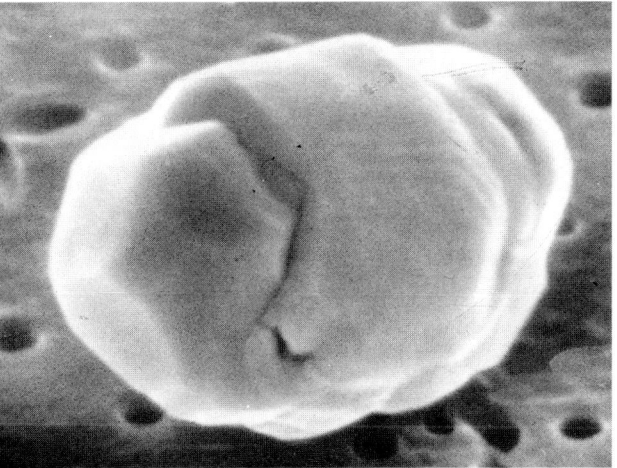

Wahrscheinlich kometarische Trümmerteilchen, die in der Stratosphäre gesammelt und unter einem Elektronenmikroskop untersucht wurden. *Links* sehen wir viele kleine Partikel, die so zusammengefügt sind, daß sie an eine Traube erinnern. Sie sind 5400fach vergrößert. Der kleine horizontale Balken ist ein Mikron (der 10 000. Teil eines Zentimeters) breit. *Rechts* sehen Sie eine Nahaufnahme von einem einzelnen submikronischen Teilchen. Man kann sich gerade noch vorstellen, daß diese Partikel ein relativ unverändertes interstellares Staubteilchen ist. Mit freundlicher Genehmigung Don Brownlees und Maya Wheelocks von der Universität Washington und National Aeronautics and Space Administration (NASA).

Schematische Darstellung der Entwicklung einer Kometenoberfläche, aus extrem geringer Entfernung gesehen. In großer Entfernung von der Sonne besteht die Oberfläche aus einer Mischung von Eis (hier blau gezeichnet), Gestein und organischer Materie (braun gezeichnet). Wenn der Komet sich der Sonne nähert, steigen die Temperaturen, bis das Eis *(oben links)* zu verdampfen beginnt. Bald *(oben rechts)* ist der größte Teil des Eises verdampft, bis schließlich *(unten links)* nur noch Gestein und organische Materie übrig sind. Teile mit dieser Zusammensetzung brechen von dem Kometen ab, und wenn eines von ihnen in die Erdatmosphäre eindringt, wird es zu einem Meteor oder, wenn es sehr groß ist, zu einer Feuerkugel. Zeichnungen von Kim Poor.

stammen und auf die beschriebene Weise gesammelt werden, sind Ansammlungen winziger, submikroskopischer dunkler Körner, höchstwahrscheinlich eine den Kometen ureigene Mischung aus Silikaten und ähnlichen Mineralien mit komplexen organischen Stoffen. Sie haben ungefähr dieselbe Größe wie die Staubkörner, die in dem Raum zwischen den Sternen schweben. Und es scheint nicht ganz unmöglich, daß wir eine Probe der ursprünglichen Materie vor uns haben, aus der das Sonnensystem entstanden ist. Bis jetzt haben wir noch zu wenig von ihr, um diese Schlußfolgerung ziehen zu können. U-2 und modernere Maschinen müssen in viel größerem Rahmen zu Sammelflügen starten, um genug Material für eine Vielzahl physikalischer und chemischer Versuche zu beschaffen und um nach selteneren Partikeln zu suchen, die vielleicht noch viel überraschendere Entdeckungen ermöglichen können. Zu guter Letzt werden wir diese Partikel mit anderen Partikeln vergleichen wollen, die tatsächlich im Kern eines Kometen gefunden wurden. Aber heute scheint es wenigstens denkbar, daß wir zum erstenmal die Bausteine des Universums betrachten.

Ein Komet schlägt in die helle Oberfläche der Sonne ein. Die dunklen Stellen sind Sonnenflecken mit jeweils lokal verstärktem Magnetfeld. Auf der Sonne gibt es weder flüssige noch feste Stoffe, sondern nur Gase. Darstellung von Anne Norcia.

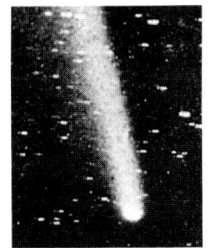

14. Kapitel
Zerstreute Feuer und zertrümmerte Welten

Oft aber sieht man, wenn die Sonne untergeht, ein zerstreutes Feuer nicht ferne von ihr.

Seneca: *Naturbetrachtungen,* Siebentes Buch: Von den Cometen

> Die Engel sangen alle falsch und schrie'n
> Sich heiser, da sie sonst nicht viel bereiten,
> Als Sonn' und Mond gehörig aufzuziehn,
> Ein junges Sternenpaar hier zuzureiten,
> Dort ein Kometenfohlen, das zu kühn
> Des Äthers Grenzen wollte überschreiten,
> Im Spiel Planeten splitternd mit dem Schwanze,
> Wie oft ein Boot vom plumpen Walfischtanze

Lord Byron: *Die Visionen des Gerichts,* übers. Bernd von Gusek, Stuttgart 1839

George-Louis Leclerc, Comte de Buffon, starb am Vorabend der Französischen Revolution. Der Naturforscher war vermutlich der erste Mensch, der versuchte, aus den Zeugnissen der Gesteine die Geschichte der Erde als Folge geologischer Zeitalter zu rekonstruieren. Er stellte auch die Theorie auf, daß in lang vergangenen Zeiten ein massiver Komet mit der Sonne zusammenstieß und riesige Klumpen glühender Materie in den Raum schleuderte, die abkühlten, sich verdichteten und die Planeten und ihre Monde bildeten. Laplace zeigte bald darauf, daß man mit dieser Rekonstruktion der Vorgänge die regelmäßigen Umlaufbahnen im Sonnensystem nicht erklären kann. Trotzdem wird in Buffons Theorie erstmals in der Wissenschaft erwähnt, daß Kometenmaterie mit der Sonne zusammenstoßen könnte. Außerdem ist es der erste neuzeitliche Versuch, das Schicksal von Kometen zu beschreiben. In diesem Kapitel stellen wir vier der möglichen Schicksale eines Kometen dar: Er prallt direkt auf die Sonne auf; er zerbricht, und die Trümmer bewegen sich in immer enger werdenden Bahnen auf die Sonne zu; er schlägt auf die Monde der Planeten auf, oder er wird in einen anderen Himmelskörper umgewandelt.

Im 19. Jahrhundert – als noch niemand wußte, daß es so etwas wie einen Atomkern, geschweige denn den Wissenschaftszweig der Atomphysik gibt, wurde allgemein angenommen, daß Meteore die Sonne zum Scheinen bringen. Meteore müßten in die Sonne fallen und ihre Bewegungsenergie abgeben. Nach diesen Theorien heizt sich dadurch die glühende Oberfläche weiter auf und strahlt als Folge davon freundlicherweise Licht und Wärme auf die bedürftigen Bewohner der Erde herab. Aber Meteore sind die Trümmer toter und sterbender Kometen. Wenn also die obige Ansicht richtig wäre, müßten Kometen für das Leben auf der Erde verantwortlich sein. Tatsächlich scheint die Sonne aufgrund der Wasserstofffusion und nicht durch den Einfluß von Meteoren, obwohl Kometen und ihre Trümmer regelmäßig mit der Sonne, dem Mond und den Planeten zusammenstoßen. Deshalb können sie im strengen Sinne für das Leben auf unserem Planeten verantwortlich sein.

Der Tewfiksche Komet (1882) wäre beinahe mit der Sonne zusammengestoßen. Er wird – mit einer der etwas romantischeren Bezeichnungen in der Kometenwissenschaft – »Sungrazer« (Sonnenkratzer) genannt. Er wurde erst entdeckt, als er während einer totalen Sonnenfinsternis in der Nähe der Sonne war. Vor dem Periheldurchgang zeigte er einen einzigen Kern. Als er danach an den Planeten vorbeisteuerte, zeigte sich, daß er in vier einzelne Kerne gespalten war, die sich langsam voneinander entfernten. Die Sonne zieht an der ihr zugewandten Kometenseite etwas stärker als an der ihr abgewandten Seite. Das könnte bei einer sehr zerbrechlichen Struktur und einem nahen Durchgang ausreichen, um den Kometen in zwei oder mehr Stücke zu zerbrechen. Die errechneten Perioden der Rückkehr dieser Bruchstücke liegen alle zwischen 500 und 900 Jahren, sind aber durch Intervalle von ungefähr einem Jahrhundert voneinander getrennt. Die vier Teile, die alle eine beachtliche Größe haben, werden in den Jahren 2546, 2651, 2757 und 2841 wiederkommen. Beobachter in jenen fernen Zeiten werden vier Kometen in Abständen von jeweils ungefähr einem Jahrhundert sehen, die alle aus demselben kleinen Gebiet des Himmels kommen und auf die Sonne zustreben.

Der Komet von 1882 gehört selbst zu der sogenannten Kreutz-Familie von Sungrazer-Kometen, die episodisch aus ein und demselben Gebiet am Himmel kommen. Die berühmten Sungrazer-Kometen von 1668, 1843, 1880 und 1887 (der letztgenannte hatte wie der Geist von Ichabod Crane offensichtlich keinen Kopf) gehören alle zu dieser Familie, und es

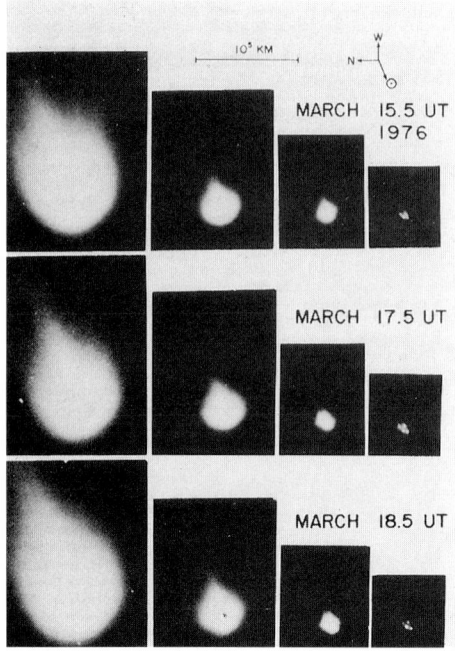

Der Komet West. Aufnahmen mit vier verschiedenen Belichtungszeiten, die in jeder der drei Nächte im Jahr 1976 aufgenommen wurden. Mit der langen Belichtungszeit wurden Details in der Koma hervorgehoben, aber die innere Koma ist dunkel. Als sich der Komet teilte, bewegten sich die Bruchstücke auseinander. Die Helligkeit der Stücke änderte sich von einer Nacht zur andern, und jedes Bruchstück entwickelte einen eigenen Schweif. Die Aufnahmen wurden mit dem 154-Zentimeter-Teleskop auf dem Mount Lemmon gemacht. Mit freundlicher Genehmigung Stephen Larsons, Universität von Arizona.

Ein Komet wird während einer totalen Sonnenfinsternis in der Nähe der Sonne entdeckt. Darstellung von Anne Norcia.

ist nur natürlich zu fragen, ob sie Fragmente eines noch größeren Kometen-Ahnen sein könnten, der in einem anderen Zeitalter der Sonne zu nahe kam und von der Sonnengravitation in Stücke gerissen wurde.
Je näher ein Komet an der Sonne vorbeizieht, desto stärker ist diese zerstörerische Gezeitenkraft, die in regelmäßigen Abständen anwächst und absinkt. Der Komet Ikeya-Seki 1965 VIII – auch er gehörte zur Kreutz-Familie – war ein Tageslicht-Sungrazer, aber er spaltete sich nicht. Der große Komet vom Dezember 1680, den Halley und Newton studierten, war ebenfalls ein Sungrazer und zog in einer Entfernung von 200 000 Kilometern an der Sonnenoberfläche vorbei. Das ist näher als der Mond der Erde ist. Auch dieser Komet teilte sich nicht während seines Periheldurchgangs. Der Komet West 1976 VI jedoch, der nie näher als 30 Millionen Kilometer an der Sonne war, zerbrach in vier Teile, die mit mehr als ihrer gegenseitigen Fluchtgeschwindigkeit auseinanderdrifteten.
Die Spaltung und Ausströmung können zusammengehören (siehe Abbildung Seite 119). In dem Augenblick, als der Komet West sich teilte, wurden die Fragmente merklich heller und trieben während der ersten paar Dutzend Eruptionen große Mengen Staub in den Weltraum. Achtzig Prozent der Kometen, die sich spalten, zerbrechen weit entfernt von der Sonne in der Nähe des Asteroidengürtels. Der Komet Wirtanen spaltete sich, als er an der Jupiterbahn vorbeizog. Beim Bielaschen Kometen war es ähnlich. Solche Aufspaltungen sind wahrscheinlich Folgen der Verdamp-

AUSRUFEZEICHEN

Wissenschaftliche Arbeiten sind meist ziemlich trocken, und die Verwendung des Ausrufezeichens ist – außer in mathematischen Arbeiten, wo es etwas völlig anderes bedeutet – fast unbekannt. Hier haben Sie eine Ausnahme vor sich. Brian Marsden vom Zentrum für Astrophysik in Cambridge in Massachusetts ist Direktor des Instituts der Internationalen Astronomischen Union, das Astronomen auf der ganzen Welt auf die Entdeckung eines neuen Kometen und auf vieles andere aufmerksam macht. Marsden selbst hat eine Reihe wichtiger Beiträge zur Erforschung von Kometen geleistet. In einer wissenschaftlichen Arbeit,* die in den 1960er Jahren veröffentlicht wurde, diskutiert er die Sungrazer-Kometen und stellt fest, daß es zwei Mitglieder, 1882 II und 1965 VIII, gibt, die aussehen, als hätten sie sich in der Nähe des Aphels aufgespalten. Aber das Aphel ist ungeheuer weit entfernt:

> Auch wenn die meisten Kometen, bei denen Aufspaltungen beobachtet wurden, ohne ersichtlichen Grund auseinandergebrochen sind, verlangt man doch wirklich nach einer Erklärung, wenn die Geschwindigkeit der Trennung nur ungefähr 20 Prozent der Eigengeschwindigkeit des Kometen beträgt! Eine Kollision mit einem Asteroidenkörper in 200 A.E. Entfernung von der Sonne und 100 A.E. über der Ekliptik ist, selbst wenn sie nur einmal vorkommen müßte, kaum der ernsthaften Erörterung wert.

Das Problem bleibt ungelöst.

fung exotischer Eise. Diese Sungrazer sind alle ungefähr eine halbe Million Kilometer von der Sonne entfernt vorbeigezogen und dabei in das dünne, heiße Gas der Sonnenkorona geraten, wo die Temperaturen um ungefähr eine Million Grad schwanken. Aber der Komet verbringt nur so wenig Zeit in der Sonnenkorona, und das ungeheuer heiße Gas ist so dünn, daß eher die Gravitation der Sonne und nicht so sehr ihre Hitze für die Aufspaltung der Sungrazer verantwortlich ist.

Wenn einige Kometen dem Zusammenstoß mit der Sonne nur knapp entgehen, warum sollten da andere nicht in die Sonne hineinfallen und frontal mit ihr zusammenprallen? Gelegentlich kommen Kometen der Sonne nahe, verlieren sich in ihrem gleißenden Licht und werden nie wieder gesehen. Aber vielleicht wurden sie durch die Gravitationswirkung nur in regelmäßigen Abständen immer weiter in viele kleine Stücke zersplittert. Wie dem auch sei, durch eine ganz zufällige Entdeckung können wir heute absolut sicher sein, daß Kometen tatsächlich mit der Sonne zusammenstoßen, wie schon Buffon angenommen hatte.

Das »U.S. Naval Research Laboratory« hat eine Videokamera und ein Teleskop auf einen Satelliten der Luftwaffe geladen, um die wechselnden Aktivitäten der Sonnenkorona zu beobachten. Vielleicht sind sie Alarmsignale für Flares oder andere Ströme geladener Teilchen von der Sonne, die Instrumente und Astronauten im Weltraum gefährden könnten (siehe Kapitel 9). Eine kleine, lichtundurchlässige Scheibe vor dem Teleskop verdeckt die Sonne. Dadurch kann man die weniger helle Korona photographieren. Ende August 1979 machte diese Teleskopkamera eine außerordentliche Entdeckung, die jedoch »auf Grund von Verzögerungen bei der Weitergabe der Datenbänder an die Wissenschaftler« zweieinhalb Jahre lang unbekannt blieb. Sie nahm in Zeitlupe einen Kometen auf Kolli-

---

* B.G. Marsden, »The Sungrazing Comet Group«, in: *Astronomical Journal,* Band 72 (1967), Seite 1170

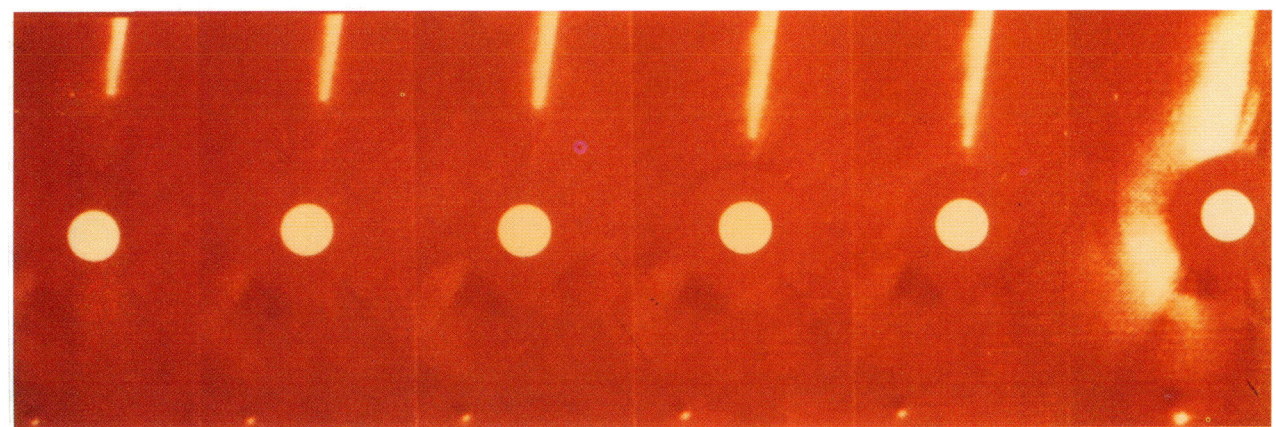

sionskurs mit der Sonne auf. Der Komet namens Howard-Koomin-Michels (1979 XI) erweist sich ebenfalls als Mitglied der Kreutz-Familie von Sungrazern. Er war auf einer Bahn um die Sonne, aber seine Perihelentfernung war zu gering. Er tauchte nie wieder auf der anderen Seite der Sonne auf. Er muß also verdampft sein. Stellen Sie sich vor, wie der Komet durch die Sonnenkorona rast. Er stößt Gase aus, taumelt hin und her, spaltet sich auf, und die Staubkörner verdampfen in einem Stakkato kleiner Blitze, bis alles Material verbraucht ist. Übrig bleibt nur eine Wolke aus Atomen, hauptsächlich Wasserstoff und Sauerstoff, die in dem heißen, weißen Hurrikan herumgewirbelt wird, der die äußeren, kühleren Schichten der Sonne bildet. Die Trümmerteile, die vom Sonnenwind transportiert wurden, erhellten für Stunden die Korona.

Wir wissen nicht, wie viele andere Sungrazer ein ähnliches Schicksal erlitten haben. Von der Existenz des Kometen Howard-Koomin-Michels hat man früher nichts gewußt. Es ist unwahrscheinlich, daß mehr als ein Komet pro Jahr mit der Sonne zusammenstößt. Aber selbst in diesem Fall fiele jährlich ungefähr zehnmal mehr Masse von intakten Kometen in die Sonne als von interstellarem Staub. Im ganzen Leben des Sonnensystems wäre das in einem Jahr gerade genug, um die sterbende Sonne in Milliarden von Jahren zehn Tage länger scheinen zu lassen. Vielleicht werden die Wesen, die dann auf unserem Planeten leben, für die Gnadenfrist dieser Tage dankbar sein.

Suchen Sie sich, wenn Sie können, einen Platz weit draußen vor der Stadt und weit weg von atmosphärischer Verschmutzung und künstlichem Licht. Wählen Sie eine klare und mondlose Nacht, vorzugsweise im Frühling am frühen Abend. Schauen Sie nach Westen, wo die Sonne gerade untergegangen ist. Da der westliche Horizont den Einfall des direkten Sonnenlichts blockiert, können Sie jetzt ein schwächeres Licht ausmachen. Wenn Sie im Norden der mittleren Breiten leben, werden Sie ein schwaches phosphoreszierendes Band sehen, das von der Stelle, an der die Sonne gesunken ist, aufsteigt und sich dann nach links bewegt. Seneca nannte es »zerstreutes Feuer«, und genauso sieht es aus. Ferne Flammen lodern am Himmel.

Wenn Sie Ihre Beobachtungen in sehr klarer Luft, besonders in tropischen Breiten, anstellen, werden Sie entdecken, daß sich dieses Lichtband über den ganzen Himmel durch die Tierkreiszeichen hindurchzieht, zwischen denen sich die Planeten bewegen. Aus diesem Grund wird es auch das Tierkreislicht (Zodiakallicht) genannt. Genau der Sonne gegenüber befin-

Einzelbilder aus einem Film, der im Weltraum aufgenommen wurde: Der Komet Howard-Koomin-Michels schlägt am 30. August 1979 in die Sonne ein. Mit freundlicher Genehmigung des Naval Research Laboratory, Washington, D.C.

Photographie des Zodiakallichtes, das sich bis 50° über den Horizont erstreckt. Diese Aufnahme wurde mit Zeitbelichtung (beachten Sie, daß die Sterne nicht als Punkte, sondern als kurze Striche erscheinen) ungefähr eine Stunde nach Sonnenuntergang von William K. Hartmann, Planetary Sciences Institute Tucson in Arizona, aufgenommen.

Eine Aufnahme mit längerer Belichtungszeit. (Beachten Sie die stärker verlängerten Stiche der Sterne. Der nördliche Himmelspol, um den sich der Himmel scheinbar dreht, liegt knapp außerhalb der rechten oberen Bildecke.) Mit bloßem Auge sieht man das Zodiakallicht natürlich viel schwächer. Mit freundlicher Genehmigung William K. Hartmanns, Planetary Institute Tucson in Arizona.

det sich ein Lichtfleck, der heller als seine Umgebung ist. Das ist der »Gegenschein«. Aus geometrischen Gründen ist klar, daß die Erde, wie die anderen Planeten, in einen flachen Ring aus festen Stoffen eingebettet ist, die die Sonne umhüllen und ihr Licht auf die Erde reflektieren.

Dieses weitere Beispiel für scheibenförmige Gebilde in der Astronomie weckte auch das Interesse Immanuel Kants. Auch wenn Kant verschiedene Meinungen zu diesem Thema vertrat, bleibt seine Beschreibung der Beschaffenheit und des Ursprungs der Zodiakalwolke zitierenswert:

> Die Sonne ist mit einem subtilen und dunstigen Wesen umgeben, welches in der Fläche ihres Aequators mit einer nur geringen Ausbreitung auf beyden Seiten, bis zu einer großen Höhe sie umgiebt, wovon man nicht versichert seyn kann, ob es ... mit der Oberfläche der Sonne zusammen stößt, oder wie der Ring des Saturns allenthalben von ihm absteht. Es sey nun das eine oder das andere; so bleibt Aehnlichkeit genug übrig, um dieses Phänomen mit dem Ringe des Saturns in Vergleichung zu stellen.
>
> ... Gleichwohl bleibet eine nicht geringe Wahrscheinlichkeit übrig, daß dieser Halsschmuck der Sonne vielleicht denselben Ursprung erkenne, den die gesamte Natur erkennt, nemlich die Bildung aus dem allgemeinen Grundstoffe, dessen Theile da sie in den höchsten Gegenden der Sonnenwelt herum geschwebt, nur allererst nach völlig vollendeter Bildung des ganzen Systems zu der Sonne ... herabgesunken.

Kant will damit anscheinend sagen, daß das Zodiakallicht von einer abgeflachten Scheibe aus kleinen Partikeln reflektiert wird, die aus dem Sonnennebel stammen und erst vor kurzem in das innere Sonnensystem eingedrungen sind. Wenn diese Interpretation zutrifft, war Kant auch hier seiner Zeit ein oder zwei Jahrhunderte voraus.

Wenn Sie das Zodiakallicht beobachten, sehen Sie die Überbleibsel von Kometen (und, in geringerem Ausmaß, kleine Trümmer von Asteroidenkollisionen zwischen den Umlaufbahnen von Mars und Jupiter). Es gibt nicht viel von diesem Stoff. Die Gesamtmasse aller Partikel der Zodiakalwolke beträgt nur ungefähr 100 Milliarden Tonnen. Das entspricht der Masse eines Kometen mit einem Durchmesser von drei Kilometern. Aber sie besteht aus kleinen, dunklen Staubkörnchen, Mischungen aus Silikaten und organischen Stoffen, mit einem durchschnittlichen Durchmesser von etwa zehn Mikron. Sie sind den Partikeln sehr ähnlich, die mit Hilfe von Flugzeugen in der Stratosphäre gesammelt wurden (Kapitel 13). Wenn Sie einen kleinen Kometen in Stücke von zehn Mikron Größe zerstoßen und das enthaltene Eis vernachlässigen, bekommen Sie Billionen und Aberbillionen solcher Partikel. Verteilen Sie sie über das innere Sonnensystem, und sie werden eine beträchtliche Menge Licht reflektieren. Aber wir sollten uns nicht vorstellen, daß der interplanetarische Raum voll von kleinen Zodiakalteilchen ist. Ein einziger Komet kann bei einem einzigen Periheldurchgang ein hundertstel Prozent aller Partikel in der Zodiakalwolke erzeugen.

Diese Partikel werden heute routinemäßig von interplanetarischen Raumsonden untersucht. Der HEOS-2-Satellit der ESA suchte in den Jahren 1972 bis 1974 in einer Entfernung zwischen 5000 und 244 000 Kilometer von der Erde nach Staub und geriet plötzlich in eine Wolke kleiner Partikel, die bisher unbekannt war. Die Wolke muß sich erst vor kurzem aus einem größeren Mutterkörper gebildet haben – es wird an den Kometen Kohoutek gedacht –, denn die Lebensdauer einer zusammenhängenden Wolke aus Staubkörnchen ist sehr kurz.

Aber im großen und ganzen ist die Zodiakalwolke einförmig und homogen und enthält keine großen Brocken, Stränge oder Löcher. Nur wenn sich ein Planet seinen Weg durch die Wolke bahnt, hinterläßt er eine Art Tunnel. Raumsonden auf ihrem Weg zu fernen Planeten stoßen regelmäßig mit solchen Staubpartikeln zusammen. Aber es gibt so wenige, und sie sind normalerweise einen Kilometer voneinander entfernt, so daß sie interplanetarische Flüge nicht behindern.

Gerade die geringe Menge der Stoffpartikel ist verwirrend. In ungefähr 100 000 Jahren werden die gegenwärtigen Zodiakalteilchen im inneren Sonnensystem voraussichtlich alle von den Staubschweifen der Kometen stammen. Das Sonnensystem ist 4,5 Milliarden Jahre alt. Warum gibt es also nicht mehr Zodiakalstaub? Man könnte durchaus (4,5 Milliarden : 100 000 =) 45 000 mal mehr Zodiakalstaub erwarten, als da ist. In diesem Fall würde das Zodiakallicht unseren Nachthimmel beherrschen und wäre heller als alle Planeten und Sterne. Religiöse Fundamentalisten nahmen dieses Rätsel als Argument, um für ein Sonnensystem zu plädieren, das nicht älter als 100 000 und hoffentlich (nach ihrer Ansicht) nicht jünger als 10 000 Jahre ist. Das ist ein kühner, aber unhaltbarer Versuch, die wörtliche Auslegung der Schöpfungsgeschichte mit den Erkenntnissen der modernen Wissenschaft zu vereinbaren.

Die Mehrzahl der feinen Teilchen, die von Kometen im Lauf der Äonen freigesetzt werden, fehlt deshalb. Wohin sind sie verschwunden? Sie wurden, wie sich herausstellt, von der Sonne verschlungen. Kleine Partikel mit ein paar Zehntel Mikron Durchmesser verschwinden aus Kometenschweifen und aus dem inneren Sonnensystem, weil sie vom Druck des Sonnenlichts hinaus in die Tiefen des Raums geblasen werden. Größere Teilchen sind dem Strahlungsdruck auch ausgesetzt, aber er reicht nicht aus, um sie wirklich weit nach außen zu treiben. Obwohl er groß genug ist, um die Gravitationswirkung der Sonne zu schwächen und die Teilchen ein wenig beweglicher zu machen.

Es gibt noch einen anderen, entgegengesetzten Einfluß, der zuerst von dem britischen Physiker J. H. Poynting beschrieben wurde.* Das Teilchen ist heiß, führt er aus, und sendet deshalb Strahlung in den Raum. Weil es

* In seinem Vortrag »Some Astronomical Consequences of the Pressure of Light« bei den Freitagabendgesprächen in der Royal Institution am 11. Mai 1906.

»Und wenn es mehrere Meteorströme gibt, die jene schmale Spur der Umlaufbahn der Erde im Weltraum kreuzen, welch ungeahnte Mengen muß es dann in der gesamten Länge und Breite des Sonnensystems geben! Vielleicht stellt sich sogar heraus, daß das mysteriöse Zodiakallicht, das die Sonne begleitet, von zahllosen Horden dieser kleinen Körper verursacht wird, die in allen Richtungen durch den Raum innerhalb der Umlaufbahn der Erde fliegen.«

G. Johnstone Stoney: »The Story of the November Meteors«, Freitagabendgespräche der Royal Institution am 14. Februar 1879

Das Zodiakallicht, in Japan beobachtet von Mr. Jones, einem Hobbyastronomen. Aus: Amédée Guillemin, *Le Ciel,* Paris 1864.

aber in Bewegung ist, »kriecht es auf seinen eigenen Wellen, die es nach vorn ausgesandt hat, vorwärts und zieht sich von denen, die es nach hinten ausgesandt hat, zurück. Dadurch steigt der Druck vor dem Teilchen, während er hinter dem Teilchen sinkt. Es gibt also eine Kraft, die der Bewegung entgegenwirkt.« Da das Teilchen sich jetzt nicht so schnell bewegt, daß es die Gravitationswirkung der Sonne ausgleichen kann, fällt es nach innen, wo es heißer ist, bewegt sich immer schneller und schließlich spiralförmig in die Sonne. Poynting berechnete, daß ein winziges Steinpartikel mit zehn Mikron Durchmesser in weniger als 100000 Jahren so die Sonne erreicht hätte. Sehr viel größere Partikel sind zu voluminös, um vom Sonnenlicht herumgestoßen zu werden, und bewegen sich nicht spiralförmig nach innen. Dieser Feuertod kleiner Partikel, die um die Sonne laufen, ist heute als der Poynting-Robertson-Effekt bekannt. (Der amerikanische Physiker H. P. Robertson fand die geläufigste Formulierung dieses Phänomens.)

Poynting beschrieb weiter, wie sich Partikel verschiedener Größe schließlich in Umlaufbahnen bewegen würden, »die so verschieden sind, daß sie scheinbar nicht zu ein und demselben System gehören. Im Laufe der Zeit müßten sie alle in der Sonne enden. Vielleicht ist das Zodiakallicht eine Folge des Staubes von Kometen, die schon lange tot sind.« Er fügte hinzu: »Möglicherweise bestehen die Saturnringe aus Kometenmaterie, die der Planet eingefangen hat. Auf diese Teilchen haben jene Kräfte vielleicht schon so lange eingewirkt, daß die Umlaufbahnen kreisförmig wurden.«

Ein typisches Zodiakalteilchen schwebt ungefähr 100000 Jahre im Raum, bis es von der Sonne verschlungen wird, und im wesentlichen werden in dieser Zeitspanne alle Partikel der Zodiakalwolke wieder ergänzt. Die große Mehrheit der Partikel, die Sie im Zodiakallicht sehen, haben ihre Ursprungskometen lange vor dem Beginn der Geschichtsschreibung verlassen, aber fast keines von ihnen vor der Entstehung des Menschen auf der Erde. Insgesamt fallen pro Sekunde ungefähr zehn Tonnen interplanetarischer Partikel in die Sonne. Das sind 300 Millionen Tonnen pro Jahr.

Auf ihrer jährlichen Reise um die Sonne trifft die Erde, hauptsächlich in der Zone des Morgengrauens, auf Partikel aus der Zodiakalwolke. Etwas seltener kommt es vor, daß Trümmerteilchen in schneller Bewegung die Erde in ihrer Zone der Abenddämmerung einholen. Insgesamt ergibt sich

Das Zodiakallicht, in Europa gesehen von Hobbyastronom M. Heis. Aus: Amédée Guillemin, a. a. O.

daraus ungefähr eine Tonne Staub pro Tag. Die Anzahl kleiner Partikel, die von Flugzeugen wie der U-2 und anderen in der Stratosphäre aufgesammelt wurden, entspricht genau der Anzahl von Partikeln in der Zodiakalwolke, die erwartungsgemäß von der Erde auf ihrer Bahn um die Sonne eingefangen würden. Wenn dieser Kometenstaub in so großen Mengen wie heute im Verlauf der gesamten Erdgeschichte gefallen wäre und wenn nach der Landung nichts zerstört worden wäre, läge heute auf der Erde überall eine dunkle, pulvrige Schicht von ungefähr einem Meter Dicke. (Wenn man einen einzigen Kometen pulverisierte und seine Reste gleichmäßig über die Erde verteilte, würde man auch eine Schicht von einem Prozent dieser Stärke erhalten.)

Diese winzigen Staubkörnchen haben eine heroische Geschichte. Vermischt mit Eisstückchen schwebten sie durch Zeitalter hindurch in dem Gas zwischen den Sternen. Dann wurden sie in einem kontrahierenden, rotierenden interstellaren Strudel festgehalten, aus dem sich schließlich das Sonnensystem bildete. Sie wuchsen an und bildeten Kometenkerne, die stracks in die Kühlraumlagerung an die Grenzen des Sonnensystems geschleudert wurden. Beim Sturz in Richtung Sonne wurden sie dann aus dem Kometen hinausgeschleudert, als die Eise verdampften. Sie umliefen die Sonne als einzelne Mikroplaneten und bewegten sich zuletzt zwangsläufig auf einer spiralförmigen Bahn auf die Sonne zu, bis sie beim Durchgang durch die Sonnenkorona zu Gas verpuffen.

Die Atome, aus denen sie bestehen – Silizium, Sauerstoff, Eisen, Aluminium, Kohlenstoff, Wasserstoff und andere –, verteilen sich über die äußere Atmosphäre der Sonne, werden schließlich in ihrer inneren Zirkulation gesammelt und tief ins Innere der Sonne transportiert. Einige dieser Atome werden bis ins Zentrum der Sonne gelangen und dort an der thermonuklearen Alchemie teilnehmen, die unseren Stern leuchten läßt. Aber sie leisten nur den geringsten Beitrag dazu. Hie und da entsteht ein einzelner Lichtstrahl, ein merkwürdiges Photon – das vielleicht den Flug einer Mücke einen Augenblick lang erleuchtet – in dem Gürtel ferner Kometen, die um die Sonne und lange vorher in den dunklen Regionen zwischen den Sternen ihre Bahn ziehen.

Auch wenn Sie nur zufällig einen kurzen Blick auf die Himmelskörper im Sonnensystem werfen, werden Sie feststellen, daß sie voller Einschläge und Krater sind. Uns fehlt ein treffender Ausdruck für diese verwüstete Oberfläche. Aber diese Tatsache sagt uns einiges über die Erde. Man verglich die Krateroberfläche des Monds früher mit Schweizer Käse oder Emmentaler, aber dieser Vergleich ruft uns kaum das Bild ihrer wirklichen Beschaffenheit vor Augen: Krater über Krater über Krater, bis zum kleinsten Krater, den man gerade noch erkennen kann. Einige dieser Himmelskörper sehen eher aus wie ein Sandstrand nach einem Wolkenbruch. Lassen Sie Murmeln oder Schrotkugeln wahllos in Gips fallen, und warten Sie dann, bis die Oberfläche fest geworden ist. Die Krater sind hübsch rund, mit Rändern und Wällen und vereinzelten Bergspitzen. Der Gips ähnelt nun der Oberfläche eines Himmelskörpers.

Einige dieser Einschlagskrater, sagen wir auf dem Mond, stammen von Asteroiden, aber die meisten, besonders im äußeren Sonnensystem, stammen von Kometen. Ein Himmelskörper wird nur selten einen Kometen überholen. Viel häufiger wird der Komet den Himmelskörper überholen oder frontal mit ihm zusammenstoßen. Wie die Sonne kollidieren auch die Monde und Planeten mit Kometen. Auf der Oberfläche der Sonne, die aus Gas besteht, sind Einschlagskrater nicht sichtbar. Aber bei Himmelskörpern mit einer festen Oberfläche ist das anders.

Ein Komet oder ein Asteroid trifft auf dem Mond auf und bildet den Krater Tycho (benannt nach Tycho Brahe, Kapitel 2). Dieser Krater entstand nach vielen anderen Kratern im lunaren Hochland. Beachten Sie die Krater auf den Kratern. Darstellung von Don Dixon.

DER BLICK VOM GOLFPLATZ

Selbst der Einschlag eines kleineren Kometenfragments auf der Erde kann weit entfernt beträchtliche Auswirkungen haben. Einen Tag nach der Tunguska-Explosion in Sibirien am 30. Juni 1908 wurde folgender Brief an die Londoner *Times* geschrieben. Er erschien zwei Tage später:

Sehr geehrte Herren,
hingerissen von der ungewöhnlichen Helligkeit des Himmels, schlenderte eine Gruppe von Golfspielern, die sich hier aufhält, gestern abend um elf Uhr zu den Dünen, um das Phänomen ungestört beobachten zu können. Als sie in Richtung Norden über das Meer blickten, sahen sie am Himmel die Erscheinung eines Abendrotes von erlesener Schönheit. Diese Erscheinung dauerte nicht nur an, sondern wuchs in Größe und Intensität, bis heute morgen gegen 2.30 Uhr Wolken, die von Osten hereinzogen, die prächtigen Farben verwischten. Ich selbst wurde um 1.15 Uhr aus dem Schlaf gerissen. Das Licht war zu dieser Stunde so hell, daß ich in meinem Zimmer mühelos ein Buch lesen konnte. Um 1.45 Uhr war der gesamte Himmel im Norden und Nordosten zart lachsfarben, und die Vögel begannen ihren morgendlichen Gesang. Zweifellos werden auch andere dieses Phänomen bemerkt haben, aber da Brancaster eine fast einmalige Lage mit Sicht nach Norden auf das Meer hinaus hat, hatten wir, die wir uns hier aufhalten, die bestmögliche Sicht.

Hochachtungsvoll
HOLCOMBE INGLEBY
Dormy House Club, Brancaster, 1. Juli

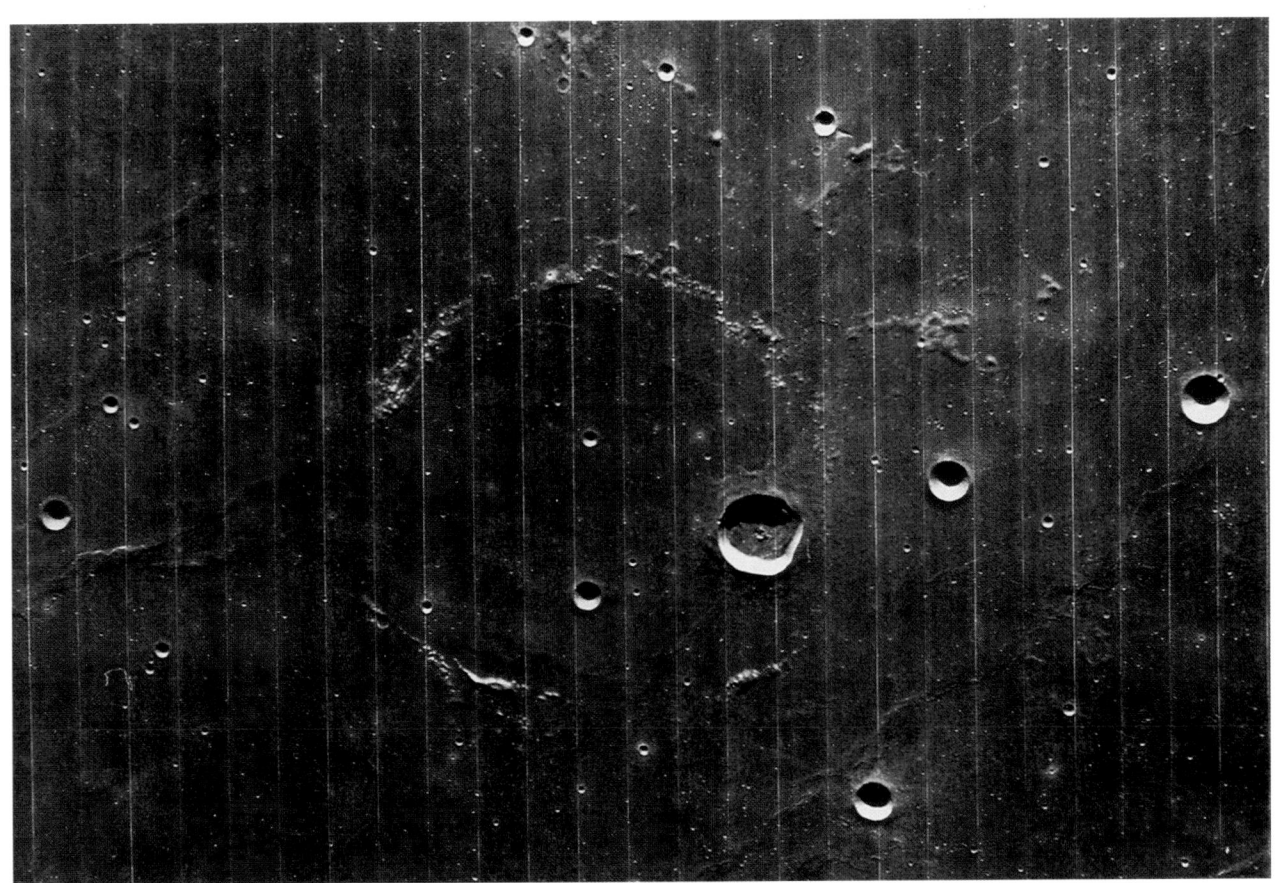

Am 30. Juni 1908 fiel in Sibirien etwas vom Himmel und verwüstete ein riesiges Waldgebiet. Ein Einschlagskrater wurde nicht gefunden. Ein großes, bröckeliges Bruchstück des Enckeschen Kometen diente als Erklärung. Wenn das einschlagende Objekt jedoch kompakter ist, hinterläßt es einen Einschlagskrater.

Da der fallende Körper eine sehr hohe Geschwindigkeit hat, ist das Loch, das er schlägt, größer als er selbst. Wenn es kein weiteres geologisches Ereignis gibt, das die Oberfläche verändert, gehört jeder Krater zu einem Einschlag, und fast jeder Einschlag bildet auch einen Krater. Die Oberfläche eines Mondes oder eines Planeten ist deshalb eine Art Quelle oder Dokument für die gesamte Geschichte des Sonnensystems. Wenn Sie wissen, wie man diese »Quelle« anzapft, können Sie die Katastrophen vergangener Zeiten enthüllen.

Nehmen Sie zum Beispiel den Mond der Erde. Auf der Seite, die ständig der Erde zugewandt ist und die wir mit bloßem Auge erkennen können, gibt es zwei Geländeformen: dunkle, glatte Ebenen und helle, zerklüftete Gebirge. Sowohl das Hochland als auch das Tiefland sind zerkratert, aber im Hochland gibt es viel mehr Krater als im Tiefland. Da amerikanische Astronauten und sowjetische Roboter Gesteinsproben von neun verschiedenen Gebieten auf dem Mond mitgebracht haben, wissen wir einiges über die Zusammensetzung und – durch radioaktive Altersbestimmung – das Alter der verschiedenen Gebiete auf der Vorderseite des Mondes.

Die dunklen Mare-Gebiete bestehen aus Lava, die vor rund vier Milliarden Jahren aus dem damals heißen Mondinneren hervorbrach und alle Spuren früherer Krater tilgte. Für das Tiefland ist die älteste Quelle also

Aufnahme des wenig zerkraterten lunaren Tieflandes. Der größte richtige Krater auf diesem Bild ist Flamsteed (benannt nach dem Königlichen Astronomen Britanniens, vgl. Kapitel 3). Unterhalb des Kraters Flamsteed sieht man einen alten Krater, der beinahe vollständig mit Lava überflutet ist, aus der frühesten Geschichte des Mondes. Aufnahme des Lunar Orbiter IV im Ozean der Stürme. Mit freundlicher Genehmigung der National Aeronautics and Space Administration (NASA).

Vollständige Verkraterung der Oberfläche des Saturnmondes Rhea. Die meisten großen Löcher im Boden entstanden im Laufe von Jahrmilliarden durch Kometeneinschläge. Photographie von Voyager I. Mit freundlicher Genehmigung der National Aeronautics and Space Administration (NASA).

einfach verlorengegangen. Die spärliche Zahl von Kratern in dem lunaren Tiefland entspricht ungefähr der Zahl, die wir erwarten könnten, wenn das innere Sonnensystem immer so voll von Kometen und Asteroiden gewesen sein sollte wie heute. Aber im Hochland gibt es dafür viel zu viele Krater. Hier überlagerten sich alte und neue Krater, so daß Spuren aus frühesten Zeiten auch hier wieder verlorengegangen sind. Auf die eine oder andere Weise verbergen diese Himmelskörper alles, was Aufschluß über ihre Entstehung geben könnte.

Aus der Geschichte, die von den Kratern im lunaren Hochland erzählt wird, ist ersichtlich, daß es in den ersten paar hundert Millionen Jahren der Mondgeschichte weit mehr Kollisionsobjekte – Kometen und Asteroiden – gab, als sich heute im interplanetarischen Raum befinden. Dieselbe Geschichte wird von einem Himmelskörper nach dem anderen erzählt, wenn unsere Aufklärungsraumsonden zwischen den Planeten herumfliegen. Auf dem Saturnmond Rhea zum Beispiel gab es seit Milliar-

Aufnahme des Saturnmondes Tethys von der Voyager-1-Raumsonde. Weil die Saturnmonde sich im äußeren Sonnensystem befinden, werden die vielen Krater auf ihrer Oberfläche fast ausschließlich von Kometen verursacht. Mit freundlicher Genehmigung der National Aeronautics and Space Administration (NASA).

Zerstreute Feuer und zertrümmerte Welten   227

den von Jahren keine geologischen Aktivitäten, und wir werden mit einer Welt konfrontiert, die von Pol zu Pol fast völlig von Kratern bedeckt ist. Am Anfang muß der interplanetarische Raum voll von Blöcken und Eisbergen gewesen sein, die in die entstehenden Himmelskörper krachten. Und genau *so* entstanden die Himmelskörper: durch heftige Kollisionen.

Nicht auf allen Himmelskörpern sind die Krater aus längst vergangenen Zeiten erhalten. Auf einigen, wie im lunaren Tiefland, sind die Spuren ausradiert. Irgend etwas füllt die Krater auf, schleift sie ab oder überdeckt sie. Auf der Venus stellen wir in jüngster Zeit Lavaausbrüche fest, auf dem Mars Sandstürme und auf dem Jupitermond Io eine Schmelze, die reich an Schwefel ist. Und auf Enceladus, einem Trabanten des Saturn, der fast völlig aus Eis besteht, ist aus irgendeinem Grund die Oberfläche geschmolzen. Auf dieser Welt war die Quelle der Kraterschrift buchstäblich auf Wasser geschrieben. Auf Io könnten die Krater nach Jahrhunderten verschwunden sein, auf der Venus dürfte es eine Milliarde Jahre dauern. Aber durch das gesamte Sonnensystem ziehen sich, übereinander geschrieben, die Chroniken von alten Kollisionen und jüngeren geologischen Prozessen.

Ähnliches gilt auch für die Erde, wo fließendes Wasser die Krater ziemlich schnell zerstört, so daß sie nur sehr schwer zu finden sind, wenn sie nicht aus jüngster Zeit stammen. Der sogenannte Meteor Crater in Arizona ist nur einige zehntausend Jahre alt. Es gibt nur wenige irdische Krater, die viel älter sind, und sie sind gewöhnlich sehr groß oder befinden sich in geologisch inaktiven Gebieten. Die Spuren der älteren sind getilgt.

Manchmal deckt ein Einschlag auf, was sich unter der Planetenoberfläche befindet. Auf dem Mars zum Beispiel gibt es Krater, die von Spritzflecken umgeben sind. Das deutet auf ein Vorkommen von Wassereis unter der Oberfläche, das bei der Kollision für einen Augenblick verflüssigt wurde. Die Trümmer von der Oberfläche werden nach außen getragen, bis das Wasser wieder gefroren ist. Der Einschlag eines großen Kometen könnte sogar Wasser oder eine Atmosphäre zu Himmelskörpern bringen, die vorher ohne »Luft« waren. Wenn ein Komet in einen Gasplaneten wie Jupiter einschlägt, fliegt er durch die äußere Atmosphäre und begegnet immer mehr Widerstand, je weiter er nach innen stürzt. Irgendwo unter den sichtbaren Wolken zerplatzt er, und seine Bestandteile zirkulieren über einem großen Teil des Planeten. Die Stoffe des Kometen mischen sich dann mit der Atmosphäre des Jupiter. Es ist unwahrscheinlich, daß irgendein bekanntes Merkmal in den Wolken des Jupiter auf einen jüngst erfolgten Zusammenstoß mit einem Kometen zurückgeführt werden kann.

Krater haben eine bestimmte Form. Einige haben genau die Form einer Schüssel. Andere sind ausgedehnt, flach und fallen sanft ab. Die Form eines Kraters hängt nicht so sehr von der Geschwindigkeit des einschlagenden Körpers ab, vorausgesetzt, er trifft hart genug auf dem Boden auf. Das Ergebnis gleicht einer starken Explosion am Einschlagspunkt. Die Kraterform hängt davon ab, wie weich die Oberfläche und wie bröckelig der einschlagende Körper ist.

Amerikanische Astronauten haben auf der Mondoberfläche Krater photographiert, die zu klein sind, um mit bloßem Auge wahrgenommen werden zu können. Aufnahmen, die auf die Erde gebracht wurden, zeigten eine Fülle von Mikrokratern. Einige sind wohl die Folge von Asteroidenstaub, den der Mond aufgefangen hat, andere die Folge von kleinen Partikeln, die bei großen Einschlägen entstanden und sich über den Mond verteilten. Wir nehmen auch an, daß ein Teil der lunaren Mikrokrater durch

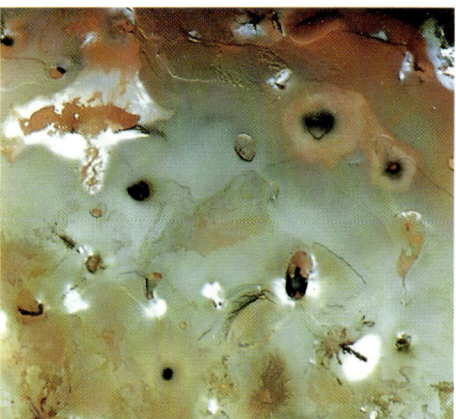

Bilder vom innersten großen Jupitermond Io, die 1979 von der Voyager-Raumsonde gemacht und in falscher Farbe reproduziert wurden. Auf der Oberfläche gibt es viele dunkle Flecken und Löcher (oben: Krater Pele). Aber wenn wir das Bild genauer betrachten (Mitte: Ra Patera und unten: Naasaw) stellen wir fest, daß diese Löcher vulkanischen Ursprungs sind. Acht oder neun aktive Vulkane wurden während der zwei Vorbeiflüge der Voyager-Raumsonde entdeckt. Auf der Oberfläche von Io gibt es bestimmt auch Krater, die von Kometen verursacht werden, aber sie werden durch Vulkanausbrüche in kurzer Zeit zugedeckt. Mit freundlicher Genehmigung der National Aeronautics and Space Administration (NASA).

Eine Radaraufnahme von der Oberfläche der Venus, die mit dem größten Radarteleskop der Welt im Arecibo-Observatorium der National Astronomy and Ionosphere Observatory in Arecibo, Puerto Rico, gemacht wurde. Der kleine Krater in der Mitte heißt Lise Meitner und hat einen Durchmesser von 60 Kilometern. Es ist immer noch umstritten, ob solche Krater durch Einschläge oder durch Vulkane entstehen, aber die geringe Zahl von Kratern auf der Venus zeigt, daß sich die Oberflächenbeschaffenheit ständig verändert, vielleicht wie auf Io durch Vulkanismus. Mit freundlicher Genehmigung Donald Cambells, National Astronomy and Ionosphere Observatory.

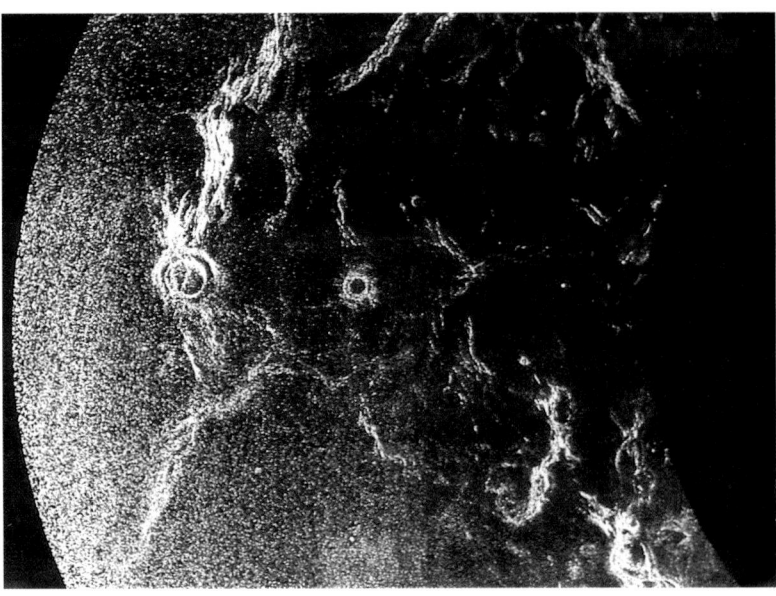

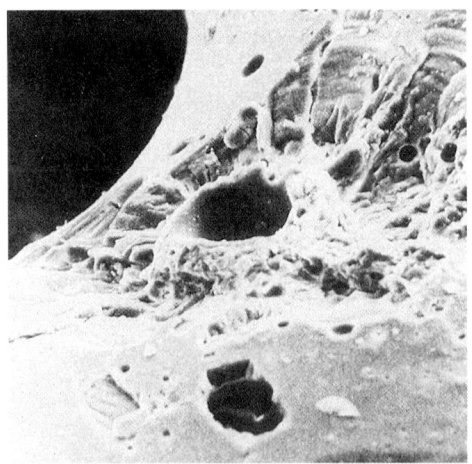

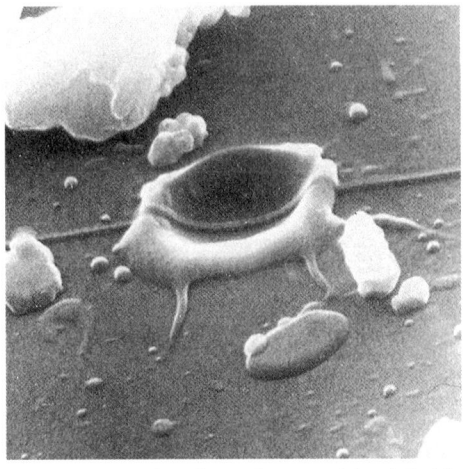

Mikrokrater in Gesteinsproben vom Mond. Beide Bilder wurden durch ein Mikroskop aufgenommen. Auf der *linken Seite* (Gesteinsprobe von Apollo 12) hat der größte Krater 30 Mikrons Durchmesser. Auf der *rechten Seite* (Gesteinsprobe von Apollo 15) mißt der große Krater mit dem hochgezogenen Rand weniger als zwei Mikrons im Durchmesser. Mit freundlicher Genehmigung D.S. Mckays und der National Aeronautics and Space Administration (NASA), Johnson Space Center.

Kometenstaub entstand, der sich bei jeder Eruption tiefer eingrub. Die schüsselförmigen Mikrokrater scheinen von kleinen Gesteinspartikeln – aus Asteroiden oder Kometensilikaten – zu stammen. Aber es gibt auch eine Reihe von Mikrokratern, die für ihre Größe extrem flach sind. Sie sind eher Vertiefungen als Schüsseln. Die Existenz der flachen Mikrokrater kann nur erklärt werden, wenn sie durch Staubkörnchen mit geringer Dichte verursacht wurden, die mit dem Mond zusammenstießen; und diese Teilchen können nur kometaren Ursprungs sein. Mikroskopische Körnchen von Kometenstaub schleifen das Antlitz des Mannes im Mond ab.

Bei diesem Kometenroulette müssen auch größere Kometen hin und wieder mit dem Mond zusammenstoßen. Die Mondbodenprobe mit der Nummer 61221 zeigt das Vorkommen der Moleküle H_2O, CH_4, CO_2, CO, HCN, H_2 und N_2. Leichtflüchtige Stoffe, besonders HCN, die in dieser Probe gefunden wurden, in anderen Mondgesteinsproben aber fehlen, deuten auf einen jüngst erfolgten Kometeneinschlag hin. Bei einer Kollision können Kometen im Einschlagsgebiet auch ein Magnetfeld erzeugen. Das könnte einige anders kaum deutbare magnetische Effekte erklären, die auf dem Mond festgestellt wurden.

Jedesmal, wenn ein Komet an der Sonne vorbeizieht, wird er kleiner. Bei einem einzigen Periheldurchgang verschwinden circa drei Meter Wassereis. Der Komet besteht selbstverständlich nicht aus reinem Eis, sondern aus einer feinen Mischung aus Eis und Staub. Riesige Mengen Staub werden in den großen Eruptionsfontänen hinausgeschleudert, die manchmal innerhalb der Koma spielen. Und auch das verdampfende Eis wirft, ähnlich heftig, Staub in die Höhe. Ein Komet, der hauptsächlich aus Eis besteht, wird also bei jedem Periheldurchgang Eis und Staub verlieren, bis er völlig verschwunden ist. Nichts bleibt übrig außer einem pulvrigen Beitrag zur Zodiakalwolke und vielleicht gelegentlich einem sporadischen Meteor am Himmel der Erde.

Aber jetzt stellen Sie sich vor, daß der Komet mehr Staub als Eis enthält. Nach dem ersten Periheldurchgang bleibt eine Staubschicht auf der Oberfläche, die Geologen eine grobe fluviatile Ablagerung nennen würden.

Zerstreute Feuer und zertrümmerte Welten

Ein Komet trifft auf die Jupiteratmosphäre und dringt unter den Wolken ein. Wegen seiner Größe und der Umlaufbahnen der Kometen aus der Jupiterfamilie wird Jupiter verhältnismäßig oft von Kometeneinschlägen getroffen. Darstellung von Don Dixon.

Ein Teil des Staubes wurde von dem verdampfenden Eis fortgetragen. Wenn der Komet sich das nächste Mal der Sonne nähert, dient der Staub als Isolationsschicht für den darunterliegenden Eisstaub. Er wird jetzt langsamer heiß. Und wenn er sich erhitzt, kann das Eis nur langsam entweichen. Sein Fluchtweg ist durch die Staubschicht versperrt. Nach einer Vielzahl von Periheldurchgängen kann eine so dicke Ablagerungsschicht entstehen, daß kein Eis mehr an den Weltraum verlorengeht. Der Komet bildet keine Koma und keinen Schweif mehr aus. Er zieht die Jalousien herunter und schließt die Türen ab. Er wird zu einem weiteren kleinen, dunklen Materiebrocken im inneren Sonnensystem.

Etwas Ähnliches wird passieren, wenn ein Eiskomet mit einem Kern aus Gestein periodisch in das innere Sonnensystem eindringt. Ein solcher Komet müßte sehr groß sein - mit einem Durchmesser von etwa zehn bis hundert Kilometern. Kometen haben mindestens zwei Möglichkeiten, sich zu kleinen Körpern mit Oberflächen aus Silikaten und organischen Stoffen zu entwickeln. Aber es gibt eine Kategorie solcher kleiner, dunkler Objekte, die sich manchmal auf sehr exzentrischen Umlaufbahnen befinden: die Asteroiden. Die zauberhafte Hypothese, daß Kometen eine Metamorphose von einem Himmelskörper aus Eis in einen aus Stein durchmachen könnten, wurde zuerst von Ernst Öpik aufgestellt.

Wenn diese Metamorphose tatsächlich stattfindet, könnte man vielleicht ein paar Kometen entdecken, die sich gerade im Stadium der Umwandlung befinden. Sie würden um sich spritzen, wenn sie sich der Sonne nähern. Die letzten, unbedeckten Eisstücke würden verdampfen, während die grobe fluviatile Ablagerung an allen anderen Stellen der Kometenoberfläche für Ruhe sorgen würde. Es gibt solche Kometen, und wenn Sie eifrig Ihre Beobachtungen anstellen, können Sie vielleicht einen in seiner Ruhephase erwischen. Einige Kometen zeigen selbst nach zehn oder mehr Periheldurchgängen keine Abnahme ihrer Helligkeit, andere dagegen neigen nach einer Weile dazu, stetig bis zur Unsichtbarkeit dunkler zu werden. Nehmen Sie zum Beispiel Schwassmann-Wachmann 1, obwohl er möglicherweise kurz vor dem Erlöschen ist. Es besteht kein Zweifel, daß er wie ein Komet Gase verströmt: Die diffuse Koma ist wenigstens gelegentlich deutlich zu sehen, und es wurden sogar die Emissionslinien von CO^+ beobachtet. Schwassmann-Wachmann 1 scheint mehr Koma-Aktivität zu zeigen, wenn er der Sonne näher ist, als wenn er weiter von ihr entfernt ist. Wenn er ruhig ist, hat er die Helligkeit und die Farbe eines Asteroiden vom Typ RD. Er ist rot und dunkel wegen der komplexen organischen Moleküle, die er enthält. Auch viele aktive Kometen, die beobachtet wurden, als sie noch so weit von der Sonne entfernt waren, daß sie keine richtige Koma bildeten, gleichen RD-Asteroiden. Dazu gehört auch der Halleysche Komet, der 1985 gesehen wurde, als er in der Nähe der Jupiterbahn war. Andere Kometen mit wechselnder Aktivität, wie zum Beispiel Arend-Rigaux oder Neujmin, ähneln Asteroiden vom Typ S, wenn sie ruhig sind. Sie sind heller, von eher grauer Farbe und bestehen hauptsächlich aus Silikaten und Metallen. Es leuchtet ein, daß man solche Kometen von Asteroiden nicht unterscheiden kann, wenn sie erst alle Gase verströmt haben.

Asteroiden stoßen miteinander zusammen, und gelegentlich bricht ein Fragment ab und findet seinen Weg auf die Oberfläche der Erde, wo es seine Reise oft in einem Museum, katalogisiert als Meteorit, beschließt. Es gibt viele verschiedene Arten von Meteoriten. Einige wurden in viereinhalb Milliarden Jahren niemals sehr stark erhitzt. Sie enthalten komplexe organische Stoffe und gleichen in gewisser Weise dem Kometenstaub, der

in der Stratosphäre gesammelt wird. Es ist denkbar, daß einige dieser kohlenstoffhaltigen Meteoriten kometarischen Ursprungs sind und bei Kollisionen mit Asteroiden entstanden. Die Farbe und die Dunkelheit von RD-Asteroiden gleichen der Farbe und Dunkelheit des an organischen Stoffen reichen Staubes, der in kohlenstoffhaltigen Meteoriten gefunden wurde.

Andere Meteoriten enthalten jedoch nur sehr wenige organische Stoffe und bestehen hauptsächlich aus Gestein oder gar Metall. Einige Steinmeteoriten könnten aus Zusammenstößen mit Asteroiden stammen. Der Komet Arend-Rigaux wird bald einer dieser Asteroiden werden. Aber die riesigen Eisenmeteoriten, die überall in der Welt in Museen stolz zur Schau gestellt werden, erzählen eine Geschichte von extremen Temperaturen und von der Verschmelzung flüssiger Eisentröpfchen zu einer großen Masse, bevor der ganze Klumpen abkühlte. Die Eisenmeteoriten wurden im Laufe ihrer Geschichte so stark erhitzt und umgewandelt, daß sie unmöglich unveränderte, ursprüngliche Kometenmaterie sein können. Ähnliches kann, wenn auch in geringerem Umfang, von den Steinmeteoriten gesagt werden. Die kohlenstoffhaltigen Meteoriten sind allerdings noch sehr viel näher an der ursprünglichen Materie, aus der das Universum sich gebildet hat.

Hypothetische Entwicklung eines kurzperiodischen Kometen in einen Asteroiden. Ein mit Unterbrechungen aktiver Komet kommt der Sonne nahe, und ein kleiner Teil des übriggebliebenen Eises verdampft *(links)*. Der Komet bricht auseinander *(Mitte)*, und das Eis, das bis jetzt im Inneren des Kometen versteckt war, verdampft. Schließlich *(rechts)* bleibt ein eisfreies Objekt aus Stein übrig, das als Asteroid bezeichnet wird, auch wenn sich in seinem Inneren immer noch viel Eis befindet. Darstellung von Don Dixon.

»Eis und Eisen können nicht miteinander verschmolzen werden.«

    Robert Louis Stevenson: *Die Herren von Hermiston*, 1896

Viele Asteroiden entstanden ungefähr dort, wo sie auch heute sind: Sie befinden sich hauptsächlich zwischen den Umlaufbahnen von Mars und Jupiter. Sie könnten die Überbleibsel der steinernen (und metallischen) Körper sein, die zusammen mit Kometenmaterie die Erde und die anderen erdähnlichen Planeten bildeten. Aber zwischen ihnen verteilt reisen incognito und geschickt verkleidet Kometen. Sie haben sich einen Mantel aus Staub übergeworfen oder ihre Hüllen bis auf den verborgenen Kern fallen lassen. Ein paar Asteroiden haben sogar kometenähnliche, sehr elliptische Umlaufbahnen, die sie dicht an den Mars, an die Erde oder sogar an die Venus bringen. Ein Asteroid dieser Art aus der RD-Klasse heißt Hidalgo. Die Perturbationen des Jupiter bewirken, daß der Enckesche Komet auf seiner Bahn langsam nach innen wandert. In ein paar Jahrhunderten wird seine Bahn voraussichtlich die Umlaufbahn der Erde kreuzen. Es spricht sehr viel dafür, daß Encke auseinanderfällt. So zum Beispiel der Meteorstrom, den er hinter sich herzieht, sowie das abgebrochene Fragment, das für die Tunguska-Explosion verantwortlich sein soll.

Einer dieser zweifelhaften Asteroiden, 1983 TB, der 1983 von »Infrared Astronomy Satellite« (Kapitel 12) entdeckt wurde, teilt seine Umlaufbahn mit dem Meteorstrom, der für das Auftauchen der Geminiden am 14. Dezember verantwortlich ist. Es ist äußerst unwahrscheinlich, daß 1983 TB sich zufällig genau im Geminidenstrom wiederfinden würde. Und ebensowenig wahrscheinlich ist, daß er ein Asteroid ist, der durch Kollision in Stücke brach, kurz bevor wir ihn erstmals beobachteten. Wahrscheinlich ist er ein Teil eines erloschenen Kometen. Aber man weiß, daß die Meteore der Geminiden aus Stein und nicht aus pulvrigem Material sind. Ähnlich wie bei Kometen vom Typ Arend-Rigaux finden wir hier einen Hinweis darauf, daß Kometen sich in reine Felsasteroiden umwandeln können. Wenn wir also auf der Erde Einschlagkrater finden, die dafür sprechen, daß der verursachende Körper aus Stein war, könnte der Krater doch von einem erloschenen Kometen stammen.

Der Asteroid Oljato ist ebenfalls ein Komet mit Identitätskrise. Seine äußerst exzentrische Umlaufbahn, die sich von Jupiter bis zur Venus erstreckt, ist kometenähnlich. Er reflektiert auf ganz ungewöhnliche Weise Licht mit sichtbaren Wellenlängen und mit Radarwellenlängen. Kein anderes Objekt im Sonnensystem sieht aus wie Oljato. Und er scheint auch mit keinem Meteorstrom in Verbindung zu stehen. Oljato wurde auf dementsprechend ungewöhnliche Weise entdeckt: Eine amerikanische Raumsonde namens *Pioneer Venus* ist auf einer Umlaufbahn um den nächsten Planeten und hat unter anderem die Aufgabe, Tag für Tag die Stärke des Magnetfeldes der Venus aufzuzeichnen. Es gibt ein gleichbleibendes Hintergrundfeld und gelegentliche Abweichungen. Ungefähr ein Viertel der entdeckten magnetischen Störungen wurden aufgezeichnet, als Oljato sehr nahe (in einer Entfernung von 1,3 Millionen Kilometern) an der Venus und ihrem Trabanten, der Raumsonde, vorbeizog. Von Asteroiden erwartet man jedoch nicht, daß sie ein nachweisbares Magnetfeld besitzen. Wenn Oljato aber ein leicht aktiver Komet ist, der eine dünne Koma erzeugt, würde die Koma durch das ultraviolette Sonnenlicht schnell ionisiert werden und ihrerseits eine starke Verdichtung des Magnetfeldes bewirken, das vom lokalen Sonnenwind getragen wird. Zieht diese Verdichtung an der Venus vorbei, könnte eine Verstärkung des dortigen Magnetfeldes gemessen werden. Oljatos merkwürdiges Spektrum weist darauf hin, daß er etwas Seltenes darstellt, aber andere Beweisstücke legen nahe, daß er ein Komet unmittelbar vor dem Erlöschen ist.

Jedes Jahr gibt es ein paar neue Mitglieder in den Reihen der kurzperiodischen Kometen. Sie werden von der Gravitationswirkung des Jupiter gezwungen, ihre längerperiodischen Umlaufbahnen zu verlassen. Durch Wirkungen des Sonnenlichts, von Gravitationswechseln und durch Rotation brechen viele dieser Kometen in Stücke und verschwinden völlig. Andere werden aus dem Sonnensystem geschleudert oder stoßen mit irgendwelchen Himmelskörpern zusammen. Aber eine gleichbleibende Anzahl erfährt eine Metamorphose in Asteroiden mit fast kreisförmigen bis zu ausgeprägt elliptischen Umlaufbahnen. In Anbetracht des Alters des Sonnensystems muß die Zahl der Kometen, die so verkleidet sind, ziemlich groß sein.

Viele Asteroiden, die die Umlaufbahn der Erde kreuzen, sind wahrscheinlich erloschene Kometen. Weil sie meist klein und dunkel sind, kann man sie nur schwer finden. Weniger als 100 bekannte Objekte kreuzen die Bahnen des Mars oder der Erde. Zu dieser Zahl sind wir nach einem Jahrzehnt intensiver Suche gekommen. Diese Asteroiden sind für uns von besonderem Interesse, da sie uns mit einem Ereignis konfrontieren, das schwerwiegende und berechenbare Folgen hätte: Die Kollision eines Objekts von einem Kilometer Durchmesser mit der Erde bei sehr hoher Geschwindigkeit würde zu einer größeren Katastrophe führen, von denen sich im Verlauf der Erdgeschichte einige ereignet haben dürften. Und so müssen wir, während wir davon reden, daß die Erde von einem Asteroiden getroffen wurde, einsehen, daß der Gegenstand unseres Interesses ein maskierter Komet sein kann.

Aus der heute beobachteten Anzahl von Kometen und den Kraterzeugnissen kann man sogar abschätzen, wie viele Kometen oder Asteroiden von welcher Art die Krater auf einem bestimmten Himmelskörper geschlagen haben. Eugene M. Shoemaker ist der Gründer des amerikanischen »Geological Survey's Branch of Astrogeology«. Er gehört zu den Wissenschaftlern, die als erste in Amerika ernsthaft an der Erkundung des Mondes gearbeitet haben. Ihm verdanken wir die Entdeckung vieler erdnaher Asteroiden. Und er ist der Experte für den Meteor Crater in Arizona. Shoemaker verbindet Geologie auf der Erde mit Astronomie im All. Zusammen mit seiner Mitarbeiterin Ruth Wolfe berechnete er, daß ungefähr ein Viertel der Krater, die man auf den großen Jupitermonden erkennen kann, von langperiodischen Kometen herrühren. Vielleicht läßt sich ein weiteres Viertel auf aktive kurzperiodische Kometen zurückführen, auf Kometen, die immer noch große Staubschweife, Ausbrüche und Helligkeitsschwankungen erzeugen. Und gut die Hälfte der Krater wird von erloschenen kurzperiodischen Kometen gegraben, die sich jetzt als Asteroiden maskiert haben. Auf der Erde sind ungefähr ein Drittel der jüngsten Krater von langperiodischen Kometen verursacht, ganz ähnlich wie auf den Jupitermonden. Aber der Rest der irdischen Krater ist »earth-crossing«-Asteroiden zuzuschreiben, von denen viele erloschene Kometen sind. Hier leisten die bekannten kurzperiodischen Kometen praktisch keinen Beitrag zur Verkraterung. Da ihre Perihele dem Jupiter nahe sind, von dem sie eingefangen wurden, stoßen kurzperiodische Kometen viel öfter mit den Jupitermonden zusammen als mit der Erde.

Wenn ein großer Komet oder Asteroid auf einen kleinen Himmelskörper trifft, was manchmal passiert, kann der Körper völlig zerschmettert werden. Das passierte beinahe mit Phobos, einem Mond des Mars (Kapitel 7), oder Mimas, einem Mond des Saturn.

Wenn das Objekt, das den großen Krater auf Mimas erzeugte, ein wenig größer gewesen wäre, hätte das Ergebnis ungefähr so wie hier abgebildet ausgesehen. In der frühen Geschichte des Sonnensystems gab es große Kometen in Hülle und Fülle, und als sie von den wachsenden Monden und Planeten geschluckt wurden, kam es viel häufiger zu Kollisionen.

Auf dem Mond und dem Mars und den großen Jupitertrabanten gibt es Anzeichen für gewaltige, uralte Kollisionen, die keine Krater, sondern Bassins mit Hunderten oder sogar Tausenden Kilometer Durchmesser erzeugten. Einer interessanten Theorie zufolge entstand der Mond bei einem massiven Zusammenstoß eines Irrläufer-Planeten mit der Erde. Die bei der Kollision hinausgeschleuderten Trümmer vereinigten sich und bildeten unseren natürlichen Satelliten. Die Wunde ist schon lange verheilt, aber wenn der Zusammenstoß ein wenig stärker gewesen wäre, hätte die Erde völlig zerstört werden können, und uns hätte es nie gegeben.

Der Abstand zwischen den Himmelskörpern, ihre Masse und sogar ihr Überleben hing davon ab, wie viele ursprüngliche Körper sich auf welchen Bahnen im frühen Sonnennebel bewegten, das heißt von einer zufälligen Kette vieler Ereignisse, die mehr oder weniger wahrscheinlich waren. Gehen wir noch einmal an den Anfang des Sonnensystems zurück. Lassen Sie zufällige Faktoren wirken, und es wird eine etwas andere Kollektion von Körpern aus Eis oder Gestein mit einem Kilometer Durchmesser entstehen. Eine andere Abfolge von Kollisionen wird neue Himmelskörper bilden. Eine veränderte Zahl von Planeten mit etwas anderen Massen und Umlaufbahnpositionen wird herauskommen. Aber insge-

Aufnahme von Callistos, dem äußersten der vier großen Jupitermonde, von der Voyager-2 Raumsonde aus. Ungefähr die Hälfte dieser Krater wurden von Kometen verursacht. Mit freundlicher Genehmigung der National Aeronautics and Space Administration (NASA).

Die Bruchstücke des zertrümmerten Mimas nach einem Kometeneinschlag. Mimas ist der innerste der Saturnmonde, die von der Erde aus entdeckt wurden. Eine Aufnahme der Voyager-Raumsonde zeigt einen Krater, der so groß ist, daß der Mond völlig zertrümmert worden wäre, wenn der einschlagende Komet noch ein wenig größer gewesen wäre. Darstellung von Kim Poor.

samt werden sich die erdähnlichen Planeten aus Gestein immer noch weiter innen und die Gasgiganten weiter außen im Sonnensystem befinden. Die Planeten werden Monde aus Eis oder organischem Material haben, und entfernt werden die Kometen eine riesige Wolke bilden. Es mag in der Galaxie eine Vielzahl von Planetensystemen geben, die ungefähr wie unser eigenes aussehen, aber von Typ zu Typ und von System zu System beträchtliche Unterschiede aufweisen, die von dem komplizierten Kollisionsroulette abhängen, das ihre Ursprünge bestimmt und ihre Form geprägt hat.

Kometen verändern die Oberfläche von Himmelskörpern, tragen leichtflüchtige Stoffe zu verdorrten Planeten, heben vergrabene Schätze für die irdischen Wissenschaftler und hinterlassen im gesamten Sonnensystem die Zeugen ihrer Geschichte. Sie sind fleißige, nützliche und hilfsbereite Himmelskörper. Aber Kometen schaffen nicht nur Welten, sondern zerstören sie auch. Sie erinnern uns an die Zeit vor ungefähr 4,5 Milliarden Jahren, als das Sonnensystem nur aus Kometen und ihren Äquivalenten aus Gestein bestand. Hunderte Billionen von ihnen oder mehr, Schwärme von Himmelsobjekten, die miteinander verschmelzen oder zusammenkrachen, die von einer Region des Sonnensystems in die andere torkeln. Ein Wirbel von kleinen Körpern, der schließlich, als das Ungestüm der Jugend vorüber war, die gegenwärtige behäbige Maschinerie des Sonnensystems bildete. Der heute gelegentlich vorbeiziehende Komet ist eines der wenigen Relikte unserer wilden und chaotischen Ursprünge.

In dieser schematischen Darstellung trifft ein Kometenkern mit zehn Kilometern Durchmesser gerade auf die Erde vor 65 Millionen Jahren auf. Die folgende Explosion soll riesige Wolken aus pulverisiertem Meeresboden über die Erde geschleudert haben. Diese Wolken führten zu Kälteeinbruch und Dunkelheit, die mit dem Aussterben der Dinosaurier und vieler anderer Gattungen endete. Der nukleare Winter ist ein ähnlicher Effekt. Darstellung von Don Davis.

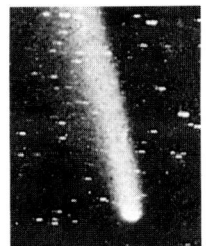

15. Kapitel
Der göttliche Zorn
1. Das große Sterben

...nun aber senkt sich der Komet nie bis in die unterste Sphäre,
und kommt nicht dem Boden nahe.

Seneca: *Naturbetrachtungen,* Siebentes Buch: Von den Cometen

»Kometen werden für ihre Verdienste in den Himmel gehoben, dort dürfen sie eine Zeit lang
wohnen und werden danach wieder zur Erde zurückgesandt.«

Al Biruni

Ein Ammonit aus dem Meer der Kreidezeit. Die Formen der Ammonitenschalen sind sehr bekannt, weil sehr viele Ammoniten als Fossilien erhalten sind. Zeichnung von Maren Leyla Cooke.

Kosmischer Staub rieselt ständig auf die Erde nieder und lagert sich ab. Allmählich vergrößert sich der Erdumfang, zwar nur um einen Mikrometer pro Jahr, eine mikroskopisch kleine Zuwachsrate, aber über geologische Zeiträume hinweg sammeln sich die Mikrometer. In 10 000 Jahren sammelt sich ein Zentimeter kosmischer Staub an, in einer Million Jahren also ein Meter. In einer Landschaft, in der sich seit der Entstehung der Erde die Materie immer nur angehäuft und nie abgetragen hätte, könnten Sie kilometerhohe Klippen finden, in denen eine unberührte Aufzeichnung der Geschichte unseres Planeten bewahrt wäre.

Durch glückliche Umstände sind solche Landstriche erhalten geblieben. Der bekannteste ist der Grand Canyon in Nordamerika, wo die Sedimentsäulen durch die Erosionen des Colorado River freigelegt wurden. Dadurch sind die schönen Schichten der Felsen in ihren gedämpften Pastelltönen gut zu sehen. Die einander benachbarten Felsen zeigen fast identische Muster. Jede Schicht stellt eine Epoche dar, und jede Grenze zwischen den Schichten entspricht einer folgenreichen Veränderung der äußeren Umwelt.

Wenn die Sedimentsäulen überall das gleiche Muster zeigen, müssen die Veränderungen weltweit stattgefunden haben. Wenn Sie vom Gipfel zum Fuß eines solchen Felsens hinunterschauen, können Sie unsere Erdgeschichte sehen. Sie müssen nur herantreten und in dem aufgeschlagenen Buch lesen. Überall stecken Knochenteile, die hell im Sonnenlicht schimmern. Untersuchen Sie die Knochen, und Sie werden herausfinden, daß es sich um Fossilien handelt, wie beispielsweise das Knie eines Dinosauriers oder den Kiefer eines Panzerfischs. Unter dem Mikroskop erkennen Sie mühelos die Fossilien kleinerer Tiere, zum Beispiel das einzellige Plankton, das im urzeitlichen Meer lebte. Welche Sedimentsäule Sie auch betrachten, bemerkenswerterweise gleichen sich alle. Weltweit liegt gerade diese dicke rötliche Ablagerung unter zwei dünnen grauen Schichten, und immer enthält sie ähnliche Fossilien. Versteinerte Ammoniten verraten, daß der ausgedehnte Wüstenlandstrich, in dem der Felsen steht, früher ein Meer war. Jeweils ein paar Meter höher oder tiefer sehen die Fossilien ganz anders aus, und der Betrachter ahnt, wie sehr eine Landschaft sich im Lauf von Jahrmillionen verändern kann.

Die Felsen möchten uns etwas sagen. Die Fossilien, die sie enthalten, sind die Überreste von Lebewesen, die hier einst siedelten, schwammen, krochen oder flogen, die entstanden und ausstarben, bevor es überhaupt Menschen gab, die sie hätten beobachten können. Betrachten wir einmal ein bestimmtes Fossil. Überall auf der Welt gibt es eine Schicht, die einer bestimmten geologischen Zeit entspricht und unterhalb derer dieser Organismus noch nicht existiert hat. Im allgemeinen gibt es auch eine darüberliegende Schicht, in der dieses Fossil dann nicht mehr erscheint, während hier erstmals die Fossilien neuer Organismen zu finden sind. Die Schlußfolgerung liegt nahe. Viele Tier- und Pflanzenarten wurden vernichtet, und an ihrer Stelle entwickelten sich neue Arten und füllten die ökologischen Nischen aus. Wenn Sie alle Lebewesen zusammenzählen, deren Fossilien wir gefunden haben und von denen einige mikroskopisch klein, andere wiederum so groß wie ein mittleres Hochhaus sind, dann wird Ihnen klar, daß der weitaus größte Teil aller Arten, die jemals existiert haben, ausgestorben ist. Das Aussterben ist die Regel, das Überleben die Ausnahme.

Ihnen wird auffallen, daß die verschiedenen fossilen Formen nicht einheitlich und gleichzeitig aufeinander folgen. Die Felsen künden von langen Zeiträumen, in denen die Arten sich kaum voneinander unterschie-

Ein Brontosaurus (ein Saurier von der Größe eines zweistöckigen Hauses), der hauptsächlich im späten Jura in Nordamerika anzutreffen war. Der Brontosaurus starb lange vor der Kreidezeit aus und ist ein Beispiel für ein »Hintergrundaussterben«: Im Verlauf der gesamten Erdgeschichte starben mit gleichbleibender Rate immer wieder Arten aus. Auf diesem »Hintergrund« kam es dann über kurze Zeitspannen hinweg zu einem Massensterben. Zeichnung von Maren Leyla Cooke.

den haben. Solche ruhigen Perioden werden durch erdgeschichtliche Katastrophen unterbrochen, in denen viele Tier- und Pflanzenarten plötzlich in großen Mengen von unserem Planeten verschwinden. Auf dieses Massensterben folgt dann wieder erstaunlich schnell die Entstehung neuer Lebewesen, die sich aus den Überlebenden der Katastrophe entwickelt haben. Die Markierungen der furchtbaren weltweiten Katastrophen sind die am besten zu erkennenden Grenzen in der Sedimentsäule. Zehn Millionen Jahre lang ging auf dem Planeten alles gut. Das war lange genug für die Kreatur, um sich sicher zu fühlen. Und gerade dann, als man es am wenigsten erwartete, fanden tumultartige, weltweite Umwälzungen statt. Sie waren so überwältigend, so einschneidend, daß ein Betrachter sie noch Millionen Jahre später wahrnehmen kann.

Natürlich ist es ein Teil der Geschichte des Lebens, daß ständig Arten aussterben. Im 19. Jahrhundert starben die Wandertaube und der Alk aus, und heute werden jedes Jahr zahlreiche Tier- und Pflanzenarten durch den Menschen ausgerottet, durch Besiedlung, Rodung von Wäldern und durch die Umweltverschmutzung. So sind heute beispielsweise der Wal und bestimmte Schildkrötenarten vom Aussterben bedroht. Der letzte Mammut verendete um das Jahr 2000 v. Chr., das große Gürteltier um

Ein Labyrinthodont, eine Amphibie aus der späten Trias. Zeichnung von Maren Leyla Cooke.

5800 v. Chr. und das große Faultier, das Baumwipfel abäste, um 6500 v. Chr. Daß diese Tiere ausstarben, gehört zum natürlichen Evolutionsprozeß und wurde durch geringfügige Veränderungen im physikalischen und biologischen Umfeld bedingt. Unser Interesse richtet sich jedoch auf etwas anderes: auf den massenhaften, gleichzeitigen und weltweiten Tod von Dutzenden und Hunderten biologischer Familien.

DAS MASSENSTERBEN		
geologische Periode	vergangene Jahrmillionen	Prozentsatz der ausgestorbenen Meeresfamilien
Ordovizium	435	>25%
Devon	365	>25%
Perm	245	>55%
Trias	220	>40%
Kreide	65	20%
Eozän	35	15%

Grobe Schätzung des Prozentsatzes der für immer ausgestorbenen Familien von Meerestieren mit Hartteilen (so daß wir fossile Beweise ihrer Existenz besitzen).
Die Zahlenangaben gelten ± 5 Millionen Jahre (Spalte 2)
oder ± 5 Prozent (Spalte 3).
> bedeutet »mehr als«.
Das Massensterben bei den Landtieren wird als etwa vergleichbar angesehen.
Das Datenmaterial wird mit freundlicher Genehmigung von J. John Sepkoski, Jr., Universität Chicago, abgedruckt. In Kapitel 16 wird auf die lebhafte Debatte über das Massensterben in Perm und Kreide eingegangen.

Wenn eine biologische »Familie« von Pflanzen und Tieren verschwindet, ist der Verlust enorm. Denken Sie an die verschiedenen Hunde, die es gibt, angefangen vom Chihuahua bis zur Dänischen Dogge. Da sie alle untereinander paarungsfähig sind, spricht man von einer »Art«. Die Biologen bilden dann noch eine größere Kategorie, die sie »Gattung« nennen, die nicht nur die Hunde, sondern auch die Wölfe und Schakale einschließt, und sie fassen sie als eine weitere lebende Einheit auf. Diese »Gattung« gehört ihrerseits wieder einer größeren Kategorie an, der »Familie«, zu der auch die Füchse und Hyänen zählen. Alle zusammen heißen »Cani-

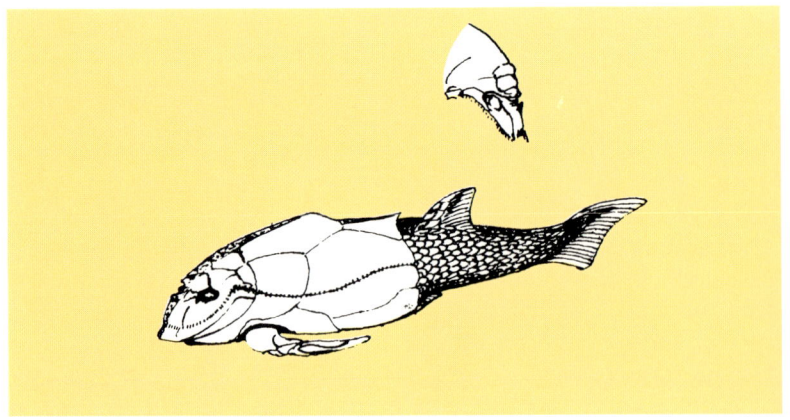

Ein gepanzerter Fisch. Diese Gattung starb im Devon aus. Zeichnung von Maren Leyla Cooke.

den« (Hundeartige). Eine »Familie« schließt also eine große Gruppe von Lebewesen ein. Die menschliche Familie, die Familie der Hominiden, umfaßt die meisten Primaten, die jemals auf zwei Beinen gehen und über die Vergangenheit räsonieren konnten, auch wenn wir viele von ihnen heute kaum als menschliche Wesen erkennen würden.

Beim Verlust einer Familie wird ein Ast vom Baum des Lebens abgehackt. Im beigefügten Schema sind sechs der bekanntesten Einbrüche in die Geschichte des Lebens auf der Erde wiedergegeben. Aus ihm kann man ablesen, wie umfassend die Ausrottungen waren. Es schaudert uns, wenn wir die letzte Spalte der Tabelle betrachten. Sie gibt für jede der sechs Katastrophen die Prozentzahl der verlorengegangenen Familien der bekannten Meeresorganismen an. Im Ausgang des Ordoviziums und Devons starben je ein Viertel aller Familien aus, im Eozän waren es ein paar weniger, in der Trias ein paar mehr. Während der Katastrophe in der Permzeit verschwanden mehr als die Hälfte aller Familien auf der Erde überhaupt, und mehr als 90 Prozent aller Arten gingen verloren. Die jüngste dieser globalen Katastrophen fand vor über 65 Millionen Jahren am Ende der Kreidezeit statt. Damals verschwanden circa 20 Prozent der Familien und 75 Prozent der Arten von der Erde.

Einige der Lebewesen, die bei diesem Massensterben umkamen, sind auf diesen Seiten abgebildet. Der Armfüßer, der auf dem Meeresboden festsaß und im Ordovizium ausstarb. Ein Fisch in einer Panzermuschel, der gegen Ende des Devons verschwand. Die Trilobiten jagten in Scharen auf dem Meeresgrund und starben im Perm aus, nachdem sie fast 300 Millionen Jahre lang existiert hatten. Eine Korallenart verschwand ebenfalls im Perm. Der Ammonit, ein Verwandter des Tintenfischs, starb in der Kreidezeit aus. Der Triceratops, mit seinen drei Hörnern und seinem rasselndem Knochenpanzer einer der letzten Dinosaurier, wurde ebenfalls ein Opfer der Katastrophe in der Kreidezeit.

Die Wissenschaftler beschäftigen sich vor allem mit dem großen Sterben in der Kreidezeit, weil die Säugetiere davon besonders betroffen waren. Zwischen den Reptilienknochen schimmert ein geheimnisvoller Wendepunkt in der evolutionären Entwicklung zum Menschen durch. Die Katastrophe in der Kreidezeit löschte alle Familien, Gattungen und Arten von Dinosauriern aus, die damals in ihrer Erscheinungsvielfalt und herrschenden Rolle den heutigen Säugetieren vergleichbar waren. Es war so, als ob sich heute alle Säugetiere in Luft auflösen würden: Jede Spitzmaus, jedes Pferd, jeder Mensch. Damals starben alle Flug- und Schwimmreptilien und über hundert Familien von Meeresbewohnern. Es war eine Katastrophe von nie mehr dagewesenen Ausmaßen.

Entwicklungsgeschichtlich sind die ersten Säugetiere zur ungefähr gleichen Zeit wie die ersten Dinosaurier entstanden. Aber die Dinosaurier waren die größten, mächtigsten und auffälligsten Geschöpfe. Sie waren die Herren der Erde. Die Säugetiere, unsere Vorfahren, waren damals sehr kleine, unscheinbare, gehetzte und vorsichtige Kreaturen, die ständig auf der Flucht vor den Sauriern waren. Ein Dutzend dieser kleinen Säugetiere stellte gerade eine knappe Mahlzeit für einen mittelgroßen fleischfressenden Dinosaurier dar. Unsere Vorfahren steckten länger als 100 Millionen Jahre in einer evolutionären Sackgasse und lebten am Rande einer Welt, die von den Sauriern beherrscht wurde. Angesichts der Verhältnisse in der Kreidezeit, wo Bäume und Pflanzen schon sehr den heutigen glichen, aber die Reptilien vorherrschten, hätte niemand die Chancen unserer Vorfahren, sich gegenüber den Reptilien durchzusetzen, sehr hoch eingeschätzt.

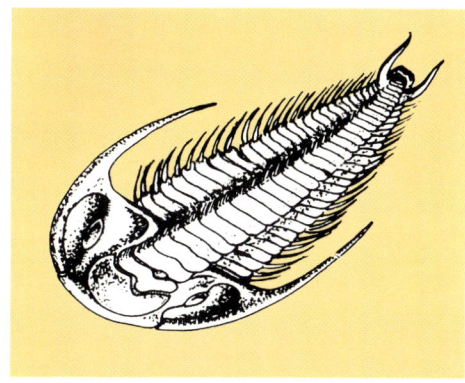

Ein Trilobit aus dem Kambrium. Die letzten Trilobiten starben im Perm aus. Zeichnung von Maren Leyla Cooke.

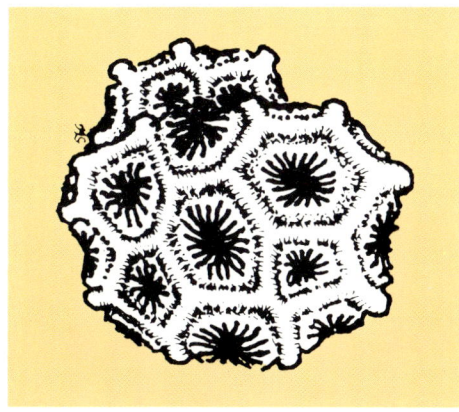

Eine der ersten ozeanischen Korallen, die runzelige Koralle. Sie verschwand bei dem Massensterben im Perm. Zeichnung von Maren Leyla Cooke.

Dimetrodon, ein räuberischer Dinosaurier. Auch er gehört zu den Opfern des Massensterbens in der Kreidezeit. Zeichnung von Maren Leyla Cooke.

Aber die Dinosaurier kamen um und starben aus, während die Säugetiere überlebten. Selbstverständlich überlebten sie nicht als einzige. Auch Schlangen und Salamander, Fische und Insekten, Krokodile und viele Landpflanzen erwiesen sich als widerstandsfähig und zäh. Aber die Säugetiere waren ihnen bald überlegen. Sie verloren ihre frühere Furchtsamkeit, sie entfalteten sich, wuchsen und bildeten mannigfache Arten aus. Sie profitierten vom Wegfall ihres täglichen Kampfes ums Dasein und füllten die offenen ökologischen Nischen. Unsere Existenz verdanken wir Menschen dem Aussterben der Dinosaurier. Deshalb ist auch das brennende Interesse gerechtfertigt, das wir an folgender Frage haben: Warum starben die Dinosaurier und viele der anderen Arten auf der Erde vor 65 Millionen Jahren plötzlich aus?

Im vierten Kapitel von Teil II seiner *Darstellung des Weltsystems* schreibt Laplace, der große französische Wissenschaftler, ein Kapitel »Über Kometen und den Aberglauben«, in dem er, wie andere vor ihm, die verbreitete Furcht der Menschen vor Kometen als Aberglauben kritisiert. Er erklärt dabei die Furcht vor Kometen mit einer nüchternen Hypothese:

> In diesen Zeiten der Unwissenheit war man weit von dem Gedanken entfernt, daß das einzige Mittel, die Natur kennen zu lernen, darin besteht, sie durch Beobachtung und Rechnung zu fragen.
> Je nachdem die Erscheinungen regelmäßig, oder ohne scheinbare Ordnung sich zeigten, und auf einander folgten, ließ man sie von Endursachen oder vom Zufalle abhangen, und wenn sie etwas ausserordentliches zeigten, und der natürlichen Ordnung zuwider zu laufen schienen, so betrachtete man sie als eben so viele Zeichen des göttlichen Zorns. Aber diese eingebildeten Ursachen sind allmählig mit den Schranken unserer Kenntnisse entfernt worden, und ver-

Ein Triceratops, der letzte und größte gehörnte Dinosaurier, der am Ende der Kreidezeit ausstarb. Er war größer als ein Elefant. Zeichnung von Maren Leyla Cooke.

schwinden vollends vor der gesunden Philosophie, die in ihnen nur den Ausdruck der Unwissenheit sieht, worin wir in Ansehung der wahren Ursachen uns befinden.
Auf die Schrecknisse, welche die Erscheinung der Kometen damals mit sich führte, folgte die Furcht, es möchte von der großen Anzahl derer, die das Planetensystem nach allen Richtungen durchschneiden, einer die Erde über den Haufen werfen.

Laplace selbst hatte bekanntlich die orbitale Evolution, die für das nahe Zusammentreffen der Erde mit dem Kometen Lexell im Jahr 1770 verantwortlich war, genau untersucht (Kapitel 5).

> Sie gehen so schnell an uns vorbey, daß die Wirkungen ihrer Attraction gar nicht zu bezweifeln sind. Nur durch einen der Erde beygebrachten Stoß können sie traurige Verheerungen auf derselben anrichten. Aber ein solcher Stoß, ob er schon möglich ist, ist doch im Verlaufe eines Jahrhunderts so wenig wahrscheinlich. Es wäre ein so ausserordentlicher Zufall erforderlich, um ein Zusammenstoßen zweyer, in Ansehung der Unermeßlichkeit des Raums, worin sie sich bewegen, so kleinen Körper zu veranlassen, daß man in dieser Hinsicht keine Furcht für vernünftig halten kann.

Ist also die Furcht vor einer Kollision mit der Erde nur eine Spielart der abergläubischen Furcht vor Kometen überhaupt? Keineswegs:

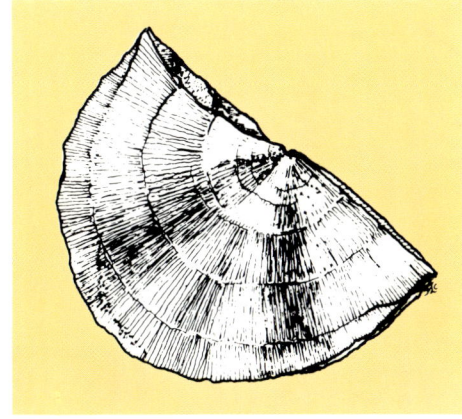

Ein sessiles Schalentier aus dem späten Ordovizium. Zeichnung von Maren Leyla Cooke.

> Indessen kann die geringe Wahrscheinlichkeit eines solchen Zusammenstoßes, wenn sie viele Jahrhunderte hindurch sich anhäuft, sehr groß werden. Es ist leicht, die Wirkungen eines solchen Stoßes auf die Erde sich vorzustellen. Veränderungen der Axe und der Umdrehungsbewegung der Erde, Austreten der Meere aus ihren vorigen Beeten, um sich gegen den neuen Aequator hin zu stürzen, Ersäufung eines großen Theils der Menschen und Thiere in dieser allgemeinen Überschwemmung oder Zerstörung derselben durch die der Erdkugel beygebrachte gewaltsame Erschütterung, Vernichtung ganzer Gattungen, Zertrümmerung aller Denkmäler des menschlichen Kunstfleißes, dies ist die Reihe der Unglücksfälle, die der Stoß eines Kometen verursachen müßte.

Die Erwartung, daß ein Komet eine weltweite Überschwemmung oder ähnliches hervorruft und daher als ein Vorbote einer Katastrophe anzusehen ist, hat sich in der ganzen Geschichte der Naturwissenschaft immer gehalten und geht auf Edmund Halley selbst zurück. Die Art des Unheils, die der Komet bringen soll – Überflutungen, eine große Finsternis, Feuersbrünste, die die Erde verwüsten werden –, hängt von der jeweiligen Zeit und ihren astronomischen Vorstellungen ab. Aber grundsätzlich blieb die Tendenz, Kometenerscheinungen mit einer Katastrophe zu verknüpfen, immer gleich, obwohl manche die moderne Theorie einer Kometenkatastrophe für eine nachträgliche Rechtfertigung der früheren abergläubischen Exzesse halten.
Laplace verknüpfte die grauenhafte Vision eines Kometeneinschlags mit einem offenkundigen Widerspruch im System der Zeitrechnung. Er wußte, daß die menschliche Geschichte erst ein paar tausend Jahre währte. Aus Berechnungen wie denen von Halley über den Salzgehalt der Meere wußte er, daß die Erde selbst sehr viel älter war. Laplace, dieser kosmische

Evolutionstheoretiker, hatte nicht die leiseste Ahnung von biologischer Evolution. Charles Darwins Werk *Die Entstehung der Arten* erschien erst 60 Jahre später. Laplace konnte es sich noch nicht vorstellen, daß die Welt auch ohne Menschen schon lange bestanden hat. Warum also reichten menschliche Geschichte und Zivilisation nicht viel weiter zurück?

> Man sieht alsdann, warum das Weltmeer die hohen Berge wieder bedeckte, auf welchen es unwiderlegbare Merkmale seiner Anwesenheit zurückgelassen hat; man sieht, warum die Thiere und Pflanzen der mittäglichen Gegenden in den nördlichen Klimaten vorhanden seyn konnten, wo man noch ihren Nachlaß und ihre Abdrücke antrifft; endlich erklärt man daraus die Neuheit der moralischen Welt, deren Denkmäler nicht leicht über dreytausend Jahre hinaufsteigen. Das Menschengeschlecht, auf eine sehr kleine Anzahl von Individuen herunter gebracht, und in den kläglichsten Zustand versetzt, war sehr lange Zeit einzig mit der Sorge für seine Erhaltung beschäftigt, und mußte das Andenken an Wissenschaft und Künste gänzlich verlieren; und wenn die Fortschritte der Verfeinerung das Bedürfnis derselben aufs neue fühlbar machten, so mußte es in allem wieder von vorne anfangen, als ob die Menschen ganz neuerlich auf die Erde wären versetzt worden.

Diese Zeilen verweisen nicht nur auf globale Kometenkatastrophen, sondern auch auf das in ihrem Gefolge ausgelöste Massensterben. Sie enthalten sogar den Hinweis, daß solche Katastrophen in der frühen Erdgeschichte immer wieder aufgetreten sind. Laplace war seiner Zeit um zwei Jahrhunderte voraus.*

Auch Jahrzehnte nach Laplace war die Theorie einer Kometenkatastrophe weit verbreitet. Einige Forscher vertraten die Ansicht, daß Kometenstaub, wie beispielsweise der Ton in Donnellys *Ragnarök,* sich über die ganze Erde verteilt hat, während andere vermuteten, daß die Auswirkungen der Kollisionen nur in einem begrenzten Gebiet spürbar waren. Gelegentlich wurde auch an mögliche Folgen gedacht, die noch grauenvoller waren als die von Laplace geschilderten. 1893 schrieb der französische Schriftsteller Camille Flammarion einen Zukunftsroman, *Das Weltende*. Flammarion wollte den Menschen Furcht vor Kometen einflößen und untermauerte seine Schreckensbilder mit Tatsachen:

> Wie ein gewaltiges himmlisches Projektil durchbohrte der harte Kern des Kometen die eierschalendünne Erdkruste und drang in das halbgeschmolzene Innere der Erde ein. Wie ein Geschoß den Kessel eines Schlachtschiffs durchschlägt, so bahnte sich der Komet seinen Weg. Augenblicklich war die Erde in einen Vulkan verwandelt. Sie spuckte Ozeane in Fontänen aus ... Kontinente wurden zerrissen wie Papier.

Diese Schilderung ist sicherlich übertrieben. Aber wenn sich Kometen in nur kilometerweiter Entfernung und mit hoher Geschwindigkeit durch dasselbe planetarische Sonnensystem bewegen wie die Erde, so ist es frü-

»Als erste sieht sie den Kometen, der den Königen Armeniens und Parthiens Unheil droht...«
   Juvenal: *Satiren.* Die sechste Satire. Übers. Harry C. Schnur, Stuttgart 1978, S. 68

---

* Natürlich hat der Fortschritt der Naturwissenschaften viele Argumente von Laplace überholt. Wir wissen heute, daß menschliches Leben auf der Erde schon eine Million Jahre lang existiert hat, bevor wir die geschriebene Geschichte und die »Zivilisation« erfanden. Die Funde und Deutungen von Fossilien verwirrten schon Petrarca und Leonardo da Vinci. Die Erklärung der modernen Geologie lautet, daß nicht eine weltweite Überschwemmung die Gebirgsgipfel überflutet hat, sondern sich wahrscheinlich einige Gebirgszüge langsam aus dem Meeresgrund emporgeschoben haben.

So ähnlich könnte Laplace sich die Folgen eines Kometeneinschlags auf der Erde vorgestellt haben. Die Legende zu diesem Bild aus *Pearson's Magazine* vom Dezember 1908 lautet: »Wenn ein Komet sich auf meßbare Entfernung der Erde nähern würde, wäre über unsere Welt der Stab gebrochen. Eine so große Hitze würde erzeugt, daß alles sofort verbrennen würde. Die härtesten Steine würden schmelzen, und nichts Lebendiges würde auf der Erde zurückbleiben. Gebäude und Menschen würden in Sekundenschnelle zu Asche verbrennen.« Darstellung von Don Davis.

her oder später unvermeidlich, daß ein großer Komet einmal auf die Erde aufprallen wird. Der Einschlag wird katastrophale Folgen nach sich ziehen, die genauen möglichen Auswirkungen können wir aber nicht vorhersagen. Auf dieser Basis hatte schon Laplace argumentiert.

Es ist übrigens leicht, sich auszurechnen, wieviel Zeit auf der Erde von einem Kometenaufprall zum nächsten verstreicht. Im ersten Jahrzehnt des 20. Jahrhunderts errechnete W. H. Pickering in Harvard, daß ein mittelgroßer Kometenkern einmal in 40 Millionen Jahren die Erde trifft. Aber die Dutzende von Kollisionen, von denen er annimmt, daß sie die Erde seit ihrem Bestehen getroffen haben, hätten wenig Schaden angerichtet. Diese Schlußfolgerung zieht Pickering aus der Tatsache, daß Leben auf der Erde besteht.

Das gebräuchlichste astronomische Lehrbuch* nach dem 2. Weltkrieg in Amerika enthielt folgende Passage:

> Es ist anzunehmen, daß die Erde im Verlauf ihrer geologischen Geschichte mehrere Kollisionen mit Kometen erlebt hat. Man kann leicht ausrechnen, daß ein kleiner, sich schnell bewegender Körper, der sich der Sonne innerhalb einer Astronomischen Einheit nähert, eine Chance hat, einmal in 400 Millionen Jahren auf der Erde einzuschlagen. Da circa fünf Kometen innerhalb eines Jahres in diese Entfernung zur Erde kommen, dürfte der Kern eines Kometen im Durchschnitt die Erde einmal in ungefähr 80 Millionen Jahren treffen.

Im Lichte neuerer Arbeiten scheinen diese Aussagen geradezu hellseherisch. Weil aber die Autoren mit der Sandbank-Hypothese über die Kometen arbeiten (Kapitel 5), glauben sie nicht daran, daß Kometenkerne massiv sind. Deshalb behaupten sie nachdrücklich, daß eine Kollision eines Kometen mit der Erde »vermutlich für das Leben auf der Erde keinen weiterreichenden Schaden anrichten würde«. Aber immer wieder verknüpften im 20. Jahrhundert einige Wissenschaftler das biologische Massensterben mit Kometeneinschlägen, auch wenn die herrschende Meinung der Wissenschaft war, daß eine Katastrophe von so immensem Ausmaß nicht durch einen so kleinen Himmelskörper ausgelöst werden kann.

Ungefähr auf halbem Weg zwischen Florenz und Rom ist auf der Autobahn eine Abzweigung nach Perugia. Folgen Sie ihr, und Sie kommen nach einigen Kilometern in den Apennin. Sie erreichen das kleine Dorf Gubbio, das im Mittelalter gegründet wurde. Dort steht an einer Straßenseite eine wunderbar erhaltene Sedimentsäule, die sehr alt ist. Bei näherem Zusehen werden Sie eine dünne rosa-graue Schicht über einer hellen, weißen Felsablagerung entdecken. Diese Schicht zeigt das Ende der Kreidezeit an.

Der weiße Felsen besteht aus Kalk. Unter dem Mikroskop erkennen Sie ein Muster aus Kalkspatplatten und Muscheln, das von den mikroskopisch kleinen Tieren und Pflanzen, die einst die warmen Meere bewohnten, gebildet wurde. Der Kalk der weißen Klippen von Dover in Großbritannien wurde von diesen kalkspataausscheidenden ozeanischen Mikroorganismen produziert, die während der Katastrophe in der Kreidezeit ausstarben. In Gubbio werden diese ozeanischen Kalkfelsen von einer rosagrauen Gesteinsschicht unterbrochen, die ungefähr einen Zentimeter dick

---

* H. N. Russell, R. S. Dugan and J. Q. Stewart, *Astronomy I*. The Solar System. Boston 1945

ist und aus Ton besteht. Der Ton und die Kreide müssen sich beide gesondert und durch die Ruhe in der Tiefe des Ozeans ungestört vor mehreren zehn Millionen Jahren abgelagert haben. In der Kreideschicht finden sich aber ganz andere Fossilien als in der darunterliegenden Tonschicht. Man sieht auf den ersten Blick, daß der Ton eine Katastrophe anzeigt.

Ähnliche Schichten findet man an der Oberkante von kreidezeitlichen Sedimenten überall. Der mikroskopisch sichtbare Pollen von blühenden Pflanzen ändert sich abrupt oberhalb der Tonschicht. Hier entdeckt man eine ähnliche Katastrophe auf dem Land wie die Ausrottung der Mikroorganismen im Ozean. Unterhalb der Oberkante der kreidezeitlichen Sedimente finden Sie Fossilien von Dinosauriern, die vor mehr als 160 Millionen Jahren die Erde bewohnten. Über dieser Kante beginnt das Zeitalter der Säugetiere.*

Eine Spur menschlichen Lebens findet sich erst ganz oben in der Sedimentsäule. Diese grau-rosa Schicht markiert eine Katastrophe, die die Kreidezeit und mit ihr das meiste Leben auf der Erde beendete. Woraus besteht der Ton? Enthält er Anhaltspunkte für die Ursache des großen Sterbens? Gold und Platin werden seit langem wegen ihrer Seltenheit geschätzt. Aber ein Blick in die Sphären der Sonne und der Sterne oder die Untersuchung eines Meteoriten, der gerade auf der Erde niedergegangen ist, zeigt, daß im Weltall diese Edelmetalle recht häufig vorkommen. Die Meteoriten sind zwar nicht mit Gold und Platin beladen, aber im Vergleich zu ihnen und zu den häufigen Bodenschätzen wie dem Silizium ist die Erde sehr arm an Edelmetallen. Im geschmolzenen Gestein neigen

Geschichtliche Zeugnisse in den Felsen von Gubbio (Italien): die scharfe Grenze zwischen dem Ende der späten Kreidezeit und dem Mesozoikum der geologischen Zeit. Unten rechts sind die Kreidefelsen. Wenn man sie mit dem Hammer ein wenig aufschlägt, zeigt sich deutlich, daß sie aus Kalkstein bestehen. Die Farbe dieser Kalkschicht kommt von den fossilen Mikroorganismen, die im Meer der späten Kreidezeit lebten. Die rötlichbraunen Felsen oben links stammen aus dem Tertiär. Aus dieser Zeit wurden keine Fossilien von Dinosauriern gefunden. Zu dieser Zeit traten die Säugetiere auf. Schräg durch das Bild zieht sich eine graue Tonschicht, die die Kreidezeitfelsen von den Tertiärfelsen trennt. Sie entspricht genau der Zeit, in der die letzten Fossilien von Dinosauriern auftauchen, und enthält viel Iridium. Mit freundlicher Genehmigung von Walter Alvarez, Berkeley-Universität, Kalifornien.

---

* Die Dauer der menschlichen Herrschaft über die Erde beträgt bis jetzt ein Prozent der Zeit, in der die Dinosaurier herrschten.

> **DIE EHERING-ABWEICHUNG**
>
> Eine der vielen Iridium-Konzentrationen, die in der Oberkante des kreidezeitlichen Sediments gefunden wurden, erwies sich als verfälscht. Im normalen Erdgestein beträgt der Gehalt an Iridium weniger als ein Zehnmilliardstel pro Raumteil. Mit der Neutronen-Aktivierungs-Analyse kann sogar diese Menge noch gemessen werden. Der Anteil an Iridium in Gubbio betrug ein Sechsmilliardstel pro Raumteil. Anderenorts kann die Konzentration noch höher sein. Aber es war auch eine Probe aus einer Oberkante eines kreidezeitlichen Sediments in Montana dabei, bei der das Iridium »auf den Ehe- oder Verlobungsring aus Platin zurückzuführen ist, den der Techniker trug, der die Proben zur Analyse vorbereitete. Das Platin, das für Schmuck verwendet wird, enthält circa 10 Prozent Iridium ... Da ein Platinring in 30 Jahren 10 Prozent seiner Masse verliert, kann der durchschnittliche Iridium-Verlust pro Minute, der sich in einer einzigen Probe niederschlägt, hundertmal größer sein als die Minimalmenge, die wir mit unseren Meßinstrumenten erfassen können.«
> Alvarez und seine Kollegen nehmen an, daß ein Kontakt von ein paar Sekunden schon ausreiche, um ein falsches Teilergebnis der Analyse zu ergeben. Je empfindlicher die Meßinstrumente sind, desto größere Sorgfalt ist geboten. Die Techniker mußten von da an Handschuhe tragen.

Gold und Platin dazu, sich mit Eisen zu verbinden. Und Eisen, das früher durchgängig überall verteilt war, ist heute hauptsächlich im flüssigen Kern unseres Planeten angelagert, circa 3000 Meter unter der Erdoberfläche. Fast könnte man darauf wetten, daß sowohl das Gold als auch das Platin zusammen mit dem Eisen dorthin gelangten, als die neu geformte Erde noch ein Ball flüssigen Magmas war. Dasselbe gilt für die anderen, weniger bekannten Elemente wie Iridium, Osmium und Rhodium. Deshalb könnte es ein verräterisches Zeichen eines außerirdischen Eingriffs in Erdbelange sein, wenn Iridium in einem Schichtgestein auf der Erde in reichlicher Menge vorhanden ist.

In den späten siebziger Jahren unseres Jahrhunderts untersuchte eine Gruppe von Wissenschaftlern der Universität Berkeley in Kalifornien diese Tonschicht an der Oberkante von kreidezeitlichen Sedimenten. Die prominentesten Mitglieder dieser Arbeitsgruppe waren Louis Alvarez, Nobelpreisträger für Kernphysik, und sein Sohn Walter Alvarez, ein Geologe und wie sein Vater Professor in Berkeley. Louis Alvarez schlug vor, eine Technik zu benutzen, die Neutronen-Aktivierungs-Analyse heißt und mit deren Hilfe man unter anderem das Vorkommen von extrem kleinen Mengen Iridium messen kann. Die Arbeitsgruppe Alvarez hatte den glücklichen Einfall, den Iridiumgehalt in, ober- und unterhalb der Tonschicht in Gubbio zu messen. Sie wiesen insgesamt 28 chemische Elemente nach und machten dabei eine erstaunliche Entdeckung. Siebenundzwanzig Elemente waren sowohl in der Schicht als auch in ihrer Umgebung gleichmäßig vertreten. Nur Iridium war in der Tonschicht in 30facher Konzentration vorhanden. Ähnliche Resultate in aller Welt bestätigten den Befund. In Haiti lagert in der Oberkante der kreidezeitlichen Sedimente 300mal mehr Iridium als in den übrigen Sedimenten. In Neuseeland beträgt die Iridiumkonzentration das 120fache, an den Küsten des Kaspischen Meers das 70fache, in Texas das 43fache und in den Tiefen des Nördlichen Pazifik das 300fache.

Weltweit liegt in der Oberkante der kreidezeitlichen Sedimente also eine iridiumangereicherte Schicht. Sie könnte der Beweis dafür sein, daß vor

65 Millionen Jahren ein gigantisch großer Himmelskörper auf die Erde aufgeschlagen ist. Man kann sogar schätzen, wie groß der Himmelskörper gewesen sein muß, um sein Iridium überall zu verteilen. Er müßte einen Durchmesser von zehn Kilometern gehabt haben: Diese Größe ist für einen Kometenkern oder einen Asteroiden typisch. Von den vier Kometen, deren Durchmesser Mitte der achtziger Jahre unseres Jahrhunderts durch Radartechnik gemessen wurden, hatten zwei diesen Umfang. Aber auch ein Asteroid kann als Ursache nicht ausgeschlossen werden. Die meisten Asteroiden, die die Erdbahn kreuzen, sind erloschene Kometen (Kapitel 14). Es scheint alles darauf hinzudeuten, daß die Katastrophe in der Kreidezeit durch einen auf der Erde einschlagenden Kometen* ausgelöst wurde.

Iridium wurde nicht auf einmal, sondern während 10 000 oder 100 000 Jahren abgelagert, in einem längeren Zeitraum also, als die Ablagerung bei einem einzigen Einschlag gedauert hätte. Viele Kometen könnten daran beteiligt gewesen sein (Kapitel 16), und die Teilchen eines Einschlags sind vermutlich über einen längeren Zeitraum hinweg auf die Erde gesunken. Auch Vulkane können gelegentlich eine ungewöhnlich hohe Konzentration an Iridium ausstoßen und emporschleudern, aber hier zeigt die kreidezeitliche Materie Veränderungen in der Erscheinungsform und chemischen Zusammensetzung der Minerale, wie sie nur unter einem enormen Druck zustande kommen. Solche Drücke kann ein Kometeneinschlag, aber kein Vulkanausbruch erzeugen. Wenn das zutrifft, dann besteht die Tonschicht aus Kometenmaterie. Da ihre Organismen schon vor langer Zeit von den Mikroben der Erde aufgefressen wurden, besteht sie heute aus reinen Mineralien.

Die Theorie ist nicht neu, daß Kometeneinschläge eine Katastrophe auf der Erde ausgelöst haben und daß dabei auf der ganzen Erde eine Tonschicht verteilt wurde. Auch Ignatius Donnelly vertritt diese Theorie in *Ragnarök* (Kapitel 10). Die Katastrophen unterscheiden sich zwar, die Zeit ist eine andere, aber die Analogien sind unübersehbar. Donnellys Tonschichten stammen weder aus der Kreidezeit, noch kannte er das Iridium, und die Arbeitsgruppe Alvarez war ihrerseits nicht von Donnellys Theorie zu ihren Forschungen angeregt worden.

Wenn ein Objekt von zehn Kilometern Durchmesser mit normaler Geschwindigkeit auf der Erde aufschlägt, muß ein riesiger Krater entstehen, der einen Durchmesser von über 100 Kilometern hat. Das ist unabhängig davon, ob der Komet auf Wasser oder auf Land auftrifft. Die dabei entstehenden Trümmer werden als Mischung aus zerbröckelten Kometenteilen und Erdstücken durch die Luft geschleudert, und einige werden in die Erdumlaufbahn geraten. Trümmer und Staubteile werden deshalb auf der ganzen Erde zu finden sein. Eine Wolke feinster Staubpartikel wird über die Erdatmosphäre hinausgeschleudert. Sie wird die Sonne umkreisen und wiederholt die Umlaufbahn der Erde durchqueren. Es ist also nicht auszuschließen, daß ein ständiger Schauer feinster Kometenpartikel über mehr als Zehntausende von Jahren hinweg auf die Erde niedergesunken ist, bis die Reinigung des inneren Solarsystems durch den Poynting-Robertson-Effekt (Kapitel 14) beendet war.

Ein Krater mit einem Durchmesser von 100 Kilometern ist zu groß, als daß man ihn übersehen könnte. Wo ist er also? Wir kennen drei Krater

»Es scheint möglich und sogar nachweisbar zu sein, daß eine Kollision eines Kometen mit der Erde zum Aussterben der Dinosaurier führte und die Tertiärepoche der Erdgeschichte einleitete. ... Bis zur nächsten Kollision werden vermutlich Millionen Jahre vergehen.«

Harold C. Urey: »Cometary Collisions and Geological Periods«, in: *Nature,* Nr. 242 (1973), S. 32

»Der Stern, der dein Verhängnis leitet,
Den lenkt' ich, eh die Erde ward bereitet,
Und er war eine Welt so frisch und schön
Wie Tausende sich um die Sonne dreh'n;
Und seine Bahn war frei und klar und licht, –
Der Weltenraum barg einen schönern nicht.
Die Stunde kam, mein schöner Stern
Ward einer Feuermasse Kern,
Ward ein Komet, pfadlos und rauh,
Ein Scheusal für den Weltenbau ...«

»Sein Schatten ist die Pest, und seinen Pfad
Künden Kometen durch der Himmel Krachen.
Planeten werden Asche, wenn er naht.«

Lord Byron: *Manfred,* I, 1, und *Manfred,* II, 4 (1816). Übers. D. S. Seemann, Berlin, 1843, S. 6. u. S. 40.

---

* Auch wenn auf den folgenden Seiten nicht jedesmal, wenn Kometen erwähnt werden, »oder Asteroiden« hinzugefügt wird, möchten wir verstärkt auf die Möglichkeit hinweisen, daß die Katastrophe in der Kreidezeit von einem Asteroiden mit nichtkometarischem Ursprung ausgelöst wurde.

Topographische Karten von drei benachbarten Welten: Mars (oben), Erde (Mitte) und Venus (unten). Auf dem Mars gibt es Tausende von Einschlagkratern, die aber zu klein sind, um bei dieser Auflösung sichtbar zu sein. Es gibt aber auch sehr große Krater. Die größten, die hier abgebildet sind, heißen Hellar (ungefähr 300° Länge) und Argyre und liegen beide in den mittleren südlichen Breiten. Da der Mars keine Meere oder eine dichte Atmosphäre hat, bleiben große Krater Milliarden Jahre oder länger erhalten. Auf der Erde ist die Erosion wegen der Atmosphäre, dem flüssigen Wasser auf der Oberfläche und dem Aufbau aus verschiedenen Schichten so stark, daß relativ wenige Einschlagkrater erhalten sind. Nur ein Handvoll datiert auf die frühe Geschichte des Planeten zurück. Die Venus mit ihrer dichten Atmosphäre und der hohen Oberflächentemperatur (auch wenn es keine neuen Ozeane gibt) ist der Erde offensichtlich ähnlicher als der Mars, zumindest was die großen, alten Einschlagnarben angeht. Diese Karten, die zum Teil aus Daten von Raumsonden basieren, wurden von Michael Kobric, Jet Propulsion Laboratory, National Aeronautics and Space Administration (NASA) und U.S. Geological Survey vorbereitet.

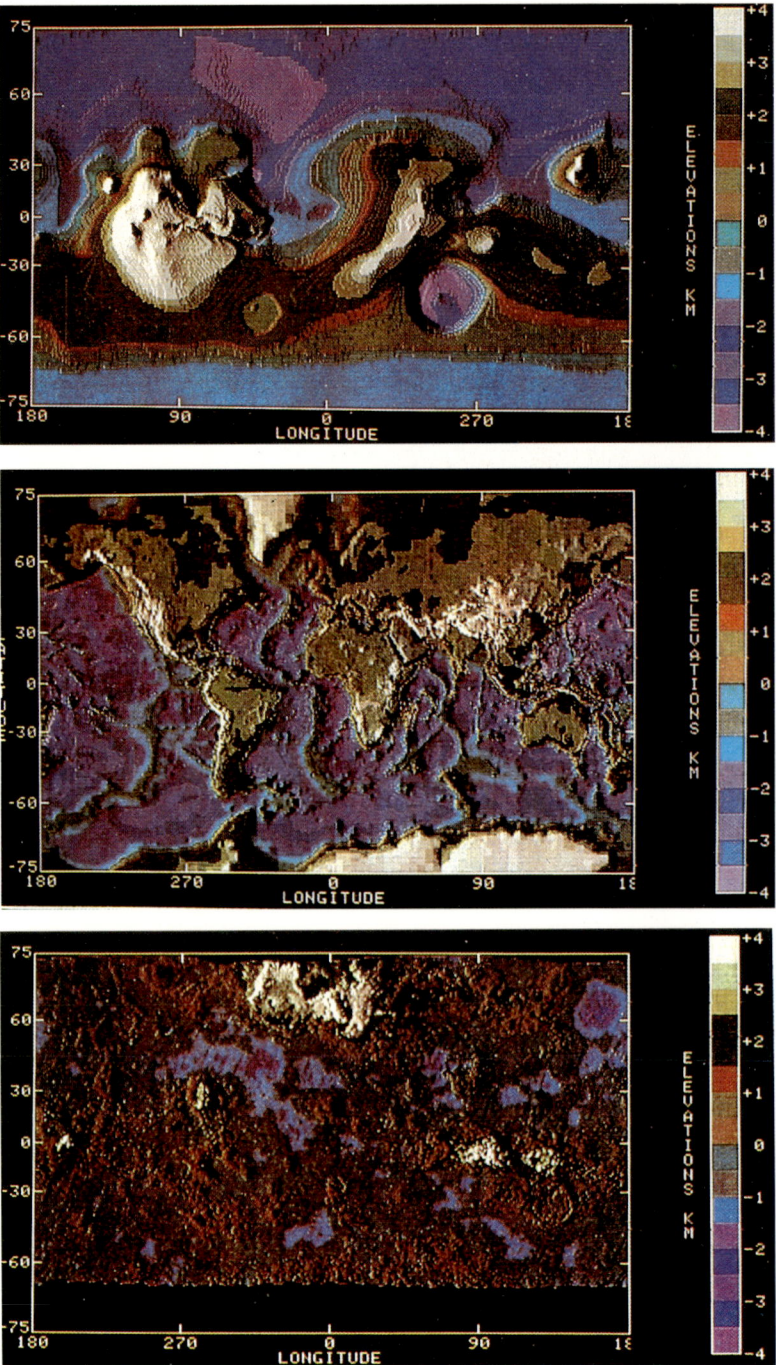

dieser Größe. Zwei sind schon sehr alt und wurden vor über 600 Millionen Jahren gebildet. Der dritte, der Popigay-Krater in Sibirien, ist schätzungsweise 30 Millionen Jahre alt und folglich zu jung. Ziehen wir aber auch einmal in Betracht, daß die Erdoberfläche zu zwei Dritteln von Wasser bedeckt ist und dieser Krater sich in den Tiefen der Meere befinden kann, ohne daß wir etwas von ihm wissen. In der veröffentlichten Literatur konnte ich keine topographische Weltkarte des Meeresgrundes finden. Vielleicht liegt der Beweis irgendwo in einem amerikanischen oder sowjetischen Meeresforschungsinstitut unter Verschluß und ist nur für den mili-

tärischen Einsatz von Unterseebooten einsehbar. Außerdem kommt noch eine weitere Schwierigkeit hinzu. Wir wissen, daß die Teile des Meeresbodens, die noch aus der Kreidezeit stammen, im Lauf der Jahrmillionen durch die Verschiebung der Erdplatten, die häufig die Größe eines Kontinents haben, in das Erdinnere gepreßt wurden. Irgendwo auf der Erde befand sich einst ein Krater von der Größe Belgiens, Korsikas oder Swasilands. Wie ein Pockenvirus hinterließ der Komet eine Narbe zur Erinnerung daran, daß die Erde eine beinahe tödliche Krankheit überlebt hat. Aber heute kann die Narbe auch verheilt sein, und die dünne Tonschicht, die vom Himmel herabfiel, ist neben der Veränderung der Fossilien das einzige Überbleibsel der großen Katastrophe in der Kreidezeit.

Wie kann aber ein Kometeneinschlag gleichzeitig die großen landbewohnenden Dinosaurier und die mikroskopisch kleinen Meeresalgen rund um den Erdball töten? Eine Reihe von möglichen Hypothesen wurde dazu entwickelt: Vielleicht wurden sie durch Zyanid, das der Komet abgab, vergiftet (Kapitel 8)? Oder durch freigesetzte toxische Metalle oder durch sauren Regen? Prof. Alvarez und sein Sohn wiesen auf die wahrscheinlichste Ursache hin. Wenn man eine Erdschicht von der Dicke eines Zentimeters in die Stratosphäre bringt, dann dauert es Jahre, bis die einzelnen Partikel wieder zur Erde herabgesunken sind. Weil Ton von dunkler Farbe ist, kann man annehmen, daß eine Tonwolke, die sich in der Erdatmosphäre befindet und äußerst langsam zur Erde niedersinkt, die Atmosphäre verdunkelt. Die Sonnenstrahlung könnte diese Wolken aus iridiumhaltigem Ton nicht durchdringen. Monate- oder jahrelang wäre es auf der Erde dunkel und kalt.

Ein Kometeneinschlag in der Erde während der Kreidezeit wirbelt eine gewaltige Wolke aus feinen Partikeln auf, die von den verschiedenen Winden weggeblasen werden. Ein vertrauter Kontinent ist nicht zu erkennen. Wegen der Schichtstruktur der Erde sahen die Kontinente vor 65 Millionen Jahren ganz anders aus. Um das Bild anschaulicher zu machen, wurden die vielen Trümmerteilchen nicht eingezeichnet, die sofort nach dem Einschlag weit in die Atmosphäre hinaufgeschleudert und die Luft über dem ganzen Planeten erfüllen würden. Da diese globale Verdunkelung das Sonnenlicht abgehalten hat, ist es auf der Erde wahrscheinlich kälter und dunkler geworden. Darstellung von Jon Lomberg.

> ### EINE VORAHNUNG
>
> Die Konsequenzen einer Kollision mit einem kleinen Asteroiden, der die Bahn der Erde kreuzt, sind unvorstellbar. Die Auswirkungen würden überall auf der Erde spürbar sein. Die einer halben Billion Tonnen TNT entsprechende Energie würde freigesetzt, und 100 Millionen Tonnen Materie würden von der Erdkruste in die Atmosphäre emporgeschleudert. Die Lebensbedingungen auf der Erde würden für viele Jahre total verändert. Ein Krater mit einem Durchmesser von 24 Kilometern und einer Tiefe von vielleicht fünf bis acht Kilometern entstünde an der Einschlagstelle. Schockwellen, Druckveränderungen und Störungen der Temperaturverhältnisse würden Erdbeben, Hurrikane und Hitzewellen von unermeßlichen Ausmaßen verursachen. Sollte der Asteroid beispielsweise 1600 Kilometer östlich der Bermuda-Inseln ins Meer stürzen, würde die entstehende Flutwelle sich mit einer Geschwindigkeit von 650 bis 800 Kilometern pro Stunde ausbreiten, die vielbesuchten Inseln fortspülen, einen Großteil von Florida überschwemmen und über das 2400 Kilometer entfernte Boston mit einer Wassermauer von 600 Meter Höhe hinwegfegen ... Die aufgewendete Energie entspricht 500 000 Megatonnen TNT, übertrifft damit das größte verzeichnete Erdbeben um zwei Größenordnungen und ist vier oder fünf Größenordnungen höher als beim Ausbruch des Krakatau ... Wenn der Einschlag mitten im Ozean stattfindet, würde eine Springflut von 30 Metern weltweiten Schaden anrichten. Wenn der Einschlag auf dem Land stattfindet, würden durch die Detonationswellen die Bäume und Häuser innerhalb eines Gebiets von mehreren 100 Kilometern Durchmesser dem Erdboden gleichgemacht. Mehrere 10^8 Tonnen Erde und Gestein würden in die Stratosphäre emporgeschleudert, wo sie für mehrere Jahrzehnte die Sonnenstrahlung reduzieren würden, die normalerweise auf die Oberfläche der Erde gelangt. Uns würde der Beginn einer neuen Eiszeit drohen.
>
> M.I.T. Studentisches Projekt im Fach Systemprojektierung, »Projekt Icarus«, M.I.T. Press, Cambridge, Massachusetts, 1968.
>
> Dieser Abschnitt macht klar, was nach dem Einschlag in der Kreidezeit geschah, und gibt uns zugleich einen Vorgeschmack auf den nuklearen Winter.

Die durchschnittliche Temperatur lag in der Kreidezeit um einige Grad höher als heute. Am gegenwärtigen Maßstab gemessen war die Erde damals ein tropischer Planet. Die meisten Lebewesen auf dieser Erde waren an strenge Kälte nicht angepaßt. Genau wie heute die Tiere und Pflanzen der Tropen, wo die Temperatur nie unter den Gefrierpunkt absinkt, keine Schutzmaßnahmen gegen Frost entwickelt haben. Durch Berechnungen weiß man, daß es unmittelbar nach dem Einschlag in der Kreidezeit sehr kalt wurde und die Temperaturen unter den Gefrierpunkt sanken. Auch war vermutlich monatelang die Lichtmenge, die zur Erde durchdringen konnte, zu gering, um die Photosynthese der Pflanzen aufrechtzuerhalten. Vermutlich herrschte totale Finsternis. Die Landpflanzen dürften durch widerstandsfähige Samen und ähnliche biologische Kunstgriffe viele Jahre Dunkelheit und Kälte überlebt haben. Aber die mikroskopisch kleinen Meerespflanzen, die keine Nahrungsreserven hatten, starben vermutlich sehr schnell, und damit brach die ozeanische Nahrungskette, die auf diesem Plankton beruht, zusammen. Die Lage der Dinosaurier auf einer kalten, finsteren und verwüsteten Erde ohne Nahrung und Wärme kann man

sich leicht vorstellen. Nur kleine, warmblütige, in Höhlen lebende Säugetiere hatten größere Überlebenschancen.

Die Ursache des Massensterbens in der Kreidezeit gleicht den Folgen eines Nuklearkriegs. Durch den Staub der Atomexplosionen und die Rauchentwicklung bei den Bränden der »strategischen Ziele« innerhalb und außerhalb der Städte können wir Menschen, wenn wir nicht aufpassen, unsere klimatische Katastrophe selbst herbeiführen. Uns droht ein nuklearer Winter. Er würde die gleiche Massenvernichtung von Leben wie in der Kreidezeit zur Folge haben, mit dem Unterschied, daß die Dinosaurier nicht selbst für ihre Vernichtung verantwortlich waren. Man kann davon ausgehen, daß, hätte nicht ein Komet oder ein Asteroid vor 65 Millionen Jahren die Erde getroffen, Dinosaurier noch immer existieren würden. Und wir Menschen gehörten zum namenlosen Heer jener nicht realisierten Möglichkeiten der Natur.

Ein Triceratops wandert einsam durch die kalte und düstere Landschaft der späten Kreidezeit. Dieses Bild zeigt die wahrscheinlichen Folgen eines Kometeneinschlags vor 65 Millionen Jahren. Darstellung von Don Davis.

Die Staubspuren in der Ebene der Milchstraßengalaxie und ihr ausgebeulter Kern tauchen in der Ferne auf, während die Sonne und die Erde sich einer riesigen interstellaren Wolke nähern. Darstellung von Jon Lomberg.

16. Kapitel
Der göttliche Zorn
2. Ein moderner Mythos?

Wir glauben, daß jedes Ding und jedes Ereignis im Universum auf einen allmächtigen Schöpfer zurückgeht und von ihm gelenkt wird. Deshalb nehmen wir an, daß der Allmächtige, als er den wunderbaren Entwurf der Schöpfung hegte ›auf jetzt und immerdar‹, die Umlaufzeiten und Geschwindigkeiten der Kometen so anordnete, daß sie, obwohl sie gelegentlich die Planetenbahnen durchkreuzen, doch nie in diese Bahnen eintreten, wenn die Planeten in der Nähe sind. Sollte sich dieser Fall dennoch ereignen, so können wir davon ausgehen, daß er mit dem Schöpfungsplan und dem Willen des Allmächtigen in Einklang und dem Glück und der Ordnung der Welt dienlich ist. Gott der Herr wird dann das Weltende gewünscht haben.

Thomas Dick: *The Sidereal Heavens and Other Subjects Connected with Astronomy. As Illustrative of the Character of the Deity and of an Infinity of Worlds,*
Philadelphia 1850

Ich befinde mich in der unglücklichen Lage, hier über Kometen sprechen zu sollen. Kometen sind heute auch nicht mehr das, was sie früher waren.

Arthur Stanley Eddington: *Some Recent Results of Astronomical Research.* Freitagabendgespräche an der Royal Institution, London, 26. März 1909

Offen gesagt hört sich die Geschichte immer noch sehr nach dem üblichen Schund gewisser Science-Fiction-Romane an: Vor 65 Millionen Jahren kam ein Komet vom Himmel herab. Er schlug auf der Erde auf und vernichtete das meiste Leben auf diesem Planeten. Die Entdeckung von Vater und Sohn Alvarez löste eine Art wissenschaftlicher Revolution aus, deren Konsequenzen in die Geologie, Astronomie und Evolutionsbiologie und sogar in die internationale Politik und Nuklearstrategie hineinreichen. Über der Verbindung zwischen den kosmischen Ereignissen und unserer eigenen Existenz gerieten alle ganz aus dem Häuschen.

Aber das Massensterben gegen Ende der Kreidezeit ist nicht das einzige, geschweige denn das größte Sterben in der Geschichte unseres Planeten. Wie schon Laplace und mit ihm viele andere festgestellt haben, müssen öfter Kometen und Asteroiden auf der Erde aufgeprallt sein. In vielen Sedimentschichten finden sich Spuren von Iridiumkonzentrationen, was mit weiteren Massenvernichtungen von irdischem Leben in Verbindung gebracht werden muß. Die Entdeckung der Alvarez-Gruppe veranlaßte weitere Wissenschaftler aus allen Fachgebieten, über die Verbindung von Kometeneinschlägen und Massenvernichtungen von Leben nachzuforschen. Viele Theorien, die hierbei entwickelt wurden, sind eher spekulativer Natur und sollten wegen ihrer Widersprüchlichkeit mit Skepsis betrachtet werden.

Neue Entdeckungen wurden an der Universität von Chicago gemacht, als der amerikanische Paläontologe J.John Sepkoski akribisch eine Liste aller ausgerotteten biologischen Familien zusammenstellte, die in dem untersuchten Sedimentgestein zu finden waren. Sepkoski stellte die Epochen, in denen die jeweiligen Familien ausgestorben sind, tabellarisch nebeneinander. Er konnte dabei einen bestimmten Prozentsatz an Massensterben feststellen, der die erdgeschichtliche Zeit hindurch mehr oder weniger konstant geblieben war und auf verschiedene Ursachen wie die Auffaltung der Gebirge, Treibhauseffekte, Krankheiten, den Darwinschen Kampf ums Dasein und ähnliches zurückzuführen ist. Vor diesem Hintergrund erkennt man, daß sich zu bestimmten Zeiten die Massensterben häufen und eine Familie nach der anderen ausstirbt. Dies war am Ende der Kreidezeit wie auch in anderen geologischen Epochen der Fall (Tabelle auf Seite 240). So weit war das alles bereits bekannt.

Erst als Sepkoski zusammen mit David Raup, seinem Kollegen an der Universität Chicago, das Zahlenmaterial einer eingehenderen Analyse unterzog, entdeckten die beiden zu ihrer Überraschung eine Periodizität. Circa alle 30 Millionen Jahre sterben Tiere und Pflanzen auf unserem Planeten weltweit einfach aus. Auf der Ebene der Familien und Arten stirbt ein Teil des Lebens offensichtlich in regelmäßigen Intervallen. Die Wissenschaftler behandeln diese Erkenntnisse mit kühler Distanz, obwohl es doch für jeden Menschen aufrüttelnd sein muß, wenn zahllose Lebewesen, mit denen wir durch die Evolutionsgeschichte biologisch verwandt sind, einfach verschwinden und ihre Entwicklungslinie durch die Sichel des Todes abgeschnitten wurde. Und natürlich stellt sich die Frage: Werden wir die nächsten sein?

Die Paläontologen haben jahrzehntelang verschiedene Erklärungen für Massensterben entwickelt, aber keiner der vorgeschlagenen Auslösefaktoren berücksichtigte die Möglichkeit einer zeitlichen Periodizität. Auf der Erde kennen wir einen 30-Millionen-Jahre-Zyklus weder bei Vulkanausbrüchen noch bei tektonischen Verschiebungen, noch im Klima. Für Perioden dieser Länge ist die Astronomie zuständig.

Die Iridiumfunde in der Oberkante der kreidezeitlichen Sedimente haben

---

Es gibt zwingende Gründe, für eine evolutionäre Biologie eine Periodizität anzunehmen. Der offenkundigste Grund ist, daß unsere Evolutionskette nicht die einzige ist ... Für die Arten wird eine Sterbeziffer von 77 bis 96 Prozent während des Massensterbens angenommen. Die Biosphäre mußte dabei verschiedene »Engpässe« passieren und erholte sich immer wieder dadurch, daß sie die Formen des Lebens grundlegend veränderte. Ohne diese Störungen könnte der grundsätzliche Kurs der biologischen Evolution ganz anders verlaufen sein.

David M. Raup und J. John Sepkoski, Jr.: »Periodicity of Extinctions in the Geological Past«, in: *Proceedings of the National Academy of Sciences of the U.S.A.*, Jg. 81 (1984), S. 801

Der Himmel steht infolge des hypothetischen Kometenschauers der späten Kreidezeit in Flammen. Der dargestellte Dinosaurier hat so etwas Ähnliches wie Hände und im Verhältnis zu seinem Gewicht ein größeres Hirn als die meisten seiner Zeitgenossen. Wenn der Dinosaurier nicht ausgestorben wäre, würde die dominierende Form intelligenten Lebens auf der Erde vielleicht von solch einem Wesen abstammen. Darstellung von Jon Lomberg.

die Annahme, daß das periodische oder wenigstens episodische Massensterben auf der Erde durch außerirdische Einflüsse ausgelöst wurde, nahegelegt. Für viele Wissenschaftler und Laien ist das eine bittere Pille. Aber wenn es im Moment unumstritten ist, daß kleine Himmelskörper auf die Erde auftreffen, warum sollte das dann nicht auch in geologischen Zeiträumen für Kratereinschläge gelten? Wir kennen viele kleine, neuzeitliche Krater, die noch nicht erodiert sind, und einige wenige größere und ältere Krater, von denen der größte einen Durchmesser von über 100 Kilometern hat. Natürlich müssen irgendwann noch größere Krater gebildet worden sein, aber das liegt so weit in der Erdgeschichte zurück, daß sie durch die langsamen Verschiebungen der Erdkruste schon seit langem zerstört sind. Mehrere Gruppen von Wissenschaftlern wurden durch diese Überlegungen dazu angeregt, das Alter der noch vorhandenen Krater zu untersuchen. Was sie herausfanden, bestätigte ihre Hypothesen und überraschte sie zugleich. Auch die Krater wurden vermutlich durch Einschläge von außerirdischen Objekten ungefähr alle 30 Millionen Jahre gebildet. Außerdem scheinen auch noch folgende Phasen gleichzeitig zu verlaufen: Das Massensterben setzt zur selben Zeit ein, in der sich auch die großen Krater ausbilden. Es ist anzunehmen, daß beide Vorgänge durch den Einschlag desselben Himmelskörpers ausgelöst wurden.
Die Ereignisse laufen jedoch nicht vollständig parallel. In Sedimenten, die vor der Kreidezeit entstanden, gibt es bei der Datierung oft Ungenauigkeiten von mehreren Millionen Jahren. Das ist einer der Gründe, warum die

> ... Der Beweis, daß es periodische Massenvernichtungen gab, hängt stark von den willkürlichen Urteilen ab, die die absolute Datierung der stratigraphischen Grenzen betreffen, sowie die Auswahl der Datengrundlage und eine Definition, was als Massenvernichtung und was als normale Aussterbequote ohne besondere Hintergründe zu sehen ist. Legt man andere, plausible geologische Zeitskalen und andere akzeptable Definitionen den Massenvernichtungen zugrunde, wird der Beweis unzulänglich. Eine Analyse der ausgeklammerten Datengrundlage zeigt, daß die Massenvernichtungen und ihre zeitliche Abfolge gegenwärtig nur sehr begrenzt in verläßlicher Weise erklärt werden können. Dadurch drängt sich der Gedanke auf, daß die Theorie einer Periodizität der Massenvernichtungen durch eher zufällige Prozesse zustande kam.
>
> Antoni Hoffman: Patterns of Family Extinction Depend on Definition and Geological Timescale, *Nature*, 315 (1985), S.659

TEKTITEN

Bestimmte Sedimente auf der Erde sind mit glasigen, geometrisch geformten Körpern, den Tektiten, durchsetzt, deren Größe zwischen ein paar Zentimetern und mikroskopisch nicht mehr erfaßbaren Einheiten schwankt. Der amerikanische Chemiker Harold Urey führte 1957 als erster die Entstehung der Tektiten auf einen Kometeneinschlag zurück. Dies Hypothese konnte sich, obwohl sie noch nicht restlos bewiesen ist, bis heute halten. Ein Komet schlägt auf die Erde auf, erzeugt einen riesigen Krater und bringt dabei das tieferliegende Gestein zum Schmelzen. Silikattropfen werden auf riesige Entfernungen hinausgeschleudert; dabei gefrieren sie, und es entstehen stromlinienförmige, zuweilen tropfenförmige Gebilde. Den Tektiten sieht man an, daß sie durch Kraterbildung entstanden sind. Die hier abgebildeten entstanden vor etwa 35 Millionen Jahren. Es wurde bereits berichtet, daß manche Schichten, die den sogenannten mikrotektischen Horizont enthalten, mit dem Massensterben während des Eozäns in Verbindung gebracht werden. Einer der führenden Experten für diese winzigen Glasformen heißt, nomen est omen, Billy Glass. Er arbeitet an der Universität von Delaware.

Entstehungszeit der jeweiligen Krater sich nicht genau mit der Zeit des Massensterbens deckt. Einige Himmelskörper müssen auch, wie zum Beispiel gegen Ende der Kreidezeit, in den Ozean gestürzt sein, so daß wir ihre Spuren nicht mehr auffinden können. Daneben gibt es, wie zu erwarten war, auch Krater, die außerhalb des 30-Millionen-Jahre-Zyklus entstanden sind. Nach den voreiligen Abhandlungen in der Fachliteratur haben einige Wissenschaftler die Originaldaten herangezogen, um alle Schlüsse auf ihre Zulässigkeit hin genau zu prüfen. Wie vollständig ist die Liste der Krater? Wie genau wurden die Zeiten der Einschläge bestimmt? Was kann man unter Massensterben verstehen? Möglicherweise entstanden Krater rein zufällig, und ebenso zufällig kam es zum Massensterben. Wie wahrscheinlich ist es, daß man gefälschte Beweise für eine Periodizität findet?

Die Ergebnisse dieser Re-Analyse liegen zur Zeit noch nicht vor, doch haben die hitzigen Debatten die Grundlagen verschiedener Wissenschaftszweige aufs neue beleuchtet. Es gibt immer noch Wissenschaftler, die von der Periodizität der Kraterbildung überzeugt sind, nicht aber von jener des Massensterbens, und umgekehrt. Und einige halten daran fest, daß, im Rahmen derzeitiger Unzuverlässigkeiten, es keine überzeugenden Beweise für die Periodizität sowohl der Kraterbildung als auch des Massensterbens gibt. Sollte die letzte Gruppe recht behalten, dann ist der Rest dieses Kapitels nur ein Ausflug ins Reich der Phantasie. Wenn es aber eine solche Periodizität gibt, wurde eine verblüffende Verbindung zwischen dem Leben auf der Erde und kosmischen Ereignissen aufgedeckt. In diesem Fall wären die Stunden bis zu einem kosmischen Jüngsten Gericht auch heute schon gezählt. Zum Glück für uns leben wir in einer Zeitspanne, die zwischen den Massensterben liegt. Die nächsten Einschläge sind erst in 15 Millionen Jahren zu erwarten.

Wie könnte aber ein Himmelskörper wissen, wann es an der Zeit ist, auf der Erde einzuschlagen? Welche kosmische Maschinerie könnte die Glokken zum Jüngsten Tag läuten? Betrachten Sie einmal die derzeitige Zahl der Kometen mit kurzer Umlaufzeit oder die Asteroiden, die die Erdumlaufbahn kreuzen. Sie werden von Zeit zu Zeit auf die Erde auftreffen und neue Krater bilden. Das in den Felsen eingelagerte Iridium, das in keiner Verbindung mit den biologischen Katastrophen steht, könnte daher eben-

KOMETENSCHAUER

Bevor man auf eine Periodizität des Massensterbens und der Kraterbildungen gestoßen war, äußerte J.G. Hills vom Nationallaboratorium in Los Alamos die Vermutung, daß ein vorüberziehender Stern, und kein Begleiter der Sonne, im Innern der Oortschen Wolke einen Kometensturm auslösen könnte:

> Die festgestellte Kometenwolke kann nur der äußere Hof einer sehr viel kompakteren Kometenwolke sein, deren Massenzentrum wohl innerhalb der inneren Begrenzung der Oortschen Wolke liegt. Diese Möglichkeit wurde bereits von Oort selbst in seiner klassischen Veröffentlichung genannt.

Hills führt seinen Gedanken weiter aus und behauptet, daß ein Stern, der nur 3000 Astronomische Einheiten von der Sonne entfernt sich bewegen würde, einen Kometenschauer aus der Oortschen Wolke auslösen würde, bei dem pro Stunde ein Komet in die Nachbarschaft der Erde geraten würde. Dies hätte mehrere Konsequenzen. Der Astronom Hills schreibt:

> Dieser starke Kometenstrom wäre ein großes Hindernis für die Astronomen, die nach lichtschwachen Objekten suchen!

Hier liegt einer der seltenen Fälle vor, die den Astronomen zu einem Ausrufezeichen veranlassen. Hills fährt fort:

> Der ganze Kometenstrom kann so groß sein, daß einige Kometen tatsächlich auf die Erde auftreffen könnten. Dies würde sich in der geologischen Aufzeichnung niederschlagen.
>
> J.G. Hills: »Comet Showers and the Steady State Infall of Comets from the Oort Cloud«, *Astronomical Journal*, Jg. 86 (1981), S. 1730

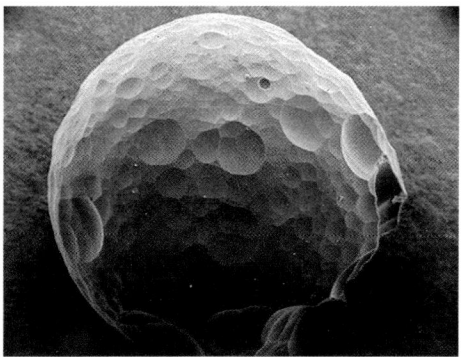

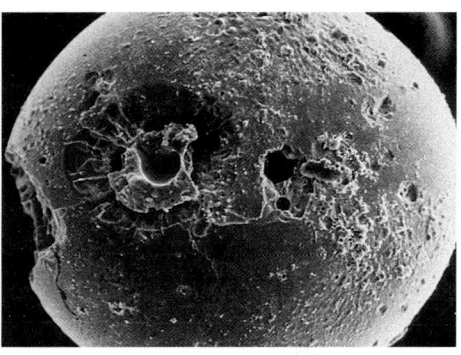

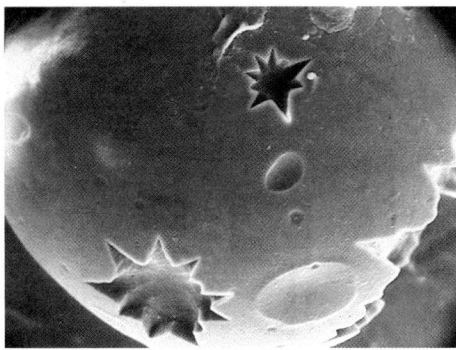

Drei Beispiele für Mikrotektiten. *Oben:* aus Ozeanien mit 50facher Vergrößerung, *Mitte:* von der Elfenbeinküste in 190facher Vergrößerung. *Unten:* ein Mikrotektit von ungefähr 240 Mikron Durchmesser mit seltsamen, sternförmigen Kratern. Mit freundlicher Genehmigung von B.P. Glass, Universität von Delaware.

falls von Kometen stammen, weil ja ständig Partikel aus Meteoritenströmen und kosmischer Staub auf die Erde niederrieseln. Aber dieser Niederschlag gleicht einem allerfeinsten Dauerregen, und die ihn produzierenden Himmelskörper warten nicht darauf, alle 30 Millionen Jahre einen Großangriff auf die Erde zu starten. Die Einschläge müssen von anderen, weiter entfernten Himmelskörpern stammen.

Seit der Mitte der 80er Jahre unseres Jahrhunderts konkurrieren zwei verschiedene Theorien miteinander, von denen jede behauptet, erklären zu können, wie eine Art kosmisches Metronom in einem 30-Millionen-Jahre-Intervall den Takt des Massensterbens auf der Erde angibt. Keine überzeugt ganz, beide haben ihre Mängel. Man kann diese beiden Hypothesen nicht einmal sachlich vortragen, ohne in ein halbwissenschaftliches Zwielicht zu geraten, und die sensationell aufgemachten Darstellungen in der Presse haben in den Augen vieler Wissenschaftler deren anfängliche Zweifel bestätigt. Aber gerade an diesen Hypothesen kann man sehr gut erkennen, wie eine Wissenschaft sich allmählich ihr Rüstzeug schafft. Zuerst erklärt sie das Datenmaterial mit Hilfe verschiedener Hypothesen und macht dann Vorhersagen darüber, was erwartungsgemäß geschehen wird, wenn man ein bestimmtes Experiment auf eine bestimmte Art durchführt. Die experimentelle Bestätigung einer Prognose ist für den Wissenschaftler die gleiche Bestätigung seines Denkmodells wie für einen Gläubigen die Erfüllung einer religiösen Prophezeiung.

Die Bewegung der Sonne in der Galaxie. Die Sonne umläuft den massiven, rötlichen, hellen und ausgebeulten Kern der Milchstraßengalaxie einmal in einer Viertelmilliarde Jahren. Während die Sonne langsam das Zentrum der Galaxie umrundet, pendelt sie mit größerer Geschwindigkeit auf und ab. Sie macht in zirka 60 Millionen Jahren eine volle Pendelbewegung und überschreitet deshalb alle 30 Millionen Jahre einmal die Symmetrieebene der Galaxie. Löst diese Periode von 30 Millionen Jahren womöglich Massensterben auf der Erde aus? Graphische Darstellung von Jon Lomberg/BPS.

Eine der beiden Hypothesen geht davon aus, daß, bedingt durch den Aufbau der Milchstraße – wie Wright und Kant (Kapitel 4) ihn erstmals beschrieben haben –, das Leben auf der Erde periodisch ausgelöscht wird. Unsere Galaxie wird als eine dünne Scheibe mit Spiralarmen gedacht, die um einen Schwingungskern aus Sternen und kosmischen Staubmassen rotiert (Aufmacherseite dieses Kapitels). Im Zentrum sind viele Sterne konzentriert. Dort befindet sich, was Helligkeitsgrad, Masse, Position und explosive Sprengkraft anbetrifft, der Kern der Galaxie. Glücklicherweise kommt unser Planet diesem Zentrum nie nahe. Unser Planetensystem ist ein unbedeutendes galaktisches Hinterland. Sterne wie die Sonne brauchen 250 Millionen Jahre, um einmal diesen entfernten Mittelpunkt der Galaxie zu umkreisen.

Aber die Sonne kreist nicht nur um dieses galaktische Zentrum, sondern sie bewegt sich auch noch in einer anderen Richtung: sie pendelt auf und ab, wobei sie jedesmal auch durch die gedachte symmetrische Ebene kommt, die das galaktische Zentrum durchzieht. Wenn sie ihren höchsten Bogen, ungefähr 230 Lichtjahre über dieser gedachten Ebene, erreicht hat, wird sie durch die Gravitation der tieferliegenden Gase, kosmischen Staubmassen und Sterne wieder hinabgezogen. Sie ändert langsam ihre Richtung und fällt zurück. Die galaktische Ebene existiert aber nur als Denkvorstellung, und wenn die Sonne ihren maximalen Abstand zu ihr erreicht hat, besitzt sie eine beträchtliche Geschwindigkeit, und keine Kraft wirkt der Bewegung entgegen. Die Sonne gleitet durch die Ebene hindurch und auf der anderen Seite hinaus, langsam wegen der Gravitation des kosmischen Staubs und der Sterne, die sie hinter sich läßt, bis sie sich in einer Entfernung von 230 Lichtjahren auf der anderen Seite der Ebene befindet. Dann hält sie inne und gleitet wieder zurück.

Da die Sonne sich in einem luftleeren Raum bewegt, der unsere Vorstellungskraft bei weitem übersteigt, ist sie keiner Reibung ausgesetzt, die ihre Bewegungen verzögern könnte. Wie der perfekte elastische Gummiball pendelt sie ewig auf und ab. Die Sonne ist ein oszillierendes Perpetuum mobile. Und solange sich an den Materieverhältnissen nichts ändert, wird sie diese galaktische Pendelbewegung beibehalten, bis sie erlischt. Die Periode der Sonnenoszillation hängt allein davon ab, wieviel Masse sich im Raum in ihrer Nähe befindet, und das haben die Astronomen so gründlich wie möglich gemessen. Daneben können die Sonnenbewegungen auch durch die Untersuchung der nahegelegenen Sterne gemessen werden, da unser System sich ja in bezug zu ihnen bewegt. Beides ist möglich, und man hat dabei herausgefunden, daß die Sonne und die sie umkreisenden Planeten und Kometen von einer Durchquerung der galaktischen Ebene bis zur nächsten einen Zeitraum von 30 Millionen Jahren brauchen. Auch alle anderen nähergelegenen Sterne pendeln hin und her und durchziehen die galaktische Ebene ebenfalls einmal in 30 Millionen Jahren. Diese Periode gilt für Millionen Sonnen. Auf der Erde fanden wir eine Zeitskala von 30 Millionen Jahren bei der Fossil- und Kraterbildung vor. Im galaktischen Raum stoßen wir bei den Pendelbewegungen der Sonne auf die gleiche Skala von 30 Millionen Jahren. Der Gedanke liegt nahe, daß beide Zeitspannen eine Beziehung zueinander haben und das Massensterben durch die Oszillation verursacht wird.

Aber wie kann eine Sonnenbewegung Kometen dazu bringen, mit der Erde zu kollidieren? Folgende Überlegung ist hierzu angestellt worden. Überall in unserem Teil der Milchstraße sind gigantische molekulare Wolken verteilt. Nicht alle bewegen sich mit der gleichen Geschwindigkeit wie

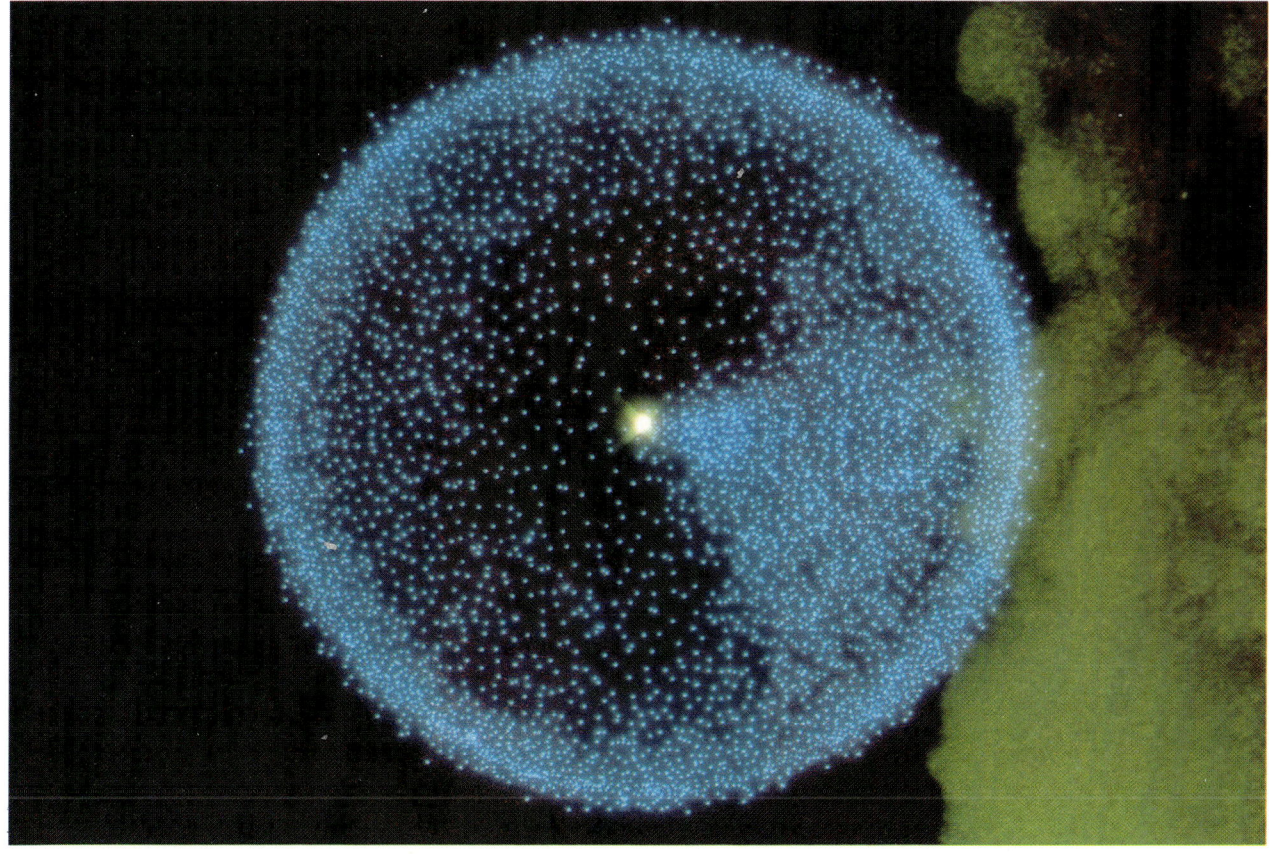

Die Sonne (im Zentrum) und ihre kometarischen Begleiter (blau) treffen auf eine massive interstellare Wolke. Die daraus resultierenden Gravitationsstörungen schleudern einen Kometenschauer in das innere Sonnensystem. Solche Schauer müssen statistisch hin und wieder vorkommen. Es gibt auch eine Hypothese, die besagt, daß sie sich periodisch ereignen, da die Sonne sich über und unter die Ebene der Galaxis bewegt. Graphische Darstellung von Jon Lomberg/BPS.

die Sonne, und hin und wieder stößt daher die Sonne zwangsläufig mit ihnen zusammen. Da sie sich über einen weit größeren Raum als das Sonnensystem verteilen, können sie mehr Masse als das Sonnensystem besitzen. Wenn die Sonne durch- oder an einer solchen Wolke vorbeizieht, könnte durch die Gravitation eine große Unruhe unter den Kometen der Oortschen Wolke erzeugt werden und einen Kometenschauer entfesseln, der auf die Erde und die ihr benachbarten Himmelskörper niederprasseln würde.

Um diesen Mechanismus auszulösen, müssen die Wolken irgendwo konzentriert sein. Dieser Ort ist vermutlich die galaktische Ebene. Dann schwebt die Sonne alle 30 Millionen Jahre durch die Ebene (einmal von oben und dann wieder von unten), und ein Kometenschauer entlädt sich in das innere Sonnensystem. Einer oder mehrere dieser Kometen treffen die Erde. Das Licht kann nicht mehr durch die Staubwolken dringen, und die Temperaturen sinken. Wenn also die interstellaren Wolken aus der galaktischen Ebene stammen würden, dann wäre die These einleuchtend, daß das periodische Massensterben durch die Sonnenoszillation verursacht wird.

In Wirklichkeit verhält es sich so, daß während der 230 Lichtjahre, die unsere Sonne sich in maximaler Entfernung von der galaktischen Ebene bewegt, die Wolken überwiegend beliebig verteilt sind. Deshalb besteht kein zwingender Grund für die Annahme, daß die Sonne gerade in der galaktischen Ebene mit einer Wolke kollidieren sollte, denn diese Möglichkeit hätte sie auch in einer Entfernung von 230 Lichtjahren. Im Moment befindet sich das Sonnensystem nur 25 Lichtjahre oberhalb (nördlich) der galaktischen Ebene, und keine gigantische interstellare Wolke ist in der Nähe. Nach dieser Theorie dürfte das Massensterben also eher zufällig sein. Die Periode von 30 Millionen Jahren, in der die Sonne die galaktische Ebene passiert, läßt sich mit dieser Begründung nicht auf den 30-Millionen-Jahre-Zyklus des Massensterbens auf der Erde beziehen. Wir müssen nach einer anderen Erklärung dafür suchen, wie durch den periodischen Durchgang der Sonne durch die galaktische Ebene die Kometen in Unruhe versetzt werden und eine globale Katastrophe auf der Erde auslösen könnten. Möglicherweise gibt es eine unübersehbar große Menge Schwarzer Löcher in der Milchstraße, durch die die Oortsche Wolke hindurchgeht, wenn die Sonne in die Ebene eintritt. Bis jetzt konnte allerdings niemand sie finden, und ohne Beweise bleibt diese Hypothese, so faszinierend sie auch ist, unzulänglich. Welche Alternative gibt es?

Die meisten Sterne gehören einem Doppel- oder auch mehrfachen Sternensystem an. Im typischen binären System führen zwei Sterne, die wenige A. E. auseinander liegen, einen imposanten Gravitationstanz auf. Oft sind die Sterne aber auch weiter voneinander entfernt. Zuweilen finden wir Doppelsterne, die durch Gravitation zwar miteinander gekoppelt sind, jedoch 10000 Astronomische Einheiten weit auseinander liegen. Mindestens 15 Prozent der Sterne am Himmel haben ihren Begleiter in dieser Entfernung. Das der Sonne nächstliegende Sternensystem Alpha Centauri (4,3 Lichtjahre) bildet mit seinem entfernten matten Begleiter Proxima Centauri, der 10000 A. E. von ihm entfernt ist, ein Doppelgestirn. Häufig leuchtet der Begleiter sehr matt, was die Vermutung nahelegt, daß es noch weitere, unentdeckte Doppelsterne gibt. Die meisten Sterne der Galaxie wirken neben den helleren Sternen überhaupt so matt, daß Astronomen von braunen oder schwarzen Zwergen sprechen. Die meisten weit entfernten Begleiter dürften dieser Kategorie angehören.

Da wir keinen Begleiter der Sonne kennen, scheint sie nicht in ein binäres

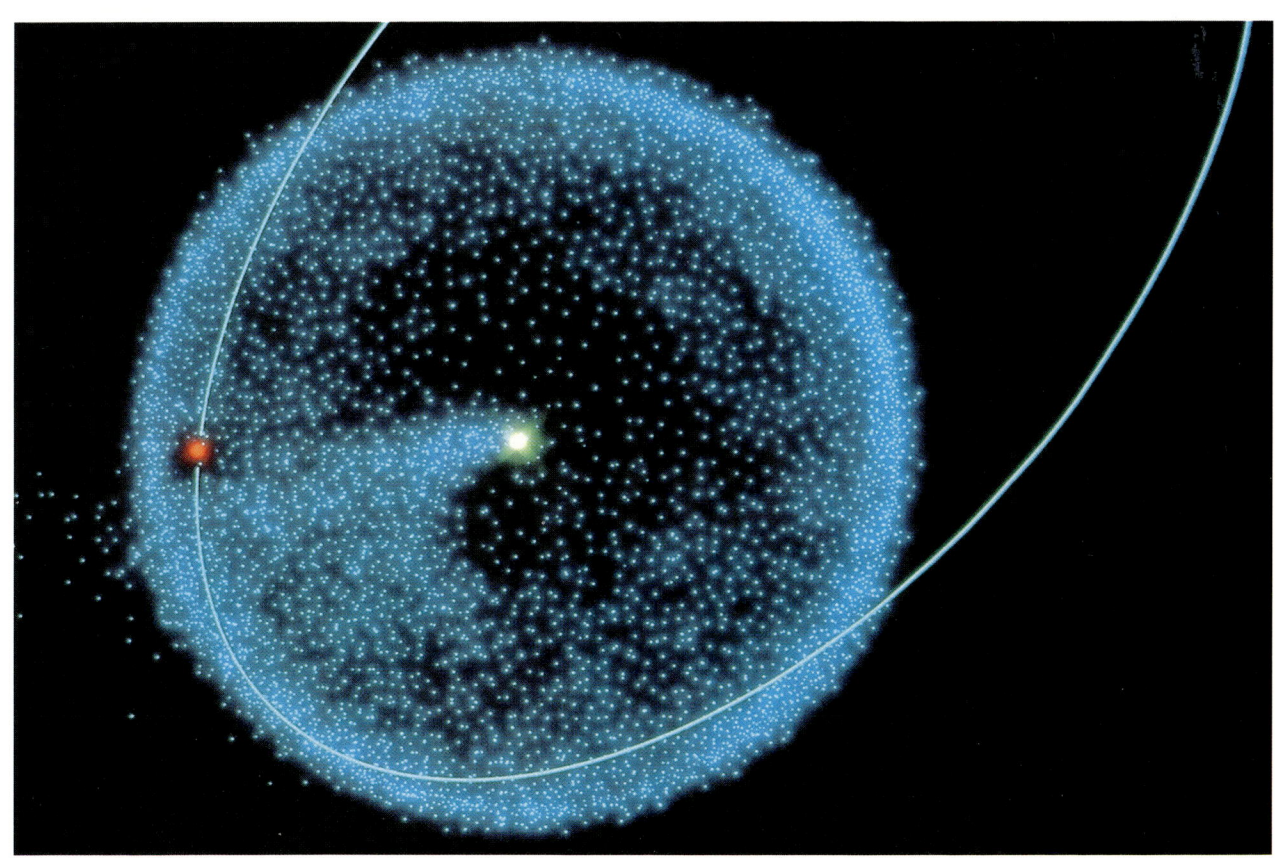

System eingebunden zu sein. Aber gesetzt den Fall, das Sonnensystem wäre *keine* Ausnahme und die Sonne *hätte* – wie die meisten Sterne – einen unsichtbaren Begleiter, dann könnten wir die zeitliche Periodizität des Massensterbens erklären. Nehmen wir einmal an, es gäbe einen Begleiter, der sich auf einer sehr großen elliptischen Umlaufbahn bewegt. Er wäre also im Durchschnitt 90000 A.E. oder 1,4 Lichtjahre entfernt. Bei jedem Umlauf näherte er sich einmal der Sonne, vielleicht bis auf 20000 A.E. oder noch näher. In dieser Distanz geriete er in das Innere der Oortschen Wolke, wo die Kometen normalerweise nicht von passierenden Sternen angerempelt werden. Das Doppelgestirn käme auf seiner Umlaufbahn einmal in 30 Millionen Jahren in das Innere der Oortschen Wolke und ließe Kometen auf die Erde und die ihr benachbarten Himmelskörper herabregnen.

30 Millionen Jahre in unserer Zeitrechnung wären für diesen Stern ein Jahr. Zehn Umdrehungen um die Sonne würden ihn aus der Permzeit mit ihren drachenartigen Sauriern in unsere heutige Zeit versetzen, in der die Menschheit Planeten erforscht und die Erde bedroht. Zur Zeit wäre er auf seiner Umlaufbahn in der Nähe des Apheliums, der weitesten Entfernung von der Sonne. In 15 Millionen Jahren ab heute gerechnet würde er wieder unter den Kometen wüten. Sobald der Doppelstern der Sonne in die innere Oortsche Wolke eindringen würde, sprühte eine Billion Kometen in das innere Sonnensystem hinaus. Aber weil die Kometen unterschiedliche Flugbahnen hätten, würden nicht alle gleichzeitig dort ankommen. Vermutlich wären sie eine Million Jahre und länger überall im Sonnensystem verteilt. So wird durch die Begleiter-Hypothese auch vorhergesagt, daß die durch terrestrische Prozesse bedingten Kraterbildungen und Aus-

Die Sonne (im Zentrum) und ihre kometarischen Begleiter treffen auf einen kleinen, schwachen Stern, der durch den roten Punkt dargestellt ist. Die resultierenden Gravitationsstörungen schleudern einen Kometenschwarm in das innere Sonnensystem. Solche Zusammenstöße müssen statistisch von Zeit zu Zeit stattgefunden haben. Außerdem gibt es eine Hypothese, die besagt, daß die Sonne einen Begleiterstern auf einer sehr exzentrischen Umlaufbahn hat, der in seinem Perihel in die Oortsche Wolke eindringt und deshalb periodisch Kometenkaskaden zu den Planeten schleudert. Graphische Darstellung von Jon Lomberg/BPS.

sterbeziffern durch Intervalle unterbrochen werden, die Millionen Jahre währen und in denen die Erde von mehreren, möglicherweise mehreren Dutzenden von Kometen getroffen wird. Dies würde erklären, warum das Massensterben nicht plötzlich auftritt, sondern sich über Jahrmillionen erstrecken kann.

Die Umlaufzeit des Begleiters um die Sonne wird nicht exakt 30 Millionen Jahre betragen. Die Gravitationsstörungen durch Sterne und interstellare Wolken werden ihn mal in dieser und mal in jener Richtung ablenken und so seine Umlaufbahn verändern. Nach einer bestimmten Zeit ändert sich jede Umlaufbahn. Ein Begleiter kann sich höchstens ein paar Billionen Jahre auf seiner Bahn halten, bevor er von den vorüberziehenden Sternen und der grundsätzlichen Gravitationskraft der Milchstraße weggezogen wird. Diese Zeit reicht aber bei weitem aus, um periodische Massensterben und Kraterbildung bis in die Permzeit hinein denkbar scheinen zu lassen. Vor dieser Zeit allerdings müßte der Begleiter sich auf einer ganz anderen Bahn befunden haben. Wenn der Begleiter der Sonne anfänglich dem planetarischen Teil des Sonnensystems viel näher gestanden wäre, dann hätte er größere und beinahe regelmäßige Kometenschauer in der frühen Geschichte des Sonnensystems ausgelöst und könnte für das »letzte schwere Bombardement« des Mondes verantwortlich sein. Allerdings geht man ohnehin von einem solchen gesteigerten Kometenstrom in der frühen Geschichte des Sonnensystems aus, da damals die Kometen aus den Bahnen von Uranus und Neptun gerissen wurden. Sie wurden damals sowohl nach außen von der Sonne weggezogen und besiedelten das Innere der Oortschen Wolke als auch in das Innere des Sonnensystems, dessen Planeten sie mit Kratern überzogen (Kapitel 12).

Aber bevor wir solche Spekulationen ernsthaft erörtern, müssen wir unsere Hypothese mit einer unangenehmen Tatsache konfrontieren. Es gibt bis heute keinen Beweis für einen Begleiter der Sonne. Er müßte nicht einmal sehr hell sein oder eine große Masse haben. Ein kleinerer und matterer Stern als die Sonne würde genügen, sogar ein brauner oder schwarzer Zwerg, zum Beispiel ein planetenähnliches Gebilde, das zuwenig Masse besitzt, um in seinem Kern eine Wasserstoffusion zu erzeugen, und das nur zuweilen durch das Licht der anderen Sterne plötzlich sichtbar wird. Es ist denkbar, daß der Begleiter schon lange in einer Liste matter Sterne verzeichnet ist, ohne daß jemandem seine Besonderheit aufgefallen wäre: seine gegen den Hintergrund der weiter entfernten Sterne enorme jährliche Verschiebung (vgl. Parallaxe, Kapitel 2). Im Moment findet wenigstens eine größere Suchaktion nach dunklen, abgekühlten Sternen statt, die speziell darauf ausgerichtet ist, den Begleiter, falls es ihn geben sollte, zu finden. *Falls* er gefunden würde und ungefähr die richtige Umlaufbahn hätte, könnten nur noch wenige daran zweifeln, daß er die Ursache des periodischen Massensterbens auf der Erde ist. Doch ohne Beweise ist die Begleiter-Theorie nur faszinierend und unbewiesen.

Allerdings hat diese Theorie auch einen mythischen Gehalt. Hätte ein Anthropologe einer früheren Generation folgende Geschichte von seinem Informanten erfahren, dann hätte er vermutlich darüber ein gelehrtes Werk geschrieben und mit Begriffen wie »primitiv«, »vorwissenschaftlich« und »animistisch« gearbeitet: »Irgendwo am Himmel gibt es eine andere Sonne, eine Dämonensonne, die wir nicht sehen können. Vor langer Zeit, noch vor der Zeit unserer Urgroßeltern, griff die Dämonensonne unsere Sonne an. Kometen fielen herab und ein schrecklicher Winter überzog die Erde. Beinahe alles Leben wurde ausgelöscht. Die Dämonensonne hat schon viele Angriffe unternommen. Sie wird wieder angreifen.«

In einer Entfernung von einem Lichtjahr von der Sonne glüht rot der bis jetzt unentdeckte und vielleicht völlig mythische Zwergenbegleiter der Sonne. Ein hypothetischer Planet und Kometen, von denen es dort Billionen gibt, sind matt erleuchtet. Darstellung von Anne Norcia.

Weil solche mythischen Vorstellungen bei Astronomen altbekannt sind, hielten manche Wissenschaftler die Theorie des todbringenden Sterns beim ersten Hören für einen Witz. Eine unsichtbare Sonne, die die Erde mit Kometen beschießt, klingt nach der Vision eines Wahnsinnigen oder nach einem Mythos. Dieser Theorie gegenüber ist eine doppelte Portion Skepsis angebracht, da wir sonst Gefahr laufen, einem Irrtum aufzusitzen. Aber diese Theorie, so spekulativ sie auch zuerst klingt, ist wissenschaftlich dennoch ernstzunehmen und korrekt, weil der zentrale Gedanke nachprüfbar ist: die potentielle Existenz des Sterns und seine orbitalen Eigenheiten. Wir dürfen uns jedoch nicht darüber wundern, daß eine der Gruppen von Wissenschaftlern, die diese Theorie zuerst veröffentlichten, dennoch in der Mythologie einen Namen für den Stern suchte. Sie nannte ihn Nemesis, nach der griechischen Göttin des Gleichmaßes, von der die Frevler auf Erden gestraft werden. Die Wissenschaftler fügten hinzu: »Sorge bereitet uns allerdings die Vorstellung, daß diese Veröffentlichung unsere Nemesis wird, falls der Begleiter nicht gefunden werden kann.«

Wissenschaftler neigen dazu, solche Dinge persönlich zu nehmen. Falls der Stern Nemesis nicht existieren sollte, wird die Theorie der galaktischen Pendelbewegung in der einen oder anderen Form an Glaubwürdigkeit gewinnen, und wir werden einiges über matte Begleiter hinzulernen. Die Wissenschaft kann durch sie nur gewinnen. Durch die Großartigkeit ihrer Vision und die neuen Erkenntnisse, die über die Doppelsterne gewonnen werden, treibt diese Theorie doch den Prozeß des Wissensgewinns voran.

Diese Tatsache wird in der Presse meist wenig gewürdigt. Die *New York Times* äußerte sich in einem Leitartikel am 2. April 1985 sehr abfällig darüber, daß die Diskussion über das Massensterben »plötzlich durch zwei ungestüme Wissenschaftler aus Berkeley und ihren Anhang von Astronomen abrupt beendet wurde ... Die nächstliegenden möglichen Gründe für das Massensterben bleiben irdischer Natur: Vulkanausbrüche, Klimaschwankungen oder Veränderungen des Meeresspiegels. Die Astronomen sollten es den Astrologen überlassen, die Sterne zur Klärung irdischer Fragen zu Rate zu ziehen.« Richard Muller und Walter Alvarez von der Universität Berkeley schrieben daraufhin am 14. April 1985 einen Leserbrief an die Zeitung. Die letzten Sätze lauteten:

> Sie behaupten: »Komplexe Vorgänge haben selten einfache Ursachen.« Die ganze Geschichte der Physik widerspricht dem. Sie schlagen vor: »Die Astronomen sollten es den Astrologen überlassen, Gründe für irdische Geschehnisse in den Sternen zu suchen.« Unser Gegenvorschlag lautet: Sollten nicht die Zeitungsredakteure es besser den Wissenschaftlern überlassen, wissenschaftliche Fragestellungen zu beurteilen?

Diese Debatte wird vermutlich fortgeführt werden.

Ich will noch einmal auf den Namen des dunklen Sterns zurückkommen, falls er sich doch noch finden lassen sollte. Stephen Jay Gould behauptet, daß Nemesis nicht ganz zutrifft.

> Nemesis ist die Personifikation eines gerechten Zorns. Sie verfolgt die Eitlen und Mächtigen und handelt nie ohne Grund. ... Sie steht für alles, was durch unsere neue Theorie über das Massensterben widerlegt sein wird, nämlich den Glauben, daß vorhersehbare und gerechte Strafen die Schuldigen treffen werden. ...

Noch verheerender als ein Kometenstrom wäre es, wenn Nemesis auf eine andere Umlaufbahn geraten und sich im Planetensystem bewegen würde. Wenn dieser Fall eintritt, kann sie einige Planeten aus dem Sonnensystem abziehen. Die übrigen Planeten bekämen dadurch höchst exzentrische Umlaufbahnen, und eine äußerst gefährliche Situation würde entstehen. ... Eine Nemesis mit einer großen Halbachse von 90 000 Astronomischen Einheiten wird für das Leben auf der Erde gefährlich. Und eine Nemesis im Innern der Oortschen Wolke würde vermutlich eine Katastrophe von kosmischen Ausmaßen hervorbringen.

J. G. Hills: »Dynamical Constraints on the Mass and Perihelion Distance of Nemesis and the Stability of its Orbits«, *Nature*, Jg. 311 (1984), S. 636

Diese fremden Planeten, mit ihren Schwänzen und Bärten, haben ein schreckliches, bedrohliches Antlitz. Es scheint, sie sind gesandt, uns zu verletzen.

Bernard de Fontenelle: Entretiens sur la pluralité des mondes, Paris 1686.

Das Massensterben hat das Leben auf der Erde nie vollständig ausgelöscht. In seinem Gefolge entstand auch neues Leben ... Das Massensterben kann ein urtümlicher und unerläßlicher Motor für größere Wechsel und Verschiebungen in der Geschichte des Lebens sein. Zudem ist Massenvernichtung vermutlich blind gegenüber den ausgezeichneten Anpassungsmechanismen an die Umwelt, die in normalen Zeiten ausgebildet wurden. Sie wird rein zufällig oder aber nach Regeln bestimmt, die die Pläne und Ziele des einzelnen Opfers übersteigen.

Gould schlug vor, den Begleiter der Sonne deshalb nach der Hindu-Gottheit Schiwa zu benennen. Schiwa ist in dieser Religion der Zerstörer.

Schiwa greift nicht an, um zu rächen oder zu bestrafen. Sein sanftes Gesicht spiegelt Ruhe und Klarheit und schaut niemanden an. Unbeteiligt ist er für den Erhalt und Bestand unserer Welt verantwortlich.

Laut Gould ist es für den Menschen charakteristisch, daß er Kometen als Boten eines göttlichen Zorns ansieht, was schon von Laplace als Aberglauben gebrandmarkt wurde, und daß diese Vorstellung über die Namensgebung in die neueste wissenschaftliche Forschung zur Bedeutung von Kometen für das Leben auf der Erde erneut eingegangen ist.

Nach einem Kometeneinschlag fließt auf dem Mars kurze Zeit Wasser. Darstellung von Don Davis.

17. Kapitel
Das Zauberreich

Wir sind nun an die äußerste Grenze unseres gesicherten Wissens über die Kometen geraten. Vor uns liegt das Zauberreich der Spekulation.

William Huggins: *On Comets*. Freitagabendgespräche der Royal Institution, London, 20. Januar 1882

Alles, was Sie um sich herum sehen, ob lebendig oder tot, ist vom Himmel herabgefallen – zumindest seine atomaren Bestandteile. Bevor sich die Erde gebildet hatte, waren diese Atome Teile kleiner Himmelskörper, die eifrig Planeten formten, wenn sie miteinander kollidierten. Und noch davor gab es eine Zeit, in der alle Atome in mikroskopischen Partikeln enthalten waren, die durch den interstellaren Raum schwebten. Nachdem die Erde vollständig ausgebildet war, heftete sich mehr kosmische Materie, hauptsächlich von Kometen, an die Erdoberfläche. Daher ist alles auf der Erde Himmels-Masse, die sich, zumindest für eine Weile, auf diesem Klumpen aus Metall, Fels und Wasser angesammelt hat.

In der wissenschaftlichen Literatur wie im Mythos und in der Sagenwelt werden die Auswirkungen, die ein Komet auf das Leben haben soll, meist von der negativen Seite gesehen. Nur gelegentlich hört man die Meinung, daß Kometen auch positive Seiten haben können. Eine der frühesten Überlegungen solcher Art wurde anscheinend von Isaac Newton in seinem Werk *Principia* angestellt. Zuerst stellt er fest, daß sich auf der Erde Kometenmaterial anhäuft:

> Der Dampf, der aus einem Kometenschweif austritt, kann schließlich auf die Atmosphäre der Planeten treffen, durch die Gravitation angezogen werden, schließlich in sie hineinfallen und dort zu Wasser und wasserhaltigen Destillaten kondensieren; und aus diesem Zustand unter Einwirkung von Hitze allmählich in die Formen der Salze, Schwefelverbindungen, Tinkturen, Schlamm, Ton, Sand, Steine, Korallen und anderer irdischer Substanzen übergehen.

Newton vertritt die Meinung, daß Kometen hauptsächlich aus Wasser bestehen, obwohl ihn nichts zu dieser Annahme berechtigte. Er argumentiert weiter, daß das, was als »Dampf« aus den Kometen die Erde erreicht, vermutlich Wasserverluste im Weltraum ausgleicht und daß dies für die Erhaltung der Vegetation auf der Erde unerläßlich ist. Er zieht daraus den verblüffenden, wie ein mystischer Tagtraum anmutenden Schluß:

> Ich vermute sogar, daß der Lebensgeist, der zwar der kleinste, aber der zarteste und nützlichste Bestandteil unserer Luft und so überaus wichtig für den Erhalt des Lebens um uns ist, von den Kometen stammt.

Newton will damit ausdrücken, daß Kometen etwas enthalten, was für das Leben auf der Erde existentiell notwendig ist. Er nennt es »Lebensgeist«, um anzudeuten, daß es nicht aus Materie besteht. Selbst wenn es so sein sollte, wäre es sehr schwierig, sie in Kometen nachzuweisen. Diesen Versuch unternahm Newton erst gar nicht.

Wenn die Kometen etwas Lebensspezifisches enthielten, etwas, das Leben beginnen oder enden läßt, dann gäbe es für dieses Etwas reiche Betätigungsmöglichkeiten. Immer und überall auf der Erde geht ein feiner Regen aus Kometenstaub nieder, aus Partikeln, die aus den äußersten Bereichen des Sonnensystems stammen. Die Partikel fallen in die Atmosphäre, werden durch Regen und Schnee weitergetragen und von Pflanzen und Tieren aufgenommen. Wir sind ständig von kosmischen Partikeln umgeben. Wir essen sie und atmen sie ein. Und wir bestehen aus ihnen. Manche dieser extraterrestrischen Atome sind in das Sperma und die Eizellen eingelagert und werden so an die künftigen Generationen weitergegeben.

Neben den weichen, organismenreichen Partikeln, die in der Stratosphäre gefunden werden, gibt es andere irdische Zeugnisse von Kometen. Wenn Sie beispielsweise die Meeresböden ausbaggern, sodann alle Partikel, die feiner als ein Sandkorn sind, aussieben und sie untersuchen, dann werden Sie auf winzige kugelförmige, beinahe glasige Körper stoßen. Sie finden die Glaskörper auch auf dem Land, aber dort sind sie wegen der Verschmutzung durch feine Partikel, die von Menschen fabriziert wurden, schwer auszumachen. Weil ihre Erscheinungsform sich überall auf der Erde so ähnelt, könnte man sie für Produkte irgendeines weitverbreiteten kleinen Tieres halten, vielleicht für dessen Eier oder Exkremente. Sie sind jedoch nicht biologischen Ursprungs.

Diese Kügelchen sind die Überbleibsel von kleinen verirrten Objekten, die mit hoher Geschwindigkeit in die Erdatmosphäre eingedrungen, durch die Reibung der Luft geschmolzen und langsam durch die Atmosphäre niedergesunken sind. Sie werden meteoritische Ablations-Körper genannt, die Tropfen, die auskühlten und dabei wieder feste Gestalt annahmen, die Tränentropfen, die auf die Erde gefallen sind und den Mikrotektiten ein wenig ähneln, aber viel häufiger sind als sie (Kapitel 16). Wenn Sie die Kügelchen untersuchen, merken Sie, daß alle chemischen Elemente, die sich leicht verflüchtigen, in geringerer Anzahl, als zu erwarten wäre, vorhanden sind. Kohlenstoff und Schwefel sind solche Elemente. Sie wurden durch die Hitze während des Eintritts in die Atmosphäre ausgebrannt. Andere, hitzebeständigere Elemente sind in den normalen kosmischen Mengenrelationen vorhanden. Die Ablationskörper wirken wie kleine Stücke von Kometenstaub, der bei dem raschen Eintritt in die Erdatmosphäre zwar geschmolzen, aber nicht verbrannt ist. Schmilzt man interplanetarische Partikel, die man in stratosphärischen Höhen einsammelt, experimentell im Labor, so nehmen sie die physikalischen und chemischen Eigenschaften der kleinen Körper an, die man auf dem Meeresgrund und seltener auch in der Stratosphäre selbst gefunden hat. Ungefähr zehn Prozent der Körper, die aus ozeanischen Sedimenten stammen, enthalten Spuren ihres Urstoffes, der rein zufällig nicht geschmolzen wurde. Für diese Behauptung spricht, daß die Kügelchen radioaktive Isotopen wie Mangan 53 enthalten, das nur durch kosmische Strahlung im Weltraum entstehen konnte. Kometenmasse* umspült uns mit diesen Kügelchen und Tröpfchen.

Durch die Wirkungen von Wind und Wasser, Temperatur und durch die Aktivitäten von Mikroorganismen wird dieser kosmische Schutt erodiert, abgescheuert, systematisch in kleinere und kleinste Teilchen zerlegt und schließlich in einzelne Moleküle und Atome aufgespalten. Die schwergewichtige, Millionen Jahre währende Bewegung der Erdkruste und ihres oberen Mantels trug die Überreste der kosmischen Partikel tief in das Erdinnere hinein. Hunderte von Kilometern unter unseren Füßen ruht Materie, die aus Kometen stammt und Teil einer großen Fortpflanzungszelle ist, aus der in Jahrmillionen neue Kontinente oder Gebirgszüge entstehen werden. Die Kometen sind dann vielleicht schon in die Nähe des Mythos oder der Fabel entrückt, und doch sind sie noch tatsächlich vorhanden als ein Teil des Planeten und von uns selbst.

Von allen erdenklichen Objekten, die von Kometen zur Erde fallen könnten, wurde sowohl auf wissenschaftlicher wie auf populärer Ebene am

---

* Die Ablations-Körper finden sich auch in Proben von kosmischem Staub, die der Stratosphäre entnommen werden, aber hier herrschen die kleineren, zerbrechlicheren Partikel vor, die bei dem Eintritt in die Atmosphäre rasch abkühlen und deshalb nicht schmelzen. Nur wenige Ablations-Körper fallen auf die Erdoberfläche; diese aber sind verhältnismäßig hart.

meisten über gefährliche Bakterien und Viren diskutiert. Die weltweite Verknüpfung von Kometenerscheinungen mit der Pest ist auffallend. Man findet sie in allen Kulturen. Das verführt zu der Spekulation, ob Kometen nicht doch tatsächlich und nicht nur in der Einbildung die Auslöser von Epidemien sein können. Doch rufen wir uns ins Gedächtnis zurück, daß in der menschlichen Geschichte Krankheitsepidemien so häufig waren, daß die Erscheinung eines Kometen auch rein zufällig irgendwo mit dem Ausbruch einer Seuche zusammenhängen kann. So war beispielsweise der Glaube, daß die Große Pest wie die Große Feuersbrunst von London durch Kometen ausgelöst worden wären, so weit verbreitet, daß ihn auch Daniel Defoe in seinem *Bericht vom Pestjahr* erwähnte. 1829 veröffentlichte T. Forster ein Buch mit dem Titel *Atmospherical Causes of Epidemic Diseases*, worin er gleichfalls für einen Zusammenhang mit Kometen plädierte.

> »...und daß der Komet vor der Epidemie blaß, glanzlos und trübe von Farbe war und von sehr schwerfälliger, gewichtiger und langsamer Bewegung; dagegen der, welcher den Brand ankündigte, hell und funkelnd, oder sogar, wie andere sagten, brennend und von schneller und heftiger Bewegung. Und daß dementsprechend der eine ein schweres Strafgericht ankündigte, langsam, aber schwer lastend, schrecklich und angsterregend, so wie die Pest; und daß der andere einen plötzlichen, raschen Schlag ankündigte wie die große Feuersbrunst. Ja, einige Leute waren so sonderbar, daß sie den dem Brand vorausgehenden Kometen nicht nur sich schnell und heftig bewegen sahen, und diese Bewegung mit den Augen wahrzunehmen sich einbildeten, sie hörten sogar, daß er einen rauschenden, mächtigen Lärm machte, Furcht und Schrecken einjagend, wenn auch nur von ferne und kaum vernehmbar.
> Auch ich sah die beiden Sterne und muß bekennen, daß ich so sehr den Kopf von den allgemeinen Anschauungen voll hatte. ... Ich konnte mir nur sagen, daß Gott die Stadt noch nicht genug gestraft habe.«
>
> Daniel Defoe: *Ein Bericht vom Pestjahr* (1665), übers. Ernst Betz, Bremen, 1965, S. 30–31

Diese Vorstellung hält sich sehr hartnäckig und hat eine merkwürdige Wiedergeburt erlebt. Fred Hoyle ist einer der führenden britischen Astrophysiker, dem wir wichtige Beiträge zur Kosmologie und zu unserem Verständnis der Synthese von chemischen Elementen in den Sternen verdanken. Er hat außerdem populäre Science-Fiction-Romane und ein Opernlibretto verfaßt. Hoyle und N. C. Wickramasinghe, ein Astrophysiker aus Sri Lanka, haben die zeitliche und geographische Verteilung einiger Fälle epidemischer Krankheiten untersucht und anschließend behauptet, daß das Erscheinungsbild der Epidemien anders aussieht, als zu erwarten ist, wenn die Krankheit sich durch Ansteckung auf der Erde ausbreitet. Angeblich soll sich das Erscheinungsbild eher mit den kosmischen Krankheitserregern decken. Die meisten Epidemiologen widersprechen dem heftig.

Überdies behaupteten Hoyle und Wickramasinghe, daß Bakterien und Viren im ganzen interstellaren Raum verteilt sind, und halten kühn an der Meinung fest, daß interstellare Teilchen, die ungefähr die gleiche Größe und atomare Struktur wie Bakterien besitzen, auch in der Tat Bakterien sind. Wenn das stimmt, dann wären die Bakterien in die Kometen eingelagert worden, als sie im Sonnennebel, der wohl zum Teil selbst aus Mikroorganismen aufgebaut worden ist, kondensierten.

Diese Abbildung in einer Veröffentlichung über den Gartenbau zeigt, wie man sich eine Verbindung zwischen Kometen und dem Leben auf der Erde vorstellen kann: Blühende Pflanzen und Pilze brechen durch gläserne Gewächshäuser, um den Halleyschen Kometen zu grüßen. *Florists' Exchange* am 30. April 1910. Mit freundlicher Genehmigung von Ruth S. Freitag, Library of Congress.

Mit dieser These kommt zwar frischer Wind in die Wissenschaft, aber die Beweise für sie sind sehr dürftig. Die ausgeklügelte molekulare Maschinerie, die in dem fortwährenden Krieg zwischen Infektion und Immunität auf beiden Seiten eingesetzt wird, spricht für eine lange, evolutionäre Nachbarschaft von menschlichen und krankheitserregenden Mikroorganismen. Sie könnte kaum so entwickelt sein, wenn die Mikroben erst kürzlich von einem Kometen herabgefallen wären, der das innere Sonnensystem das letzte Mal vor 4½ Milliarden Jahren gesehen hat. Wie diese interstellaren Mikroben entstanden sein sollen, ist sehr schwer zu erklären, und Mikroben haben auch nicht alle Eigenschaften der interstellaren Teilchen. Es gibt keine Berichte von größeren Epidemien, die mit spektakulären Meteorenschwärmen in Verbindung gebracht werden können. Flugzeuge haben in der Stratosphäre noch nie verkohlte und zerfetzte Krankheitserreger von Diphtherie, Kinderlähmung oder Cholera gesammelt (Kapitel 13). Keiner der Wissenschaftler, die die gesammelten kometarischen Partikel untersuchten, ist an einer mysteriösen Krankheit gestorben. All das spricht gegen diese Hypothese.

Darüber hinaus behaupten Hoyle und Wickramasinghe ausdrücklich, daß Leben, das innerhalb eines Kometen entstanden und nicht aus früheren Äonen übriggeblieben wäre, ständig auf die Erde niederfiele und Krankheiten verursachte. Dieser Behauptung widerspricht ganz klar, daß in gesammelten Kometenteilchen keine Krankheitserreger gefunden wurden. Aber auf den interessanten Gedanken, daß die Gegebenheiten, die innerhalb eines Kometen anzutreffen sind, zum Leben auf der Erde beitragen könnten, wollen wir näher eingehen.

Die Kälte ist das Hauptproblem. Kometen in der Oortschen Wolke sind so weit weg, daß das schwache Sonnenlicht sie kaum erwärmen kann. Sie bleiben weit unterhalb des Gefrierpunkts von Wasser oder einer anderen Flüssigkeit. Aber ohne Flüssigkeit (und ohne Atmosphäre) kann sich Leben nicht entwickeln: alle Moleküle bleiben unempfindlich und unbeweglich. Der ausgeklügelte chemische Prozeß, der auf der Erde das Leben hervorgebracht hat, kann bei zehn Grad unter Null nicht ablaufen. Sogar wenn die organischen Bausteine alle vorhanden sind, können sie doch bei diesen Temperaturen nicht miteinander Verbindungen eingehen. Und außerdem ist das Sonnenlicht nicht die einzige Wärmequelle.

»Kometen können kein Leben beherbergen; dazu sind sie nicht genug komprimiert; in Wirklichkeit sind sie wahrscheinlich lose Anhäufungen kleiner Steine. Aber selbst wenn sie so groß wie Planeten wären, ist es dennoch klar, daß sich Leben auf ihnen nicht halten könnte; das Wasser könnte auf einem Himmelskörper, der von einer extremen Temperatur in die andere stürzt, nicht in seinem flüssigen Aggregatszustand bleiben.«

E. Walter Maunder: *Are the Planets Inhabited?* 1913

Das Erdinnere selbst ist warm, und diese Wärme ist teilweise durch die radioaktiven Elemente Uran, Thorium und Kalium bedingt. Wenn eines dieser Elemente zerfällt, wird ein Gammastrahl oder ein geladenes Teilchen frei, das dann auf die benachbarten Moleküle, hauptsächlich auf Silikate, trifft und sie erwärmt. Dies ist mit ein Grund, warum es in einem Minenschacht wärmer ist als an der Erdoberfläche.

Radioaktive Atome zerfallen mit einer statistischen Regelmäßigkeit. Die charakteristische Zeit, in der ein bestimmtes radioaktives Atom halb zerfällt, nennen wir Halbwertszeit. Die Halbwertszeiten von Uran, Thorium und Kalium betragen Hunderte von Millionen bis Milliarden Jahre und sind dem Erdalter vergleichbar. Dies ist kein Zufall: Alle radioaktiven Atome mit kürzeren Halbwertszeiten sind schon zerfallen. Deshalb muß es auch in der frühen Geschichte des Sonnensystems beträchtlich mehr Wärme durch Radioaktivität gegeben haben. Wahrscheinlich waren die Kometen in ihrem Innern erwärmt, als das Sonnensystem entstand. Je größer der Kometenkern ist, desto länger dauert es, bis die Wärme an die Oberfläche abgeleitet ist und er auskühlt. Wenn also die Wärme vom nicht mehr existenten radioaktiven Atom Aluminium 26 herrührt, könnte der Kometenkern mit einem Durchmesser von 200 Kilometern eine Milliarde Jahre lang flüssig bleiben. Der Große Komet von 1729 hätte in seinem Innern einen Ozean enthalten können. Ein Komet mit einem Durchmesser von 200 Kilometern, der hauptsächlich aus Wasser und anderer Flüssigkeit besteht, könnte die ganze Erdoberfläche mit einer zehn Meter hohen Schicht bedecken. Ein Kometen-Ozean solcher Ausmaße, der außerordentlich reich an organischer Materie sein könnte, wäre, mit vier Millionen Jahren Zeit für chemische Reaktionen, ein höchst interessantes Labor. Könnte sich da Leben entwickeln?

Das Problem ist, daß alles im Dunkeln vor sich geht. Beinahe alle Lebensformen auf der Erde verarbeiten, in der einen oder anderen Weise, das Sonnenlicht. Die Photosynthese der Pflanzen ist das bekannteste Beispiel. Pflanzen absorbieren Sonnenlicht und verwenden diese Energie, um Wasser und Kohlendioxid in Kohlehydrate und andere organische Stoffe zu verwandeln. Tiere leben von Pflanzen. Ohne Licht bricht das ganze Ökosystem zusammen. In ein paar Ausnahmefällen ist das Leben nicht so eng an das Sonnenlicht gekoppelt, aber sie sind für die Frage nach Leben im Innern eines Kometen unwichtig. Das Sonnenlicht ist eine nie versiegende Quelle. Es wird in Milliarden Jahren nicht aufgebraucht sein. Aber wenn Leben irgendwie in einem unterirdischen See entstehen soll, muß es die nicht erneuerbaren Energiereserven irgendwann aufgebraucht haben. Da keine anderen Nahrungsquellen vorhanden sind, wird das Leben aussterben. Immerhin besteht die Möglichkeit, daß wir irgendwann in der Zukunft einen solchen Kometen finden und durch Bohrungen auf einen noch flüssigen See stoßen. Leben werden wir dort aber vermutlich nicht antreffen.

Es ist leichter, sich den Ursprung des Lebens auf der frühen Erde vorzustellen, wo ein planetengroßer Ozean und genügend Sonnenlicht vorhanden waren. Wir wollen deshalb die unproduktive Vorstellung, daß das Leben heute oder am Anfang von den Kometen herstammt, fallenlassen und lieber nach dem Ursprung des Lebens aus organischen Molekülen auf der Erde fragen. Das Leben auf unserem Planeten baut sich aus einer Handvoll molekularer Strukturen auf. Die wichtigsten sind die Nukleinsäuren und die Proteine. Wenn wir die breitgefächerte Produktion dieser Moleküle in der frühen Erdgeschichte verstehen könnten, hätten wir einen ge-

Die junge Erde zu der Zeit, als das Leben entstand. Der Mond, der damals viel näher war, hängt als riesige Scheibe über dem Horizont. Organische Moleküle gelangen durch den Einfall kometarischer Materie in die ursprünglichen Meere oder entstehen durch Blitze und ultraviolettes Licht in der wasserstoffreichen Atmosphäre. Darstellung von Kazuaki Iwasaki.

waltigen Fortschritt im Verständnis der Ursprünge des Lebens gemacht. Die heute gängige wissenschaftliche Lehrmeinung ist, daß die Bausteine für diese molekularen Strukturen sich spontan auf der Erde nach den Gesetzen der Chemie und Physik gebildet haben. In der wasserstoffreichen frühen Atmosphäre wurden die Moleküle durch die ultraviolette Sonneneinstrahlung, durch Blitze oder auch durch Druckwellen, die entstehen, wenn Meteoriten mit hoher Geschwindigkeit in die Atmosphäre eindringen, gespalten. Die Teile der Moleküle gehen spontan neue Verbindungen ein und bilden die Grundlage des Lebens. So läuft der Vorgang im Labor ab, und so muß er auch auf der jungen Erde abgelaufen sein.
Paradoxerweise sind Zyanide (tödliche Gifte), die 1910 eine große Kometenpanik (Kapitel 6) hervorgerufen haben, ein unerläßliches Zwischenglied in der Chemie des Lebens. Auf diese Weise könnten die Kometen zum Ursprung des Lebens auf der Erde beigetragen haben, aber nicht dadurch, daß sie Leben auf die Erde gebracht hätten. Beförderten sie vielleicht die Schlüsselbausteine, aus denen Leben entstand?

Wir haben gesehen, daß in der frühen Erdgeschichte, also noch ehe das innere Sonnensystem durch Kollisionen und Auswürfe gesäubert worden war, die Kometen viel häufiger waren. Eine unzweifelhafte Hinterlassenschaft dieser Zeiten existiert in den Einschlagsnarben auf den Monden und Planeten. In den ersten paar 100 Millionen Jahren nach der Entstehung der Erde war der Kometenstrom unvergleichlich reicher als in den heutigen, ruhigen Zeiten. Vermutlich hat es damals tausendmal mehr Ko-

Die Entwicklungsstufen, die nach modernen Laborexperimenten dazu führten, daß auf der Erde Leben entstand. Einige Gase, die wahrscheinlich in der ursprünglichen Erdatmosphäre vorkamen, sind ganz oben links dargestellt. Die Wasserstoffatome sind die kleinen Kreise mit den gelben Höfen. Die Moleküle oben links sind Wasserdampf (H_2O), Methan (CH_4) und Ammoniak (NH_3). Diese Moleküle sind durch ultraviolettes Licht von der Sonne oder elektrische Entladungen in ihre Atome zerfallen (ganz oben rechts). Die Fragmente verbinden sich unter anderem zu Wasserstoffcyanid (HCN) und Formaldehyd (HCHO). Wenn sich diese Moleküle im stickstoffhaltigen Wasser der ursprünglichen Erde wieder neu verbinden, entstehen die einfachsten Aminosäuren (unten rechts), die Bausteine der Proteine. Einfache Schritte führen zu den Bausteinen der Nukleinsäuren. In Experimenten, in denen die Entstehung des Lebens auf der Erde simuliert wurde, hat man viel komplexere Moleküle nachgewiesen als die, die wir in diesem Schema dargestellt haben. Graphische Darstellung von Jon Lomberg/BPS.

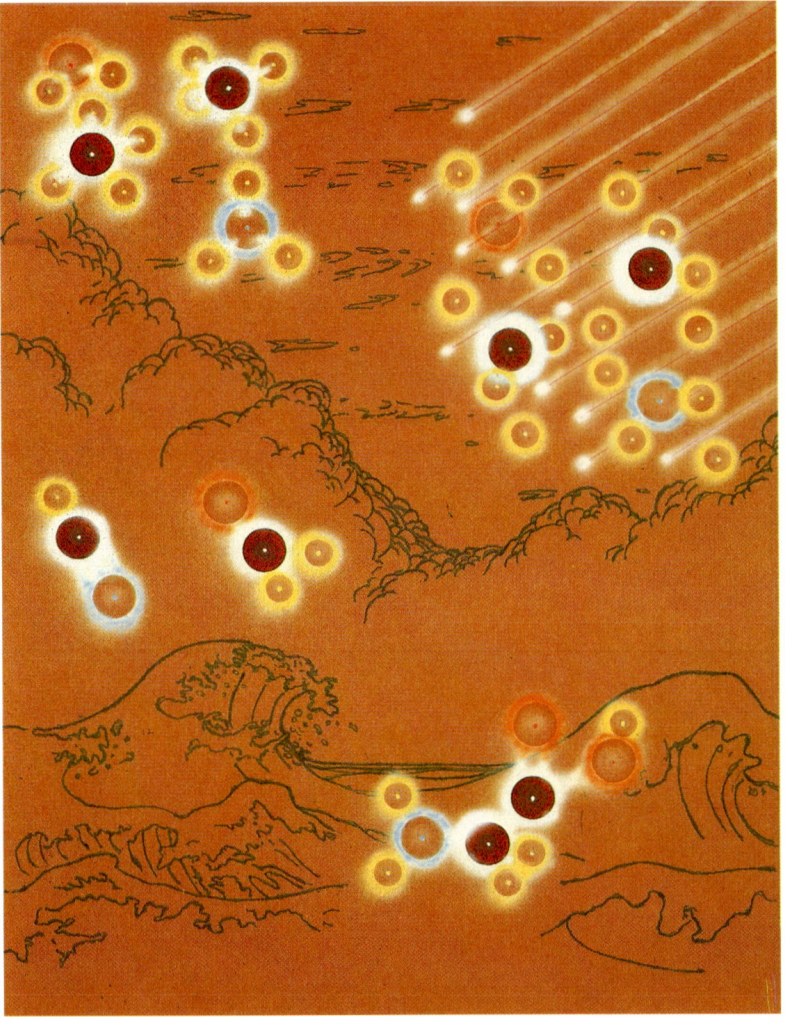

meten gegeben als heute, und diese Schätzung kann noch zu tief angesetzt sein. Diese Kometen, die auf die junge Erde einschlugen, haben wahrscheinlich noch Wasser enthalten. Man kann sich leicht ausrechnen, daß sie in den ersten paar 100 Millionen Jahren der frühen Erdgeschichte mehr als 3×10^{15} (3 000 000 000 000 000) Tonnen Wasser dabei abgelagert haben. Das entspricht drei Prozent des Wassers der heutigen Ozeane, und das reicht aus, um die gesamte Erdoberfläche beinahe 100 Meter hoch mit Wasser zu überfluten. Wäre die Anzahl der Kometen im inneren Sonnensystem noch größer gewesen, hätte die Erde vermutlich noch mehr Wasser gespeichert. Möglicherweise kam der größte Teil des Wassers über den Kometen-Zustelldienst in die Ozeane, nachdem die Erde entstanden war.

Sicherlich waren Kometen nicht die einzige Quelle. Man weiß, daß flüssige Lava, die aus dem Erdinnern an die Oberfläche tritt, ein paar Prozent Wasser enthält, und vor Milliarden von Jahren waren Vulkanausbrüche häufig. Aber es bleibt bemerkenswert, daß Kometen für den Wassertransport auf die junge Erde so wichtig waren.

Weil Kometen jedoch mehrere Prozent komplexe organische Materie enthalten, wurde nicht nur Wasser auf die Erde gebracht. Konnte also organisches Material, das aus Kometen stammte, die Evolution des Lebens in

Gang gesetzt haben? Alles hängt von der Zeit ab: Ist der frühe Kometenstrom niedergegangen, als die Erde noch geschmolzen war, dann wurde alles, ungeachtet, wie komplex die Materie aus den Kometen war, im Magma gebraten; dann hätten sich die Ursprünge des Lebens später und ohne sichtbare Mitwirkung von Kometen entwickeln müssen.

Aber wenn die Erdoberfläche auskühlte, bevor die Serie der Kometeneinschläge vorbei war, sieht alles anders aus. Dann sind große Kometenkerne auf die Erde niedergefallen, und das mitgeführte organische Material blieb beim Eintritt in die Atmosphäre unzerstört. Die Kometen durchstreiften die niedrigere Atmosphäre, trafen auf die Erdoberfläche, explodierten, und ihre Splitter wurden weltweit verteilt. Allmählich hatte sich eine dünne Suppe aus organischen Molekülen angesammelt, da die opferbereiten Kometen sowohl Wasser als auch eine Nährbrühe geliefert hatten. Damit sind wir gar nicht so weit von den Vorstellungen der Junkun in Nigeria entfernt, die glauben, daß Meteoriten Geschenke von Nahrungsmitteln von einem Stern an einen anderen sind.

Eine Lösung aus organischer Materie ist ein ausgezeichneter Träger von Lebensprozessen. Doch es ist auch möglich, daß eine solche Lösung sich bei rein terrestrischen Vorgängen bildet, beispielsweise durch den Austritt von Wasser aus dem Erdinnern, aus dem dann die Ozeane entstanden. Wichtig waren auch die Strahlungen der wasserstoffreichen Gase in der Atmosphäre. Zuletzt ließ das Zusammenspiel aller Komponenten Leben entstehen. Wir bekommen auf diese Weise plötzlich zwei konkurrierende Prozesse, einen terrestrischen und einen extraterrestrischen, die beide anscheinend zu der komplexen organischen Chemie der Lebensentstehung beitragen.

Nehmen wir einmal einen Planeten wie die Erde, der sich sowohl durch sich selbst als auch durch den Austritt von Gasen erwärmt. Das Wasser wird sich in Tümpeln, Teichen und Seen sammeln. Wenn die restliche Atmosphäre wasserstoffreiche Gase enthält und die Sonne scheint, werden schließlich große Mengen organischer Materie mit Wasser vermischt werden. Auch wenn in der ganzen Geschichte unseres Planeten nie ein Komet auf die Erde gefallen wäre, könnten wir ohne weiteres rekonstruieren, woher die ursprüngliche organische Materie stammt. Und wenn auf der Erde überhaupt kein Wasser verdampfen würde, dann hätten die Kometen uns eine Atmosphäre, ein Meer und große Mengen organischer Materie beschert. Auf der Suche nach der Herkunft der organischen Moleküle, aus denen wir bestehen, bieten sich uns zwei verschiedene und offensichtlich gleichwertige Hypothesen an.

Wenn die ursprüngliche Erdatmosphäre erhebliche Mengen an wasserstoffreichen Gasen oder Dämpfen enthielt (CH_4, NH_3, H_2O und ähnliche), kann ein terrestrischer Ursprung des Lebens durchaus angenommen werden. Aber wenn (und manche Wissenschaftler plädieren dafür) die ursprüngliche Atmosphäre nicht wasserstoffreich war und beispielsweise N_2, CO_2 und H_2O enthielt, wird es schwierig, die Synthese jener organischen Moleküle zu erklären, die auf der Erde für die Entstehung des Lebens benötigt wurden. Hier sind die Kometen eine attraktive Alternative. Aber auch wenn die terrestrischen Synthesen völlig zureichend wären, der bedeutsame Beitrag von den Kometen bliebe doch. Das Rezept für Leben wäre: Man nehme eine Million Kometen, erwärme sie vorsichtig und bringe sie auf die richtige Bahn.

Nach dieser Überlegung spricht nichts für eine Einzigartigkeit der Erde. Andere nahegelegene Himmelskörper müssen in *ihrer* frühen Geschichte auch mit Kometen zusammengestoßen sein. Auch auf der Venus und auf

Ein altes Flußtal schlängelt sich durch die öde Kraterlandschaft auf dem Mars. Photographie des Viking-Orbiter. Mit freundlicher Genehmigung der National Aeronautics and Space Administration (NASA).

dem Mars müssen sich Meere gebildet haben, sogar wenn (was unwahrscheinlich ist) kein Wasser aus dem Planeteninnern an die Oberfläche getreten wäre. Sowohl für Mars als auch für Venus gibt es Beweise für die Existenz solcher urzeitlicher Meere.

Auf der Venus, einem Planeten, der heute ohne jegliches Wasser (H_2O) ist, entweicht das bißchen Wasserstoff, das noch übrig ist, schnell in den Weltraum. Leichte Moleküle entweichen schneller als schwere, weil sie eher durch eine zufällige Kollision auf ihre Austrittsgeschwindigkeit gebracht werden können. Die schwere Form des Wasserstoffs, das Deuterium, entweicht langsamer als seine häufigere leichte Variante. Mit der Zeit dürfte der Anteil an Deuterium im Verhältnis zum leichteren Wasserstoff zunehmen. Deshalb kann aus dem momentanen Verhältnis von Wasserstoff zu Deuterium abgeschätzt werden, wieviel Wasser einst vorhanden gewesen sein muß. Auf diese Weise haben Thomas Donahue von der Universität in Michigan und seine Kollegen auf ein urzeitliches Meer auf der Venus geschlossen, das heute verschwunden ist.

Heute ist die Venus ein kahler Planet, auf dessen Oberfläche durch den gigantischen Treibhauseffekt der Kohlendioxide die brodelnde Temperatur von 480 Grad herrscht. Dieses CO_2 ist nicht über Nacht in die Atmosphäre ausgeströmt. Man kann sich die früheren Verhältnisse auf der Venus sehr viel freundlicher vorstellen. Meere bedeckten die Oberfläche und darin gelöste organische Moleküle, die von Kometen stammten und aufeinander trafen, reagierten miteinander und formten komplexere Gebilde. Als der urzeitliche Kometenstrom aufhörte und das Ausströmen von Kohlendioxid aus dem Innern nachließ, kann sich die Venus aus einem tropischen Paradies in eine Hölle verwandelt haben. Für die künftige Forschung bleibt in diesem Zusammenhang eine wichtige Frage zu lösen: Finden sich heute noch Spuren der urzeitlichen Meere? Ist es möglich, daß vor Milliarden von Jahren auf der Venus Leben entstanden war und daß dort noch einige unzerstörte Fossilien ihrer Entdeckung harren?

Solche und ähnliche Fragen kann man mit größerer Gewißheit für den Mars beantworten, weil man dort heute noch eine Reihe von Beweisen für einen früheren Wasserüberschuß finden kann: das gefrorene Wasser in den Polarkappen, die Wasserschichten unter der Oberfläche oder die chemischen Verbindungen der Bodenschichten. Obwohl heute flüssiges Wasser auf dem Mars fehlt, wird doch aus den Daten deutlich, daß es vor eini-

Gebiet mit verschiedenen Schichten am Rand des Polarkreises auf dem Mars. Der polare Schnee auf dem Mars besteht aus gefrorenem Wasser und gefrorenem Kohlenstoffdioxid. Photographie des Viking-Orbiter. Mit freundlicher Genehmigung der National Aeronautics and Space Administration (NASA).

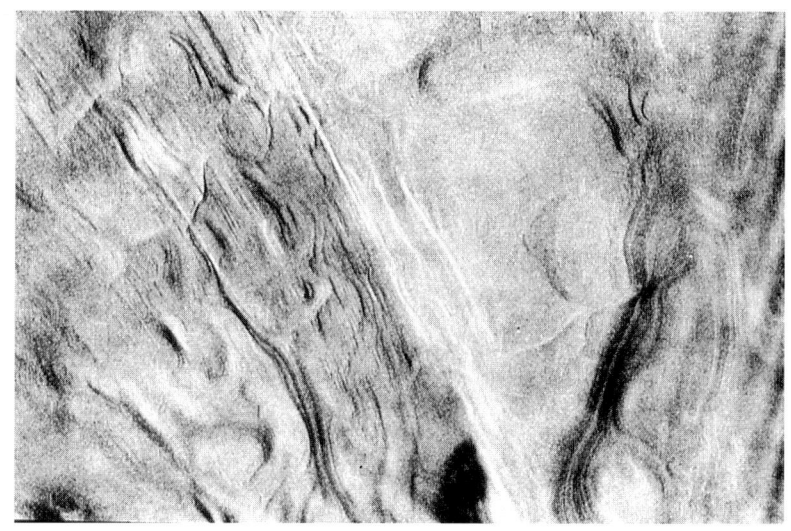

Gebiet mit verschiedenen Schichten nahe dem Südpol des Mars. Zeichen einer komplexen und episodischen (vielleicht periodischen) Geologie. Das Bild zeigt ein Gebiet mit einem Durchmesser von 200 Kilometern. Eines Tages werden Maschinen, später Menschen diese Sedimente untersuchen, um die Geschichte des Mars besser zu verstehen. Aufnahme des Viking-Orbiter. Mit freundlicher Genehmigung der National Aeronautics and Space Administration (NASA).

gen Milliarden Jahren Flüsse und Flußdeltas gab. Es ist nicht ausgeschlossen, daß auf den Bildern der seefahrenden Wikinger die Küstenlinien und andere Teile der früheren Meere auf dem Mars abgebildet sind. Der Mars ist ein kleinerer Planet als die Venus oder die Erde, und deshalb können wichtige Bestandteile seiner früheren Atmosphäre sich bereits ins All verflüchtigt haben. Der Mars ist auch der kältere Planet; deshalb muß der größte Teil des übriggebliebenen Kometenwassers zu Eis gefroren sein. Wieder stellt sich hier die Frage: Wenn es einst auf dem Mars ausgedehnte Meere gab, deren Wasser möglicherweise von Kometen stammte, entstand dann damals Leben? Vielleicht findet eine Weltraumexpedition im 21. Jahrhundert eine Antwort auf diese Frage.
Die Himmelskörper in diesem Teil des Sonnensystems tragen die Zeichen und Überreste des großen Kometenstromes, der das innere Sonnensystem in jenen längst vergangenen Zeiten durchfloß. Wir können den gegenwärtigen bescheidenen Niederschlag von Kometenstaub als ein schwaches Überbleibsel aus jener Epoche betrachten, die Hunderte von Millionen Jahren währte und das Gesicht des Sonnensystems veränderte.
Wenn damals etwas, das dem heutigen Meerwasser ähnelt, von den Kometen auf die junge Erde gebracht worden ist, kann man sich leicht ausrechnen, daß sie auch Kohlenstoffe bei sich gehabt haben müssen, die denen, die man in der gesamten Sedimentsäule der Erde findet, vergleichbar waren. Der ganze Kohlenstoff von kilometerlangen Felsen, alle Lebewesen, der Humus der Böden, Petroleum, Kohle, Torf, Graphit und Diamanten wären dann von Kometen auf die Erde gebracht worden. Dann würde die Aussage zutreffen, daß die Oberfläche der Erde und der erdähnlichen Planeten, nachdem sie sich beinahe vollständig ausgeformt hatten, mit einer kilometerdicken Schicht von Kometenschutt überzogen wurden. Dieser Mantel ist aber, um die Verhältnismäßigkeit auszudrükken, dünner als die Schicht Staubzucker auf einem Krapfen. Aber für uns bedeutet er die Welt; und zumindest auf dieser Welt wurde der Kometenstaub zu Leben.
Die junge Erde war mit Kratern übersät, mit großen und kleinen, und mit viel größeren Vertiefungen, den sogenannten Becken. Ein Teil des Wassers, das die Kometen enthielten, war beim Einschlag verdampft und fiel als Regen nieder. Der Rest erreichte als unversehrtes Eis den Boden, erwärmte sich dort schnell, verdampfte und fiel erneut als Regen auf die Er-

de. Die Kometen gruben tiefe Löcher, füllten sie mit Wasser und tränkten sie mit einer großen Menge komplexer organischer Materie. Sie beschränkten sich bei dieser Arbeit auf die frühe Geschichte der Planeten, so daß für die Entwicklung des Lebens die maximale Zeit zur Verfügung stand. Dieser Vorgang ist keineswegs auf die Erde beschränkt. Das gleiche kann sich auf zahllosen anderen Planeten der Milchstraße abgespielt haben.

Werfen wir einen Blick auf unsere Welt. Wenn der Kometenfluß damals, als die Erde entstand, tausendmal stärker war als heute, was stammt dann von der Erde und was von den Kometen? Alles Leben ist durch die Kometen entstanden, alle Pflanzen, Tiere und Mikroben, alle Frauen und Männer. Alle Häuser, Eisenbahnen, Autobahnen, die bebauten Äcker, Unterseeboote, Flugzeuge, Raumfahrzeuge sind von Menschen gemacht – und damit letztendlich wieder von den Kometen. Sogar den Tageshimmel verdanken wir den Kometen, weil O_2 und N_2 durch das Leben entstehen. Man könnte einwenden, daß doch wenigstens die Felsen und die Gebirge ursprünglich schon zur Erde gehörten. Das stimmt zwar, aber die Felsen wurden durch die Lebensprozesse und das Wasser oxydiert, chemisch verändert und abgetragen. Die Gebirge wurden durch Wasser geformt und erodiert. Wenn ein Klumpen des unter der Oberfläche liegenden Planeten nach außen dringt, wird er unbarmherzig abgetragen. Sogar in der Einöde der Antarktis scheint die Landschaft auf die eine oder andere Art von Kometen geprägt zu sein. Es ist sogar möglich, daß von allen Dingen, die wir sehen können, nur die Sonne und die Sterne nicht von ihnen abstammen. Einst hat eine Schicht Kometenschutt diese Erde überzo-

Landungsphoto der Viking 2 auf einem Gelände der Marsregion Utopia. Einer der Abdrücke der Raumsonde, die 1976 landete, ist rechts unten zu sehen. Der Metallzylinder darüber diente dazu, den Sammelarm (nicht im Bild) der Raumsonde bis zur Landung abzudecken. Beachten Sie die dünne Eisschicht, die einen großen Teil der Landschaft auf dem Bild überzieht. Sie stammt wahrscheinlich von Kometeneinschlägen. Mit freundlicher Genehmigung der National Aeronautics and Space Administration (NASA).

Ein Komet über dem Vallis Marineris, Mars. Darstellung von Kim Poor.

gen, und in den folgenden viereinhalb Milliarden Jahren hat der Staub kleine Fortschritte gemacht. Er hat komplexe Lebensformen entwickelt, von denen einige atmen, und einen ersten Versuch zur Ausbildung von Intelligenz unternommen.

Und nun wendet sich dieses Denkvermögen wieder seinem Ursprung zu – den Kometen.

Eine Vega-Raumsonde Anfang März 1986, ungefähr 10 000 Kilometer vom Kern des Halleyschen Kometen entfernt. In weiter Ferne, nur wenige Kilometer vom Kometen entfernt, sind die winzigen Umrisse der Giotto-Raumsonde zu sehen, der Erforschungssonde des Halleyschen Kometen von der European Space Agency (ESA). Darstellung von Rick Sternbach.

Teil 3
Kometen und die Zukunft

18. Kapitel
Eine Flottille kreuzt auf

In der Mitte des 20. Jahrhunderts wird er seinen entferntesten Punkt umrundet haben ... und wieder wird ihn seine lange Reise sonnenwärts führen, die erst 1986 enden wird. Dann aber werden wiederum Fernrohre und Kameras, Spektroskope und Photometer auf Halley gerichtet sein, ebenso begierig wie in unseren Tagen.

David Todd: *Halley's Comet*, Cincinnati 1910

»Eine astronomische Sternwarte in der Luft: Beobachtung des Halleyschen Kometen von einem Ballon aus.« Zeichnung von Henri Lanos, veröffentlicht am 28. März 1910 in der Zeitschrift *Graphic*. Mit freundlicher Genehmigung Ruth S. Freitags, Library of Congress.

Reisen in den Weltraum, um den Halleyschen Kometen zu untersuchen, wie es sich eine Zeitung in Chicago am 30. April 1910 vorstellte. Mit freundlicher Genehmigung Ruth S. Freitags. Library of Congress.

Kurz vor Sonnenuntergang knallte ein Gewehrschuß. Einen Augenblick später hörte man das Pfeifen der Kugel, die die drei Insassen der Gondel nur knapp verfehlte. Obwohl es schon Mai war, waren sie warm angezogen. In den frühen Morgenstunden wird es ein oder zwei Kilometer über der Erde sehr kalt. Aber sie waren nur 500 Meter hoch, als auf sie geschossen wurde. Es muß ein ungewöhnlicher Anblick gewesen sein: Ein riesiger Ballon und die Gondel, die an ihm hängt, werden von der aufgehenden Sonne beleuchtet, während das ländliche Gebiet von Connecticut tief unter den Reisenden noch dunkel ist. Vielleicht schreckte der Ballon einen Farmer auf, dem nichts anderes einfiel, als das Ding abzuschießen, was immer es auch sein mochte. Oder der Schuß war ein Protest aus sicherer Entfernung gegen die faulen Reichen und ihre teuren Vergnügungen.

Aber das war keine Vergnügungsfahrt. An Bord war Dr. David Todd, Professor für Astronomie und Navigation und Direktor der Sternwarte am Amherst College. Todds Spezialität waren astronomische Exkursionen. Im Laufe seiner Karriere leitete er Expeditionen nach Niederländisch-Indien, Südamerika, an die Berberküste, nach Rußland, Japan und Westafrika – und jedesmal wollte er eine Sonnenfinsternis beobachten. Einmal führte er ein astronomisches Himmelfahrtskommando in die Anden, unter anderem, um nach Anzeichen für Leben auf dem Mars zu forschen. Im Mai 1910 zeigte sich der Halleysche Komet am Himmel, und David Todd war zu dieser Gelegenheit in die Luft gegangen, zugegeben nicht sehr weit, aber weit genug, um über einen Teil der Verzerrungen, die von der Erdatmosphäre verursacht werden, hinwegzukommen. Er hatte ein kleines 63-Millimeter-Teleskop mit dreißigfacher Vergrößerung an Bord, mit dem er den Kometen beobachten wollte. Die Nacht war klar, und der Ballon vibrierte kaum. Todd wurde von dem Piloten Charles Glidden und seiner Frau, Mabel Loomis Todd, einer in vieler Hinsicht außergewöhnlichen Frau, begleitet. Ein zeitgenössischer Historiker beschreibt sie so:

> Fröhlich, talentiert, umgänglich und bekannt genug, um eifersüchtigen Klatsch zu wecken, war sie fähig, herzliche und amouröse Verbindungen aufrechtzuerhalten. Sie hatte Erfolg als Autorin, Dozentin und Verlegerin, als Ehefrau, Gastgeberin und Geliebte und bildete für sich selbst mehr als die meisten einen beneidenswert robusten und starken Charakter aus.*

Mabel Todd, sowohl Tochter als auch Ehefrau eines Astronomen, sah den Kometen als erste. Die Sicht war, sagte ihr Ehemann, viel besser »als durch das 460-Millimeter-Teleskop in der Sternwarte von Amherst«, einem Observatorium, das er selbst hatte. Der Kopf des Kometen war in der Nähe des Horizontes, und Todd machte vier Skizzen von dem Schweif. Das dürfte die erste erfolgreiche astronomische Beobachtung von einer künstlichen Plattform über der Erde gewesen sein.

Heute steigen neue Ballone auf. 1985/1986 stellt einen historischen Augenblick in der Erforschung von Kometen dar. Früher kamen die Kometen zu uns. Heute fahren wir zu ihnen. Der Anlaß ist die Wiederkehr des Halleyschen Kometen zwischen November 1985 und April 1986.**

---

* Peter Gay: *Education of the Senses*, New York 1984. Gay, Professor für Geschichte an der Yale-Universität, erwähnt diese Ballonfahrt nicht. Mabel Loomis Todd interessiert ihn vorwiegend wegen ihrer unverblümten Tagebücher, die Licht auf das viktorianische Sexualverhalten werfen.
** Im Rest des Kapitels geht es um die bevorstehenden Raumsondenbeobachtungen von Kometen über ein Jahr, die im September 1985 anfangen. In zukünftigen Ausgaben von »Der Komet« wird dieses Kapitel beträchtlich erweitert werden, um neue Entdeckungen zu berücksichtigen.

Eine Flottille kreuzt auf 285

Die Astro-1-Mission des Space Shuttle: Spezialinstrumente werden Anfang 1986 in die Erdumlaufbahn gebracht, um den Halleyschen Kometen zu untersuchen. Mit freundlicher Genehmigung der National Aeronautics and Space Administration (NASA).

Abgesehen von seiner historischen Bedeutung (Kapitel 4) hat der Halleysche Komet als einziger lebhaft aktiver Komet eine Umlaufbahn, die so gut bekannt ist, daß detaillierte wissenschaftliche Pläne Jahre im voraus möglich sind. David Todds Beispiel folgend wird ein Flugzeug in die Stratosphäre aufsteigen, und Raketen werden in den Weltraum eindringen, um einen kurzen Blick auf den Besucher zu werfen. Das unbemannte Solar-Maximum-Observatorium, das im April 1984 von den Space-Shuttle-Astronauten repariert wurde, wird den Halleyschen Kometen untersuchen. Die Aufmerksamkeit der amerikanischen Pioneer-Venus-Sonde wird von der Venus auf den Kometen umgelenkt werden, wenn er an ihr vorbeizieht. Verglichen mit den üblichen Anstrengungen wäre das schon ein außergewöhnlich aufwendiges Unternehmen. Tatsächlich jedoch ist all das nur eine Art Nebenvorstellung, denn im März 1986 soll eine Flottille von fünf Raumsonden am Halleyschen Kometen vorbei- und in ihn hineinfliegen.

»Eine Kometensonde würde wahrscheinlich die meisten Probleme, die Kometen betreffen, eindeutig lösen.«

Pol Swings, Universität von Liège, Belgien, August 1962

Die Raumsonde Planet A auf einem Prüfstand vor dem Start. Mit freundlicher Genehmigung der Japanischen Weltraumbehörde und der Astronomical Society of the Pacific.

Mit der eingehenden Untersuchung von Kometen vom Weltraum aus erfüllt sich ein wissenschaftlicher Traum, denn wir wissen immer noch beklagenswert wenig über die fundamentalsten Aspekte von Kometen. Wir leben im inneren Sonnensystem, und Kometenkerne, die sich der Erde nähern, neigen dazu, Gase zu verströmen und sich mit einer Koma zu bedecken. Wenn wir also in die Nähe eines Kometen fliegen würden, könnten wir zum erstenmal einen Kometenkern klar erkennen. Wie sieht er aus? Was hat er für eine Form, Erscheinung, Farbe? Gibt es Flächen mit Eis, mit dunklen organischen Stoffen oder Teile, an denen Gestein zum Vorschein kommt? Ist er von einem Schwarm kleiner Gesteinsbrocken umgeben? Gibt es eine grobe fluviatile Ablagerung? Krater? Wie steht es mit Anzeichen dafür, daß in der Vergangenheit die Oberfläche geschmolzen ist? Hügel? Ein Hinweis auf Schichten wie in der Sedimentsäule der Erde? Wir könnten eine ganze Menge über die Natur und Entstehung von Kometen erzählen, wenn wir eine Nahaufnahme von einem Kern machen könnten.

Außerdem gibt es die Spektroskopie. Wenn wir auf die Erdoberfläche beschränkt sind, können wir Kometen, wie Huggins es getan hat, nur im sichtbaren Spektrum und an ein paar »Fenstern« auf Infrarot- und Radarfrequenzen untersuchen. Wenn wir Kometen auf anderen Frequenzen untersuchen wollen, müssen wir über die absorbierende Lufthülle der Erde kommen. Aber alles, was in den Weltraum transportiert werden kann, muß viel kleiner sein als die wichtigsten astronomischen Hilfsmittel auf der Erde. Die Instrumente im Orbit sind deshalb, was ihre Tauglichkeit anbelangt, ihren erdgebundenen Pendants meist unterlegen. Also können die Instrumente in der Erdumlaufbahn nur dann mit wichtigen, neuen Entdeckungen aufwarten, wenn ein Komet einmal nahe an die Erde herankommt. Die Entdeckung der Wasserstoffkoma um Kometen (Kapitel 7) ist ein Beispiel. Aber seit man mit der Erforschung des Weltraums begonnen hat, sind nur sehr wenige helle Kometen der Erde nahe gekommen. Wenn Sie Spektroskopien sehr nahe bei Kometen machen, könnten Sie feststellen, wie sich die verschiedenen chemischen Substanzen über den Kometen verteilen.

Im allgemeinen gibt uns die Spektroskopie Hinweise auf molekulare Fragmente und nicht auf die Muttermoleküle im Kometenkern, aus dem sie stammen. Die Natur des organischen Moleküls, von dem C_3 abstammt, ist zum Beispiel völlig unbekannt. Ein komplizierter Mechanismus von Gaseruptionen und Spaltungen durch ultraviolettes Licht und andere chemische Prozesse laufen ab, bevor wir das Tochterfragment überhaupt entdecken. Viele dieser chemischen Geheimnisse könnten aufgedeckt werden, wenn wir dicht an den Kometenkern heran- und in die Wolke der Muttermoleküle hineinfliegen und dort direkt die Moleküle messen könnten, die gerade auf dem Kometen verdampft sind.

Um Hinweise auf die Stoffe im Schweif des Halleyschen Kometen zu erhalten, wurden 1910 auf der Erde eine Vielzahl von Untersuchungen angestellt. In Frankreich wurde ein großes Luftvolumen auf sehr niedrige Temperaturen gebracht. Sauerstoff und Stickstoff verflüssigten sich, und die Rückstände wurden auf ihre Bestandteile untersucht. Gefunden wurde nichts. An die Verstrebungen eines Turms bei der Mount-Wilson-Sternwarte in Kalifornien wurden Metallplatten angebracht, die mit Glycerin überzogen waren. Von Kometenstaubteilchen wurde jedoch nicht berichtet. Dieser Versuch ist der Vorläufer moderner Experimente, bei denen ähnliche glycerinüberzogene Platten an Flugzeugen montiert und in stratosphärische Höhen gebracht werden, wo man viel leichter an Kometentrümmer kommt (Kapitel 13). Aber heute ist es möglich, Raumsonden mit Massespektrometern an Bord zu starten und die Muttermoleküle des Kometen direkt zu messen.

Wir glauben, daß sich das Magnetfeld des Sonnenwindes über den Kometenkern legt, während Sonnenflares im Sonnenwind Böen erzeugen, die elegante Konfigurationen in den Ionenschweifen hervorrufen. Aber wir könnten viel genauere Kenntnisse über Kometen erlangen, wenn wir Instrumente sehr nahe an den Kometen heranfliegen und die geladenen Teilchen und Magnetfelder direkt messen würden. Beobachter, die sich an der Grenze des Auflösungsvermögens ihrer Teleskope plagten, haben riesige Fontänen aus Gas und Staub entdeckt, die vom Kometenkern hinaus in den Weltraum schießen. Wir nehmen an, daß viel Staub, der von Kometen an den Raum abgegeben wird, auf diese Weise entsteht. Wir müssen uns unbedingt an einen Kometen heranschleichen, die Ausbrüche, wenn möglich, filmen und durch die Staubwolke fliegen, um die kleinen Partikel zu zählen und zu messen.

All das und noch viel mehr wird vorbereitet. Im japanischen Raumfahrtzentrum in Uchinoura in Kyushu steigen zwei neue Flugkörper der Mu-Klasse auf. Das erste heißt *Sakigake* (das ist das japanische Wort für Pionier). Das zweite trägt die einfache Bezeichnung *Planet A*. Sie sind die ersten interplanetarischen Fahrzeuge, die von Japan gestartet werden.

Auf der Insel Kourou vor Französisch-Guyana in Südamerika wird eine Ariane-Rakete gestartet. Im Raketenkopf befindet sich die erste interplanetarische Raumsonde der European Space Agency (ESA), einem Gemeinschaftsprojekt Belgiens, Dänemarks, Frankreichs, der Bundesrepublik Deutschland, Irlands, Italiens, der Niederlande, Spaniens, Schwedens, der Schweiz und Großbritanniens. Sie wurde *Giotto* genannt, nach dem florentinischen Maler, der seine Beobachtung des Halleyschen Ko-

Der Halleysche Komet von 1301 als Stern von Bethlehem auf Giotto di Bondones Fresko »Anbetung des Christuskindes«, das 1304 fertiggestellt wurde.

Die Vega-Raumsonde auf ihrem Weg zur Venus und zum Halleyschen Kometen. Die große Kugel oben auf der Sonde enthält das Paket für die Venusatmosphäre einschließlich der Ballonstationen. Die blauen Felder sind Solarzellen, die Sonnenlicht in Elektrizität verwandeln. Mit freundlicher Genehmigung des Instituts für kosmische Forschung, Sowjetische Akademie der Wissenschaften.

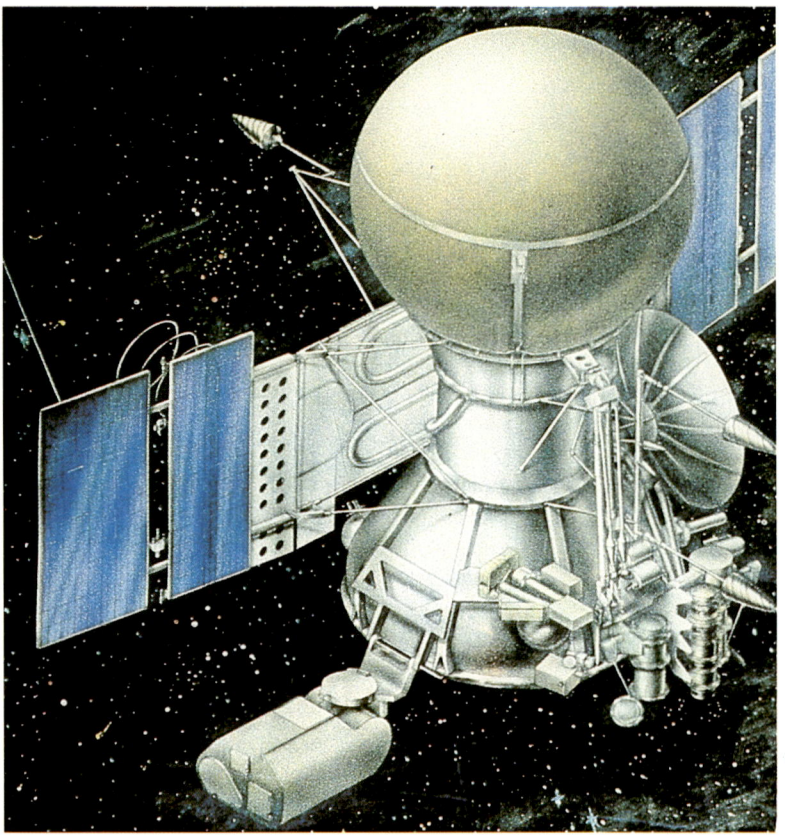

meten bei dessen Auftauchen im Jahr 1301 in seine »Anbetung« einbaute, ein berühmtes Freskengemälde in der Arena-Kapelle zu Padua.

In Tyuratam in der Kasachischen Sowjetrepublik steigen zwei Proton-Raketen in den Himmel. Sie haben einen kühnen Auftrag: Sie sollen zur Venus fliegen, dort zwei Raumsonden absetzen, die zum erstenmal nachts auf dem erdnächsten Planeten landen sollen. Außerdem sollen sie zwei Ballonstationen aufsteigen lassen, die meteorologische Untersuchungen in der mittleren Atmosphäre anstellen und acht Monate später mit dem Halleyschen Kometen zusammentreffen sollen. Die Raumsonde heißt *Vega*. Ve- von Venéra, dem russischen Wort für Venus, und -ga von Galley, denn die russische Sprache verfügt zwar über ein aspiriertes G, aber nicht über ein H. Zu der Halley-Nutzlast an Bord der Vega gehören zwölf verschiedene wissenschaftliche Instrumente. Zusätzlich zu sowjetischen Instrumenten hat die Vega-Sonde Ausrüstung aus Österreich, Bulgarien, der Tschechoslowakei, der Deutschen Demokratischen Republik, der Bundesrepublik Deutschland, Ungarn, Polen und den Vereinigten Staaten mit sich.

Die Vereinigten Staaten von Amerika haben in der Erforschung des Sonnensystems mit Raumsonden eine Schlüsselrolle. So haben sie zum Beispiel zum erstenmal alle Planeten von Merkur bis Uranus und Dutzende von Monden untersucht. Aber die Vereinigten Staaten bauten keine Raumsonde zur Erforschung des Halleyschen Kometen. Amerikanische Wissenschaftler und Ingenieure legten verschiedene innovative Entwürfe vor, die eine Reihe wichtiger Daten beigebracht hätten, die Giotto, Vega und die japanischen Flugkörper sammeln können. Aber die Vorschläge wurden sowohl von der demokratischen als auch von der republikanischen Administration abgelehnt. Die finanziellen Mittel reichten nicht aus, denn die Vereinigten Staaten hatten gerade wichtigere Pläne. Die Kosten für eine größere Raumsonde zum Halleyschen Kometen entsprechen etwa den Kosten für einen B-1-Bomber und sind geringer als die Kosten für eine MX-Rakete. Vielleicht ist die amerikanische Reaktion im Jahre 2061, wenn der Halleysche Komet wiederkommt, ein wenig wissenschaftsfreundlicher. Aber während sich die Vereinigten Staaten in diesem Fall gegen die Kometenerforschung entschieden haben, repräsentiert die Flottille von fünf Raumsonden aus 20 Nationen eine aufregende Reaktion der menschlichen Spezies auf diesen Boten aus den Tiefen des Alls und den Ursprüngen des Sonnensystems.

Durch einen Trick werden die Vereinigten Staaten aber doch die ersten sein, die einen Kometen mit Raumsonden aus der Nähe untersuchen. Die Raumsonde ist sehr spärlich ausgestattet. Sie kann keine Bilder, keine Spektren, keine Information über die Zusammensetzung oder über die Strahlungsintensität des Staubes beibringen, sondern nur Daten über geladene Teilchen und Magnetfelder.

An Bord der Vega ist eine amerikanische Versuchsstation. Sie ist dort einzig und allein dank der privaten Initiative John Simpsons, eines Professors für Physik an der Universität von Chicago. Simpson hat an Dutzenden unbemannter Raumsonden der Vereinigten Staaten mitgearbeitet. Zu einer Zeit, als die Vereinigten Staaten ihr Abkommen mit der Sowjetunion über die Zusammenarbeit in der Weltraumforschung als Reaktion auf die sowjetische Außenpolitik nicht verlängerten, entwickelte Simpson ein neues Gerät zur Analyse von Kometenstaub. Er diskutierte sein Instru-

Logo von den Vega-Missionen. Diese Raumsonde hat das Venus-Sinkmodul abgeworfen und ist auf dem Weg zum Halleyschen Kometen. Die Flaggen der beteiligten Nationen sind auch auf dem Bild.

Der International Cometary Explorer (ICE) nähert sich im September 1985 dem Kometen Giacobini-Zinner. Darstellung mit freundlicher Genehmigung der National Aeronautics and Space Administration (NASA).

Komet Giacobini-Zinner, photographiert von Elizabeth Roemer. Mit freundlicher Genehmigung des U.S. Naval Observatory, Flagstaff, Arizona.

INTERNATIONALE KOMETARISCHE FORSCHUNGSREISENDE

Im Jahr 1978 wurde ein Satellit namens International Sun-Earth Explorer 3 (ISEE 3) auf eine Bahn zwischen der Erde und der Sonne geschossen. Er sollte untersuchen, wie der Sonnenwind mit dem Magnetfeld der Erde interagiert. Als seine Mission im wesentlichen erfüllt war, wurde ISEE 3 für eine ganz andere Aufgabe eingesetzt. Robert Farquhar vom Goddard Raumflugzentrum plante ein geniales Manöver, durch das die Raumsonde jetzt mit einem äußerst interessanten Objekt namens Giacobini-Zinner zusammentreffen wird. Giacobini-Zinner ist ein mit Unterbrechungen aktiver, kurzperiodischer Komet. Jüngste Forschungen deuten darauf hin, daß er die Form eines schnell rotierenden Pfannkuchens hat. Sein Äquatorradius ist achtmal so groß wie sein polarer Radius. Der Komet ist auch der Ursprung der flockigen Teilchen, die den Meteorstrom der Draconiden bilden. Es wäre sehr erfreulich, wenn wir Nahaufnahmen von Giacobini-Zinner machen könnten, aber das ist nicht möglich. ISEE 3 hat keine Kamera. Damit die Raumsonde zu Giacobini-Zinner gelangen konnte, wurde mit Hilfe ihrer Steuerraketen die Bahn geändert. Das brachte sie auf eine gemächliche Flugbahn durch den Teil des Erdmagnetfeldes, das, wie ein Kometenschweif, von der Sonne weg zeigt. Dann wurde die Raumsonde fünfmal hintereinander dicht an den Mond herangeflogen. Beim letztenmal, Ende 1983, war sie nur 120 Kilometer von der Mondoberfläche entfernt. Eine winzige Störung in dem kleinen Raketentriebwerk der Raumsonde hätte sie auf dem Mond zerschellen lassen. Statt dessen warf die kumulative Wirkung aufeinanderfolgender Vorbeigänge im Gravitationsfeld des Mondes die Raumsonde (wie einen Kometen aus der Oortschen Wolke, der nahe an Jupiter vorbeifliegt) auf eine ganz neue Flugbahn, die am 11. September 1985 die Bahn des Kometen Giacobini-Zinner schneidet.

Das ist fast sechs Monate, bevor die Flottille der Raumsonden in die Nähe des Halleyschen Kometen gelangt. Man könnte also meinen, daß die ganze Übung politische Gründe hat – wie der erfolglose Versuch der unbemannten sowjetischen Luna-15-Raumsonde im Juli 1969, die Gesteinsproben vom Mond wenige Stunden vor Apollo 11 auf die Erde bringen sollte. Bis zu einem gewissen Grad stimmt das. Aber ISEE 3, jetzt in International Cometary Explorer mit der gefälligen Abkürzung ICE umbenannt, wird so viel nützlichere Informationen liefern, als wenn sie einfach weiter in der Nähe der Erde herumgelungert wäre. ICE ist ein Beweis für die bemerkenswerten Möglichkeiten, mit denen wir heute im inneren Sonnensystem herumgondeln können. Sie müssen nur wissen, wie man mit einem kleinen Raketentriebwerk umgeht, und die Massen des Mondes und der Planeten und die Newtonschen Bewegungsgesetze kennen.

ment bei einer ESA-Konferenz in den Niederlanden und hoffte, es an Bord von Giotto verstauen zu können. Weniger als einen Monat später wurde Simpson von Roald Sagdeev, dem Direktor des Instituts für kosmische Forschung der Sowjetischen Akademie der Wissenschaften, mitgeteilt, daß sein Instrument in die Vega-Sonde eingebaut werden könne. Simpson hatte sein Instrument nie für die Vega-Raumsonde vorgeschlagen. Als Simpson von den zuständigen amerikanischen Behörden die Erlaubnis erhalten hatte, baute er ein Gerät mit einer Technologie, die wenigstens ein Jahrzehnt alt war. Er wollte die amerikanischen Beschränkungen im »Technologie-Transfer« nicht verletzen. Als es dann so weit war, daß die Nutzlasten eingebaut werden konnten, fragten sowjetische Ingenieure Simpson, warum sein Gerät keinen Computermikroprozessor habe wie ihre Geräte. Simpson lächelte.

Alle Raumfahrtorganisationen, die an den Forschungen zum Halleyschen Kometen beteiligt sind, haben versprochen, ihre Ergebnisse Wissenschaftlern weltweit zur Verfügung zu stellen, eingedenk der kosmopolitischen Tradition der Wissenschaft.

Die Raumsonden-Missionen zum Halleyschen Kometen wurden gemeinschaftlich organisiert. Die verschiedenen wissenschaftlichen Instrumente werden sich gegenseitig ergänzen, und die Daten werden schnell ausgetauscht werden. Aber, und das ist viel wichtiger, die Ergebnisse der einen Mission werden auf diese Weise dazu beitragen, den Erfolg der anderen Missionen zu garantieren.

Den geringsten Beitrag leisten die japanischen Missionen. Sakigake wird nur als Testflug in den Weltraum betrachtet und wird in einer Entfernung von einer Million Kilometer am Halleyschen Kometen vorbeiziehen. Planet A jedoch wird bis auf 200 000 Kilometer an den Kometen herankommen und führt eine Ultraviolett-Fernsehkamera mit sich, die seine Wasserstoffkoma über einen Monat lang photographiert, bis die Sonde ihren geringsten Abstand erreicht hat. Da der Wasserstoff durch die Spaltung von kometarischem Wassereis entsteht, werden wir Informationen über den Ausströmungsverlauf des Hauptgases des Kometen haben.

Die Umlaufbahn des Halleyschen Kometen ist um 162° zu der Zodiakal-

Die Raumsonde Planet A bleibt in gebührendem Abstand von dem Halleyschen Kometen, während sie die Wasserstoffkoma im ultravioletten Bereich photographiert. Darstellung von Kazuaki Iwasaki.

Die Bahnen der Venus (der innere blaue Kreis) und Erde (der äußere blaue Kreis), des Halleyschen Kometen und der Vega-Raumsonde. Die farbigen Pfeile verdeutlichen die Bahn des Halleyschen Kometen, während die schwarzen Pfeile die Richtung der Vega-Sonde darstellen. Diese beginnt ihre Reise auf der Erde (10-Uhr-Position), trifft dann mit der Venus zusammen (5-Uhr-Position), kreuzt die Bahn der Erde noch zweimal, bis sie zum Halleyschen Kometen gelangt (um 3 Uhr). Die Giotto-Raumsonde, die kein Zusammentreffen mit einem Planeten im Programm hat, nähert sich dem Halleyschen Kometen nach einfacher Reise. Diagramm von Jon Lomberg/BPS.

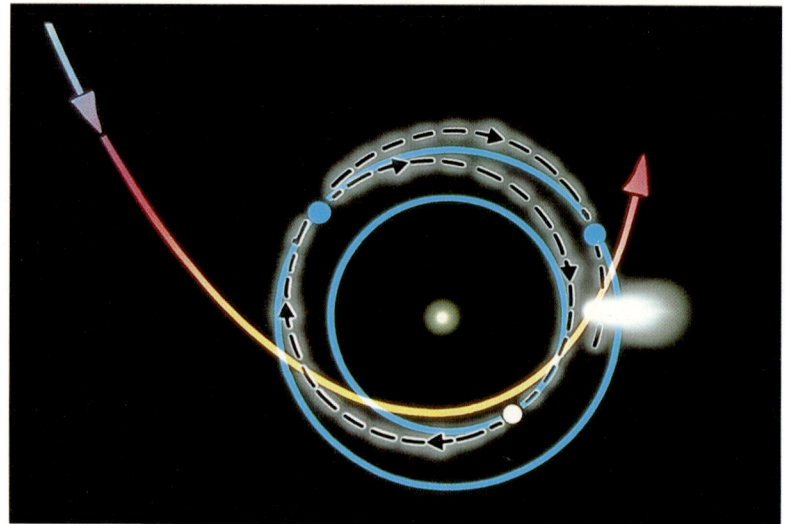

ebene oder der Ekliptik, der Ebene der Erdumlaufbahn, geneigt. Der Komet kann also nur abgefangen werden, wenn sich seine Umlaufbahn und die Umlaufbahn der Erde schneiden. Aus diesem Grund führen die Flugbahnen der Vega-Raumsonde am 6. und 9. März 1986 am Halleyschen Kometen vorbei. Vega 1 soll bis auf 10000 Kilometer an den Kometen herankommen, Vega 2 vielleicht ein bißchen näher. Giotto soll sich am 13. März 1986 dem Kern des Halleyschen Kometen nähern und ein paar hundert Kilometer über ihm hinwegfliegen. Wegen der riesigen relativen Geschwindigkeit wird das Zusammentreffen nur wenige Stunden dauern, und einige wichtige Messungen werden in wenigen Minuten vorgenommen werden. Aber wenn Sie in einer Entfernung von ein paar hundert Kilometern an dem Kometen vorbeifliegen wollen, müssen Sie bis auf wenige hundert Kilometer genau wissen, wohin er fliegt, und niemand kennt die Bahn des Halleyschen Kometen so genau. Deshalb wurde zwischen der Sowjetunion, den Vereinigten Staaten und der European Space Agency (ESA) ein kooperativer Navigationsplan mit dem Namen Pfadfinder ausgearbeitet. Radioteleskope der US-Weltraumbehörde NASA werden in Zusammenarbeit mit den Sowjets auf dem Hintergrund viel weiter entfernter extragalaktischer Quasare die Funksignale von der Vega empfangen und aufzeichnen.*

Die Position und Richtung der Raumsonde in Relation zur Erde kann auf diese Weise mit großer Genauigkeit bestimmt werden. Anhand der ersten Bilder, die von der Vega gesendet werden, können sowjetische Wissenschaftler die Richtung des Kerns des Halleyschen Kometen genau benennen. Und da wir wissen, wo sich Vega relativ zur Erde befindet und wo der Halleysche Komet relativ zu Vega, wissen wir auch, wo sich der Halleysche Komet relativ zur Erde befindet. Diese Information muß sehr schnell aus den Beobachtungen errechnet werden, damit Giotto ein sehr kniffliges Manöver durchführen kann: Um die winzigen Details zu optimieren, die Giotto-Kameras im Kometenkern sehen werden, muß die Raumsonde sehr dicht an dem Kometen vorbeifliegen. Wenn sie aber an der Nachtseite vorbeifliegt, wird es nichts zu sehen geben. Ohne die Ko-

---

* Die französisch-sowjetischen Ballone, die in die Atmosphäre der Venus hinabgelassen wurden, sollen auch von amerikanischen Radioteleskopen verfolgt werden. Man erwartet, daß die Ballone ein oder zwei Tage aushalten, bis sie in der chaotischen Welt der Venus zerstört werden.

Die Raumsonde Giotto nähert sich mutig dem Kern des Halleyschen Kometen. Darstellung mit freundlicher Genehmigung der Astronomical Society of the Pacific and European Space Agency (ESA).

operation amerikanischer Radioteleskope und sowjetischer Raumsonden wäre es den Giotto-Forschern nicht möglich, die nahe Passage zu planen, und Giotto könnte den Kometen um 1000 Kilometer oder mehr verfehlen. Aber die Wissenschaftler haben nur zwei Tage Zeit, um die Daten von Vega auszuwerten und daraus die korrigierte Flugbahn für Giotto zu berechnen. Es wird ein Wettlauf mit der Zeit und mit dem Kometen.

Bei einer Entfernung von 500 Kilometern ist das kleinste sichtbare Detail ungefähr 30 Meter groß. Wenn Photographien in geringerer Entfernung gemacht werden, ist die Auflösung besser. Da Giotto so nahe wie möglich an der Tagesseite des Kerns des Halleyschen Kometen vorbeifliegen wird, besteht durchaus die Möglichkeit, daß die Raumsonde mit dem Kometen zusammenstößt. Wenn der Zusammenstoß stattfindet, wird Giotto über die gesamte Kometenlandschaft verteilt sein. Die relative Geschwindigkeit von Raumsonde und Komet ist ungefähr 75 Kilometer pro Sekunde. Wenn es zu einer solchen Kollision kommt, werden die verstreuten Fragmente einer Maschine von der Erde in den Kometenschnee eingebettet und über die Plutobahn hinausgetragen wie Kapitän Ahabs Leiche, die das Schicksal an den großen weißen Wal Moby Dick gekettet hat. Nach 76 Jahren würden sie zurückkehren und dann vielleicht von Historikern der Technik entdeckt werden.

Auch wenn Giotto nicht mit dem Kometenkern zusammenstößt, drohen ihm viele Gefahren. Gewöhnlich ist die äußere Haut einer Raumsonde nur ein paar Millimeter dick. Ohne andere Vorrichtungen würde eine solche Haut in der Nähe eines Kometenkerns zweifellos durchlöchert. Radaruntersuchungen deuten darauf hin, daß Kometen möglicherweise von einer Trümmerwolke umgeben sind, die einzelne Fragmente von der Größe einer Faust und zahllose kleine Partikel enthält. Aus Sicherheitsgründen ist an der Raumsonde ein Meteorpuffer angebracht, wie er in den 1950er Jahren erstmals von Fred Whipple vorgeschlagen wurde, dem Erfinder des Schmutzigen-Schneeball-Modells für einen Kometenkern. Whipple plädierte für eine dünne Außenhaut, die einen dickeren Schutzschild umhüllte. Diese zwei Schichten dienten gemeinsam dazu, die Raumsonde vor allen (außer den größten) Partikeln zu schützen. Der Meteorpuffer der Giotto-Sonde besteht aus Stoff und Epoxyharz, demselben Material, das für kugelsichere Westen verwendet wird. Die beiden Vega-Raumsonden besitzen einen ähnlichen Schutzmantel.

Eine internationale Zusammenarbeit bei der Begegnung mit dem Halleyschen Kometen findet auch noch auf andere Weise statt. Nehmen wir an, Sie interessierten sich für stündliche Informationen über die Ausströmungsfontänen in einem Kern oder monatelang für die Struktur des Schweifes in der Nähe des Perihels. Mit so vielen Daten wird eine Raumsonde einfach nicht fertig. Sie müssen also die Beobachtungen von der Erde aus machen. Aber die Erde dreht sich. Der Komet geht auf und unter, Sie bräuchten Beobachter, die über den ganzen Planeten verteilt sind. Mehr als 900 professionelle Astronomen aus 47 Ländern und viele Amateure haben eine Organisation namens »International Halley Watch« (Internationale Beobachtung des Halleyschen Kometen) gegründet, die alle Beobachtungen koordinieren soll. Die International Halley Watch wurde von Louis Friedman, dem leitenden Direktor der Planetary Society – das ist die größte astronomische Organisation der Welt –, konzipiert. Sie macht den ersten größeren Versuch, einen Kometen weltweit zu beobachten. Internationale Zusammenarbeit war jedoch von Anfang an ein entscheidender Faktor bei der Erforschung von Kometen, und Newtons Berechnung der Flugbahn des Kometen von 1680 basierte wesentlich auf Beobachtungen, die in verschiedenen Nationen gemacht wurden (Kapitel 3).

Sowohl die Vega- als auch die Giotto-Fernsehkameras werden Farbphotographien aufnehmen. Außerdem haben sie Filter, die auf die Frequenzen bestimmter Kometenausströmungen, C_2 zum Beispiel und CN (Kapitel 8), abgestimmt sind. Wir werden Großaufnahmen des Kometen im Licht dieser Molekularfragmente haben. William Huggins wäre hoch erfreut gewesen.

Wissenschaftler hoffen, über Photographien, die vor dem Zusammentreffen gemacht wurden, die Positionen der spritzenden Kernausströmungen festlegen und die Kameras so einstellen zu können, daß der Raum zwischen den Ausströmungsstrahlen photographiert werden kann. Das ist so ähnlich, als sähe man ein Haus am anderen Ende der Straße durch eine momentane Lücke in einem Schneesturm. Aber wahrscheinlich ist es doch nicht ganz so schwierig. Der Kern, die Koma und der Schweif wer-

»Es gab eine Zeit – und das ist noch gar nicht lange her –, als die Vorstellung, die Zusammensetzung von Himmelskörpern zu erforschen, selbst von hervorragenden Wissenschaftlern und Denkern für unsinnig gehalten wurde. Diese Zeit ist jetzt vorbei. Doch die Vorstellung von einer nahen, direkten Untersuchung des Universums wird heute, so glaube ich, noch unglaublicher erscheinen. Hinaus auf die Oberfläche eines Asteroiden treten, mit der Hand einen Stein vom Mond aufheben, im himmlischen Raum bewegliche Versuchsstationen aufstellen und um die Erde, den Mond, die Sonne lebendige Ringe legen, den Mars aus ein paar Zehn Werst Entfernung beobachten, auf seinen Trabanten und sogar auf der Oberfläche des Mars landen – das alles klingt ganz und gar unglaublich! Aber erst mit der Erfindung der Rückstoßflugkörper [Raketen] wird eine neue und große Ära der Astronomie beginnen, eine Epoche der sorgfältigen Erforschung des Himmels.«

Konstantin Ziolkowsky: *Erforschung des Weltraums durch Rückstoßflugkörper*, Moskau 1911

den auf vielen Frequenzen von ultraviolettem, sichtbarem und infrarotem Licht untersucht. Staubpartikel werden gezählt und gemessen werden. Massespektren werden Aussagen über die Zusammensetzung der Muttermoleküle machen. Die Intensität geladener Teilchen und Magnetfelder wird festgestellt werden. Aller Wahrscheinlichkeit nach stehen wir auf der Schwelle einer Revolution in unserem Verständnis von der Natur der Kometen, und wenn man die Geschichte der Weltraumforschung als Richtschnur nehmen darf, dann werden die interessantesten Ergebnisse Antworten auf Fragen geben, die bis jetzt noch gar nicht gestellt wurden.

Astronauten aus dem 21. Jahrhundert untersuchen die Oberfläche eines Kometenkerns. Von jenseits des Horizonts schießt eine Fontäne aus verdampftem Eis in den Raum. Die Raumfähre der Besucher fliegt parallel zu dem Kometen. Darstellung von Pam Lee.

19. Kapitel
Sterne des Großen Kapitäns

Welche Ansicht auch immer wir von der physikalischen Beschaffenheit der Kometen haben, so müssen wir doch zugeben, daß sie einen großen und wichtigen Zweck in der Ökonomie des Universums erfüllen; denn wir dürfen nicht meinen, der Allmächtige habe eine so große Zahl von Körpern erschaffen und sie nach festgesetzten Regeln in Bewegung gesetzt, ohne daß sie ein Ziel hätten, das seiner Fertigkeiten würdig ist, und insgesamt den Bewohnern des Systems, durch das sie sich bewegen, zum Nutzen gereicht.

Thomas Dick: *The Sidereal Heavens and Other Subjects Connected With Astronomy, As Illustrative of the Character of the Deity and of an Infinity of Worlds,*
Philadelphia 1850

Dann reisten sie von Mond zu Mond, und als ganz dicht am letzten ein Komet vorüberzog, schwangen sie sich mit ihren Instrumenten und Dienern hinüber.

Voltaire, *Mikromegas,* übers. Liselotte Route und Walter Widmer, München, o. J.

Wenn der Mensch etwas Neues entdeckt, hat er eine natürliche Neigung dazu – die wahrscheinlich fest in seinem Hirn installiert ist –, es zu benützen. Diese merkwürdige Veranlagung, die in dieser systematischen Art kein Tier und keine Pflanze zeigt, ist gleichzeitig der Hauptgrund für die Leistungen des Menschen und ein wichtiger Grund dafür, daß so viel von der Oberfläche der Erde zerstört wird. Vögel verstehen es besser als Menschen, ihr Nest nicht zu beschmutzen.

Wenn der Trend weiterhin anhält und wenn wir uns vorher nicht selbst zerstören, ist es wahrscheinlich, daß wir irgendwann im 21. Jahrhundert damit beginnen, Kometen nutzbar zu machen. Die Umgebung des leeren Weltraums, die Oberflächen großer Himmelskörper und die gesamten Volumen kleiner Himmelskörper werden von Forschern (Robotern oder Menschen der Zukunft) besucht und genutzt werden. Die Schätze, die Isolation und die Perspektiven, die diese neuen Gebiete in Aussicht stellen, könnten einen günstigen Einfluß auf die streitbare menschliche Spezies haben; auch wenn die Wahrscheinlichkeit mindestens genauso groß ist, daß die unverantwortlichen Verhaltensweisen im Zusammenhang mit der Umwelt auf den Kosmos ausgedehnt werden. Auf dem Mond liegen Tüten mit menschlichen Exkrementen herum. Sie sind ein deutliches Symbol für die andere Seite der Raumfahrttechnologie. Der Krieg der Sterne, die sogenannte Strategische Verteidigungsinitiative (SDI), gehört gleichfalls zu diesem Problemkreis. Einer der Reize der Kometen besteht darin, daß es so viele von ihnen gibt. Selbst wenn die menschliche Neigung, Abfall wegzuwerfen, die Umwelt zu verschmutzen und zu zerstören, zunimmt, wäre es nicht so einfach, Billionen kleiner Welten zu plündern. Selbst bei den paar tausend, die im planetarischen Teil des Sonnensystems existieren, dürfte der Mensch dazu ein Weilchen brauchen. Vielleicht können wir unsere ethischen Muskeln auf den Kometen wirksamer stählen als auf der Erde. Es wäre jedoch einfach närrisch, mit der »Nutzbarmachung« der Kometen – was immer das zur Folge hätte – zu beginnen, bevor wir sie nicht wirklich kennen. Dann kann man sogar dafür eintreten, daß ganze Kometen abgetragen und verarbeitet werden, denn in Zehntausenden von Jahren werden die meisten kurzperiodischen Kometen aus dem Sonnensystem hinausgeschleudert worden sein, wenn sie nicht vorher mit den Planeten zusammenstoßen oder zu Asteroiden werden. In diesem Fall, wenn auch nicht auf dem emotionsgeladenen Gebiet nuklearer Kriegswerkzeuge, hat die Redensart »Nimm oder verlier« eine gewisse Rechtfertigung.

Wie könnten wir einen Kometen »nutzen«? Wir könnten ihn zerstören oder seine Bahn verändern, wenn er eine Gefahr für die Erde darstellt. Oder wir könnten ihn wegen seiner Bodenschätze ausbeuten oder ihn besiedeln. In diesem Kapitel wollen wir jede dieser Möglichkeiten diskutieren.

Eine der frühesten Verbindungen von Kometen und Raumfahrt wurde jedoch ganz anders hergestellt. Konstantin Ziolkowsky war ein begabter Lehrer in einer Zeit, als Ballone noch höher flogen als Raketen. Um die Jahrhundertwende legte er in einer Reihe von Schriften ausführlich dar, wie die Raketenmaschine die menschliche Spezies schließlich in den Weltraum bringen würde. Sein Einfluß auf das sowjetische Raumfahrtsprogramm ist immer noch spürbar, und in der Eingangshalle des Instituts für kosmische Forschung der sowjetischen Akademie der Wissenschaften in Moskau steht eine heroische Büste Ziolkowskys. 1911 schrieb er in einer Publikation mit dem Titel *Erforschung des Weltraums durch Rückstoßflugkörper:*

Lange Zeit glaubte man, daß mit Kometen das Ende der Welt kommen würde. Diese Befürchtung ist nicht ganz unberechtigt, auch wenn die Wahrscheinlichkeit eines solchen Weltendes außerordentlich gering ist. Nichtsdestoweniger könnte es eintreten, morgen oder in Billionen von Jahren. (Aber) es wird Kometen und anderen Körpern, jenen höchst zufälligen, aber furchtbaren und unerwarteten Feinden lebendiger Wesen, schwerfallen, mit einem Schlag alle Wesen zu vernichten, die (außerirdische) Lebensräume gefunden haben ...

Eine Science-fiction-Darstellung eines Kometen im Saturnsystem. 1936 in einer Ausgabe einer bekannten Science-fiction-Zeitschrift. Mit freundlicher Genehmigung der Science Fiction Library, Massachusetts Institute of Technology.

Es ist vorstellbar, sagt Ziolkowsky, daß ein Komet das Leben auf einem Planeten auslöscht, aber nicht auf vielen Planeten gleichzeitig; deshalb sollten wir, um das Überleben der menschlichen Spezies auf Dauer zu sichern, das Sonnensystem besiedeln. Das Argument verliert allerdings ein wenig an Kraft, wenn es sich als wahr herausstellen sollte, daß Kometenkatastrophen sehr wahrscheinlich durch Kometenschauer herbeigeführt werden, die von sporadischen Sternpassagen oder interstellaren Wolken oder von Nemesis, wenn es sie geben sollte, erzeugt werden könnten. Stellen Sie sich vor, wie Astronomen auf benachbarten Welten einen roten Zwergenstern aufspüren, der in der inneren Oortschen Wolke Verwüstungen anrichtet. Und dann wird ein Schwarm von Kometen – mehr als genug, um in jede der bewohnten Welten einzuschlagen – entdeckt, der sich den Planeten nähert. Aber im Prinzip hat Ziolkowsky durchaus recht: Je mehr Welten mit einer eigenständigen menschlichen Bevölkerung es gibt, desto unwahrscheinlicher ist es, daß eine zufällige Katastrophe unsere Rasse auslöscht. Ziolkowsky hatte sich nicht ausgemalt, daß die Menschen zwei Generationen später in der Lage sein würden, mit Raketentriebwerken, auf die er so große Hoffnungen setzte, ihre eigene Zivilisation zu zerstören. Die Geschichte der Raketentechnik hat viele solcher Widersprüche. Ziolkowskys Argument für Kolonien im Weltraum wird zweifellos dafür eingesetzt werden, einen Atomkrieg als doch nicht ganz so schlimm darzustellen, wie es die Warner stets tun.

Die Vorstellung, daß die Menschen etwas gegen einen Kometen tun könnten, der sich auf Kollisionskurs mit der Erde befindet, hat ebenso wie der Gedanke, einen Asteroiden oder Kometen einzufangen und ihn für menschliche Zwecke nutzbar zu machen, viele Vorläufer in der Science-Fiction-Literatur. In *The Comet Hunters*, einem Roman von Jean Kerouan aus dem frühen 20. Jahrhundert, erfindet ein Professor Granger ein Strahlengewehr, um einen fiktiven Swanleyschen Kometen auf die Umlaufbahn der Erde abzulenken, von wo aus er einen günstigen Einfluß auf Klima und Landwirtschaft haben würde. Aber der treulose Assistent des Professors stiehlt die Pläne und dazu ein kleines Bündel Geldscheine von einem amerikanischen Milliardär. Er nimmt den Namen Kahn Zagan an und stellt das Strahlengewehr an der tibetanischen Grenze seiner mongolischen Heimat auf. Anschließend nimmt Kahn Zagan die ganze Erde als Geisel. Er droht, den Kometen so abzulenken, daß er mit der Erde zusammenstößt. Aber Granger und ein geschickter tibetanischer Lama, Meister der Seelenübertragung, vereiteln den bösen Plan und leiten den Kometen zum Mond um, wo er bei der Kollision unseren natürlichen Trabanten aus langer geologischer Lethargie reißt. Alles geht gut aus, außer – natürlich – für Kahn Zagan.

Ähnliches passiert in einem Roman aus dem Jahr 1917 mit dem Titel *The Second Moon*, den R. W. Wood und A. Train (Wood war Professor für Optik an der Johns-Hopkins-Universität und damals ein bekannter Physiker)

Ein kleiner Kometenkern über New York kurz vor dem Einschlag. Darstellung von Michael Carroll.

geschrieben haben. Sie erfanden einen Asteroiden namens »Medusa«, dessen Bahn durch den dichten Vorübergang eines Kometen gestört und so umgelenkt wurde, daß er auf die Vereinigten Staaten abstürzen würde. Prompt wird eine Raumsonde mit einer neuerfundenen Strahlenkanone gestartet, die die unschuldige Medusa in einen Feuerball verwandelt. Ihre Bahn hat sich auf erfreuliche Weise geändert, und die Überreste des Asteroiden ziehen sich in eine sichere Bahn um die Erde zurück, wo sie gewinnbringend eingesetzt werden können.

Ungefähr alle 10 000 Jahre trifft ein Komet oder ein Asteroid mit rund 100 Metern Durchmesser die Erde. Ein solcher Körper hat eine Einschlagsenergie von circa zehn Megatonnen. Das entspricht der Explosion einer einzigen großen Atombombe aus dem derzeitigen Arsenal und hat ungefähr die tausendfache Sprengwirkung der Bombe, die Hiroshima zerstörte. Da nicht mit nennenswerter radioaktiver Strahlung zu rechnen ist, wäre ein solcher Einschlag viel weniger gefährlich als die Detonation einer einzigen Zehnmegatonnenbombe auf der Erde. Und da ein solcher Körper zufällig irgendwo auf der Erde einschlägt, wäre auch die Wahr-

Nach dem Einschlag eines kleinen Kometenkerns sind Teile New Yorks verwüstet. Darstellung von Michael Carroll.

scheinlichkeit, daß er eine Stadt trifft, sehr gering. Der entstehende Krater hätte, wenn er sich zu Land bildete, einen Durchmesser von rund einem Kilometer. Außerhalb des Kraters wäre der Schaden gering. Die Chance, daß ein so kleines Objekt auf ein bewohntes Gebiet fällt, ist gering, und es ist unklar, ob es gerechtfertigt ist, außergewöhnliche Anstrengungen zu unternehmen, um auf eine solche Möglichkeit vorbereitet oder gegen sie gewappnet zu sein.

Aber ungefähr einmal in einer Million Jahren wird ein Komet oder ein Asteroid mit einem Kilometer Durchmesser zufällig in die Erde einschlagen. Die Einschlagsenergie würde ungefähr 10000 Megatonnen betragen. Das entspricht der Detonationsenergie von zehn Milliarden Tonnen TNT. (Wenn Sie zehn Milliarden Tonnen eines chemischen Sprengstoffes in einem Würfel aufschichteten, wäre jede Seite des Würfels mehr als ein Kilometer lang.) Das ist nur ein bißchen weniger als die gesamte Schlagkraft aller Atomwaffen, mit denen die Menschen auf diesem Planeten sitzen. (Das Waffenarsenal der Welt übersteigt 13000 Megatonnen). Eine Explosion dieses Ausmaßes würde so viele kleine Partikel in die Atmosphäre

Unerschrockene, aber unfreiwillige Besucher auf einem Kometen aus dem Roman *Reise durch das Sonnensystem* von Jules Verne.

schleudern, daß gravierende klimatische Veränderungen zu befürchten wären, vergleichbar jenen Ereignissen, die offenbar zum Aussterben der Dinosaurier (Kapitel 16) und der meisten Arten auf der Erde vor 65 Millionen Jahren geführt haben.*

Wenn ein solches Ereignis durchschnittlich einmal in einer Million Jahren eintrifft, ist die Chance eins zu einer Million, daß es im kommenden Jahr eintrifft. Aber die Chance von eins zu einer Million entspricht etwa dem Risiko, das sie bei einem Flug mit einer kommerziellen Luftfahrtgesellschaft eingehen. Viele Menschen nehmen solche Risiken ernst. Es wird also sinnvoll sein, zuerst die Zahl der nahen Kometen und erdnahen Asteroiden festzustellen, die eines Tages auf die Erde stürzen könnten, und dann zu untersuchen, ob wir mit der bestehenden Technologie Möglichkeiten finden können, jedes beliebige Objekt, das mit ungemütlich hoher Wahrscheinlichkeit in die Erde einschlagen könnte, abzulenken oder zu zerstören.

Nach solchen Objekten wird mit weitwinkligen Bodenteleskopen gesucht, so zum Beispiel mit den Schmitt-Teleskopen in der Palomar-Sternwarte in Kalifornien, wo die amerikanische Astronomin Eleanor Helin mehrere dieser Objekte jährlich entdeckt. Aber solche Forschung findet leider wenig finanzielle Unterstützung. Es gibt wahrscheinlich 1000 Körper mit ungefähr einem Kilometer Durchmesser, von denen nur ein paar Dutzend bekannt sind, und 100 000 Körper mit 100 Metern Durchmesser, von denen nur wenige bekannt sind. Und diese wurden erst vor kurzem entdeckt. Es wäre nicht nur ein Zeichen für solide Wissenschaft, sondern auch, wie Eugene Shoemaker betont hat, für simple menschliche Klugheit, wenn solche Forschungsprojekte zur Entdeckung kleiner Körper und großer, dunkler Himmelskörper (die meisten großen hellen wurden bereits gefunden) in der Umgebung der Erde stärker gefördert würden.

Zu dem Problem, was man gegen einen Kometen oder Asteroiden auf Abwegen tun könnte, wurden einige provokative Studien angefertigt. Die Pionierarbeit war das Ergebnis eines studentischen Projekts im Jahre 1967 am Institut für Technologie in Massachusetts (MIT) im Rahmen eines Graduiertenkurses zu dem Thema »Fortschrittliche Techniken in der Raumfahrt«. Das Problem war Ikarus, ein Asteroid, der sich der Erde näherte und im folgenden Jahr in ungefähr sechs Millionen Kilometer Entfernung an der Erde vorbeiziehen sollte. Angenommen, so stellte sich das Problem, Ikarus flöge schnurgerade auf die Erde zu. Was könnten wir dagegen tun? Folgestudien haben die Schlußfolgerungen des »Projekts Ikarus« im allgemeinen bestätigt. Die Gemeinschaftsarbeit der Studenten und anderer Fakultätsmitglieder wurde, was für Graduiertenseminare nicht unbedingt typisch ist, als Buch veröffentlicht und hatte die Produktion eines teuren Hollywood-Films zur Folge. Er hieß *Meteor;* besser wäre »Meteorit« gewesen, aber das klang wohl zu kleinkariert.

Die MIT-Ingenieure ließen die Strahlengewehre der früheren Generation fallen und entschieden sich für weit hinauf reichende Nuklearwaffen und Saturn-5-Raketen. Je stärker die Explosion ist, desto größer ist der entstehende Krater. Aber wenn die Kratertiefe nur der Größe des eindringenden Objektes entspricht, steht der Aufwand in keinem Verhältnis zum Nutzen. Höher reichende Waffen würden das Objekt nur in viele Trümmer zerschmettern. Auf diesem Weg berechnete das MIT-Team, daß Ika-

---

* Über lange Zeiträume hinweg wird es noch viel katastrophalere Zusammenstöße geben. Mit Einschlägen von Objekten, die einen Durchmesser von zehn Kilometern haben, also die Masse eines großen Kometenkerns, ist ungefähr alle 100 Millionen Jahre zu rechnen. Solche Körper würden eine Explosion verursachen, die tausendmal stärker wäre als die gleichzeitige Detonation aller Nuklearwaffen der Erde an einem einzigen Ort.

rus mit einer Explosion von nur 100 Megatonnen »zerstört« werden könnte. Wahrscheinlicher wären aber ein paar tausend Megatonnen nötig. Das ist ein Bruchteil des heute weltweit vorhandenen Waffenarsenals. Es ist jedoch nicht sicher, ob die Zertrümmerung eines großen Kometen auf Kollisionskurs in Hunderte oder Tausende von Bruchstücken den Bewohnern des Zielplaneten viel hilft. In Science-Fiction-Filmen gelingt es mit Leichtigkeit, eindringende Objekte »aufzulösen« und so die Bedrohung zu beseitigen. In Wirklichkeit würden sich die Trümmer mit dem ursprünglichen Massezentrum weiterbewegen. Viele Bruchstücke würden mit der Erde kollidieren und über ein viel größeres Gebiet verteilt Zerstörungen anrichten. Es ist viel zweckmäßiger, den Kometen oder Asteroiden auf eine Umlaufbahn zu lenken, auf der er der Erde nicht gefährlich nahe kommt. Auch das, so zeigte die MIT-Gruppe, könnte man mit Hilfe von Nuklearwaffen tun.

Wenn Sie einen drohenden Einschlag erst spät bemerken und den Eindringling ablenken müssen, während er sich der Erde nähert, brauchen Sie Nuklearwaffen, möglicherweise Tausende von Megatonnen. Sie müßten die Nuklearwaffen dicht nebeneinander auf der Oberfläche des Kometenkerns aufstellen und alle auf einmal zünden. Die verdampften Eise, Staub und organischen Stoffe würden dann von einer Seite des Kerns in den Weltraum geschleudert werden und hätten die Wirkung eines zwar kurzlebigen, aber effektiven Raketenantriebes von nie dagewesener Kraft. Der Komet könnte auf diese Weise beschleunigt oder verlangsamt, seine Umlaufbahn geändert und die Erde somit gerettet werden. Wenn Sie aber beträchtlich früher von dem Eindringling wüßten, könnten Sie das Problem sehr raffiniert auf einer früheren Umlaufbahn lösen. Sie könnten beim Durchgang des Körpers durch das Perihel, wo eine geringe Geschwindigkeitsveränderung sich bei folgenden Umläufen vervielfachen würde, mit viel kleineren Explosionen operieren. Bei diesem Verfahren kann der erforderliche Anstoß so klein sein, daß konventionelle Sprengstoffe möglicherweise ausreichen. Sogar ein richtiger Raketenantrieb, der an dem bedrohlichen Asteroiden oder Kometen angebracht wird und örtliches Material als Brennstoff, Oxidationsmittel und Rückstoßmasse benützt, könnte ausreichen. Dieser subtilere Weg, das Problem zu lösen, taucht in der ursprünglich bahnbrechenden MIT-Studie nicht auf. Das kann uns zeigen, daß ein bißchen Wissen viele Megatonnen aufwiegt.

Wenn wir uns schon überlegen, wie man Asteroiden oder Kometen herumschieben kann, damit sie nicht auf die Erde stürzen, können wir uns auch damit auseinandersetzen, wie man ihre Bahnen zu anderen Zwecken verändern könnte. Bevor die Menschen die Bergwerke erfanden, waren Meteoriten die einzige Quelle für verhüttbares Eisen. Daran erinnern viele Sprachen, in denen das Wort für Eisen mit dem Wort für Himmel verwandt ist. (Das lateinische Wort *siderus* kommt von dem Wort für Stern oder Sternbild, und das griechische Wort für Eisen ist *sideros*.) Vor Milliarden von Jahren schmilzt ein Asteroid und bildet einen Nickel-Eisen-Kern unter einem Mantel aus Gestein. Eine heftige Kollision mit einem anderen Asteroiden streift den Mantel ab, und der reinmetallische Kern bleibt übrig. Eine weitere Kollision schleudert Metallstücke in den Weltraum. Millionen Jahre später fallen sie auf die Erde, versetzen einen umherschweifenden Frühmenschen in Erstaunen und geben einen weiteren Anstoß zu Technologie und Zivilisation.

Da die Platingruppe der Metalle (Kapitel 17) in Asteroiden (und wahrscheinlich in Kometen) vergleichsweise viel häufiger vorkommt als auf der Erde, gäbe es handfeste ökonomische Gründe dafür, daß man die

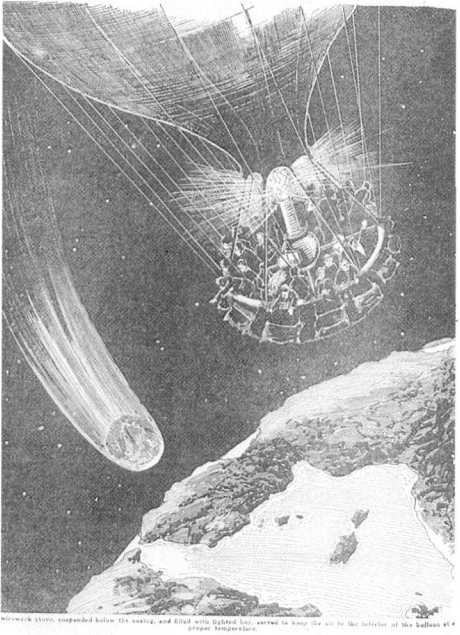

Jules Vernes Kometenforscher verlassen den Kometen, als er in der Nähe der Erde vorbeizieht, und landen mit einem Ballon in Europa. Kupferstich von Frank R. Paul aus Vernes Roman.

> Eines, Erlauchte Fürsten, ist gewiß: In diesen Ländern müssen unermeßliche Naturschätze von großem Nutzwert vorhanden sein.
>
> Christoph Kolumbus: *Bordbuch* 27. November 1492, übers. Anton Zahorsky, Zürich-Leipzig, 1941

Vorkommen auf kleinen Körpern, die der Erde nahe kommen, abbaut. Ein Asteroid mit einem Durchmesser von 100 Metern hat eine Masse von einer Million Tonnen. Es gibt ungefähr 100000 von ihnen in der Umgebung der Erde. Auf einem Planeten mit schrumpfenden Vorräten an dem Menschen zugänglichen Metallen, darunter auch Nickel und die Platingruppe, ist das ein Argument für die kommerzielle Nutzung von Asteroiden. Ein Raketenantrieb wird zu einem Asteroiden gebracht, an ihm befestigt, gezündet und dazu benützt, die Flugbahn des Körpers zu verändern. Vielleicht wird er durch einen Gravitations-Swingby am Mond oder einem nahen Planeten auf eine geeignete Flugbahn um die Erde gebracht. Dort würde mit dem Abbau begonnen, und große Frachtraumschiffe brächten die wertvollen Metalle zur Erde.

Von einem rein kommerziellen Standpunkt aus stellt sich die Frage, ob das Geld, das ausgegeben werden muß, um den Asteroiden zu fangen, das Metall abzubauen und das Asteroidenmaterial zu transportieren, nicht besser darauf verwendet würde, die Metalle aus weniger reichen Vorkommen oder aus größerer Tiefe in der Erde zu holen. Aber der ökonomische Vorteil des Bergbaus im All wird offensichtlich, wenn große Konstruktionen in der Erdumlaufbahn gebaut werden. Solche Konstruktionen werden normalerweise durch die Herstellung von Pharmazeutika oder von exotischen Legierungen, zum Beispiel für Forschungszwecke, gerechtfertigt oder als Station auf dem Weg zu den Planeten oder – wenn wir so dumm sind und es zulassen – durch die Militarisierung des Weltraums. Es ist sehr teuer, Materialien von der Oberfläche der Erde gegen die Gravitationskraft nach oben zu transportieren, und bei weitem billiger, Materialien zu nutzen, die bereits dort oben sind. Wenn wir Menschen im kommenden Jahrhundert damit beginnen, solche Konstruktionen zu bauen, wird es sehr zweckmäßig sein, Asteroiden und Kometen als Rohmaterial zu verwenden. Im Laufe der Zeit werden wir immer mehr praktische Erfahrung damit sammeln, auf kleinen Himmelskörpern zu leben und sie beliebig im inneren Sonnensystem herumzuschieben.

Diese Fähigkeit könnte uns dann eine erstaunliche Möglichkeit eröffnen: In der Umgebung der Erde befinden sich, wie wir bereits gesagt haben, ungefähr 100000 Körper, viele kometaren Ursprungs, mit einem Durchmesser von rund 100 Metern. Die Oberflächen all dieser Körper betragen zusammen 10000 Quadratkilometer. Das ist ein ansehnliches Stück Land, auch wenn es nur so groß ist wie ein viereckiger Block in einem Stadtzentrum. Wenn es in der inneren und äußeren Oortschen Wolke 100 Billionen Kometenkerne gibt, entspricht die Gesamtoberfläche der Kometen der Fläche von Hunderten von Millionen Planeten von der Größe der Erde. Die Kometen bewegen sich so langsam, daß es selbst mit der gegenwärtigen Technologie möglich wäre, einen zu überholen. Der Komet braucht eine Million Jahre, um von hier in die Oortsche Wolke zu gelangen. Die Voyager-Raumsonde legt diesen Weg in 10000 Jahren zurück, und wahrscheinlich werden zukünftige Technologien die Fahrzeit auf weniger als ein Menschenleben reduzieren. Wenn wir planen, wo Menschen in der fernen Zukunft leben könnten, bieten die Kometen die größte Anzahl von Möglichkeiten. Da ein paar Quadratkilometer nur wenige Menschen versorgen können, müssen wir uns eine große Zahl kleiner Welten vorstellen, die alle nur sehr dünn besiedelt sind. Aber sind Kometen überhaupt bewohnbar?

Gewiß können alle molekularen Voraussetzungen für Leben auf Kometen gefunden werden. Menschen bestehen, wie viele andere Lebensformen auf der Erde, hauptsächlich aus Wasser, und außer ein paar Monden im

Die Trojaner. Im Hintergrund die Erdumlaufbahn, im Vordergrund die Jupiterumlaufbahn. Beide Planeten umkreisen die Sonne. 60° vor und 60° hinter der Jupiterbahn gibt es zwei Sammelgebiete für interplanetare Trümmer. Sie gehören zu einer Klasse relativ fester Positionen, die Lagrangesche Punkte genannt werden. Es ist möglich, daß eine ansehnliche Zahl asteroider und kometarischer Körper in diesen Lagrangeschen Punkten versammelt ist und künftiger Forscher harrt. Graphische Darstellung von Jon Lomberg/BPS.

äußeren Sonnensystem gibt es keine bekannten Objekte im Weltraum, die mehr Wasser enthalten als Kometen. Außerdem gibt es auf ihnen große Mengen von organischen Molekülen, die für die Landwirtschaft und für biologische Technologien verwertbar sind. Und wir wissen, daß sie auch Mineralien und Metalle in so großen Mengen enthalten, daß die Vorkommen wirtschaftlich genutzt werden können. Die großen Mengen an Wasser bedeuten auch, daß genug Sauerstoff zum Atmen problemlos hergestellt werden könnte. Raketen, die, wie die Centaur-Rakete, mit Wasserstoff und flüssigem Sauerstoff angetrieben werden, könnten auf einer Kometenoberfläche leicht wieder aufgetankt werden. Unter all diesen Aspekten sind Kometen viel geeignetere Basen und Lebensräume als beispielsweise die hauptsächlich aus Fels und Metall bestehenden Asteroide.

Aber fast das gesamte Leben auf der Erde hängt von der Energie des Sonnenlichtes ab. Die Pflanzen absorbieren das Licht, und die Tiere fressen die Pflanzen. Das innere Sonnensystem ist von Sonnenlicht überflutet, aber mit Ausnahme von Erde und Mars arm an Wasser. Das äußere Sonnensystem dagegen ist reich an (gefrorenem) Wasser, aber arm an Sonnenlicht. Zur Mittagszeit ist es am Äquator auf einer wolkenlosen Welt im Saturnsystem nicht heller als in der Dämmerung auf der Erde. Dort, wo das Wasser ist, gibt es kein Licht und umgekehrt. Darauf wies der amerikanische Wissenschaftler und Schriftsteller Isaac Asimov schon vor vielen Jahren mit Nachdruck hin.

Mit moderner Technologie ist es heute denkbar, dieses Versehen bei der Planung des Sonnensystems wiedergutzumachen. Kometen (und Eisbrocken aus den Saturnringen) können in das innere Sonnensystem getrieben oder geschleppt werden, wo das Eis direkt von der Oberfläche abgebaut werden könnte. Auf verloschenen Kometen müßte man durch die grobe fluviatile Ablagerung den eisigen Kern darunter anbohren. Das Wasser würde in Wasserstoff und Sauerstoff gespalten, um Raketenbrennstoff zu erhalten und um menschliche Vorposten im All und auf erdähnlichen Planeten mit Sauerstoff zu versorgen. Auf Kometen gibt es so viel Wasser, daß man sich sogar vorstellen kann, daß einzelne Gebiete auf verdorrten Welten mit diesem Wasser versorgt werden könnten. Das würde die Umsiedelung von Leben in ehemals öde Regionen ermöglichen. Die organischen Substanzen in einem toten Kometen oder einem kohlenstoffhaltigen Asteroiden könnten, wenn sie fein pulverisiert sind, auch genutzt werden: als Wachstumsgrundlage für Lebewesen und um das höllische Klima der Venus zu mäßigen. Dafür würden Mechanismen eingesetzt (Kapi-

Sie müssen sich schon warm anziehen, wenn Ihr Komet der Sonne so fern ist wie Jupiter (mit seinen vier großen Monden oben links). Aus: Jules Verne, *Reise durch das Sonnensystem*.

tel 16), wie sie in Studien zum Aussterben der Dinosaurier und zum nuklearen Winter beschrieben werden. Verloschene Kometen mit Eiskernen stehen wahrscheinlich schon vor unserer Tür. Sie könnten sich als entscheidender Faktor bei der Nutzbarmachung des Weltraums durch den Menschen im Laufe der nächsten ein oder zwei Jahrhunderte erweisen.

Die wichtigsten biologischen Voraussetzungen, die der Komet nicht – oder wenigstens nicht direkt – bietet, sind Hitze, Wärme und Energie. Über sie verfügen Kometen gewöhnlich nur, wenn sie der Sonne nahe sind. Wir können uns leicht imposante Ansammlungen von Solarzellen vorstellen, die auf und um einen Kometen nahe der Sone – denkbar sogar in der Entfernung der Saturnbahn – aufgestellt sind. Wir können über große Nuklearreaktoren in Kometenbasen in noch größerer Entfernung nachsinnen. Wenn Fusionsreaktoren, die mit Wasser betrieben werden, in der Mitte des nächsten Jahrhunderts kommerziell rentabel werden, wie einige Experten vorhersagen, dann stellten sie die ideale Energiequelle für Kometenbasen dar, denn es gibt gewöhnliches Wassereis in Hülle und Fülle und außerdem noch gefrorenes schweres Wasser, HDO und D_2O (wobei D hier für Deuterium steht, den schweren Wasserstoff mit einem Neutron und einem Proton im Kern).

Eine ziemlich romantische Vorstellung wurde von dem in England geborenen Physiker Freeman Dyson entwickelt. Er nahm an, daß wir durch genetische Manipulationen eines Tages in der Lage sein könnten, einen besonderen Baum von nie dagewesener Größe zu entwickeln, der auf Kometen weit entfernt von der Sonne wachsen würde. Der Baum würde in den organischen Schnee gepflanzt werden und in riesige Höhen wachsen, so daß seine Blätter das spärliche Sonnenlicht auffangen könnten. Ver-

BEWALDETE KOMETEN

Ich schlage Ihnen dann ein optimistisches Bild von der Galaxie als Lebensraum vor. Dort draußen gibt es zahllose Millionen von Kometen mit reichen Vorkommen an Wasser, Kohlenstoff und Stickstoff, den Grundbausteinen lebender Zellen. Wenn sie dicht an die Sonne stürzen, sehen wir, daß sie alle gewohnten Elemente enthalten, die für unsere Existenz nötig sind. Nur zwei wesentliche Voraussetzungen für eine Besiedelung mit Menschen fehlen ihnen: Wärme und Luft. Aber hier wird uns die Biologie zu Hilfe kommen. Wir werden lernen, wie man Bäume auf Kometen anpflanzt; ... auf einem Kometen mit einem Durchmesser von zehn Meilen können Bäume wachsen, die bis zu hundert Meilen hoch werden. Sie sammeln die Energie des Sonnenlichtes auf einer Fläche, die tausendmal größer ist als die Fläche des Kometen. Von weitem wird der Komet aussehen wie eine kleine Kartoffel, aus der ein Urwald von Stämmen und Blattwerk sprießt. Wenn der Mensch auf den Kometen lebt, wird er feststellen, daß er zu der Lebensform seiner Vorfahren zurückkehrt, die auf den Bäumen lebten.

Wir werden nicht nur Bäume auf die Kometen bringen, sondern auch eine reiche Flora und Fauna. So werden wir uns einen schöneren Lebensraum schaffen, als er je auf der Erde existierte. Vielleicht werden wir unseren Pflanzen beibringen, daß sie Samen hervorbringen, die über den Ozean des Raumes segeln und Leben auf Kometen übertragen, die der Mensch noch nicht besucht hat.

Freeman Dyson: *The World, The Flesh, and The Devil*. Dritter J.D.Bernal-Vortrag, gehalten am Birkbeck College in London. Veröffentlicht in C.Sagan (Hrsg.), *Communication with Extraterrestrial Intelligence* (CETI), MIT Press, Cambridge, Massachusetts, 1973

In einigen Jahrhunderten werden Kometenkerne in der Nähe des Saturn der Nährboden für riesige Bäume sein. Darstellung von Jon Lomberg.

schiedene Bedingungen müßten erfüllt sein, unter anderem Hitzeisolation und Maßnahmen gegen den Verlust von Gasen an den luftleeren Raum und ähnliches. Wegen der geringen Gravitation wäre das Wachstum der Bäume nicht durch ihr Gewicht eingeschränkt. Dyson stellt sich Wälder vor, die größer sind als der Komet, auf dem sie wachsen. Der Sauerstoff, der bei der Photosynthese entsteht, »wird hinunter zu den Wurzeln geleitet und in der Region freigesetzt, wo Menschen leben und es sich zwischen den Baumstämmen gemütlich machen.« Dieses »wird« klingt allzu optimistisch, und dennoch könnte diese Idee realisierbar sein. Aber weit entfernt von der Sonne, zum Beispiel mitten in der Oortschen Wolke, nützten selbst so heroische Anstrengungen nichts. Das Sonnenlicht ist dort einfach zu schwach, und etwas wie ein Fusionsreaktor wird gebraucht werden, um die biologischen Zyklen in Gang zu halten und den Lebensraum auf erträgliche Temperaturen zu bringen.

Es ist sowohl ein Gesetz der Biologie als auch ein Gesetz der sozialen Beziehungen, daß Isolation der Lebensräume den Artenreichtum und die kulturelle Vielfalt fördert. Stellen Sie sich eine Zeit in ferner Zukunft vor. Millionen Kometen sind bewohnt, und jeder Komet beherbergt nur ein paar hundert Individuen. In der Oortschen Wolke benötigte ein Funkspruch, der mit Lichtgeschwindigkeit übermittelt wird, einen oder mehr Tage, um von einem kolonisierten Kometen zum anderen zu gelangen. Das könnte ausreichen, um eine gewisse kulturelle Homogenität bei diesen isolierten Welten zu erhalten. Die Seltenheit gegenseitiger Besuche jedoch würde langsame Abweichungen von kulturellen und sozialen Verhaltensnormen und eine enorme Vielfalt von sozialen, politischen, wirtschaftlichen religiösen und anderen Ansichten erlauben. Das wäre eine Entwicklung, die der menschlichen Gattung nur zugute kommen würde. Es ist jedoch schwer zu sagen, welcher Vorteil den einzelnen Nationalstaaten aus solchen Aktivitäten erwachsen würde. Denn sie sind die einzigen gegenwärtigen Entitäten, die reich genug sind, um die Besiedelung von Kometen zu finanzieren. Die Nationalstaaten haben in der Geschichte ihren eigenen kurzfristigen Vorteil immer dem Wohlergehen der gesamten Gattung vorgezogen. Die Zeit, in der das Gros der menschlichen Gattung sich auf die Kometen verteilt haben wird, liegt aus diesem und anderen Gründen also noch in weiter Ferne. Auf die Dauer jedoch werden wir, wenn sich die Raumfahrt weiterentwickelt, dorthin gehen, wo die Oberflächenregionen aus Wasser und organischen Substanzen bestehen – zu den Kometen.

Wenn wir in ferner Zukunft die Kometen draußen in der Oortschen Wolke bevölkert haben, werden wir durch viele kleine Schritte auf dem halben Weg zum nächsten Stern sein. Und von dort gibt es ein natürliches Vorwärtsschreiten zum Rest der Galaxie: Die Kolonisation der Galaxie wird ganz von selbst vor sich gehen, wenn die Oortsche Wolke erst einmal besiedelt ist. Einzelne Kometen sind so locker gebunden, daß gelegentliche Gravitationsstörungen durch vorbeiziehende Sterne gewaltige Anzahlen von Kometen freisetzen (Kapitel 11 und 16), die dann alleine ihre graziösen Pirouetten im All drehen. Selbst wenn die Sonne keinen Begleiter hat, würden sich die bewohnten Kometen in ferner Zukunft von den Fesseln der Sonnengravitation befreien und damit beginnen, Menschen wenigstens in den näheren Regionen der Galaxie zu befördern.

Im Augenblick scheint es, daß seit der Bildung der Oortschen Wolke ungefähr fünf Erdmassen von kometischer Materie aus der Wolke hinausgeschleudert wurden. Als die Umgebung von Uranus und Neptun noch von kleinen Eiskörpern bevölkert wurde, müssen viel größere Massen des pla-

---

Meiner Ansicht nach hatte der Schöpfer bei der Erschaffung einer so riesigen Zahl von glänzenden Körpern vor allem im Sinne, daß sie Myriaden von intelligenten Wesen als Lebensraum dienen ... Wenn diese Ansicht Zustimmung findet, sollten wir die Kometen nicht als Objekte des Schreckens oder Vorboten des Bösen betrachten, sondern als glänzende Welten, die ganz anders gebaut sind als unsere Welt und Millionen glücklicher Wesen aufnehmen können, damit sie eine neue Region des Göttlichen Imperiums erkunden.

Thomas Dick: *The Sidereal Heavens and Other Subjects Connected With Astronomy, As Illustrative of the Character of the Deity and of an Infinity of Worlds*, Philadelphia 1850

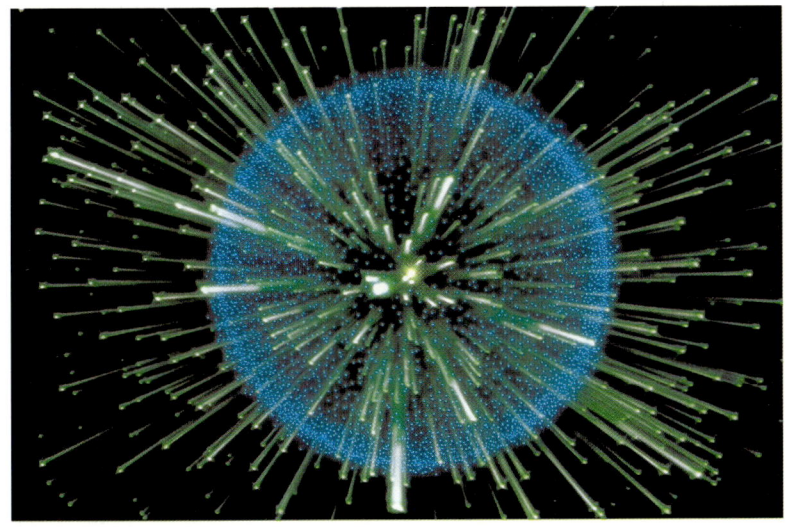

Die Kometen der Oortschen Wolke sickern eigentlich nur langsam in den interstellaren Raum. Vielleicht kann menschliche Technologie diesen Vorgang in der Zukunft beschleunigen. Graphische Darstellung von Jon Lomberg/BPS.

netarischen Teils des Sonnensystems hinausgeschleudert worden sein (Kapitel 12). Schätzungen der Materiemassen schwanken zwischen 25 und 1000 Erdmassen. Diese Materie, die ursprünglich aus unserer unmittelbaren Umgebung stammt, wälzt sich jetzt durch den Raum zwischen den Sternen. Sie war über Milliarden Jahre hinweg den zufälligen Gravitationswirkungen vorbeiziehender kosmischer Objekte ausgesetzt und zerstreute sich, bis sie über einen großen Teil der Milchstraße verteilt war.*
Soweit wir wissen, waren jedoch alle diese Kometen unbewohnt.
Es wurde noch nie ein Komet auf einer Flugbahn beobachtet, die ihren Ursprung außerhalb des Einflußbereiches der Sonnengravitation hat. Trotzdem müßte man früher oder später solche Kometen sehen. In unserem eigenen System ziehen wir den Schluß, daß viele Kometen nach nahen Vorbeigängen an der Sonne oder den größeren Planeten in den interstellaren Raum hinausgeschleudert wurden. Besonders seit der Entdeckung der Trümmerringe um erdnahe Sterne (Kapitel 12) kann man sich durchaus vorstellen, daß viele, vielleicht die meisten Sterne am Himmel mit ähnlichen Wolken von Kometen umgeben sind, die ebenfalls in den interstellaren Raum geschleudert werden.**
Newton stellte sich vor, daß Kometen auch andere Sterne umgeben:

> Dieses wunderbare System der Sonne, der Planeten und Kometen konnte nur auf den Ratschluß und unter der Schirmherrschaft eines intelligenten und mächtigen Wesens entstehen. Und wenn die Fixsterne Zentren anderer, ähnlicher Systeme sind, die durch eben diesen weisen Ratschluß gebildet wurden, muß alles unter der Herrschaft des Einen stehen.

Auch Laplace malte sich Kometen aus, »die sich auf hyperbolischen Bahnen bewegen und von einem System zum anderen wandern können«. Aber im All ist viel Platz, und die Sterne sind weit voneinander entfernt.

Thomas Wrights Vision von unzähligen Sonnen, die von Rosetten aus Kometenumlaufbahnen umgeben sind. Aus seiner *Original Theory of Universe,* 1750.

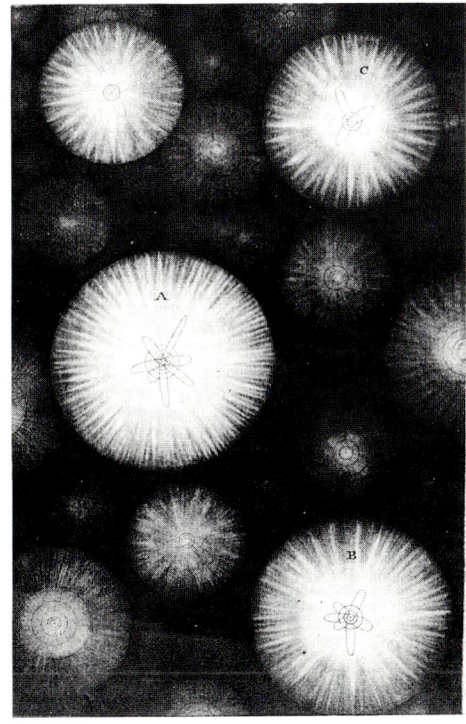

---
* Gelegentlich könnte ein Materieklumpen kurz in die inneren Regionen eines anderen Planetensystems eingedrungen und über fremde Himmel gestreift sein. Und vielleicht hat er dabei in den Seelen ganz anderer Wesen eine Mischung aus Angst und Verwunderung erregt.
** Martin Harwit und E. E. Salpeter, Astrophysiker an der Cornell-Universität, haben die Hypothese aufgestellt, daß Gammastrahlen-Explosionen, die von Satellitenbeobachtungsstationen registriert wurden, eine Folge der Zusammenstöße von Kometen mit Neutronensternen sind. Wenn diese Annahme richtig ist, müssen viele Sterne von Kometen umgeben sein, da diese immer noch ungeklärten Explosionen von allen Teilen des Himmels kommen.

Ein gegabelter Kometenschweif entsteht im Planetensystem eines Doppelsterns. (Zwei Sterne mit unterschiedlichen Eigenschaften, die so dicht beieinander sind, daß Materie von einem Stern zum andern fliegt.) Darstellung von Don Davis.

Wenn jeder Stern in der Milchstraße eine Oortsche Wolke besäße wie unser Stern und wenn aus dieser Wolke ebenso viele Kometen hinausgeschleudert würden wie aus der Oortschen Wolke, würde der durchschnittliche Zeitraum zwischen den Erscheinungen echter interstellarer Kometen Tausende von Jahren betragen. Die Astronomen warten gespannt.

Im Laufe der Zeit sammelt die Milchstraße immer mehr interstellare Kometen. Wenn jeder Stern in der Milchstraße alle 4,5 Milliarden Jahre Kometen mit einer Gesamtmasse von 1000 Erdmassen hinausgeschleudert hat wie unser Stern, wäre es möglich, daß eine Masse, die der Masse von 100 Millionen Sonnen entspricht, unentdeckt im Raum zwischen den Sternen schwebt. So groß diese Masse auch ist, sie entspricht doch viel weniger als einem Zehntel Prozent der Gesamtmasse der Milchstraße selbst.

Es scheint also eine ganze Gesellschaft von Kometen zu geben, die sich auf die Galaxie verteilt. Kometen bilden sich wahrscheinlich in der Verdichtungsscheibe um jeden Protostern. Wenn das Sonnensystem einen typischen Fall darstellt, wird jeder Stern rund eine Billion Kometen in den interstellaren Raum schleudern. Das geschieht hauptsächlich im Nebelstadium, und ein Tröpfchen kometischen Auswurfs besteht die gesamte Lebenszeit des Sterns. Wenn es etwa 100 Milliarden Sterne gibt und jeder Stern ungefähr eine Billion Kometen hinausgeschleudert hat, beträgt die Zahl der interstellaren Kometen in der Galaxie 10^{24} (1 000 000 000 000 000 000 000 000). Das ist mehr als die Zahl der Sterne im ganzen Universum. Die Anzahl der sonnenfixierten Kometen würde noch größer sein. Die Mehrzahl der interstellaren Kometen sollte inzwischen wahllos in und zwischen den Spiralarmen verteilt sein. Der durchschnittliche Abstand zwischen ihnen würde selbst in großer Entfernung von den Sternen noch ein paar Zehntel einer Astronomischen Einheit betragen. Das entspricht ungefähr dem Abstand, den die Kometen in der Oortschen Wolke voneinander haben.

Man kann sich die Galaxie dann als große abgeflachte Scheibe von Kometen vorstellen, in die interstellare Wolken, Sterne und ihre planetari-

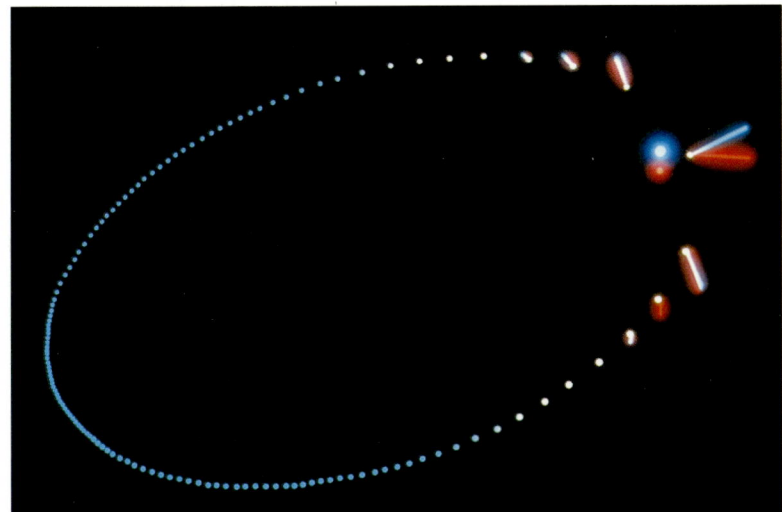

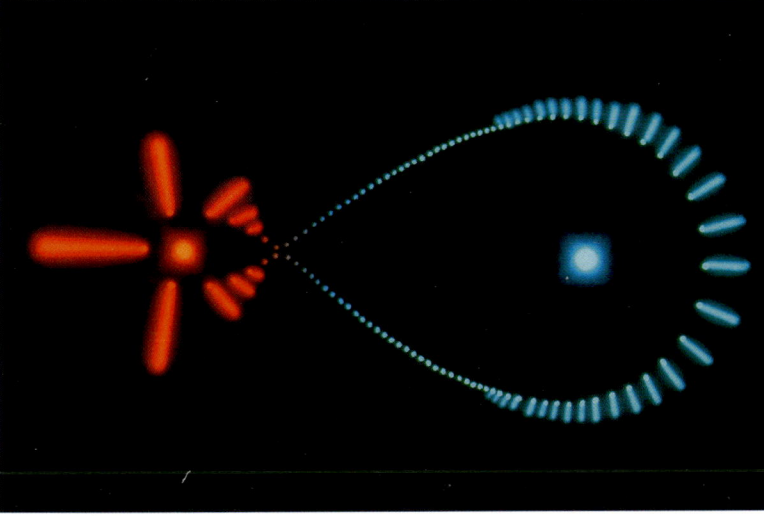

Oben: Ein Komet umläuft einen Doppelstern, der aus einem roten und einem blauen Einzelstern besteht. Die Länge, Farbe und Anzahl der Schweife ändert sich, je nachdem wo auf seiner Umlaufbahn der Komet sich befindet. *Unten* umläuft ein Komet einen Doppelstern, dessen Einzelsterne weit voneinander entfernt sind, in einem Achter. Graphische Darstellungen von Jon Lomberg/ BPS.

> »Bald ist Silvester«, sagte der Hauptmann zu Graf Timascheff und Leutnant Prokop, »und ich bin dafür, daß wir den Jahreswechsel wie auf der Erde feiern. Es ist vor allem für die Moral meiner Leute von großer Bedeutung, daß sie sich weiterhin an die irdischen Sitten halten, auch wenn sie nie mehr zur Erde zurückkehren sollten. Ein pünktlich eingehaltenes Kirchenjahr ist allemal ein gutes Mittel gegen Heimweh. Außerdem werden sich alle mit ihren Angehörigen auf der Erde verbunden fühlen.«
>
> Jules Verne: *Reise durch das Sonnensystem*, 1878, übers. Lothar Baier, Frankfurt 1983, S. 107

schen Begleiter eingebettet sind. In der Umgebung der Sterne ist die Konzentration der Kometen höher. Also gäbe es in der ganzen Galaxie keinen Fleck, der von einem Kometen weiter entfernt ist als die Erde von den Planeten, die wir bereits besucht haben. Fortgeschrittene Zivilisationen dürften, nach allem, was wir wissen, in der Lage sein, die Galaxie ohne Aufenthalt mit einer Art interstellarem D-Zug zu durchqueren. Aber die Kometen bieten zurückgebliebenen Kulturen wie der unseren die Möglichkeit, einen Bummelzug zu organisieren, der ein paar Jahre lang unterwegs ist, auf einem Kometen hält, auf Erkundung ausgeht, überholt wird und dann zum nächsten Kometenbahnhof weiterfährt. Das Hauptproblem besteht darin, die nächsten interstellaren Kometen zu finden und zu katalogisieren. Die Forscher werden wahrscheinlich große Radarteleskope mit auf die Reise nehmen müssen.

Die Kometen in der Oortschen Wolke der Sonne und die Kometenwolken anderer Sterne könnten zusammenfließen und sich vermischen. Diese Möglichkeit ist Thomas Wright schon vor langer Zeit vorgeschwebt. Möglicherweise gibt es sogar Kometen auf Umlaufbahnen von der Form einer Acht, die, vorausgesetzt daß die Sterne nahe genug beisammen sind, abwechselnd an die Gravitation von zwei verschiedenen Sternen gebunden sind. Die Kometen sind dann bewegliche Trittsteine ins Irgendwo, wie die Eisschollen, auf denen Liza in *Onkel Toms Hütte* den gefährlichen Fluß überquerte.

Selbst wenn wir die Kometen nicht besiedeln, werden wir uns eines Tages aufmachen und die Regionen jenseits des Pluto erkunden. Dann wäre es sinnvoll, auf den Kometen aufzutanken und ein wenig auszuruhen. Die Kometen wären immer noch die Trittsteine zu den Sternen. Vielleicht werden auch die Kometen selbst in Raumschiffe verwandelt, die zu anderen Sternensystemen unterwegs sind. Sie werden erst nach Tausenden von Generationen eine andere Sonne erreichen, und der schlafende Kometenwald erwacht in lang vergessenem Sonnenlicht. Diese Aussicht erinnert an eine Vision des deutschen Astronomen Johann Heinrich Lambert, der im 18. Jahrhundert schrieb:

> Auf diese Art liessen sich Weltkoerper oder Cometen gedenken, die bey keinem Fixstern blieben, sondern dazu geordnet waeren, einen nach dem andern zu besuchen.... Ich gebe den Astronomen, die Sie, mein Herr, auf solche Weltkoerper setzen, den ersten Rang.... Ihr Jahr ist die Zeit von einer Sonne zur andern. Ihr Winter faellt in die Mitte des Zwischenraumes oder des Weges, den sie dahin machen. ... Sie sind bestimmt, den Grundriß des Weltbaues zu bewundern, und in seiner Grundlage und Anordnung die Reyhen der goettlichen Rathschluesse ueber ihre Bestimmung einzusehen.... Das Perihelium von jeder Bahn ist ihr Sommer.... Jeder Eintritt in ein neues Sonnensystem ist ihr Fruehling, und den Herbst feyern sie, wenn sie es wieder verlassen.

Diese Geschichte hat nichts typisch Menschliches, nicht einmal der Drang nach Kolonisation. Wir können uns vorstellen, daß die Kometenwolke aus jedem Stern eine Art Pusteblume macht. In periodischen oder episodischen Abständen werden ein paar der Samen losgeschüttelt und tragen die jeweiligen Lebensformen hinaus in die Galaxie. Gelegentlich macht sich ein Same aus eigenem Antrieb auf die Reise. Wenn nicht alle technologischen Zivilisationen einen Hang zur Selbstzerstörung haben, müßte man annehmen, daß sich die expandierenden bewohnten Kometenwolken früher oder später irgendwo im interstellaren Raum begegnen. Vielleicht werden wir bei unserer Erforschung der Oortschen Wolke einen Irrkörper mit einer fremden Technologie finden. Aber auf dem Weg zum nächsten Stern gibt es viele Kometen, die uns ablenken können. Einige von ihnen sind möglicherweise richtige Welten mit Hunderten oder Tausenden Kilometern Durchmesser. Wenn es 100 Billionen Kometen gibt, die den Raum zwischen angrenzenden Sternen füllen, wird sich jede fortgeschrittene Zivilisation sehr langsam nach außen ausdehnen. Das mag der Grund dafür sein, daß wir in unserem Sonnensystem noch keine Spuren fremder Besucher gefunden haben: Die Galaxie ist zu interessant, und sie haben uns noch nicht entdeckt.

Das Jahr 1985/86 wird, wenn alles gutgeht, die Jungfernfahrt der Menschheit zu einem Kometen erleben. Es wird größere Missionen zu mehreren Kometen geben und schließlich auch Missionen zu Kometen, die der Sonne sehr fern sind. Eines Tages, wahrscheinlich im nächsten Jahrhundert, werden diese Raumsonden bemannt sein. Wir werden auf den Kometen leben und sie mit Hilfe von Raketenantrieben und Newtons Bewegungsgesetzen steuern. Wenn dieser Tag kommt, wird der Glaube des Volkes der !Kung, der beinahe einzigen menschlichen Kultur, die Kometen als gute Vorzeichen betrachtet, bestätigt sein. In der Sprache der !Kung sind Kometen »die Sterne des Großen Kapitäns«.

Von einem Außenposten auf dem Planeten Mars aus betrachten zwei Menschen die Rückkehr des Halleyschen Kometen im Jahre 2061. Die Erde ist der helle blaue Lichtpunkt am Himmel. Ihr Bild auf dieser Konstruktion gibt einen Hinweis auf den Ursprungsplaneten der Siedler. Darstellung von Don Davis.

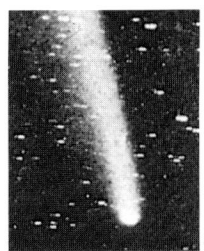

20. Kapitel
Ein winziges Staubkörnchen

»In ihrem ganzen Umfange betrachtet ist die Astronomie das schönste Denkmal des menschlichen Geistes, die edelste Urkunde seines Verstandes. Verführt durch die Täuschungen der Sinne und die Eigenliebe hat er sich lange Zeit als den Mittelpunkt der Bewegungen der Gestirne betrachtet, aber sein Stolz ist durch die leeren Schrecknisse, die sie ihm eingejagt haben, bestraft worden. Endlich haben die Arbeiten mehrerer Jahrhunderte den Schleyer weggezogen, welcher das Weltsystem bedeckte. Dann sah sich der Mensch auf einem kleinen, in dem großen Umfange des Sonnensystems, welches selbst nur ein unmerklicher Punkt in dem unermeßlichen Weltraume ist, kaum bemerkbaren Planeten. Die erhabenen Resultate, wozu diese Entdeckung ihn geführt hat, können ihn wegen des kleinen Platzes, den sie ihm im Weltall anweiset, hinreichend trösten.

Pierre Simon, Marquis de Laplace: *Darstellung des Weltsystems.* Teil II, Sechstes Kapitel, 1797

Eine späte babylonische Tafel mit einer Inschrift in Keilschrift, die von der Erscheinung des Halleyschen Kometen im Jahre 164 v. Chr. berichtet. Ein Zitat aus diesem systematischen, zugleich astronomischen und astrologischen Handbuch lautet: »Der Komet, der zunächst im Osten in der Bahn von Anu im Gebiet der Plejaden und Taurus erschienen war, wanderte nach Westen ... und zog auf der Bahn von Ea weiter.« Mit freundlicher Genehmigung des British Museum.

Es ist viel wahrscheinlicher, daß der Halleysche Komet zu einer viel weniger fernen Zeit von einer viel längeren Periode in seine jetzige Bahn abgelenkt wurde und immer noch dem Erlöschen nahe ist. Seine Umlaufbahn kommt heute keinem der großen Planeten nahe, deshalb kann er nicht erst vor kurzem eingefangen worden sein. Aber die Anhäufung von gewöhnlichen kleinen Gravitationsstörungen im Laufe von tausend Umläufen würde wahrscheinlich ausreichen, die Umlaufbahn so zu verschieben, daß der ursprüngliche Ort, an dem er eingefangen wurde, nicht mehr auffindbar ist.

Henry Norris Russel: *The Solar System and Its Origin*, New York 1935

Ein Komet ist ein Gesandter aus der eisigen interstellaren Nacht, die den bei weitem größten Teil des bekannten Universums bildet. Und ein Komet ist eine große Uhr, die bei jedem Periheldurchgang Dekaden und geologische Zeitalter anzeigt. Sie ruft uns die Schönheit und Harmonie des Newtonschen Universums ins Gedächtnis und erinnert uns daran, wie entsetzlich unbedeutend unser Platz in Raum und Zeit ist. Wenn die Periode eines hellen Kometen zufällig mit der Lebenszeit eines Menschen zusammenfällt, schreiben wir dem Kometen eine besondere und unheilvolle Bedeutung zu:

> Wie Hunderte anderer kleiner Jungen des neuen Jahrhunderts nahm mein Vater mich in einem kalten und blattlosen Frühling unter den Pappeln auf den Arm, damit ich den eiligen Gesandten aus der Leere des Alls sehen könnte. Was mein Vater damals zu mir sagte, gehört zu meinen frühesten und sorgsam gehegten Erinnerungen.
> »Wenn du lange lebst und ein alter Mann sein wirst«, sagte er nachdenklich und lenkte meine Augen auf das mitternächtliche Schauspiel, »wirst du ihn wiedersehen. Er kommt in fünfundsiebzig Jahren zurück. Denk daran«, flüsterte er mir ins Ohr. »Ich werde gestorben sein, aber du wirst ihn sehen. Er wird die ganze Zeit über in der Dunkelheit weiterreisen, aber irgendwo, weit dort draußen«, und er wies mit der Hand auf den blauen Horizont der Ebene, »wird er umkehren. Er rast glitzernd Millionen von Meilen weit.«
> Ich klammerte mich fester an den Hals meines Vaters und starrte verständnislos in den Himmel. Noch einmal hörte ich seine Stimme an meinem Ohr, und er sprach nur für uns beide.
> »Du mußt nur vorsichtig sein und warten. Du wirst achtundsiebzig oder neunundsiebzig Jahre alt sein. Ich glaube, du wirst lange genug leben, um ihn zu sehen – für mich«, flüsterte mit einem Anflug von Trauer über das Vorwissen, das Teil seiner Natur war.*

Der Halleysche Komet ist einzigartig in unserer Epoche. Ein heller, periodischer, manchmal spektakulärer Komet, der einen leuchtenden Faden durch die Menschheitsgeschichte zieht und die Vergangenheit mit der Zukunft verbindet. Er reißt uns aus dem Irrglauben, daß wir unabhängig von unserer Vergangenheit und unserer Zukunft existieren. Er fesselt die Menschheit an die Zeit. Sie schauen nach oben und sehen, vielleicht durch ein Fernglas, den Halleyschen Kometen, und Sie betrachten denselben Kometen,** den Edmund Halley im Sommer nach seiner Hochzeit mit Mary Tooke beobachtete. Das ist der Komet, dessen Erscheinungen bis ins Jahr 239 v. Chr. zurück mit einer einzigen Ausnahme von chinesischen Astronomen sorgfältig aufgezeichnet wurden. Er wurde auf Schreibtafeln, Seide, Bambuspapier, Pergament, Zeitungspapier und Computerdisketten beschrieben. Das ist der Komet, der die Jäger und Sammler der !Kung erfreute und fast alle anderen Kulturen, die vor Jahrtausenden weit über die Erde verstreut waren, in Angst und Schrecken versetzte. Wir teilen diesen Kometen mit vielen anderen.

Vor ungefähr einer Million Jahren, als unsere hominiden Vorfahren wilde Tiere jagten und allmählich herausfanden, wie man ein Haus baut, sandte ein vorbeiziehender Stern eine Gravitationswelle durch die Kometenwolke, die unsere Sonne umhüllt, und ein primitiver kleiner Körper aus Eis

---

* Loren Eiseley, *The Invisible Pyramid*, New York 1970
** oder wenigstens fast denselben Kometen: die Eisschicht des Kerns ist seit dem Periheldurchgang von 1682 ein paar Meter dünner geworden.

und Gestein machte sich auf die Reise zur Sonne. Vor zehn- oder zwanzigtausend Jahren, als unsere Vorfahren die Wisconsin-Eiszeit durchlebten, kam der Komet schließlich im planetarischen Teil des Sonnensystems an. Er kam in engen Kontakt mit einem der größeren Planeten und fiel in seine jetzige Umlaufbahn, die ihn alle sechsundsiebzig Jahre einmal näher als Venus an die Sonne führt und weiter von der Sonne wegträgt als Pluto. Die vergangenen zehntausend Jahre strich dieser Komet ungefähr alle sechsundsiebzig Jahre vorbei und verblüffte die Erdenbewohner mit einem kosmischen Feuerwerk, um danach in die Dunkelheit zu verschwinden.

Sechsundsiebzig Jahre sind nur wenige Generationen. Der Halleysche Komet ist eine Art Metronom, das den Takt des menschlichen Fortschritts oder Niedergangs schlägt. Im Jahr 1910 erschien er erstmals seit der Erfindung des Flugzeugs und zum letztenmal vor der Erfindung der Nuklearwaffen. Wir haben vor kurzem die Mittel zu unserer Selbstzerstörung ersonnen und müssen uns wirklich fragen, wie viele Menschen noch übrig sein werden, wenn der Halleysche Komet im Juli 2061 das nächste Mal an der Erde vorbeifliegt.

Die Gefahren, denen wir ausgesetzt sind, gehören wesentlich zu einem Prozeß, der inzwischen schon weit fortgeschritten ist: der Vereinheitlichung des Planeten, die sich in Sprache, Kultur, Wissenschaft und Handel zeigt. Dieser Prozeß ist, wie die modernen Gefahren, eine Folge des technischen Fortschritts. Leider fällt diese gefährliche und problematische Zeit mit einer Zeit zusammen, in der es überall auf der Welt Atomwaffen gibt. Wenn die Entwicklung weiterhin in diesem Tempo fortschreitet, wird die Menschheit im Jahr 2061 höchstwahrscheinlich an einem Wendepunkt angekommen sein.

Wenn wir jedoch bis dahin überleben, dürfte die Zeit bis zur nächsten Erscheinung des Halleyschen Kometen vergleichsweise unproblematisch für uns sein. Dieser Periheldurchgang wird im März 2134 stattfinden, und der Komet wird sich bis auf die ungewöhnlich geringe Entfernung von 0,09 Astronomischen Einheiten oder vierzehn Millionen Kilometern der Erde nähern. Er wird nur halb so weit von uns entfernt sein wie bei seiner Erscheinung im Jahr 1910 und heller leuchten als der hellste Stern. Wenn es dann noch Menschen gibt, die Festreden halten können, sollten sie in den Jahren 2061 und 2134 den Mut, die Intelligenz und das gemeinsame Ziel einer Gattung preisen, die aus Not zu Verstand gekommen ist.

Wie jeder weiß, haben wir alle die gegensätzlichsten Veranlagungen. Einerseits neigen wir zu Einsicht, Entwicklung und schöpferischer Tätigkeit, andererseits aber zu Chauvinismus, Gewalt und Angst. Dieser Kampf, von dem das Schicksal der Welt in Wirklichkeit abhängt, kann mit einem winzigen Staubkörnchen veranschaulicht werden: Betrachten Sie einmal die Lebensgeschichte eines bestimmten Materieklümpchens, das vor Ihnen in der Luft tanzt. Vielleicht entstand es aus einem Stoff, der vor Milliarden von Jahren von einem Stern auf der anderen Seite der Milchstraßengalaxie ausgestoßen wurde, und wanderte dann für Äonen durch die interstellare Dunkelheit. Vor fünf Milliarden Jahren wurde es von dem entstehenden Sonnennebel aufgesogen und wuchs mit anderen ähnlichen Teilchen zu einem kosmischen Materiebrocken zusammen, der wahrscheinlich in der Nähe von Uranus und Neptun schließlich einen der Billionen Kometen bildete. Dieser Komet wurde in die Oortsche Wolke hinausgetrieben und von dort durch Gravitationsstörungen vor ein paar tausend Jahren in das innere Sonnensystem geleitet. Dort spuckte der Komet das Materieklümpchen in seinem Schweif aus, und es wanderte, immer

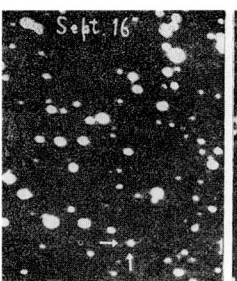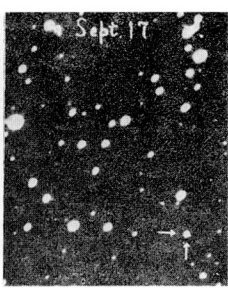

Zwei wiederentdeckte Photos des Halleyschen Kometen, als er 1909 zum erstenmal entdeckt wurde *(oben)*, und eine Aufnahme *(unten)* vom Oktober 1982. Mit freundlicher Genehmigung der International Halley Watch.

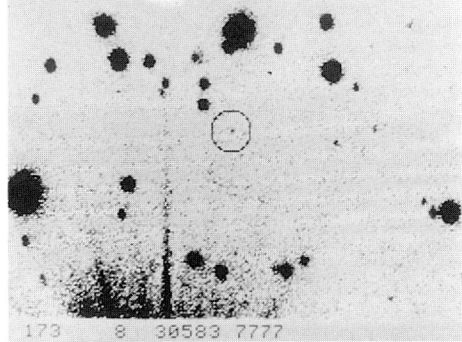

Es wäre eine große Befriedigung zu wissen, daß jeder, der dieses Objekt sah, mit demselben Gefühl des Stolzes und der Verwunderung - man möchte fast sagen der Ehrfurcht - an den Himmel blickte wie der durchschnittliche Astronom, der dieses wunderschöne und mysteriöse Objekt beobachtete, als es seinen wunderbaren Lichtstrom über den Himmel ergoß.

E. E. Barnard, der hervorragende Beobachter unter den Astronomen seiner Zeit, über die Erscheinung des Halleyschen Kometen im Jahre 1910

Der Komet als globales Kulturereignis. Mit freundlicher Genehmigung Ruth S. Freitags, Library of Congress.

Ein einziges Staubkörnchen 319

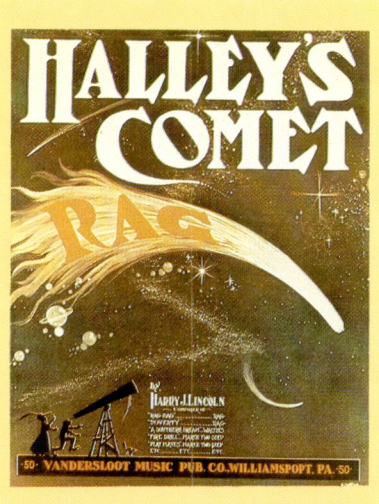

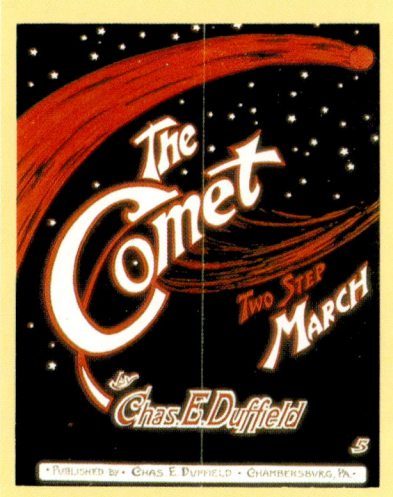

»Nahaufnahme« des Halleyschen Kometen im Jahr 1910. Mit freundlicher Genehmigung der International Halley Watch.

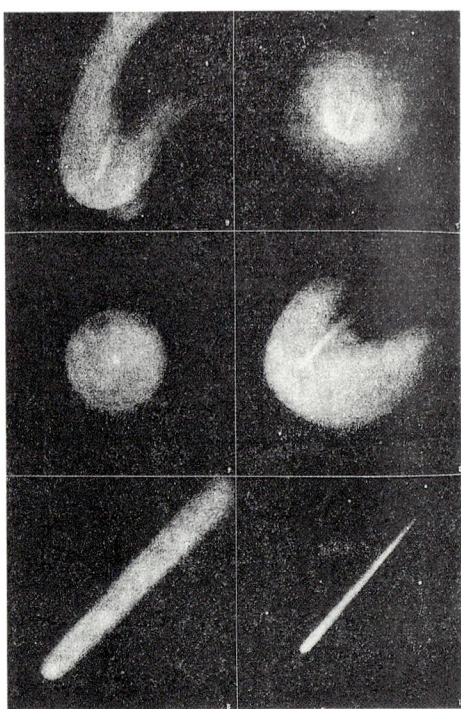

Sechs verschiedene Erscheinungsformen des Halleyschen Kometen bei seiner Erscheinung im Jahre 1835. Zeichnungen von John Herschel aus: Amédée Guillemin, *Le Ciel*, Paris 1864.

noch in einem Eispartikel eingeschlossen, als Mikroplanet durch den interplanetarischen Raum. Vor wenigen Jahren kreuzte die Erde zufällig seinen Weg, und der Mikroplanet sank langsam durch ihre Atmosphäre. Jetzt wirbelt der von einem Sonnenstrahl beleuchtet durch die Luft und gibt uns keinen Hinweis auf seine heldenhafte kosmische Reise.

Betrachten Sie jetzt ein anderes winziges Staubkörnchen. Seine Lebensgeschichte ist sehr ähnlich, wenn auch etwas länger. Dieses Staubkörnchen dringt in die Erdatmosphäre ein und verbrennt. Dabei ionisiert es die Luft in seiner Umgebung und zerfällt in Moleküle und Atome. Dieses Materieteilchen bildet einen Meteorschweif, der einen Augenblick lang hell aufglüht. Vielleicht wird er auch von den entzückten und erstaunten Ausrufen der Zuschauer unten auf der Erde begleitet. Aber wenn Sie angestrengt nachdenken, können Sie auf eine Möglichkeit kommen, wie man sogar Sternschnuppen nutzbar machen kann. Der Ionenstreifen, den ein Meteor für einen Augenblick zurückläßt, reflektiert Radiowellen von sehr hoher Frequenz (VHF-Wellen). In der Atmosphäre befindet sich immer eine riesige Anzahl von Meteorschweifen, auch wenn die meisten zu schwach sind, um mit bloßem Auge gesehen werden zu können. Diese Meteorschweife bilden eine Art reflektierende Schicht um die Erde, durch die Radiowellen auf geeigneten Frequenzen umgeleitet werden können. Da ein einzelner Ionenschweif im Durchschnitt weniger als eine Sekunde lang besteht, muß die Nachricht sehr schnell übertragen werden. Diese Überlegungen haben dazu geführt, daß in der Technologie ein eigenständiger Bereich unter der Bezeichnung Meteor Burst Communications entstand.

Aber warum sollte irgend jemand in diese Richtung Anstrengungen unternehmen, wo es doch durchaus geeignete Mittel zur Nachrichtenübertragung gibt? Die Antwort ist einfach: weil Nachrichtensatelliten in einem Atomkrieg sofort ausfallen würden. Meteor Burst Communications wurde entwickelt, damit ein Atomkrieg führbar wird. Die Kometen wurden zum Militärdienst eingezogen. Endlich hat man ihren praktischen Wert entdeckt. Aber nicht nur sie allein wurden ausgesucht. Auf der ganzen Welt wird der menschliche Erkenntnisdrang auf ähnliche Weise in den Dienst des Makabren gestellt. Beinahe die Hälfte aller Wissenschaftler auf der Erde arbeitet für die verschiedenen nationalen militärischen Einrichtungen.

Jede Begegnung mit dem Halleyschen Kometen bot eine willkommene Gelegenheit, unterdrückten Hoffnungen und Ängsten freien Lauf zu lassen. Es ist schon fast zu einem Ritual geworden, in dieser Zeit zu beten. Für die diesjährige Erscheinung des Halleyschen Kometen schlagen wir ein neues Gebet vor:

Wir leben auf einem zerbrechlichen Planeten, den wir mit großer Vorsicht behandeln müssen, wenn unsere Kinder eine Zukunft haben sollen. Wir sind nur für einen Augenblick die Treuhänder einer Welt, die selbst nur ein winziges Staubkörnchen in einem unvorstellbar großen und alten Universum ist. Mögen wir deshalb lernen, immer zuerst unserer Gattung und dem Planeten zu dienen. Dann wird es in den unzähligen Nächten der Zukunft Menschen oder Nachfahren des Menschen geben, die Zeugen des großartigen Schauspiels sind, wenn ein Komet die Himmel der Erde ziert.

Einzelne Kometen nähern sich der Sonne, flackern ein paar hundertmal auf und sterben wie Motten im Licht. Aber an der Schwelle des Sonnensystems warten noch viele. Die jetzige Form der Kontinente wird sich bis zur

Oben: Eine farbverstärkte Photographie des Halleyschen Kometen im Jahre 1910. Mit freundlicher Genehmigung der National Optical Astro Observatory/Lowell Observatory.

Der Halleysche Komet im Jahre 1910. Eine Aufnahme aus dem Observatorico Nacional Argentino. Mit freundlicher Genehmigung Ruth S. Freitags, Library of Congress.

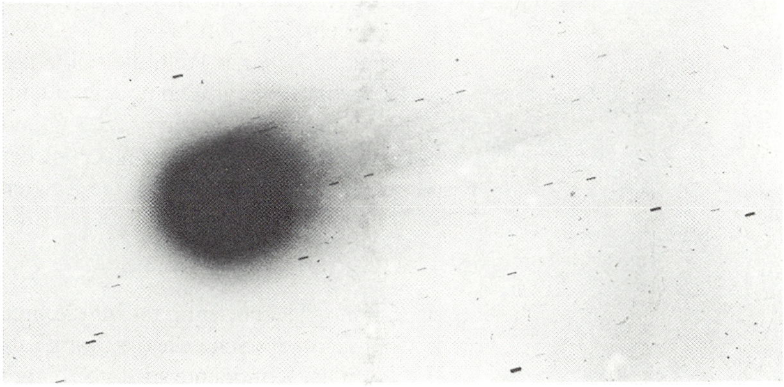

Der Halleysche Komet im Jahre 1910, aufgenommen in Helwan, Ägypten. Mit freundlicher Genehmigung der National Aeronautics and Space Administration (NASA).

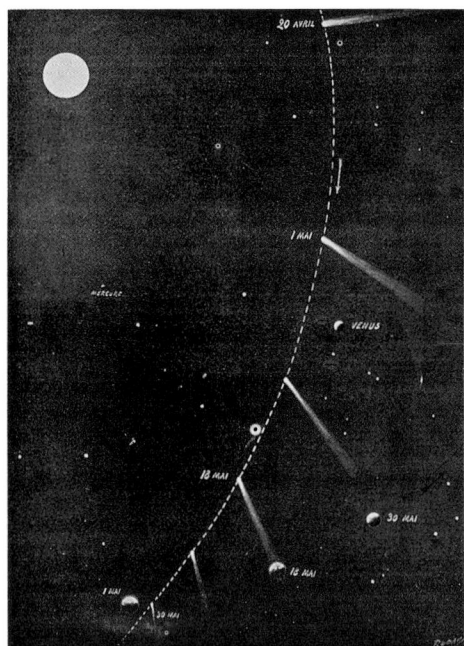

Die Positionen des Schweifs des Halleyschen Kometen bei seiner Erscheinung im Jahre 1910. Eine Zeichnung von Lucien Rudaux für die französische Zeitschrift *L'Illustration*. Mit freundlicher Genehmigung Ruth S. Freitags, Library of Congress.

Unkenntlichkeit verändern. Die Erde wird von der Sonne verschlungen und zu einem gigantischen roten Stern werden. Die sterbende Sonne wird die verkohlten Reste der Erdummantelung nur schwach erleuchten. Aber selbst dann werden die Himmel immer noch von den überschwenglichen jungen Kometen erhellt werden, die frisch aus der interstellaren Dunkelheit angekommen sind. Wenn das übrige Sonnensystem tot ist, und die Nachfahren des Menschen schon lange ausgewandert oder ausgestorben sind, werden die Kometen immer noch über den Himmel fliegen.

Zweiunddreißig Periheldurchgänge des Halleyschen Kometen

v. Chr.	239	30. März	989	9. September
	163	5. Oktober	1066	23. März
	86	2. August	1145	22. April
	11	5. Oktober	1222	1. Oktober
n. Chr.	66	26. Januar	1301	23. Oktober
	141	20. März	1378	9. November
	218	17. Mai	1456	9. Juni
	295	20. April	1531	25. August
	374	16. Februar	1607	27. Oktober
	451	24. Juni	1682	15. September
	530	25. September	1759	13. März
	607	13. März	1835	16. November
	684	28. September	1910	20. April
	760	22. Mai	1986	9. Februar
	837	27. Februar	2061	28. Juli
	912	9. Juli	2134	27. März

Jedes Erscheinen wurde (natürlich mit Ausnahme der beiden letzten) von Astronomen aufgezeichnet.

Anhang
Kometenbahnen und Meteorschauer

Größere, mit dem bloßen Auge sichtbare Meteorschauer – Zweite Hälfte des 20. Jahrhunderts

Schauer	Datum der größten Schauerintensität	stündliche Anzahl für einzelne Beobachter	Geschwindigkeit der Annäherung an die Erde in km/sec	Normale Dauer, bis ¼ der Stärke der maximalen Intensität erreicht ist, in Tagen	in Verbindung stehender Komet
Quadrantiden	3. Januar	40	41	1,1	?
Lyriden	22. April	15	48	2	1861 I
Eta Aquariden	4. Mai	20	65	3	Halley
S. Delta Aquariden	28. Juli	20	41	7	?
Perseiden	12. August	50	60	4,6	1862 III
Orioniden	21. Oktober	25	66	2	Halley
S. Tauriden	3. November	15	28	–	Encke
Leoniden	17. November	15	71	–	1866 I
Geminiden	14. Dezember	50	35	2,6	(1983 TB)?
Ursiden	22. Dezember	15	34	2	Tuttle

Bahnen ausgewählter langperiodischer Kometen

Komet	Name	Perihel-Distanz (AE)
1811 I	Großer Komet	1,035
1844 III	Großer Komet	0,251
1858 VI	Donati	0,578
1861	Großer Komet	0,822
1881 III	Großer Komet	0,735
1882 II	Großer Komet	0,008
1908 III	Morehouse	0,945
1910 I	Großer Komet	0,129
1937 IV	Whipple	1,734
1943 I	Whipple-Fedtke-Tevzadze	1,354
1975 III	Arend-Roland	0,316
1957 V	Mrkos	0,355
1962 VIII	Humason	2,133
1965 VIII	Ikeya-Seki	0,008
1969 IX	Tago-Sato-Kosaka	0,573
1973 XII	Kohoutek	0,142
1976 VI	West	3,277
1980 b	Bowell	3,364

Die Zahlen sind der Tabelle in P. M. Millmans *Observer's Handbook* der Royal Astronomical Society of Canada (1985) entnommen.

Die Zahlen stammen von B. Marsden und E. Roemer, *Comets* (L. Wilkening, Hg.), University of Arizona Press, 1982.

Beachten Sie, daß der Perihel-Durchgang bei diesen langperiodischen Kometen variiert von sehr nahe zur Sonne (0,008 AE) bis zur Mitte des Asteroidengürtels zwischen den Bahnen des Jupiter und Mars (1,4 bis 5 AE). Vermutlich gibt es langperiodische Kometen mit weiter entferntem Perihel, die ein Beobachter auf der Erde nicht wahrnehmen kann.

Bahnen ausgewählter kurzperiodischer Kometen

Periodischer Komet	Perihel-Durchgang	Bahnneigung in Grad	Perihel-Distanz (AE)	Exzentrizität	Periode (Jahre)
Oterma	Juni 1983	1,94	5,4709	0,2430	19,4
Crommelin	Feb. 1984	29,10	0,7345	0,9192	27,4
Giacobini-Zinner	Sept. 1985	31,88	1,0282	0,7076	6,59
Halley	Feb. 1986	162,23	0,5871	0,9673	76,0
Whipple	Juni 1986	9,94	3,0775	0,2606	8,49
Encke	Juli 1987	11,93	0,3317	0,8499	3,29
Borelly	Dez. 1987	30,32	1,3567	0,6242	6,86
Temple 2	Sept. 1988	12,43	1,3834	0,5444	5,29
Temple 1	Jan. 1989	10,54	1,4967	0,5197	5,50
d'Arrest	Feb. 1989	19,43	1,2921	0,6246	6,39
Perrine-Mrkos	März 1989	17,82	1,2977	0,6378	6,78
Tempel-Swift	Apr. 1989	13,17	1,5884	0,5391	6,40
Schwassmann-Wachmann 1	Okt. 1989	9,37	5,7718	0,0447	14,9
Kopff	Jan. 1990	4,72	1,5851	0,5430	6,46
Tuttle-Giacobini-Kresak	Feb. 1990	9,23	1,0680	0,6557	5,46
Honda-Mrkos-Pajdusakova	Sept. 1990	4,23	0,5412	0,8219	5,30
Wild 2	Dez. 1990	3,25	1,5779	0,5410	6,37
Arend-Rigaux	Okt. 1991	17,89	1,4378	0,6001	6,82
Faye	Nov. 1991	9,09	1,5934	0,5782	7,34

Die Bahnneigungen der hier aufgeführten Kometen reichen von weniger als 2° (was beinahe exakt in der ekliptischen Ebene liegt, die die Erde und die Planeten einschließt) bis 162° beim Halleyschen Kometen. Eine Bahnneigung von 90° würde bedeuten, daß ein Komet die Sonne senkrecht zur Ekliptik umkreist. Das wiederum heißt, daß ein Komet, dessen Bahn ungefähr (180 − 162 =) 18° zur Ekliptik geneigt ist, sich im entgegengesetzten Sinn zu der Richtung bewegt, in der die Planeten sich um die Sonne drehen. Die Exzentrizität der angegebenen Kometenbahnen variiert von ungefähr 0,04 (was einem Kreis sehr nahe kommt) bis 0,97 beim Halleyschen Kometen, der eine extrem in die Länge gezogene Bahn hat. Die Zahlen stammen von Marsden und Roemer, 1982.

Weiterführende Literatur

Allgemeine Darstellungen

Brandt, John C. (Hrsg.). *Comets: Readings from Scientific American.* W. H. Freeman, San Francisco, 1981.

Brandt, John C. *Introduction to Comets.* Cambridge University Press, Cambridge, 1981.

Calder, Nigel. *The Comet is Coming!* The Viking Press, New York, 1980.

Chapman, Robert D., and John C. Brandt. *The Comet Book: A Guide for the Return of Halley's Comet.* Jones and Bartlett, Boston, 1984.

Comets: Career Oriented Modules to Explore to Pictures in Science, National Science Teachers Association, 1984.

Flaste, Richard, Holcomb Noble, Walter Sullivan, and John Noble Wilford. *The New York Times Guide to the Return of Halley's Comet.* Times Books, New York, 1985.

»Halley's Comet.« *The Planetary Report, 5,* (3) Mai/Juni 1985.

Moore, Patrick. *Comets.* Scribner, New York, 1976.

Moore, Patrick, and J. Mason. *The Return of Halley's Comet.* W. W. Norton, New York, 1984.

Mumford, George. *Everyone's Complete Guide to Halley's Comet.* Sky Publishing Co., Cambridge, 1985.

Pasachoff, Jay M., and Donald H. Menzel. *A Field Guide to the Stars and Planets.* Chapter 11, Houghton Mifflin Company, Boston, 1983.

Rahe, Jürgen, Bertram Donn, and Karl Würm. *Atlas of Cometary Forms: Structures Near the Nucleus.* NASA Special Publication 1985. U.S. Government Printing Office, Washington, 1969.

Reddy, F. *Once in a Lifetime: Your Guide to Halley's Comet.* Astromedia, Milwaukee, 1985.

Richter, Nikolaus Benjamin. *The Nature of Comets.* Methuen, London, 1963.

The Royal Institution Library of Science: Astronomy. Vols. 1 and 2, Bernard Lovell, ed. Elsevier, New York, 1970. Eine Sammlung der Freitagabendgespräche über Astronomie in der Royal Institution, London, aus der Mitte des 19. Jahrhunderts. Enthalten sind auch einige interessante frühere Gespräche über Meteore und Kometen.

Seargent, David A. *Comets: Vagabonds of Space.* Doubleday, New York, 1982.

Stasiuk, Garry, and Dwight Gruber. *The Comet Handbook.* Stasiuk Enterprises, 1984.

Wilkening, L. (Hrsg.). *Comets.* University of Arizona Press, Tucson, 1982.

Repräsentative technische Abhandlungen, nach Kapiteln geordnet

Kapitel 2

Dreyer, J. L. E. *A History of Astronomy from Thales to Kepler.* Cambridge University Press, Cambridge, 1906.

Hasegawa, Ichiro. »Catalogue of Ancient and Naked-Eye Comets.« *Vistas in Astronomy 24,* 59, 1980.

Hellman, C. Doris. *The Comet of 1577: Its Place in the History of Astronomy.* Columbia University Press, New York, 1944.

Lagercrantz, Sture. »Traditional Beliefs in Africa Concerning Meteors, Comets, and Shooting Stars.« In *Festschrift für Ad. E. Jensen.* Klaus Renner Verlag, München 1964.

Leon-Portilla, Miguel (Hrsg.). *The Broken Spears: The Aztec Account of the Conquest of Mexico.* Beacon Press, Boston, 1962.

Sarton, George. *A History of Science.* Vol. 1, Harvard University Press, Boston, 1952.

Stein, J., S.J. »Calixte III et la comete de Halley.« *Specola Astronomica Vaticana II.* Tipografia Poliglotta Vaticana, Rom, 1909.

Thorndike, Lynn. *A History of Magic and Experimental Science.* Vol. 4, Columbia University Press, New York, 1934.

Ze-zong, Xi. »The Cometary Atlas in the Silk Book of the Han Tomb at Mawangdui.« *Chinese Astronomy and Astrophysics 8,* 1, 1984.

Kapitel 3

Barker, Thomas. *Of the Discoveries Concerning Comets.* Whiston and White, London, 1757.

Eddington, Arthur Stanley. »Halley's Observations on Halley's Comet, 1682.« *Nature 83,* 373, 1910.

Freitag, Ruth S. *Halley's Comet: A Bibliography.* Library of Congress, Washington, D.C., 1984.

MacPike, Eugene (Hrsg.). *Correspondence and Papers of Edmond Halley,* Clarendon Press, Oxford, 1932.

Ronan, Colin. *Edmond Halley: Genius in Eclipse.* Doubleday, New York, 1969.

Stephenson, F. R., K. K. C. Yao, and H. Hunger. »Records of Halley's Comet on Babylonian Tablets.« *Nature 314,* 587, April 18, 1985.

Walter, David L. »Medallic Memorials of the Great Comets and the Popular Superstitions Connected with Their Appearance.« Scott Stamp and Coin Company, New York, 1893.

Westfall, Richard S. *Never at Rest: A Biography of Isaac Newton.* Cambridge University Press, Cambridge, 1980.

White, Andrew Dickson. »A History of the Doctrine of Comets.« *Papers of the American Historical Association, 2,* (2) G. P. Putnam, New York, 1887.

Kapitel 4

Lalande, J. J. »Madame Nicole-Reine Etable de la Briere Lepaute.« *Astronomical Bibliography with a History of Astronomy between 1781 and 1802.* Paris, 1803.

Wright, Thomas. *An Original Theory of the Universe.* [Original printing 1750]. Macdonald, London, 1971.

Kapitel 6

Feynmann, Richard P, Robert B. Leighton, and Matthew Sands. *The Feynmann Lectures on Physics.* Addison-Wesley Publishing Co., Reading, Massachusetts. 1963. Die Abhandlung über die Beschaffenheit von Eis in diesem Kapitel basiert in wesentlichen Teilen auf diesen bemerkenswerten Vorlesungen.

Hallett, John. »How Snow Crystals Grow.« *American Scientist 72,* 582, November/December, 1984.

Patterson, W. S. B. *The Physics of Glaciers.* Pergamon Press, Oxford, 1969.

Kapitel 7

Fanale, F., and James Salvail. »An Idealized Short-Period Comet Model: Surface Insolation, H_2O Flux, Dust Flux, and Mantle Evolution.« *Icarus.*

Hughes, David W. »Cometary Outbursts, A Brief Survey.« *Quarterly Journal of the Royal Astronomical Society 16,* 410, 1975.

Kapitel 8

Khare, B. N., and Carl Sagan. »Experimental Interstellar Organic Chemistry: Preliminary Findings.« In *Molecules in the Galactic Environment.* M. A. Gordon and L. E. Snyder (Hrsg.), John Wiley and Sons, New York, 1973.
Metz, Jerred *Halley's Comet, 1910: Fire in the Sky.* Singing Bone Press, St. Louis, Mo., 1985.
Mitchell, G. F., S. S. Prasad, and W. T. Huntress. »Chemical Model Calculations of C_2, C_3, CH, CN, OH, and NH_2 Abundances in Cometary Comas.« *The Astrophysical Journal 244,* 1087, 1981.
Swings, P. »Le Spectre de la Comète d'Encke 1947/1.« *Annales d'Astrophysique 11,* 1, 1948.
Wood, John, and Sherwood Chang, (Hrsg.). *The Cosmic History of the Biogenic Elements and Compounds.* NASA Special Publication 476, 1985.

Kapitel 9

Barnard, E. E. »On the Anomalous Tails of Comets.« *The Astrophysical Journal 22,* 249, 1905.
Biermann, L. »Solar Corpuscular Radiation and the Interplanetary Gas.« *Observatory 77,* 109, 1957.
Henry, George E. »Radiation Pressure.« *Scientific American 196,* 99–108, 1957.
Van Allen, James A. »Interplanetary Particles and Fields.« In *The Solar System,* A Scientific American book, W. H. Freeman and Company, San Francisco, DATE.

Kapitel 10

D'Alviella, Goblet, Count. *The Migration of Symbols.* University Books, New York, DATE.
Donnelly, Ignatius. *Ragnarok: The Age of Fire and Gravel.* University Books, New York, 1970 (original publication 1883).
Goldsmith, Donald (Hrsg.). *Scientists Confront Velikovsky: Evidence Against Velikovsky's Theory of ›Worlds in Collision.‹* W. W. Norton, New York, 1977.
Nuttall, Zelia. »The Fundamental Principles of Old and New World Civilizations: A Comparative Research Based on a Study of the Ancient Mexican Religious, Sociological and Calendrical Systems.« *Archaeological and Ethnological Papers of the Peabody Museum.* Harvard University, vol. 2, 1901.
Wilson, Thomas. *The Swastika: The Earliest Known Symbol, and its Migrations; With Observations on the Migration of Certain Industries in Prehistoric Times.* Smithsonian Institution, Washington, D. C., 1896.

Kapitel 11

Chebotarev, G. A. »On the Dynamical Limits of the Solar System.« *Soviet Astronomy-AJ 8,* 787, 1965.
Oort, J. H. »The Structure of the Cloud of Comets Surrounding the Solar System, and a Hypothesis Concerning Its Origin.« *Bulletin of the Astronomical Institutes of the Netherlands 11,* 91, 1950.
Oort, J. H. »Empirical Data on the Origin of Comets.« Chapter 20 in G. P. Kuiper and B. M. Middlehurst (Hrsg.), *The Solar System,* vol. 4.
Öpik, E. »Note on Stellar Perturbations of Nearly Parabolic Orbits.« *Proceedings of the American Academy of Arts and Sciences 67,* 169, 1932.
Russell, Henry Norris. *The Solar System and Its Origin.* Macmillan, New York, 1935.
Van Woerkom, A. J. J. »On the Origin of Comets.« *Bulletin of the Astronomical Institutes of the Netherlands 10,* 445, 1948.

Kapitel 12

Biermann, L., and K. W. Michel. »On the Origin of Cometary Nuclei in the Presolar Nebula.« *The Moon and the Planets 18,* 447, 1978.
Fernandez, Julio A. »Mass Removed by the Outer Planets in the Early Solar System.« *Icarus 34,* 173, 1978.
Goldreich, P., and W. R. Ward. »The Formation of Planetesimals.« *Astrophysical Journal 183,* 1051, 1973.
Helmholtz, H. »On the Origin of the Planetary System.« Lecture delivered by H. Helmholtz in Heidelberg and Cologne, 1871. Published in *Popular Articles on Scientific Subjects,* by H. Helmholtz. D. Appleton and Company, New York, 1881.
Wetherill, George W. »Evolution of the Earth's Planetesimal Swarm Subsequent to the Formation of the Earth and Moon.« *Proceedings of the Eighth Lunar Science Conference,* p. 1, 1977.

Kapitel 13

Ball, Robert. *The Story of the Heavens.* Revised edition. Cassell and Company, London, 1900.
Humboldt, Alexander von. *Südamerikanische Reise.* Herausgegeben und bearbeitet von K. L. Walter-Schomburg. Berlin, 1967.

Kapitel 14

Gold, Thomas, and Steven Soter. »Cometary Impact and the Magnetization of the Moon.« *Planetary and Space Sciences 24,* 45, 1976.
Kerr, Richard A. »Could an Asteroid be a Comet in Disguise?« *Science 227,* Feb. 22, 1985.
Marsden, B. G. »The Sungrazing Comet Group.« *Astronomical Journal 72,* 1170, 1967.
Michels, D. J., N. R. Sheeley, R. A. Howard, and M. J. Koomen. »Observations of a Comet on Collision Course with the Sun.« *Science 25,* 1097, 1982.
Öpik, Ernst. »The Stray Bodies in the Solar System. Part 1. The Survival of Cometary Nuclei in the Asteroids.« *Advances in Astronomy and Astrophysics 2,* 219, 1963.
Öpik, Ernst. »The Stray Bodies in the Solar System. Part 2. The Cometary Origin of Meteorites.« *Advances in Astronomy and Astrophysics 4,* 301, 1966.
Shoemaker, Eugene M., and Ruth F. Wolfe. »Cratering Timescales for the Galilean Satellites.« Chapter 10 in *The Satellites of Jupiter,* David Morrison, ed. University of Arizona Press, Tucson, 1982.
Wetherill, George W. »Occurrence of Giant Impacts During the Growth of the Terrestrial Planets.« *Science 228,* 877, May 17, 1985.

Kapitel 15

Alvarez, Luis W., Walter Alvarez, Frank Asaro, and Helen V. Michel. »Extraterrestrial Cause for the Cretaceous-Tertiary Extinction.« *Science 208,* 1095, 1980.
Gould, Steven Jay. »Sex, Drugs, Disaster, and the Extinction of the Dinosaurs.« *Discover,* März 1984.
Hills, J. G. »Comet Showers and the Steady-state Infall of Comets from the Oort Cloud.« *Astronomical Journal 86,* 1730, 1981.
Officer, Charles B., and Charles L. Drake. »Terminal Cretaceous Environmental Events.« *Science 227,* 1161, 1985.
Pollack, James B., Owen B. Toon, Thomas P. Ackerman, Christopher P. McKay, and Richard P. Turco. »Environmental Effects of an Impact-generated Dust

Cloud: Implications for the Cretaceous-Tertiary Extinctions.« *Science 219,* 287, 1983.

Sepkoski, John. »Mass Extinctions in the Phanerozoic Oceans: A Review.« *Geological Society of America, Special Paper 190,* 283, 1982.

Shoemaker, Eugene M. »Asteroid and Comet Bombardment of the Earth.« *Annual Review of Earth and Planetary Sciences 11,* 461, 1983.

Steel, Rodney, and Anthony Harvey, (Hrsg.). *The Encyclopedia of Prehistoric Life.* McGraw-Hill, New York, 1979.

»The Fossil Record and Evolution: Readings from *Scientific American.*« W. H. Freeman and Company, San Francisco, 1982.

Urey, Harold C. »Cometary Collisions and Geological Periods.« *Nature 242,* 32, 1973.

Kapitel 16

Alvarez, Walter, Frank Asaro, Helen V. Michel, and Luis W. Alvarez. »Iridium Anomaly Approximately Synchronous with Terminal Eocene Extinctions.« *Science 216,* 886, 1982.

»A Talk with Eugene Shoemaker.« (Interview by Charlene Anderson), *The Planetary Report* 5 (1) 7, Januar/Februar, 1985.

Davis, Marc, Piet Hut, and Richard A. Muller. »Extinction of Species by Periodic Comet Showers.« *Nature 308,* 715, 1984.

Gould, Steven Jay. »Continuity.« *Natural History,* April, 1984.

Gould, Steven Jay. »The Cosmic Dance of Siva.« *Natural History,* August, 1984.

Hills, J. G. »Dynamical Constraints on the Mass and Perihelion Distance of Nemesis and the Stability of Its Orbit.« *Nature 311,* 636, 1984.

Rampino, Michael, and Richard Stothers. »Geological Rhythms and Cometary Impacts.« *Science 226,* 1427, 1984.

Rampino, Michael, and Richard Stothers. »Terrestrial Mass Extinctions, Cometary Impacts and the Sun's Motion Perpendicular to the Galactic Plane.« *Nature 308,* 709, 1984.

Raup, David M., and J. John Sepkoski, Jr. »Periodicity of Extinctions in the Geologic Past.« *Proceedings of the National Academy of Sciences of the U.S.A. 81,* 801, 1984.

Schwartz, Richard D., and Philip B. James. »Periodic Mass Extinctions and the Sun's Oscillations about the Galactic Plane.« *Nature 308,* 712, 1984.

Thaddeus, Patrick, and Gary A. Chanan. »Cometary Impacts, Molecular Clouds, and the Motion of the Sun Perpendicular to the Galactic Plane.« *Nature 314,* 73, 1985.

Whitmire, Daniel, and Albert A. Jackson. »Are Periodic Mass Extinctions Driven by a Distant Solar Companion?« *Nature 308,* 713, 1984.

Kapitel 17

Bar-Nun, A., A. Lazcano-Araujo, and J. Oro. »Could Life Have Evolved in Cometary Nuclei?« *Origins of Life 11,* 387, 1981.

Forster, T. *Atmospheric Causes of Epidemic Diseases.* London, 1829.

Hobbs, R. W., and J. M. Hollis. »Probing the Presently Tenous Link between Comets and the Origin of Life.« *Origins of Life 12,* 125, 1982.

Hoyle, Fred. »Comets – A Matter of Life and Death.« *Vistas in Astronomy 24,* 123, 1980.

Hoyle, Fred, and Chandra Wickramasinghe. *Diseases from Space.* Harper and Row, New York, 1979.

Irvine, W. M., S. B. Leschine, and F. P. Schloerb. »Thermal History, Chemical Composition and Relationship of Comets to the Origin of Life.« *Nature 283,* 748, 1980.

Oro, J. »Comets and the Formation of Biochemical Compounds on the Primitive Earth.« *Nature 190,* 389, 1961.

Shoemaker, Eugene M. »Asteroid and Comet Bombardment of the Earth.« *Annual Review of Earth and Planetary Sciences 11,* 461, 1983.

Wallis, Max. »Radiogenic Melting of Primordial Comet Interiors.« *Nature 284,* 431, 1980.

Kapitel 18

Gay, Peter. *Education of the Senses.* Oxford University Press, New York, 1984.

»Halley's Comet from a Balloon.« *Aeronautics 6,* 204, June, 1910.

Morrison, David, et al. *Planetary Exploration Through the Year 2000: A Core Program.* National Aeronautics and Space Administration, U.S. Government Printing Office, Washington, D.C., 1983.

Newburn, Ray L., and Jurgen Rahe. »The International Halley Watch.« *Journal of the British Interplanetary Society 37,* 28, 1984.

Newsletters of the International Halley Watch. Periodicals produced by the NASA Jet Propulsion Laboratory, Publications 410, since August 1, 1982.

»Report of the Comet Rendezvous Science Working Group.« NASA Technical Memorandum 87564, 1985.

Sagdeev, R. Z. u.a. »Cometary Probe of the Venera-Halley Mission.« *Advances in Space Research 2,* 83, 1983.

Wilford, John Noble. »U.S. and Soviet Cooperating on Collection of Comet Dust.« *New York Times,* December 21, 1984.

Yeomans, Donald K., and John C. Brandt. »The Comet Giacobini-Zinner Handbook: An Observers Guide.« NASA/JPL Publication 400-254, 1985.

Kapitel 19

Dyson, Freeman. »The World, the Flesh, and the Devil.« Third J. D. Bernal Lecture, delivered at Birkbeck College, London. Reprinted in C. Sagan, ed. *Communication with Extraterrestrial Intelligence (CETI),* MIT Press, Cambridge, Mass., 1973.

Gaffey, Michael J., and Thomas B. McCord. »Mining Outer Space.« *Technology Review 79* (7), 51, June 1977.

Kapitel 20

Arkin, William M., and Richard W. Fieldhouse. *Nuclear Battlefields: Global Links in the Arms Race.* Ballinger, Cambridge, Mass., 1985.

Register

A

Aggregatzustände verschiedener Stoffe 104
Aktiver Komet beginnt sich aufzulösen 204
Alexandria, Bibliothek von 64
Alter der Erde, Untersuchungen zum 58
Alvarez, Louis 248, 251, 256
Alvarez, Walter 248, 251, 256, 266
Ammonit 238, 241
Andromeda, Sternbild 75
Anne, Königin 63
Apianus 35
Apollonius von Myndos 30
Apollonius von Perga 44, 63, 64
Aquin, Thomas von 77
Arend-Rigaux, Komet 230, 232, 324
Arend-Roland, Komet 46, 164, 323
Aristoteles 28, 29, 48, 96, 146
Asimov, Isaac 305
Asteroid 17, 232, 233, 300, 302, 303, 304
-, Entwicklung eines Kometen in einen 231
- Hidalgo 232
- Ikarus 302
- Oljato 232
Atlantischer Ozean, Karte 63
Atlas, Komet 166
Atome in einem Silikatkristallgitter 101

B

Ball, Robert 201
Barker, Thomas 170
Barnard, E. E. 151, 317
Bayeux, Teppich von 33
Beda 32
Bennett, Komet 145, 166
Bessel, F. W. 108
Bestandteile eines Kometen 115
Beta Pictoris 188
Bibliothek von Alexandria 64
Biela, Wilhelm von 84
Bielascher Komet 85, 86, 204, 217
Biermann, Ludwig 150
Bondone, Giotto di 287
Borelly, Komet 324
Bowell 1980b, Komet 323
Brahe, Tycho 35-39, 205
Brontosaurus 239
Byron, Lord 215, 249

C

Calixtus III. 32, 34
Callisto, Jupitermond 234
Carroll, Michael 82, 109
Cassini, Jean-Dominique 47, 48, 60
Cassinische Teilung in den Saturnringen 71
Celichius, Andreas 35
Cheseaux, de, Komet 86, 87, 142
Chicago Ledger 284
Chirori 157
Chruschtschow, Nikita 209
Ch'ü Yüan 24
Clairaut, Alexis 79, 80, 81
Coggia 1874 III, Komet 165
Coleridge, Samuel Taylor 69
Cometographia 46, 58
Crommelin, Komet 324
Cyan-Wasserstoff 131
Cysat, J. B. 37

D

D'Alviella, Goblet, Graf 163
Daniel 1970 IV, Komet 165
Dante Alighieri 175, 200
d'Arrest, Komet 324
Darwin, Charles 244
Daumier, Honoré 207
Davis, Don 236, 245, 253, 268, 310, 314
de Cheseaux, Komet 86, 87, 142
Defoe, Daniel 272
Deimos 121
Demokrit 28, 70
De Morgan, Augustus 55
Devon 240, 241
Dick, Thomas 255, 297, 308
Die Offenbarung des Johannes 12,3 111
Dimetrodon 242
Dingle, Herbert 65
Dinosaurier 236, 241, 242, 247, 252, 257, 302
Diodorus von Sizilien 27
Dixon, Don 206, 224, 229, 231
Donati, Komet 22, 122, 129, 144, 156, 160, 323
Donne, John 38
Donnelly, Ignatius 159, 244, 249
Doppelstern, Komet umläuft einen 311
Doré, Gustav 175
d'Ortous de Mairan, Jean Jacques 41
Dover, Klippen von 246
Draconiden 290
Dudith, Andreas 35
Dyson, Freeman 306

E

Eddington, Arthur Stanley 49, 144, 157, 255
Egede, Hans 95
Eis, verdampfendes 102
Eisenhower, Präsident 209
Enceladus, Trabant des Saturn 227
Encke, J. F. 84, 96
Enckescher Komet 17, 84, 89, 97, 114, 119, 165, 171, 205, 225, 232, 324
Entwicklung eines Kometen in einen Asteroiden 231
Entwicklungsstufen 276
Eozän 240, 241
Ephoros 159
Erde 17, 182, 250, 279, 292
–, junge 275
–, Kometeneinschlag auf der 245, 251
– und Mond wandern durch einen Kometenschweif 126
–, Untersuchungen zum Alter der 58
Eruptionen auf der Oberfläche eines Kometenkerns 124
Eta Aquariden 323
Eta-Carinae-Nebel 189
Explorer 10, Raumschiff 150

F

Faye, Komet 324
Fernandez, J. A. 192
Finsler, Komet 152
Flammarion, Camille 244
–, *Himmelskunde für das Volk* 85, 129, 130, 143, 203
Flamsteed, John 42, 46, 57, 58, 63
–, *The British History of the Heavens* 64
Flamsteed, Mondkrater 225
Flaubert, Gustave 13
Fliegende Blätter 90
Flugzeug, Lockheed-U-2 208, 209, 210, 223
Fontenelle, Bernard de 266
Forest, Lee De 134
Fossilien 238
Freitagabendgespräche in der Royal Institution in London 92
Friedrich der Große 77
Friedrich Wilhelm II. 79
Frühlings- und Herbstannalen 23, 201

G

Galaxie
– M-31 75
–, Sonne in der 260
Galilei 70, 184
Gambert (franz. Astronom) 84
Gambertscher Komet 86
Geminiden 205, 232, 323
Giacobini-Zinner, Komet 207, 289, 290, 324
Giotto, Raumsonde 287, 290, 292, 293, 294
Gould, Stephen Jay 266, 267
Grandville 140
Graphic 284
Gravitationsgesetz, Newtons 84
Großes Feuer in London 42, 51, 272
Großer Komet
– von 1680 47, 49
– von 1729 157, 274
– von 1811 122, 323
– von 1843 143
– von 1844 323
– von 1861 165, 323
– von 1881 323
– von 1882 116, 323
– von 1910 323
Große Pest in London 42, 272
Großer Roter Fleck (GRF) 45
Großer September-Komet von 1882 133
Großer Tageslicht-Komet von 1910 112
Gubbio, Sedimentsäule von 246, 247, 248
Guillemin, Amédée 36
–, *Les Comètes* 26, 117, 142, 153
–, *Le Ciel* 36, 85, 86, 142, 201, 221, 222
Gulbransson, Olaf 178

H

Hakenkreuz 160, 161, 162
Halley, Edmund 41 ff., 114, 170, 316
–, *A Synopsis of the Astronomy of Comets* 61
–, Beobachtungen des Halleyschen Kometen 49
–, Berechnung der Planetenbahnen 44
–, Berechnungen über den Salzgehalt der Meere 243
–, Bestimmung der Astronomischen Einheit 56
–, Erkenntnisse über die planetarischen Bewegungen 51
–, erste wissenschaftliche Arbeit 43
–, Horoskop 42
–, Karte des südlichen Himmels 45
–, Münzkontrolleur, stellvertretender 61
–, Portrait 40, 62, 66
–, Reise nach St. Helena 44
–, Savilian-Lehrstuhl für Astronomie 56
–, Savilian-Lehrstuhl für Geometrie 63
–, Taucherglocke 56, 57, 79
–, Theorie der Magnetnadel 62
–, *Transactions of the Royal Society of London* 169
–, Wissenschaft der Versicherungsstatistik 48, 65
–, Zyklus der Mondfinsternis 65
Halleyscher Komet 80, 84, 87, 89, 96, 107, 108, 114, 118, 123, 130, 131, 134, 143, 144, 157, 159, 164, 171, 230, 282, 284, 286, 288, 289, 290, 291, 292, 316, 317, 320, 322, 324
– von 1301 287
–, Erscheinung im Jahr 1835 320
–, Umlaufbahn des 9
Hamburgisches Magazin 81
Hammurabi, König von Babylon 163
Harold, König von England 33
Hartmann, William K., Zeichnung: Ein Komet zerbricht in viele Teile 119
Eruptionen auf der Oberfläche eines Kometenkerns 124
Harper's Weekly 132
Helin, Eleanor 302
Herschel, John 166
Hevelius, Johannes 31, 45, 46, 117
–, *Cometographia* 46, 58
Hidalgo, Asteroid 232
Hills, J. G. 266
Hiob 38,29 181
Hoffman, Antony 258
Honda-Mrkos-Pajdusakova, Komet 324
Hooke, Robert 45, 46, 51, 54, 55
Howard-Koomin-Michels 1979 XI, Komet 219
Hoyle, Fred 272, 273
Huggins, William 92, 122, 128, 129, 130, 133, 269

Humason 1962 VIII, Komet 152, 323
Humboldt, Alexander von 202
Huygens 184
Hyginus 27
Hyperion, Saturnmond 121

I

Iapetus 193
Ikarus, Asteroid 302
Ikeya-Seki, Komet 114, 125
- 1965 VIII, Komet 217, 323
International Halley Watch 294
»Inverse Square Law« 51, 53, 84
Io, Jupitermond 227
Isidor von Sevilla 32
Iwasaki, Kazuaki 275, 291

J

Jerusalem 31
Johannes 12,3, Die Offenbarung des 111
Johannes von Damaskus 181
Johnson, Samuel 21
Johnstone Stoney, G. 221
Josephus 31
Jupiter 17, 71, 81, 87, 88, 89, 90, 118, 182, 193, 305
-, Großer Roter Fleck (GRF) 45
-, Magnetschweif 116
- mond Callisto 234
- mond Io 227
- ringe 184
Juvenal 244

K

Kant, Immanuel 73, 76, 77, 78, 79, 96, 146, 155, 184, 260
-, *Allgemeine Naturgeschichte und Theorie des Himmels* 73, 74, 75, 77
-, Portrait 76
Kant-Laplacesche-Hypothese 185, 186, 189
Karl II. (engl. König) 44, 45
Kassiopeia, Sternbild 186
Kegelschnitte 44
Kepler, Johannes 102
Klippen von Dover 246
Kobayashi-Berger-Milon, Komet 130

Kohoutek, Komet 119, 171, 323
Kolumbus, Christoph 304
Komet
-, aktiver, beginnt sich aufzulösen 204
- über der Antarktis 94
- Atlas 25
-, Bahn, Neigung 88
-, Bestandteile eines 115
- umläuft einen Doppelstern 311
-, Einschlag 235
-, Einschlag auf der Erde 245, 251
-, Einschlag auf dem Mars 268
-, Einschlag in die Sonne 214
-, Entdeckung während einer totalen Sonnenfinsternis 217
-, Entwicklung in einen Asteroiden 231
-, Form, Darstellung 20
- trifft auf die Jupiteratmosphäre 229
-, Kern 82, 109, 236
-, Kern, Eruptionen auf der Oberfläche 124
-, Kern als Nährboden für riesige Bäume 307
-, Kern, Oberfläche 296
-, Oberfläche, Entwicklung 212
- der Oortschen Wolke 309
-, Schweif 126
-, Schweif, gegabelter 310
-, Umlaufbahnen 59, 64, 90, 91, 170
- über dem Vallis Marineris 281
Komet (Namen):
- Arend-Rigaux 230, 232, 324
- Arend-Roland 47, 164, 323
- Atlas 166
- Bennett 145, 166
- Biela 85, 86, 204, 217
- Borelly 324
- Bowell 323
- Coggia 165
- Crommelin 324
- Daniel 165
- d'Arrest 324
- de Cheseaux 86, 87, 142
- Donati 22, 122, 144, 156, 160, 323
- Encke 17, 84, 89, 97, 114, 119, 165, 171, 205, 225, 232, 324
- Faye 324
- Finsler 152
- Gambert 86
- Giacobini-Zinner 207, 289, 290, 324
-, Großer September- 133
-, Großer Tageslicht- 112
-, Großer von 1680 47, 49, 68, 87

-, Großer von 1729 118, 157, 274
-, Großer von 1811 123, 323
-, Großer von 1843 143
-, Großer von 1844 323
-, Großer von 1861 165, 323
-, Großer von 1881 323
-, Großer von 1882 92, 117, 323
-, Großer von 1910 323
- Halley 80, 84, 87, 89, 96, 107, 108, 114, 118, 123, 130, 131, 134, 143, 144, 157, 159, 164, 171, 230, 282, 284, 286, 288, 289, 290, 291, 292, 316, 317, 320, 322, 324
- Honda-Mrkos-Pajdusakova 324
- Howard-Koomin-Michels 219
- Humason 152, 323
- Ikeya-Seki 114, 125, 217, 323
- Kobayashi-Berger-Milon 130
- Kohoutek 119, 171, 323
- Kopff 324
- Lexell 87, 243
- Morehouse 144, 151, 152, 158, 323
- Mrkos 152, 323
- Oterma 324
- Perrine-Mrkos 324
- Pons-Winnecke 97
- Roter Berg Observatorium 114
- Schwassmann-Wachmann 1   108, 124, 157, 230, 324
- Swift-Tuttle 108
- Tago-Sato-Kosaka 323
- Tebbutt 156, 165
- Tempel-Swift 324
- Temple 1 324
- Temple 2 324
- Tewfik 216
- Tuttle-Giacobini-Kresak 324
- von 1066 33
- von 1531 60
- von 1577 33, 36, 38
- von 1590 47
- von 1607 60
- von 1618 37
- von 1664 42
- von 1665 42
- von 1680 36, 54, 72, 96
- von 1682 58, 60, 72, 79
- von 1759 81
- von 1823 165
- von 1843 142
- von 1851 164
- West 114, 122, 146, 216, 217, 323
- Whipple 323, 324

- Whipple-Fedtke-Teozadze 149, 150, 323
- Wild 2 324
- Winnecke 129
- Wirtanen 217
Kopff, Komet 324
Korallen 241
Kowal, Charles 157
Krater 223
Kreidezeit 238, 240, 241, 242, 247, 251, 252, 253, 256, 258
!Kung 313, 316

L

Labyrinthodont 239
Lalande, Joseph-Jérôme de 80, 81
Lambert, Johann Heinrich 312
Laplace, Pierre-Simon, Marquis de 87, 88, 90, 98, 171, 172, 184, 185, 242, 243, 244, 256, 309
LeBel, Jason 44
Lee, Pam 296
Leoniden 203, 205, 323
- strom 201
Lepaute, Nicole 80, 81
Lexell, Komet 87, 243
Li Ch'ung-feng 26
Lockheed-U-2 Flugzeug 208, 209, 210, 223
Lomberg, Jon 9, 12, 17, 51, 88, 91, 100, 101, 102, 103, 104, 106, 108, 115, 168, 180, 182, 191, 192, 198, 204, 205, 251, 254, 257, 260, 276, 307, 309, 311
London
-, Großes Feuer in 42, 51, 272
-, Große Pest in 42, 272
Lubienitzki, Stanislaus 31
Lukan 31
Luna 3, Raumschiff 150
Luther, Martin 35
Lyriden 323

M

Magnetschweif des Jupiter 116
Mariner 2, Raumschiff 150
Mars 17, 182, 250, 278, 279, 305
-, Außenposten auf dem Planeten 314
-, Kometeneinschlag auf dem 268
-, Mond des 121

Marsden, Brian 218
Massensterben 239, 240, 253, 256, 259, 262, 267
Maunder, E. Walter 274
Mawangdui-Seide 25, 167
Meerwasser, Messungen 58
Merkur 17, 182
-, Durchgang über die Sonnenscheibe 45
Mesozoikum 247
Meteor 200, 201, 205, 207
- Crater von Arizona 200, 227, 233
-, Perseiden- 108
- radiant im Sternbild des Löwen 198
- schauer 323
- strom 202, 203, 204, 205
Meteorit 200, 201, 207
Methanmolekül 103
Mikrokrater vom Mond 228
Milchstraßengalaxie 254
Mimas, Mond des Saturn 233
-, zertrümmerter nach einem Kometeneinschlag 235
Mohammed II. 33
Molekularstruktur von flüssigem Wasser 106
- von gewöhnlichem Wassereis 101
Mond 223
- krater Flamsteed 225
- krater Tycho 224
- des Mars →Phobos
-, Mikrokrater vom 228
- des Saturn →Mimas
Montezuma II. 34
Morehouse, Komet 144, 151, 158, 323
Mrkos 1957 V, Komet 323

N

Nebel, Eta-Carinae- 189
Neigungen der Kometenbahnen 88
Nemesis 266
Neptun 17, 90, 182, 192
Newton, Isaac 52, 54, 55, 58, 61, 64, 96, 98, 120, 133, 159, 270
-, Arbeit über Kometen 54
-, *De motu corporum in gyrum* 53
-, Gravitationsgesetz 84
-, *Philosophiae Naturalis Principia Mathematica* 55, 72
Porträt 52
Norcia, Anne 20, 214, 217, 265

Nordlicht 146, 147
Nova von 1572 186

O

Oberfläche eines Kometenkerns 296
Öpik, Ernst Julius 172, 230
Offenbarung des Johannes 12,3 111
Oljato, Asteroid 232
Oort, Jan Hendrik 172, 173, 192
Oortsche Wolke 17, 168, 174, 175, 176, 178, 179, 192, 196, 263, 264, 273, 304, 308, 310, 312, 317
-, Kometen der 309
Ordovizium 240, 241, 243
Orioniden 205, 323
Orlov, S. V. 86
Orrery-Planetarium 87, 91
Oterma, Komet 324

P

Pearson's Magazine 245
Perm 240, 241
Perrine-Mrkos, Komet 324
Perseiden 205, 323
- Meteore 108
Peter der Große, Zar von Rußland 61
Philosophical Transactions 43, 53, 64
Phobos, Mond des Mars 121, 233
Pickering, W. H. 246
Pioneer 10, Raumsonde 90
- 11, Raumsonde 90
- Venus, Raumsonde 232
Planet A, Raumsonde 286, 287, 291
Planetarium, Orrery- 87, 91
Plinius 31, 58, 153, 159, 160
Plutarch 200
Pluto 17, 118, 172, 174, 192, 312
Pons-Winnecke, Komet 97
Poor, Kim 94, 212, 235, 281
Poynting, J. H. 221, 222
Poynting-Robertson-Effekt 222

Q

Quadrantiden 323

R

Ragnarök 159
Raumschiff
- Explorer 10 150
- Luna 3 150
- Mariner 2 150
- Space Shuttle 285

Raumsonde
- Giotto 287, 290, 292, 293, 294
- Pioneer Venus 232
- Pioneer 90
- Planet A 286, 287, 291
- Sakigake 287, 291
- Vega 282, 288, 289, 292
- Viking 2 280
- Voyager 90, 175, 183, 184, 226, 227, 234, 235

Raup, David 256
Rhea, Saturnmond 226
Robertson, H. P. 222
Ronan, Colin 62
Roter Berg Observatorium, Komet 114
Royal Institution London 255, 269
-, Freitagabendgespräche 92
Royal Society in London 43, 45, 46, 51, 53, 56, 64, 65
Russel, Henry Norris 173, 316

S

Safronov, V. S. 192
Sagittarius, Sternbild 74
Sakigake, Raumsonde 287, 291
Sandbank-Hypothese 246
- Modell 97, 159
Saturn 17, 48, 71, 81, 90, 119, 157, 182, 184
- monde 193
- mond Hyperion 121
- mond Rhea 226
- mond Tethys 226
- ringe 183, 184
- ringe, Cassinische Teilung in den 71
Schalentier 243
Schliemann, Heinrich 161, 162
»Schmutziger-Schneeball-Modell« 98, 99, 107, 108, 294
Schwassmann-Wachmann 1, Komet 108, 124, 157, 230, 324
Sedimentsäule von Gubbio 246, 247, 248

Seneca, Lucius Annaeus 27, 29, 30, 58, 155, 160, 169, 215, 237
-, Bronzebüste 29
-, *Naturbetrachtungen* 29
Sepkoski, J. John 256
Sesostris III. 163
Shakespeare, William 141
Shelley, Percy 83
Shoemaker, Eugene M. 233
Silikatkristallgitter, Atome in einem 101
Simon, Pierre, Marquis de Laplace 34, 315
Simplicissimus 178
Simpson, John 289, 290
Skylab, Weltraumstation 119, 131, 148
Sloan, Sir Hans 65
Sonne
- in der Galaxie 260
- kratzer 133, 216
- nebel, Verdichtung im frühen 191
- system, maßstabgetreue Abbildung 17
- system, Rotation und Revolution 182
- system, Ursprung 180
Sonnenwind 150
-, Zwergenbegleiter 265
Space Shuttle, Raumschiff 285
S. Tauriden 323
Sternbach, Rick 126, 282
Sternbild
- Andromeda 75
- Kassiopeia 186
- M-16 189
- Sagittarius 74
Stevenson, Robert Louis 232
Sungrazer →Sonnenkratzer
Sungrazer-Kometen 216, 219
Suniyoshi-Schrein 25
Swift, Jonathan 133
Swift-Tuttle, Komet 108
Swings, Pol 98, 285

T

Tago-Sato-Kosaka 1969 IX, Komet 323
Taucherglocke 56, 57, 79
Tauriden 203, 205
Tebbutt, Komet 156, 165
Tektiten 258
Tempel-Swift, Komet 324

Temple 1, Komet 324
Temple 2, Komet 324
Teppich von Bayeux 33
Tethys, Saturnmond 226
Tewfikscher Komet 216
Todd, David 283, 284, 285
Todd, Mabel Loowis 284
Tooke, Mary 316
Trabant des Saturn →Enceladus
Train, A. 299
Trias 239, 240, 241
Triceratops 241, 242, 253
Trilobit 241
Troja 160, 162
Trümmerteilchen, kometarische 206
Tso-ch'iu 23
Tunguska-Explosion 224, 232
Turner, Herbert Hall 174
Tuttle-Giacobini-Kresak, Komet 324
Tycho, Mondkrater 224

U

Umlaufbahn
- des Halleyschen Kometen 9
- der Kometen 59, 64, 90, 91
Umlaufzeit in Astronomischen Einheiten (AE) 51
Uranus 17, 90, 157, 182
- ringe 184
Urey, Harold C. 249, 258
Ursiden 323
Ursprung des Sonnensystems 180

V

Vega-Raumsonde 282, 288, 289, 292
Velikovsky, Immanuel 159
Venus 17, 123, 150, 182, 228, 250, 278, 288, 292
Verdichtung im frühen Sonnennebel 191
Vergil 199
Verne, Jules 302, 303, 306, 312
Vespasian 32
Viking 2, Raumsonde 280
Voltaire 297
Voyager, Raumsonde 90, 175, 183, 184, 226, 227, 234, 235

W

Warrer, H.W. 207
Wasser
- dampfmoleküle 100
- eis, Molekularstruktur von gewöhnlichem 100
-, Molekularstruktur von flüssigem 106
Wells, H.G. 131
Weltraumstation Skylab 131
Weltsystem, Darstellung des 34
West, Komet 114, 122, 146, 216, 217, 323
Whipple, Fred L. 98, 105, 107, 108, 294
Whipple, Komet 323, 324
Whipple-Fedtke-Teozadze, Komet 149f., 150, 323
Wickramasinghe, N.C. 272, 273
Wild 2, Komet 324
William III., König 62
Winnecke, Komet 129
Wirtanen, Komet 217
Wood, R.W. 299
Wren, Christopher 51
Wright, Thomas 70, 71, 116, 170, 185, 260, 309
-, *An Original Theory of the Universe* 68, 70
-, Darstellung des Sonnensystems 72, 73
-, Porträt 70
Würm, K. 98

Y

Young, Edward 127

Z

Ziolkowsky, Konstantin 294, 298, 299
Zodiakallicht 219, 220, 221, 222
Zwergenbegleiter der Sonne 265